普通高等教育"十一五"国家级规划教材
21世纪化学规划教材·基础课系列

U0204562

分析化学

定量化学分析简明教程

（第 4 版）

彭崇慧　冯建章　张锡瑜　编著
李　娜　张新祥　　　　修订

北京大学出版社
PEKING UNIVERSITY PRESS

图书在版编目(CIP)数据

分析化学：定量化学分析简明教程/彭崇慧，冯建章，张锡瑜编著；李娜，张新祥修订. —4 版. —北京：北京大学出版社，2020.10

21世纪化学规划教材.基础课系列

ISBN 978-7-301-31215-5

Ⅰ.①分…　Ⅱ.①彭…　②冯…　③张…　④李…　⑤张…　Ⅲ.①定量分析–高等学校–教材

Ⅳ.①O655

中国版本图书馆 CIP 数据核字（2020）第 022843 号

书　　　名	分析化学：定量化学分析简明教程（第4版）
	FENXI HUAXUE: DINGLIANG HUAXUE FENXI JIANMING JIAOCHENG（DI-SI BAN）
著作责任者	彭崇慧　冯建章　张锡瑜　编著
	李　娜　张新祥　修订
责 任 编 辑	郑月娥　赵旻枫
标 准 书 号	ISBN 978-7-301-31215-5
出 版 发 行	北京大学出版社
地　　　址	北京市海淀区成府路 205 号　　100871
网　　　址	http://www.pup.cn　　新浪微博:@北京大学出版社
电 子 信 箱	zye@pup.pku.edu.cn
电　　　话	邮购部 010-62752015　发行部 010-62750672　编辑部 010-62767347
印 刷 者	北京市科星印刷有限责任公司
经 销 者	新华书店
	787 毫米×1092 毫米　16 开本　21 印张　530 千字
	1985 年 9 月第 1 版　1997 年 9 月第 2 版　2009 年 2 月第 3 版
	2020 年 10 月第 4 版　2023 年 6 月第 4 次印刷
定　　　价	59.00 元

内 容 简 介

分析化学是化学类、生物类、医药类、环境类和材料类等专业本科生的必修基础课。本书可作为以上各专业的教材。

本书第 4 版是在 2009 年出版的第 3 版的基础上，根据教学经验和教学内容的改进作了修订，保持了简明这一特点。其内容包括滴定分析法、沉淀重量分析法、分光光度法、分子荧光和磷光分析法、原子吸收光谱法、电位分析法、色谱法、质谱法等常用分析方法和分析数据的统计处理、分析化学中常用分离方法等。本书的有关计算均采用了法定计量单位。

本书可作为理、工、农、医、师范类分析化学课的教材或教学参考书。也可供从事分析测试工作的其他科技人员参考。

第 4 版
（2020 年）

彭崇慧　　冯建章　　张锡瑜　　编著

李　　娜　　张新祥　　修订

第 3 版
（2009 年）

彭崇慧　　冯建章　　张锡瑜　　编著

李克安　　赵凤林　　修订

第 2 版
（1997 年）

彭崇慧　　冯建章　　张锡瑜　　李克安　　赵凤林　　编著

第 1 版
（1985 年）

彭崇慧　　冯建章　　张锡瑜　　编著

第4版前言

《定量化学分析简明教程》第1版于1985年出版,第2版于1997年出版,第3版于2009年出版。本书是普通高等教育"十一五"国家级规划教材,自1985年出版至今一直作为北京大学化学、环境、生物、医学等专业的基础课教材,也被其他高校用作教材或教学参考书。北京大学化学与分子工程学院在21世纪初已经把化学分析与仪器分析课程打通,出版了配套教材,并进一步调整和安排了课程内容,真正将两门课程作为一门课程(即分析化学)来建设。近年来,由于信息科学、物理、生物、化学等学科的迅猛发展,涌现了多种多样的分析化学新原理与新方法,一些仪器分析方法得到了极大发展并成为常规分析手段,其应用领域也更加宽广。本次修订对第3版的内容加以审核、修改和补充。作者希望通过本书向读者介绍分析化学工作者解决问题的思路与使用的方法。

受前3版作者的委托和授权,第4版由李娜、张新祥负责修订。

本次修订工作主要有以下几方面:

(1) 第1章 概论:修改了"1.1.1 分析化学的任务和作用";修改了"1.1.3 定量分析方法"中对于光学分析法的描述,补充了关于质谱法和核磁共振波谱法的描述;重写了"1.1.2 定量分析过程";将"1.2 滴定分析法概述"改为"1.2 分析化学中的基本计算";将"1.2.1 滴定分析法对反应的要求和滴定方式"部分内容修改后放进"1.1.3 定量分析方法"。

(2) 第2章 误差与分析数据处理:重写了"2.3.3 显著性检验",并增加了"4. 配对数据的显著性检验";重写了"2.3.4 异常值检验";增加了"2.4 校准方法",包括校准曲线法、标准加入法和内标法;增加了"2.5 分析方法的灵敏度、检出限和动态范围";在"2.7 有效数字"中,增加了"4. 误差的传递"。

(3) 第3章 酸碱平衡与酸碱滴定法:重写了"3.3 酸碱溶液的 H^+ 浓度计算"概述;修改了"3.7 终点误差"中对代数法的表述,从终点误差定义出发,讨论终点误差计算。

(4) 第7章 分光光度法:对部分内容作了删改。

(5) 将"第8章 分析化学中常用的分离方法"与"第9章 其他常用仪器分析方法"顺序对调。

(6) 第8章 其他常用仪器分析方法:考虑分析化学的发展与应用,以及本书的使用对象,增加了"8.5 质谱法";修改、重写了部分内容并更新了部分小节。

（7）第 9 章　分析化学中常用的分离方法：将"9.2.3　溶剂萃取在分析化学中的应用"改为"9.2.3　其他萃取方法简介"。

（8）调整并更新了"附录 F　索引"。

本次修订中，刘锋教授通读了全文，北京大学化学与分子工程学院分析化学研究所的多位同事提出了宝贵意见，一些学习定量分析化学的学生提出了有意义的建议。本书责任编辑郑月娥提出了宝贵意见，并为本书出版付出了辛勤劳动。在此一并表示衷心的感谢。

由于作者水平有限，书中不当之处，欢迎读者批评指正，我们将竭力改正。

李　娜　张新祥

2020 年 8 月 26 日

第3版前言

《定量化学分析简明教程》的第1版于1985年出版,前后共重印了6次。第2版于1997年问世,也重印了6次。本教程曾作为北京大学化学、应用化学、环境和生物类等各专业的基础课教材,也被其他学校用作教材或教学参考书。

最近几年来,由于教学改革的深入和课程教学内容的调整,北京大学化学与分子工程学院已经把化学分析与仪器分析课程打通,作为一门课程(即分析化学)来建设,并于2005年出版了国家"十五"规划教材《分析化学教程》(李克安主编,北京大学出版社)。这本教程连同其配套教材《分析化学教程习题解析》(李克安主编,北京大学出版社,2006)、《分析化学 I-电子版》(李娜等,北京大学出版社,2006)成为北京大学化学与分子工程学院的主要教材。其他专业,如,生物类、医药类、地学类、环境类专业仍然沿用《定量化学分析简明教程》作为主要教材。由于这些专业的分析化学课程的教学内容及要求也有调整,一些专业还希望增加一些基本的仪器分析方法。所以,本教材的这次修订,除了对以前的内容加以审核和修改外,还增加了一些基本的仪器分析方法,以供不同专业选用。也正是基于上述情况,第3版将原书名易为《分析化学:定量化学分析简明教程》。此外,本教材第3版先是得到北京大学教材立项支持,继而作为国家"十一五"规划教材建设立项。

由于本书第1版的作者已经退休,不再担任教学工作,受他们的委托和授权,第2版由李克安、赵凤林负责修订。在第2版的基础上,汲取这几年使用本书进行教学的经验,听取校内外老师的意见和建议,仍由李克安、赵凤林进行修订,出版本书的第3版。

这次修订工作主要有以下几个方面:

(1) 对第1章的概论部分作了较大调整。如进一步明晰了分析化学的定义、重要性及学习要求;特别是本版取消了原第10章,将试样的采集与制备、试样的分解等内容归入了第1章。

(2) 将本书的书写体例作了统一规范。如第3~5章均是先介绍与滴定方法相关的溶液平衡原理,再介绍滴定原理及方法;将原第6~7章合并为一章(本版的第6章),先介绍沉淀平衡原理,然后再分别介绍沉淀重量法和沉淀滴定法。

(3) 本书对原有的吸光光度法作了修改,同时增加了最常用的仪器分析方法,如分子荧光和磷光分析法、原子吸收光谱法、电位分析法及色谱法。这些方法的叙述力求简明扼要,可供教师选用或学生自学。

(4) 第 2 版在使用过程中发现的错误和不当之处,本次作了修正。

本次修订过程中得到多位同事的帮助,如刘锋、李娜、叶宪曾等老师帮助阅读了相关部分,并提出了宝贵意见。本书责任编辑赵学范编审为本书的出版付出了辛勤的劳动。在此,对他们一并表示衷心的感谢。

本次修订对第 2 版作了较大的改动,由于作者本人水平所限,肯定还会有不能令人满意之处,欢迎读者批评指正。

李克安　赵凤林

2008 年 5 月 30 日

第 2 版前言

《定量化学分析简明教程》第 1 版自 1985 年问世以来已历经 11 载,先后重印 6 次。该书曾获国家教委优秀教材一等奖,除被北京大学化学系、生物系和技术物理系用作本科生基础课教材外,还被许多兄弟院校用作教材或教学参考书。现根据我们使用本教材进行教学的体会,并吸收了兄弟院校对本书提出的宝贵意见和建议,对第 1 版作了修订。根据原作者的意见和授权,这次修订工作主要由李克安、赵凤林完成。

这次修订工作主要有以下几个方面:

(1) 对量和单位及其符号作了全面的修改,使它们符合我国法定计量单位的规定。在计算方法上也作了相应的变动。例如,根据化学反应的计量关系确定基本单元和物质的量及浓度,如

$$n\left(\frac{1}{5}KMnO_4\right)、c\left(\frac{1}{6}K_2Cr_2O_7\right)等;$$

按等物质的量规则,即

$$n\left(\frac{1}{Z_A}A\right) = n\left(\frac{1}{Z_B}B\right)$$

来进行化学计算。在滴定分析中,过去惯用的等当点均改称化学计量点。

(2) 对内容作了必要的扩充。如绪论中对分析化学的现状和发展的介绍;滴定分析体积测量问题;复杂酸碱平衡体系的处理方法及计算机的应用;全域缓冲溶液的介绍;吸光光度法中分子光谱的原理、仪器及部件、测定方法的介绍;分离方法中的萃取和色谱法等。为了保持本书"简明"这一特点,增加的内容也力求精炼。同时也对原内容作了少量的删减。

(3) 对某些处理方法作了适当的调整。例如讨论酸碱滴定误差时,根据被滴定物质和滴定剂写出质子条件式,导出滴定误差的计算式,而不再按化学计量点前后分别讨论;氧化还原平衡常数计算中,将氧化还原反应的计量系数与氧化还原电对的得失电子数相区别;在显著性检验时对总体均值的检验提出 u 检验法和 t 检验法等。某些不作基本要求的章节采取打"*"号、排小字的方法以示区别。

(4) 对例题和习题作了重新审定,增删了部分例题和习题。每章后均增加了思考题,以便学生复习和巩固所学知识。对本书的附录作了修改和充实,将一些常用指示剂、有机试剂(显色剂)等在附录中列出;给出了汉英对照分析化学常用术语;由于计算器已经普及,删去了指数加减法表。

（5）本书第2版中安排小字的内容包括例题、思考题和习题。另外，还将超出教学基本要求的内容排成小字，并在相应的节标题前加注"＊"。

本书第1版由北京大学出版社孙德中任责任编辑，第2版由赵学范担任责任编辑。她们都为本书的出版付出了辛勤的劳动，在此向她们表示衷心的感谢。由于我们水平所限，这次修订仍会有些不能令人满意的地方，缺点和错误之处，恳请读者批评斧正。

编　者

1996 年 10 月

第1版前言

我系于1973年在张锡瑜先生指导下,由彭崇慧、冯建章同志合编了化学系二年级用的《定量分析》讲义。那是我们近十几年教学经验的总结,曾分赠很多兄弟院校征求意见,交流经验,得到了不少教益。此后,随着分析化学的发展,其中有部分内容已不够完善,因此我们又分别在1980年和1981年陆续编写、出版了《酸碱平衡的处理》和《络合滴定原理》两本教学参考书,也得到了兄弟院校的鼓励。鉴于当前我国分析化学基础课亟待加强学生实验技能的训练;增加仪器分析的内容;培养学生的自学能力;并且精简现有教材篇幅,所以迫切需要一本适应目前情况并符合教学大纲要求的定量化学分析简明教程。因此我们尝试编写了这本化学系与生物系通用的教材。它仍是在张锡瑜先生严格指导下完成的,第1~7章由彭崇慧执笔,第8~10章由冯建章执笔。

在我系,定性化学分析的内容早已并入普通化学课程中,仪器分析也已成为化学系学生的基础课,所以本书只包括经典的化学分析方法,即滴定分析法和重量分析法。我们通过对这两种方法的讲解,使学生掌握化学分析的基础理论和基本知识。因顾及到生物系也可使用此教材,所以吸光光度法(可见光区部分)一章也列入本书中。

在编写中,我们力求做到重点鲜明,特别突出了基本概念的阐述,把理论与分析实际紧密联系,注意启发学生多加思考,以培养他们独立解决问题的能力。

我们认为,酸碱滴定与络合滴定两章是本课程的重点,因此用了较大的篇幅加以论述。编写时采用深入讲透一两章,再以举一反三的方法指导其他各章的学习,从而避免了繁琐重复的赘述。譬如说,各类滴定是有相似之处的,也各有其特点,所以编写时各有侧重。酸碱滴定体系简单,于是在此章详细介绍了各类型的滴定曲线,进而通过终点误差公式来阐明滴定突跃大小与反应完全度的关系,并总结出实现准确滴定的条件,其他各章则在此基础上着重讨论它们各自的特点;在讲解络合滴定中,我们援引 A. Ringbom 用副反应系数求得条件常数的方法来解决如何定量地处理复杂平衡体系的滴定问题,这样在氧化还原法、沉淀法、吸光光度法与萃取分离诸章中的一些问题就可以采用相似的方法处理,迎刃而解了。

为了讲清基本概念,我们总结了多年的教学经验,设计了一些图表以辅助说明。例如在酸碱滴定一章中把不同强度的弱酸及其共轭碱的滴定曲线图向两侧延伸,这样一图多用,不仅说明滴定弱酸及其共轭碱的可能性,也说明强酸-弱酸(或强碱-弱碱)混合物滴定的可能性;而且还清楚表明,当酸、碱太弱时不仅直接滴定很困难,即使试图采用返滴定手段也是不行的。为取得更好的教学效果，书中还安排了较多的例题，以帮助学生对所述理论问题的理解。

阐述基本理论和概念时，我们注意密切联系化学分析的实际，指出它的实用意义。例如在讨论酸碱溶液中各种型体的分布时，强调了如何正确选择酸度和判断分步滴定的可能性，并特别强调了摩尔分数的含义，使学生辨明"分析浓度"和"平衡浓度"这两个重要概念。还应指出，对于溶液中化学平衡的处理，重要的是分清哪些项是主要的，哪些是次要的，应善于根据分析任务的要求和实际情况，来合理地取舍，如不加分析地一味追求"完善""精确"，那种繁琐的计算往往是并无意义的，也不利于培养学生解决问题的能力。

由于本书是作为二年级的基础课教材，对于一些目前尚有争议或研究还不成熟的问题，例如氧化还原反应机理、沉淀形成的理论等只作了简单介绍；对于某些即使是重要的问题，如分析数据的处理，在此也只结合分析化学作些简要叙述，至于系统深入地讲述它，那是属于概率统计课程的任务；对于那些即使见解新颖，探讨已较深入的内容，例如浓度对数图和有机试剂的理论与应用等，我们也只给了很少的篇幅。

本书在单位的使用方面作了较大的变动，采用了物质的量"摩尔"代替过去的"当量"；用"（多少）摩尔"物质代替"摩尔数"这一术语；用反应物的"摩尔比"关系代替"当量"关系从事计算。但为照顾长期以来我国大、中学校教学与分析工作的惯例，需使这种更换逐渐地过渡，所以在氧化还原一章中我们仍扼要地介绍了以当量关系为基础的有关计算。还需申明，本书仍使用"等当点"一词，但请读者注意，我们赋予了它以新的含义，表示反应物之间恰是相当于化学计量关系的那一点。

本书编写过程中曾借鉴了陈凤、胡昌媛、陈良璧等同志编写的分析化学讲义。还得到了很多同志的热情支持与帮助，孙德中同志逐章、逐节地作了仔细审查，对很多问题的叙述作了推敲和校正；赵匡华同志审校了部分章节；童沈阳、胡昌媛同志对本书部分内容提出宝贵的修改意见；黄慰曾、常文保同志也对本书的编成付出了辛勤的劳动，编者在此表示衷心的感谢。由于我们的学识水平有限，教学经验尚需进一步总结，书中错误与不妥之处一定不少，恳望海内学者与读者批评指正。

彭崇慧　冯建章　谨识
1984年夏于北京大学化学系

目 录

第1章 概论 ……………………………………………………………………… (1)

1.1 定量分析概述 …………………………………………………………… (1)

1.1.1 分析化学的任务和作用 …………………………………………… (1)

1.1.2 定量分析过程 ……………………………………………………… (2)

1.1.3 定量分析方法 ……………………………………………………… (5)

1.2 分析化学中的基本计算 ………………………………………………… (7)

1.2.1 基准物质和标准溶液 ……………………………………………… (7)

1.2.2 滴定分析中的体积测量 …………………………………………… (8)

1.2.3 滴定分析计算 ……………………………………………………… (9)

思考题 ………………………………………………………………………… (14)

习题 …………………………………………………………………………… (14)

第2章 误差与分析数据处理 ……………………………………………………… (16)

2.1 有关误差的一些基本概念 ……………………………………………… (16)

2.1.1 误差的表征——准确度与精密度 ………………………………… (16)

2.1.2 误差的表示——误差与偏差 ……………………………………… (17)

2.1.3 误差的分类——系统误差与随机误差 …………………………… (18)

2.2 随机误差的分布 ………………………………………………………… (18)

2.2.1 频率分布 …………………………………………………………… (19)

2.2.2 正态分布 …………………………………………………………… (20)

2.2.3 随机误差的区间概率 ……………………………………………… (21)

2.3 有限数据的统计处理 …………………………………………………… (22)

2.3.1 数据的集中趋势和分散程度的表示——对 μ 和 σ 的估计 ……… (22)

2.3.2 总体均值的置信区间——对 μ 的区间估计 …………………… (24)

2.3.3 显著性检验 ………………………………………………………… (27)

2.3.4 异常值检验 ………………………………………………………… (32)

2.4 校准方法 ………………………………………………………………… (34)

2.4.1 校准曲线法 ………………………………………………………… (34)

2.4.2 标准加入法 ………………………………………………………… (38)

2.4.3 内标法 ……………………………………………………………… (39)

2.5 分析方法的灵敏度、检出限和动态范围 ……………………………… (39)

2.6 测定方法的选择与测定准确度的提高 ………………………………… (39)

2.7 有效数字 ………………………………………………………………… (41)

思考题 ………………………………………………………………………… (43)

习题 …………………………………………………………………………… (43)

第 3 章　酸碱平衡与酸碱滴定法 ·· (45)

3.1　酸碱反应及其平衡常数 ·· (45)

3.1.1　酸碱反应 ·· (45)

3.1.2　酸碱反应的平衡常数 ······································ (47)

3.1.3　活度与浓度，平衡常数的几种形式 ······················ (49)

3.2　酸度对弱酸(碱)形态分布的影响 ································ (51)

3.2.1　一元弱酸溶液中各种形态的分布 ························· (51)

3.2.2　多元酸溶液中各种形态的分布 ··························· (53)

*3.2.3　浓度对数图 ··· (55)

3.3　酸碱溶液的 H^+ 浓度计算 ····································· (57)

3.3.1　水溶液中酸碱平衡处理的方法 ··························· (58)

3.3.2　一元弱酸(碱)溶液 pH 的计算 ··························· (59)

3.3.3　两性物质溶液 pH 的计算 ······························· (61)

3.3.4　多元弱酸溶液 pH 的计算 ······························· (63)

3.3.5　一元弱酸及其共轭碱($HA+A^-$)混合溶液 pH 的计算 ······ (64)

3.3.6　强酸(碱)溶液 pH 的计算 ······························· (65)

3.3.7　混合酸和混合碱溶液 pH 的计算 ························· (66)

3.4　酸碱缓冲溶液 ·· (68)

3.4.1　缓冲容量和缓冲范围 ··································· (68)

3.4.2　缓冲溶液的选择 ······································· (70)

3.4.3　标准缓冲溶液 ··· (71)

3.5　酸碱指示剂 ·· (72)

3.5.1　酸碱指示剂的作用原理 ································· (72)

3.5.2　影响指示剂变色间隔的因素 ····························· (75)

3.5.3　混合指示剂 ··· (75)

3.6　酸碱滴定曲线和指示剂的选择 ·································· (76)

3.6.1　强碱滴定强酸或强酸滴定强碱 ··························· (76)

3.6.2　一元弱酸(碱)的滴定 ··································· (78)

3.6.3　滴定一元弱酸(弱碱)及其与强酸(强碱)混合物的总结 ······ (82)

3.6.4　多元酸和多元碱的滴定 ································· (83)

3.7　终点误差 ·· (87)

3.7.1　代数法计算终点误差 ··································· (87)

3.7.2　终点误差公式和终点误差图及其应用 ····················· (89)

3.8　酸碱滴定法的应用 ··· (92)

3.8.1　酸碱标准溶液的配制与标定 ····························· (92)

3.8.2　酸碱滴定法应用示例 ··································· (94)

*3.9　非水溶剂中的酸碱滴定 ·· (97)

*3.9.1　概述 ··· (97)

*3.9.2　溶剂的性质与作用 ····································· (97)

*3.9.3　非水滴定的应用 ······································· (102)

思考题 ·· (102)
习题 ·· (103)

第4章　络合滴定法 ·· (106)
　4.1　概述 ··· (106)
　4.2　络合平衡 ··· (109)
　　　4.2.1　络合物的稳定常数和各级络合物的分布 ····························· (109)
　　　4.2.2　络合反应的副反应系数 ··· (113)
　　　4.2.3　络合物的条件(稳定)常数 ··· (117)
　　　4.2.4　金属离子缓冲溶液 ··· (119)
　4.3　络合滴定基本原理 ··· (120)
　　　4.3.1　滴定曲线 ··· (120)
　　　4.3.2　金属指示剂 ··· (122)
　　　4.3.3　终点误差 ··· (126)
　　　4.3.4　络合滴定中酸度的控制 ··· (128)
　4.4　混合离子的选择性滴定 ··· (131)
　　　4.4.1　控制酸度进行分步滴定 ··· (131)
　　　4.4.2　使用掩蔽剂的选择性滴定 ··· (134)
　　　4.4.3　其他滴定剂的应用 ··· (137)
　4.5　络合滴定的方式和应用 ··· (138)
　　　4.5.1　滴定方式 ··· (138)
　　　4.5.2　EDTA标准溶液的配制和标定 ······································· (141)
思考题 ·· (141)
习题 ·· (143)

第5章　氧化还原滴定法 ·· (145)
　5.1　氧化还原反应的方向和程度 ··· (145)
　　　5.1.1　条件电极电位 ··· (145)
　　　5.1.2　决定条件电极电位的因素 ··· (146)
　　　5.1.3　氧化还原反应进行的程度 ··· (151)
　5.2　氧化还原反应的速率 ··· (152)
　　　5.2.1　浓度对反应速率的影响 ··· (153)
　　　5.2.2　温度对反应速率的影响 ··· (153)
　　　5.2.3　催化剂与反应速率 ··· (153)
　　　5.2.4　诱导反应 ··· (154)
　5.3　氧化还原滴定 ··· (154)
　　　5.3.1　氧化还原滴定曲线 ··· (154)
　　　5.3.2　氧化还原滴定中的指示剂 ··· (157)
　　　5.3.3　氧化还原滴定前的预处理 ··· (159)
　5.4　氧化还原滴定的计算 ··· (160)
　5.5　常用的氧化还原滴定法 ··· (161)
　　　5.5.1　高锰酸钾法 ··· (162)

　　　　5.5.2　重铬酸钾法 ･･････････････････････････････････････ (165)

　　　　5.5.3　碘量法 ･･ (166)

　　　　5.5.4　其他氧化还原滴定法 ･････････････････････････････ (170)

　　思考题 ･･ (171)

　　习题 ･･ (172)

第 6 章　沉淀重量法与沉淀滴定法 ････････････････････････････････ (174)

　6.1　沉淀的溶解度及其影响因素 ･･････････････････････････････ (174)

　　　　6.1.1　溶解度与固有溶解度,活度积、溶度积与条件溶度积 ･･････ (174)

　　　　6.1.2　影响沉淀溶解度的因素 ･････････････････････････ (175)

　6.2　沉淀重量法 ･･ (180)

　　　　6.2.1　沉淀重量法的分析过程和对沉淀的要求 ･･････････ (181)

　　　　6.2.2　沉淀的形成 ･･･････････････････････････････････ (181)

　　　　6.2.3　沉淀的纯度 ･･･････････････････････････････････ (183)

　　　　6.2.4　沉淀的条件和称量形的获得 ･･･････････････････ (185)

　　　　6.2.5　有机沉淀剂的应用 ･･･････････････････････････ (189)

　6.3　沉淀滴定法 ･･ (190)

　　　　6.3.1　滴定曲线 ･････････････････････････････････････ (190)

　　　　6.3.2　Mohr(莫尔)法——铬酸钾作指示剂 ･･････････････ (191)

　　　　6.3.3　Volhard(福尔哈德)法——铁铵矾作指示剂 ･･･････ (193)

　　　　6.3.4　Fajans(法扬斯)法——吸附指示剂 ･････････････ (194)

　　思考题 ･･ (195)

　　习题 ･･ (196)

第 7 章　分光光度法 ･･･ (198)

　7.1　分光光度法的基本原理 ･･････････････････････････････････ (199)

　　　　7.1.1　物质对光的吸收与分子吸收光谱 ･･･････････････ (199)

　　　　7.1.2　溶液吸收光定律——Lambert-Beer(朗伯-比尔)定律 ･･ (201)

　　　　7.1.3　吸光度的加和性与吸光度的测量 ･･･････････････ (202)

　7.2　光度分析的方法和仪器 ･･････････････････････････････････ (203)

　　　　7.2.1　光度分析的方法 ･････････････････････････････ (203)

　　　　7.2.2　分光光度计的基本部件 ･･････････････････････ (203)

　　　　7.2.3　分光光度计的类型 ･･･････････････････････････ (205)

　7.3　分光光度法的灵敏度与准确度 ･･･････････････････････････ (206)

　　　　7.3.1　灵敏度的表示方法 ･･･････････････････････････ (206)

　　　　7.3.2　影响准确度的因素 ･･･････････････････････････ (207)

　7.4　显色反应与分析条件的选择 ･･･････････････････････････････ (208)

　　　　7.4.1　显色反应与显色剂 ･･･････････････････････････ (208)

　　　　7.4.2　显色反应条件的确定 ･････････････････････････ (209)

　　　　7.4.3　分光光度法测定中的干扰及消除办法 ･･･････････ (211)

　7.5　分光光度法的应用 ･･･････････････････････････････････････ (212)

　　　　7.5.1　单一组分测定 ･･･････････････････････････････ (212)

　　　7.5.2　多组分测定 ·· (213)

　　　7.5.3　光度滴定 ·· (214)

　　　7.5.4　络合物组成的测定 ·· (215)

　　　7.5.5　酸碱离解常数的测定 ··· (216)

　*　7.5.6　其他测定方法 ··· (217)

　　思考题 ··· (219)

　　习题 ··· (219)

第 8 章　其他常用仪器分析方法 ·· (222)

　8.1　分子荧光和磷光分析法 ·· (222)

　　　8.1.1　光致发光的基本原理 ··· (222)

　　　8.1.2　分子光致发光与结构间的关系 ···································· (224)

　　　8.1.3　荧光强度的影响因素及测定步骤 ································· (224)

　　　8.1.4　荧光(磷光)光谱仪 ·· (225)

　　　8.1.5　荧光和磷光分析法的应用 ··· (225)

　8.2　原子吸收光谱法 ·· (226)

　　　8.2.1　基本原理 ··· (226)

　　　8.2.2　原子吸收分光光度计 ·· (226)

　　　8.2.3　干扰及其抑制 ·· (229)

　　　8.2.4　定量分析方法、灵敏度、检出限及测定条件选择 ··········· (229)

　　　8.2.5　应用 ··· (230)

　8.3　电位分析法 ··· (230)

　　　8.3.1　概述 ··· (230)

　　　8.3.2　参比电极与指示电极 ·· (231)

　　　8.3.3　直接电位法 ··· (235)

　　　8.3.4　电位滴定法 ··· (237)

　8.4　色谱法 ·· (238)

　　　8.4.1　气相色谱法 ··· (238)

　　　8.4.2　高效液相色谱法 ·· (246)

　　　8.4.3　毛细管电泳法 ·· (248)

　8.5　质谱法 ·· (248)

　　　8.5.1　质谱仪的工作原理 ·· (248)

　　　8.5.2　质谱仪的主要性能指标 ·· (249)

　　　8.5.3　质谱仪的基本结构 ·· (249)

　　　8.5.4　质谱图及其应用 ·· (255)

　　　8.5.5　质谱定性分析 ·· (256)

　　　8.5.6　质谱定量分析 ·· (257)

　　思考题 ··· (258)

　　习题 ··· (259)

第 9 章　分析化学中常用的分离方法 ··· (262)

　9.1　沉淀分离法 ··· (263)

　　　9.1.1　用无机沉淀剂的分离法 ·· (263)

9.1.2 用有机沉淀剂的分离法 ……………………………………………（264）
9.1.3 共沉淀分离和富集 ………………………………………………（264）
9.1.4 提高沉淀分离选择性的方法 ……………………………………（265）
9.2 溶剂萃取分离法 …………………………………………………………（266）
9.2.1 萃取分离的基本原理 ……………………………………………（266）
9.2.2 萃取平衡 …………………………………………………………（268）
9.2.3 其他萃取方法简介 ………………………………………………（271）
9.3 离子交换分离法 …………………………………………………………（273）
9.3.1 树脂的种类和性质 ………………………………………………（273）
9.3.2 离子交换反应和离子交换树脂的亲和力 ………………………（275）
9.3.3 离子交换分离操作技术 …………………………………………（275）
9.3.4 离子交换分离法的应用 …………………………………………（276）
9.4 经典色谱法 ………………………………………………………………（277）
9.4.1 柱色谱法 …………………………………………………………（278）
9.4.2 纸色谱法 …………………………………………………………（279）
9.4.3 薄层色谱法 ………………………………………………………（280）
9.5 其他分离方法 ……………………………………………………………（282）
9.5.1 挥发与蒸馏 ………………………………………………………（282）
9.5.2 膜分离 ……………………………………………………………（283）
9.5.3 浮选 ………………………………………………………………（283）
思考题 ……………………………………………………………………………（284）
习题 ………………………………………………………………………………（284）
附录 ………………………………………………………………………………（286）
附录 A 主要参考书 ……………………………………………………………（286）
附录 B 常用试剂和指示剂 ……………………………………………………（288）
B.1 常用酸碱指示剂 ………………………………………………………（288）
B.2 常用金属指示剂 ………………………………………………………（289）
B.3 常用氧化还原指示剂 …………………………………………………（289）
B.4 常用预氧化剂与预还原剂 ……………………………………………（290）
B.5 部分显色剂及其应用 …………………………………………………（290）
附录 C 化学平衡常数等各类物理化学数据 …………………………………（292）
C.1 一些离子的离子体积参数($\mathring{a}$)和活度系数(γ) ……………………（292）
C.2 弱酸及弱碱在水溶液中的离解常数,25℃ ……………………………（292）
C.3 金属络合物的稳定常数 ………………………………………………（295）
C.4 金属离子与氨羧络合剂络合物稳定常数的对数 ……………………（297）
C.5 一些络合滴定剂、掩蔽剂、缓冲剂阴离子的 $\lg\alpha_{A(H)}$ …………（297）
C.6 一些金属离子的 $\lg\alpha_{M(OH)}$ ……………………………………（298）
C.7 金属指示剂的 $\lg\alpha_{In(H)}$ 及金属指示剂变色点的 pM
[即(pM)$_t$] …………………………………………………………（299）
C.8 标准电极电位(φ°)及一些氧化还原电对的条件

　　　　电极电位($\varphi^{\ominus\prime}$）……………………………………………（300）
　　C.9　难溶化合物的活度积($K_{sp}^{\ominus}$）和溶度积(K_{sp}），25℃ …………（302）
附录 D　相对原子质量及化合物的摩尔质量 …………………………（305）
　　D.1　相对原子质量(A_r）表 ……………………………………（305）
　　D.2　化合物的摩尔质量(M）表………………………………（305）
附录 E　习题参考答案 ………………………………………………（308）
附录 F　索引 …………………………………………………………（311）

第1章 概　　论

1.1　定量分析概述
　　分析化学的任务和作用∥定量分析过程∥定量分析方法
1.2　分析化学中的基本计算
　　基准物质和标准溶液∥滴定分析中的体积测量∥滴定分析计算

1.1　定量分析概述

1.1.1　分析化学的任务和作用

　　化学是在原子和分子水平上研究物质的组成、制备、性质、结构、应用和相互作用以及变化规律的科学。作为化学的一个分支学科,分析化学是发展和应用各种方法、仪器和策略以获得有关物质在空间和时间方面组成和性质的信息的科学。它是"表征和量测的科学",是研究物质的化学组成的分析方法及相关原理的科学。按分析化学的任务,可将其分为定性分析、定量分析和结构分析三部分。定性分析是确定物质由哪些组分(元素、离子、基团或化合物)所组成,也就是确定组成物质的各组分"是什么";定量分析是确定物质中有关组分的含量,也就是确定物质中被测组分"有多少";结构分析是确定物质中各组分的结合方式及其对物质化学性质的影响。需要时,提供组成、含量以及结构在所研究对象空间上的分布以及时间上的变化信息。

　　分析化学的发展,是学科之间交叉渗透的结果。20世纪初,物理化学的发展,特别是溶液平衡理论的建立,为分析技术提供了理论基础,使分析化学从一门技术发展成为一门科学。第二次世界大战前后,物理学、电子学、半导体及原子能工业的发展极大地促进了分析中物理方法的发展,出现了一系列以测量物理或物理化学性质为基础的仪器分析方法,分析化学从以溶液化学分析为主的经典分析化学发展成了以仪器分析为主的现代分析化学。从20世纪70年代末至今,分析化学已经发展成为分析科学,正在成长为一门建立在化学、生物、物理学、数学、计算机科学、精密仪器制造等学科之上的综合性科学[高鸿.分析化学已经发展到分析科学阶段.大学化学,1999,14(4):4～7]。

　　与此同时,分析化学对化学及各相关学科的发展起着重要的作用。许多化学定律和理论都是用分析化学的方法确定的;对于其他各个科学研究领域,只要涉及化学现象,都无一例外地需要分析测定。分析化学的任务已经从单纯地提供数据上升到解决实际问题,分析化学家不仅要解决定性分析和定量分析问题,而且要提供更多的信息,尤其是物质的结构与性能的关系及其随时空变化的信息,成为参与处理和解决问题的决策者。此外,分析化学对工农业生产、国防建设和人民生活与健康等都发挥着重要作用。人类基因组计划的完成,是分析化学家参与解决问题的最好实例之一。分析化学家为人类基因组计划的完成提供了准确、快速和高通量的测序方法。可以说,没有分析化学家的参与,

1

人类基因组计划是不可能完成的。另一个实例是 2020 年来肆虐全球、威胁人类健康的新冠病毒(SARS-CoV-2)的检测,分析化学家已经可以将检测时间从数小时缩短至 30 分钟,给诊断和治疗赢得了时间。当前乃至今后相当长的时期里,随着生命科学、材料科学、能源科学和环境科学等领域的发展,分析化学的研究和实践担负着前所未有的重大责任,面临着严峻的挑战。分析化学的发展和进步,与这些人类所关心的重要领域的发展和进步是密不可分的,分析化学的水平已成为衡量一个国家科学技术水平的重要标志之一。

分析化学的定位是与时俱进的,21 世纪社会和科技的发展都需要分析化学家的参与,分析化学家正面临着前所未有的挑战。在测定灵敏度方面,需要能够在单细胞、单分子水平开展定量研究;选择性方面,需要能够分离分析极端复杂和异质性样品(如血液、组织或细胞等)中的组分;对活体样本,需要能够对活性组分或兴趣分子进行实时动态检测,揭示与生命相关的物理化学机制;针对特定的样品与研究对象,需要能够提供具有时间、空间分辨能力的分析方法;针对特殊的分析需求,需要小型化分析仪器,需要无损分析方法,需要遥感分析方法以及自动化与智能化分析方法,需要回答物质存在形式的形态分析方法,此外,还需要能够对环境污染物、植物和动物样本进行检测与溯源的分析方法。

分析化学是一门以实验为基础的科学,在学习过程中一定要理论联系实际,加强实验训练这个重要环节。通过本课程的学习,树立准确的量的概念;培养严谨的科学态度;了解各种分析方法的基本原理和测定技术,正确掌握有关的科学实验技能;提高分析问题和解决问题的能力。

1.1.2　定量分析过程

一般地,完成一项定量分析工作需要顺序经过图 1.1(a)的流程。在这些步骤当中,由于试样的复杂性与选择的方法不同,具体的途径可能是不同的。图 1.1(b)为简单的试样制备步骤,某些情况下,一些步骤可以省略。例如,当样品已经是溶液时,溶解步骤可以省略。本书侧重于试样测定、计算与分析结果的方法与原理介绍,以下仅对图 1.1 中的步骤进行简单介绍。

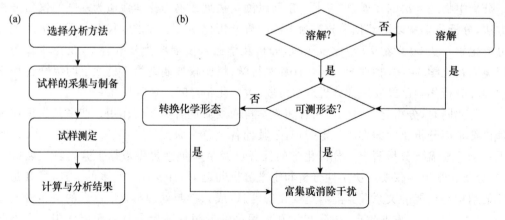

图 1.1　建立分析方法的基本步骤(a)和试样的制备流程(b)

1. 选择分析方法

面对确定的分析问题,第一个重要的决定就是选择分析方法。首先需要考虑的是被测组分的性质与含量、具体可用试样的量,以及测定所要求达到的分析准确度。但是如果追求高度可靠的方法,需要投入大量的时间与精力。因此,选择方法时需要在要求的准确度、时间与花费等方面进行平衡。各种分析方法在准确度、灵敏度、选择性和适用范围等方面有较大差别,所以,最好的分析方法是针对特定的分析化学问题而言的。

2. 试样的采集与制备

选择分析方法之后的步骤是样品采集与制备。

(1) 试样的采集

一般情况下,取样是从大量体相物料收集少量代表性样本的过程。为能获得有意义、有价值的信息,所收集的试样必须在组成上准确反映全部物料的平均组成。实际分析对象多种多样,有固体、液体和气体,试样的性质和均匀程度也各不相同。关于采集有代表性试样和制成分析试样的具体操作规程,各有关部门都有严格规定。

生物来源样品的复杂性与不稳定性也给试样采集提出了挑战。例如,人血中的血气检测,需要测试人员遵守严格的操作规程进行取样以及将试样运输到临床实验室,并合理保存,以保证所分析的试样反映病人取样当时的情况。取样经常是最难的步骤,也是整个分析过程中误差来源最大的步骤,取样误差与分析误差是独立的,无法通过试剂空白实验等方法校正。

(2) 试样的制备

试样制备过程是处理所采集的试样成为可测形式(通常为溶液),并消除干扰。

有些情况下,在测定之前不需要进行试样制备或预处理。例如,对于可以直接检测固体样本的方法,如激光诱导击穿等离子发射光谱分析和 X 射线荧光法,不需要溶解步骤,试样可以直接进行测定。对于水样,很多时候可以直接或过滤后进行测定。

采集的固体试样需要通过粉碎、过筛、混匀、缩分等步骤,以制得少量的、均匀而有代表性的分析试样。经粉碎的试样具有较大的比表面,容易吸附水分(称为湿存水)。为使试样与原样品含水量一致,可依据样品的性质在不同温度下烘干或风干除去湿存水。采集的液体试样需要密闭保存,以防止溶剂蒸发带来的待测组分浓度发生改变。如果是溶解气体的液体试样,不仅需要将试样容器密闭,还需要将密闭的容器放入一个更大的密闭容器中保存,并且在整个过程中避免被空气污染。

① 试样分解

在大多数情况下,需要先将试样(如矿石)分解,使被测组分定量转入溶液中,方能进行分析。分析测定的是以合适溶剂溶解的液态样品。在试样分解过程中要防止被测组分损失,同时还要避免引入干扰成分。常用的分解方法主要有溶解法和熔融法两种。

溶解法常采用酸(或碱)溶解试样。常用的用于溶解试样的酸碱列于表 1-1。试样溶解方法需足够温和,以确保待测组分不被损失,而选择的溶剂需要能够快速安全地溶解整个试样。

表 1-1 常用溶剂及其使用

常用溶剂	说　明
① HCl	电位序在氢以前的金属或合金、碱性氧化物及弱酸盐都能溶解于 HCl 中。利用 Cl^- 的还原性和络合能力，还可溶解软锰矿(MnO_2)和赤铁矿(Fe_2O_3)等。
② HNO_3	HNO_3 具有氧化性，除铂、金及某些稀有金属外，绝大部分金属能溶解于 HNO_3 中。但能被 HNO_3 钝化的金属(如铝、铬、铁)以及与 HNO_3 作用生成不溶性酸的金属(如锑、锡、钨)都不能用 HNO_3 溶解。
③ H_2SO_4	浓热的 H_2SO_4 有强氧化性和脱水能力，能溶解多种合金及矿石，还常用以分解破坏有机物。其沸点高(338 ℃)，加热溶液至 H_2SO_4 冒白烟(SO_3)，可以除去溶液中的 HCl、HF 和 HNO_3。
④ H_3PO_4	H_3PO_4 加热时变成焦磷酸，具有强的络合能力，常用以溶解合金钢和难溶矿。
⑤ $HClO_4$	热的 $HClO_4$ 具有强的氧化性和脱水能力。加热溶液至 $HClO_4$ 冒白烟(203 ℃)，可除去低沸点酸。但热的 $HClO_4$ 遇到有机物易发生爆炸，使用时应当先用 HNO_3 氧化有机物和还原剂，然后再加 $HClO_4$。
⑥ HF	HF 的酸性较弱，但络合能力较强，常与 H_2SO_4 或 HNO_3 混合使用以分解硅酸盐和其他试样。用 HF 分解试样时，需使用塑料或铂金器皿。
⑦ NaOH	铝和铝合金以及某些酸性为主的两性氧化物(如 As_2O_3)可用 NaOH 溶解。用 NaOH 溶解时，应使用塑料或银制器皿。
⑧ 混合溶剂	实际工作中常使用混合溶剂，其溶解效率更高。例如王水(3 份 HCl 与 1 份 HNO_3 混合)能溶解铂、金及硫化汞等；浓 H_2SO_4 + K_2SO_4 可分解有机物，使有机氮转变为 NH_4^+；HNO_3 + $HClO_4$ 能用来分解有机物等。

　　熔融法是将试样与固体熔剂混合，在高温条件下熔融分解，再用水或酸浸取，使其转入溶液中。常用的酸性熔剂如 $K_2S_2O_7$ 或 $KHSO_4$，在高温产生的 SO_3 能与碱性氧化物作用，形成硫酸盐。V_2O_5 是酸性熔剂且兼有氧化能力，用于分解含氮、硫、卤素的有机物，释放的气体能直接用试纸检验。常用的碱性熔剂有 Na_2CO_3、NaOH、Na_2O_2 等，用以分解酸性试样。

　　干法灰化是在一定温度和气氛下加热，使待测组分分解、变化，留下的残渣使用适当溶剂溶解。这个不用熔剂分解的试样制备方法，空白值低，对微量元素的分析有重要意义。

　　② 干扰消除

　　在化学分析中，很少有物种其理化性质是独特的。因此，测定某一组分时，样品中其他共存的组分常产生干扰，导致分析结果不准确。当将试样溶解，被测组分转化为适合测定的形态时，下一个步骤就是消除试样中干扰测定的物种。采用掩蔽剂消除干扰是一种比较简单、有效的方法。但在很多情况下，没有合适的掩蔽方法，这就需要将被测组分与干扰组分进行分离。常用的分离方法有沉淀分离、萃取分离、离子交换和色谱法分离等(详见第 9 章)。

　　3. 测定

　　在最后制得被测组分可测形态的溶液后，则可使用选用的方法获得被测组分相关的物理化学的信号。所测定的信号必须重复性好。

　　4. 计算与分析结果

　　根据试样质量、测量所得数据和分析过程有关反应的计量关系，计算试样中有关组分的含量。其含量的表述方法见 1.2.4 节。仪器分析方法中,理想情况下信号与被测组分的浓度成正比关系,校准方法详见 2.4 节。

只有对分析结果的可靠性进行估计,整个分析过程才算完成。分析工作者需要遵照统计学方法(详见第 2 章)正确表达分析测定结果,提供方法的不确定性量度。

1.1.3　定量分析方法

1. 化学分析法

化学分析法是以物质的化学反应为基础的分析方法,主要有沉淀重量法和滴定分析法等。

（1）沉淀重量法

根据反应产物(一般是沉淀)的质量来确定被测组分在试样中的含量。例如试样中钡的测定:称取一定量试样溶于水或稀酸中,加入过量的稀 H_2SO_4 溶液,使之生成 $BaSO_4$ 沉淀,经过滤、洗涤、灼烧后称量,以测得试样中 Ba 的质量分数 $w(Ba)$。沉淀重量法适用于含量在 1% 以上的常量组分的测定,可获得很准确的分析结果,一般可使测量误差 $<0.2\%$,但操作较麻烦,耗费时间较长。

（2）滴定分析法

滴定分析法用于测量已知的被测组分的浓度,是将一种已知准确浓度的试剂溶液或标准溶液逐渐加到被测组分的溶液中,直到化学反应完成为止(反应终点)。通过测量标准溶液的体积,依据试剂与被测组分间的化学计量关系,求得被测组分的含量,故也称为容量分析法。可以基于使用指示剂在终点前后颜色变化确定滴定终点,也可以使用仪器进行终点确定,如电化学、热分析、光学方法等。例如 Fe^{2+} 的测定,可在酸性试液中,用已知浓度的 $KMnO_4$ 溶液滴定,按反应的化学计量关系加入 $KMnO_4$ 后,稍过量一点的 $KMnO_4$ 就使溶液变为粉红色,滴定便到此终止。然后根据 $KMnO_4$ 溶液的浓度与滴定消耗的体积计算 Fe^{2+} 的含量。

适合滴定分析的反应必须具备以下条件:

① 反应具有确定的化学计量关系。

② 反应完全度通常须达到 99.9% 以上。

③ 反应速率快。对于速率较慢的反应,有时可通过加热或加入催化剂等方法加快反应速率。

④ 必须有适当方法确定终点。

凡是能满足上述要求的反应,都可用标准溶液直接滴定被测物质。例如用 HCl 溶液滴定 NaOH 溶液,用 $K_2Cr_2O_7$ 溶液滴定 Fe^{2+} 溶液等。如果反应不能完全符合上述要求,可采用以下几种方式进行滴定。

① 返滴定法:当反应较慢或反应物是固体,亦或没有合适的指示剂时,可先加入一定量过量的滴定剂,待反应完成后,再使用另一种标准溶液滴定剩余的滴定剂。例如,Al^{3+} 与 EDTA 络合反应速率太慢,且 Al^{3+} 封闭指示剂,加入一定量过量的 EDTA 标准溶液,并加热促使反应完全,冷却后,用 Zn^{2+} 标准溶液滴定过量的 EDTA。

② 置换滴定法:被测物质所参加的反应如果没有确定的化学计量关系,或反应完全度不高,可以用适当的试剂与其反应,使之被定量置换成另一物质,再用标准溶液滴定此物质。例如 $Na_2S_2O_3$ 不能直接滴定 $K_2Cr_2O_7$ 及其他强氧化剂,因为强氧化剂不仅将

$S_2O_3^{2-}$ 氧化成 $S_4O_6^{2-}$，还会将其部分氧化成 SO_4^{2-}，这就没有确定的计量关系。若在酸性 $K_2Cr_2O_7$ 溶液中加入过量 KI，使 $K_2Cr_2O_7$ 被定量地置换成 I_2，后者可以用 $Na_2S_2O_3$ 标准溶液直接滴定，计量关系确定。

③ 间接滴定法：不能与滴定剂直接反应的物质，可以通过另外的化学反应间接进行测定。例如 Ca^{2+} 在溶液中没有可变价态，不能直接用氧化还原法滴定。可将其沉淀为 CaC_2O_4，过滤洗净后溶解于 H_2SO_4，就可以用 $KMnO_4$ 滴定定量释放的 $H_2C_2O_4$，从而间接测定 Ca^{2+} 的含量。

滴定分析法适用于常量组分的测定，比沉淀重量法简便、快速，准确度也较高，因此应用比较广泛。根据反应类型的不同，滴定分析法可分为酸碱滴定法、络合滴定法、氧化还原滴定法和沉淀滴定法，将分别在各章中详细介绍。

2. 仪器分析法

以物质的物理性质和物理化学性质为基础的分析方法，称为物理化学分析法。由于此类分析方法都要使用仪器设备，故称为仪器分析法。近些年来，一些大型的仪器分析方法已成为强大的手段，例如，质谱法、核磁共振波谱法、电子显微镜分析。另外，适用于放射性物质的放射化学分析、适用于生化物质的免疫分析等都有长足的进步。仪器分析法具有快速、灵敏、通量高的特点。主要的仪器分析方法有：

(1) 光学分析法

光学分析法是根据物质与电磁辐射的作用而产生的光学信号的变化而建立的分析方法，通常分为分子光谱法和原子光谱法。分子光谱法包括紫外-可见分光光度法、红外光谱法和分子发光光谱法（包括荧光、磷光、化学与生物发光），以及拉曼光谱法等；原子光谱法包括原子发射光谱法、原子吸收光谱法、原子荧光光谱法、X 射线吸收与荧光光谱法等。很多方法可以与光学成像手段结合，揭示物质的空间分布信息。

(2) 电分析法

电分析法是根据被分析物质溶液的电化学性质而建立的分析方法，主要包括电位分析法、电导分析法、电解和库仑分析法、伏安法等。

(3) 色谱法

色谱法是一类高效分离方法。在实际工作中，常把分离和分析结合在一起。主要有气相色谱法、液相色谱法（包括柱色谱、纸色谱、薄层色谱及高效液相色谱法等）。电泳分析也是一种将分离和检测结合的分析方法，在 20 世纪末的人类基因组计划中发挥了重要作用。

(4) 质谱法

质谱法是通过将样品转化为运动的气态离子并按照质荷比大小进行检测的分析方法。质谱法样品用量少，灵敏度高，分离和鉴定可同时进行。近年来质谱技术发展迅速，已广泛应用于化学、化工、环境、能源、材料、医学以及生命科学等领域。

(5) 核磁共振波谱法

自旋量子数不为零的原子核在磁场中能级发生 Zeeman 分裂，在射频场作用下发生共振跃迁，自旋体系回到平衡态的过程中（弛豫）产生电磁信号。核磁共振波谱法即是对该信号的检测。

随着现代科学技术的发展以及相关学科之间的融合，新的仪器分析原理和方法层出不穷，特别是联用技术以及高级数据处理技术的发展，为提高灵敏度，并获得时空多维信息提供了有力工具。

按被测组分的含量和所取试样的量来分,分析方法可分为常量组分(含量>1%)分析和微量组分(含量<1%)分析;常量试样(固体样的质量>0.1 g,液体样体积>10 mL)分析、半微量试样(固体样的质量在 0.01~0.1 g 之间,液体样体积为 1~10 mL)分析和微量试样(固体样质量<0.01 g,液体样体积<1 mL)分析。常量分析一般采用化学分析法,微量分析一般采用仪器分析法。

若按物质的形态来分,分析方法可分为气体分析、固体分析、液体分析;按物质的属性来分,还可分成无机物分析、有机物分析、药物分析、生化分析等。

现代分析化学正从以下几方面得到发展和完善:从常量分析、微量分析到微粒分析;从总体分析到微区、表面、逐层分析;从宏观分析到微观结构分析;从组成分析到形态分析;从静态分析到动态追踪分析;从破坏试样分析到无损分析;从离线分析到在线分析;从直接分析试样到遥控分析;从简单体系分析到复杂体系分析等。

各种分析方法都有其特点,也各有一定的局限性,要根据被测物质的性质、含量、试样的组成和对分析结果准确度的要求,选用最适当的方法进行测定。

本书主要介绍化学分析法和仪器分析法中的分光光度法,简略介绍分子荧光(磷光)分析法、原子吸收光谱法、电位分析法、色谱法和质谱法。

1.2　分析化学中的基本计算

在分析化学中,基准物质、标准溶液、体积测量以及化学计量关系至关重要,本节将进行介绍。分析结果的表达与数据处理,将在第 2 章中介绍。

1.2.1　基准物质和标准溶液

1. 基准物质

用以直接配制标准溶液或标定溶液浓度的物质称为基准物质。作为基准物质,必须符合以下要求:

(1) 物质的组成与化学式相符。若含结晶水,例如 $H_2C_2O_4 \cdot 2H_2O$、$Na_2B_4O_7 \cdot 10H_2O$ 等,其结晶水的含量也应与化学式相符。

(2) 试剂的纯度足够高(99.9%以上)。

(3) 试剂稳定,例如不易吸收空气中的水分和 CO_2,以及不易被空气所氧化等。

常用的基准物质有 $KHC_8H_4O_4$、$H_2C_2O_4 \cdot 2H_2O$、Na_2CO_3、$K_2Cr_2O_7$、$NaCl$、$CaCO_3$、金属锌等。基准物质必须以适宜方法进行干燥处理并妥善保存。基准物质主体含量高而且准确可靠。应将基准试剂与高纯试剂、专用试剂区别开来。

2. 标准溶液的配制

标准溶液是具有准确浓度的试剂溶液,在滴定分析中常用作滴定剂。配制标准溶液的方法有两种:

(1) 直接法

准确称取一定量的基准物质,溶解后定量地转入容量瓶中,用去离子水稀释至刻度。根据称取物质的质量和溶液的体积,计算出该标准溶液的准确浓度。

(2) 标定法

很多试剂不符合基准物质的条件,不适合直接配制成标准溶液,可采用标定法。即先按大致所需浓度配制溶液,然后利用该物质与基准物质(或已知准确浓度的另一溶液)的反应来确定其准确浓度。例如,NaOH 试剂易吸收空气中的 CO_2 和水分,$KMnO_4$ 易分解。采用适当方法把它们分别配制成大致所需浓度的溶液,然后均可用基准物质 $H_2C_2O_4 \cdot 2H_2O$ 标定它们的准确浓度。有的基准试剂价格太贵,也可采用纯度稍低的试剂用标定法配制标准溶液。

1.2.2 滴定分析中的体积测量

滴定分析中溶液体积的测量是通过容量分析仪器得到的。这类仪器具有准确的体积,一般用玻璃制造。最常用的容量分析仪器有 3 种,表 1-2 给出了这些常用仪器的规格和名称。

表 1-2 常用容量分析仪器(A 级)

名 称	测量方式	规格/mL
容量瓶	量入式	$250 \pm 0.15, 100 \pm 0.10, 50 \pm 0.05$
移液管	量出式	$50 \pm 0.05, 25 \pm 0.03, 10 \pm 0.02$
滴定管	量出式	$50 \pm 0.05, 25 \pm 0.04$

容量分析仪器的体积通常要进行校准,其方法有两种:

1. 绝对校准

用称量的方法测量仪器量入(指容量瓶)或量出(指移液管、滴定管)的纯水的质量,根据测量温度下的水的密度,计算水的体积,也即被校准的容量分析仪器的体积。计算时要考虑温度对玻璃的膨胀系数的影响。

2. 相对校准

滴定分析中,有时不必知道容量分析仪器的准确体积,而仅需知道两种容量分析仪器的体积比。

例如,进行 100 mL 容量瓶与 25 mL 移液管的体积相对校准时,可用一支 25 mL 移液管向一只 100 mL 容量瓶转移纯水 4 次,然后在液面处作一标记。如用该移液管从此容量瓶中取出一份溶液时,其体积即为容量瓶所盛溶液总体积的 1/4。若用该容量瓶配制溶液时,用相对校准过的移液管移取一份溶液,则此份溶液中所含溶质的量即准确地等于容量瓶中所含溶质的量的 1/4。

在滴定时,从滴定管放出滴定剂的速度快慢不同,由于液体在管壁上的附壁效应,管壁上所附溶液的量也是不同的,由此引起的滴定剂体积的读数误差叫滴沥误差。为减小滴沥误差,滴定速度不要太快。放出溶液的体积 V 及所需时间 t 最好符合下表[①]所示:

V/mL	20	30	40	50	60	70
t/s	$40 \sim 75$	$60 \sim 105$	$80 \sim 135$	$100 \sim 165$	$120 \sim 195$	$140 \sim 225$

在分析化学计算中,溶液的浓度和体积的准确度直接关系到结果的准确度,因此一定要在实验中进行严格的训练,以熟练掌握溶液的配制和体积测量技术。

---

① Kolthoff I M, etc. Treatise on Analytical Chemistry, Part 1, Vol. Ⅱ. John Wiley & Sons, 1975, 6631.

1.2.3 滴定分析计算

1. 计算中常用的物理量

以国际单位制(SI)为基础的《中华人民共和国法定计量单位》中,分析化学常用的量及单位列于表 1-3 中。

表 1-3 分析化学中常用的量及单位[a]

物理量			说　　明
量的名称	量的符号	单位(符号)	
物质的量	n	摩[尔](mol)	必须指明基本单元
		毫摩[尔](mmol)	
摩尔质量	M	克每摩[尔]($g \cdot mol^{-1}$)	必须指明基本单元
物质的量浓度	c	摩[尔]每升($mol \cdot L^{-1}$)	必须指明基本单元
质量	m	克(g),毫克(mg)	
体积	V	升(L),毫升(mL)	
质量分数	w	量纲为 1	用%表达
质量浓度	ρ	克每升($g \cdot L^{-1}$)	

[a] 参考:李慎安,编.法定计量单位实用手册.北京:机械工业出版社,1988,510.

以下作一点说明:

(1) 物质的量 n

n 是表示物质多少的一个物理量,单位为 mol,其数值大小还取决于物质的基本单元。基本单元可以是分子、原子、离子、电子及其他粒子,或是这些粒子的特定组合。分析化学中常可根据某物质在反应中的质子转移数(酸碱反应)、电子得失数(氧化还原反应)或反应的计量关系确定基本单元。如在酸碱反应中常以 $NaOH$、HCl、$\frac{1}{2}H_2SO_4$ 为基本单元,在氧化还原反应中常以 $Na_2S_2O_3$、$\frac{1}{2}As_2O_3$、$\frac{1}{5}KMnO_4$、$\frac{1}{6}K_2Cr_2O_7$、$\frac{1}{6}KBrO_3$ 等为基本单元。即物质 A 在反应中的转移质子数或得失电子数为 Z_A 时,基本单元选为 $\frac{1}{Z_A}A$。显然

$$n\left(\frac{1}{Z_A}A\right) = Z_A \cdot n(A) \tag{1-1}$$

这样确定基本单元后,反应物 A 和 B 之间存在着基本单元数相等,即物质的量相等的关系,称为等物质的量规则。

$$n\left(\frac{1}{Z_A}A\right) = n\left(\frac{1}{Z_B}B\right) \tag{1-2}$$

例如,在以下反应中

$$6Fe^{2+} + Cr_2O_7^{2-} + 14H^+ \Longrightarrow 6Fe^{3+} + 2Cr^{3+} + 7H_2O$$

$K_2Cr_2O_7$ 的电子转移数为 6,以 $\frac{1}{6}K_2Cr_2O_7$ 为基本单元;Fe^{2+} 的电子转移数为 1,以 Fe^{2+} 为基本单元,则

$$n\left(\frac{1}{6}K_2Cr_2O_7\right) = n(Fe^{2+})$$

（2）摩尔质量 M

M 是指每摩物质的质量，单位为 $g \cdot mol^{-1}$ 或 $mg \cdot mmol^{-1}$。在用到摩尔质量这个量时，必须指明基本单元（例见下表）：

$M(K_2Cr_2O_7) = 294.18 \ g \cdot mol^{-1}$	$M\left(\frac{1}{6}K_2Cr_2O_7\right) = \frac{1}{6}M(K_2Cr_2O_7) = 49.03 \ g \cdot mol^{-1}$
$M(KMnO_4) = 158.03 \ g \cdot mol^{-1}$	$M\left(\frac{1}{5}KMnO_4\right) = \frac{1}{5}M(KMnO_4) = 31.61 \ g \cdot mol^{-1}$
$M(Na_2S_2O_3) = 158.10 \ g \cdot mol^{-1}$	$M(Fe^{2+}) = 55.85 \ g \cdot mol^{-1}$

知道了化合物的摩尔质量（摩尔质量 M 和相对分子质量 M_r 在数值上相等，可查手册），就可以得到所选定的基本单元的摩尔质量。用通式表示，则为

$$M\left(\frac{1}{Z_A}A\right) = \frac{1}{Z_A}M(A) \tag{1-3}$$

物质 A 的质量、摩尔质量和物质的量之间的关系为

$$m(A) = n(A) \cdot M(A) = n\left(\frac{1}{Z_A}A\right) \cdot M\left(\frac{1}{Z_A}A\right) \tag{1-4}$$

例如，0.1700 mol 的 $K_2Cr_2O_7$ 的质量：

$$m(K_2Cr_2O_7) = n(K_2Cr_2O_7) \cdot M(K_2Cr_2O_7)$$
$$= 0.1700 \ mol \times 294.18 \ g \cdot mol^{-1}$$
$$= 50.01 \ g$$

若基本单元为 $\frac{1}{6}K_2Cr_2O_7$，则

$$n\left(\frac{1}{6}K_2Cr_2O_7\right) = n(K_2Cr_2O_7) \times 6 = 0.1700 \ mol \times 6 = 1.0200 \ mol$$

$$m(K_2Cr_2O_7) = n\left(\frac{1}{6}K_2Cr_2O_7\right) \cdot M\left(\frac{1}{6}K_2Cr_2O_7\right)$$
$$= 1.0200 \ mol \times (294.18/6) g \cdot mol^{-1}$$
$$= 50.01 \ g$$

虽然基本单元不一样，但是物质的质量是一样的。

（3）物质的量浓度 c

c 又简称浓度，单位为 $mol \cdot L^{-1}$ 或其倍数单位 $mmol \cdot mL^{-1}$。A 的物质的量浓度定义为：物质 A 的物质的量 $n(A)$ 除以溶液的体积 V_A，即

$$c(A) = n(A)/V_A \tag{1-5}$$

凡涉及物质的量浓度时必须指明基本单元。例如，同一 $K_2Cr_2O_7$ 溶液，其 $c(K_2Cr_2O_7) = 0.010 \ mol \cdot L^{-1}$，则

$$c\left(\frac{1}{6}K_2Cr_2O_7\right) = 6 \times c(K_2Cr_2O_7) = 0.060 \ mol \cdot L^{-1}$$

写成通式，则为
$$c\left(\frac{1}{Z_A}A\right) = Z_A \cdot c(A) \tag{1-6}$$

（4）质量分数 w

w 表示待测组分在样品中的质量百分比，即

$$w(A) = m(A)/m_s \tag{1-7}$$

其中：$m(A)$ 为待测组分 A 的质量；m_s 为样品质量；$w(A)$ 为组分 A 在试样中的质量分数，通常以百分数表示。过去也用不等的两个单位之比，如 $mg \cdot g^{-1}$ 表示。

（5）质量浓度 ρ

ρ 表示单位体积混合物中某种物质的质量，单位为 $g \cdot L^{-1}$、$mg \cdot L^{-1}$ 或 $mg \cdot mL^{-1}$ 等。

$$\rho(A) = m(A)/V \tag{1-8}$$

（6）滴定度 T

T 也是标准溶液浓度的一种表示方法，不是法定单位，多用于生产单位的例行分析中。

滴定度是指每毫升滴定剂相当于待测物的质量 g 或 mg，用 $T_{B/s}$ 表示。例如，$T(\mathrm{Fe}/\mathrm{K_2Cr_2O_7}) = 0.005585\ \mathrm{g \cdot mL^{-1}}$，表示与 1 mL 该 $\mathrm{K_2Cr_2O_7}$ 标准溶液反应的 Fe 为 0.005585 g。若滴定中消耗 $\mathrm{K_2Cr_2O_7}$ 标准溶液 y mL，则样品中铁的质量 $m(\mathrm{Fe}) = T \cdot y(\mathrm{g})$。

滴定度和物质的量浓度可以互换。如上例中，$\mathrm{K_2Cr_2O_7}$ 标准溶液的物质的量浓度为

$$c(\mathrm{K_2Cr_2O_7}) = \frac{T \times 1000}{M(\mathrm{Fe}) \times 6} = 0.01667\ \mathrm{mol \cdot L^{-1}}$$

2. 滴定分析计算

滴定分析的计算包括溶液的配制、标定和测定结果计算。

【例 1.1】 欲配制 $0.02000\ \mathrm{mol \cdot L^{-1}}$ $\mathrm{K_2Cr_2O_7}$ 标准溶液 250.0 mL，问应称取 $\mathrm{K_2Cr_2O_7}$ 多少克？

解 用直接法配制该标准溶液，需准确称取基准物质 $\mathrm{K_2Cr_2O_7}$，并定容至 250.00 mL。$[M(\mathrm{K_2Cr_2O_7}) = 294.18\ \mathrm{g \cdot mol^{-1}}]$

$$\begin{aligned} m(\mathrm{K_2Cr_2O_7}) &= c(\mathrm{K_2Cr_2O_7}) \cdot V(\mathrm{K_2Cr_2O_7}) \cdot M(\mathrm{K_2Cr_2O_7}) \\ &= 0.02000\ \mathrm{mol \cdot L^{-1}} \times 0.2500\ \mathrm{L} \times 294.18\ \mathrm{g \cdot mol^{-1}} \\ &= 1.471\ \mathrm{g} \end{aligned}$$

在实际工作中，称取 1.471 g 样品是不容易的。常采取称量大致量的样品[本例中可称取$(1.5 \pm 0.1)\mathrm{g}$，称准至 1 mg 位]，然后溶解并定容于 250 mL 容量瓶中，再根据所称样品量及容量瓶体积计算出 $\mathrm{K_2Cr_2O_7}$ 的准确浓度。

【例 1.2】 称取基准物草酸 $(\mathrm{H_2C_2O_4 \cdot 2H_2O})$ 0.2002 g 溶于水中，用 NaOH 溶液滴定，消耗了 NaOH 溶液 28.52 mL，计算 NaOH 溶液的浓度。$[M(\mathrm{H_2C_2O_4 \cdot 2H_2O}) = 126.1\ \mathrm{g \cdot mol^{-1}}]$

解 此滴定反应为

$$\mathrm{H_2C_2O_4 + 2OH^- \Longrightarrow C_2O_4^{2-} + 2H_2O}$$

根据质子转移数，分别以 NaOH 和 $\frac{1}{2}\mathrm{H_2C_2O_4 \cdot 2H_2O}$ 为基本单元，按等物质的量规则计算。

$$\begin{aligned} n(\mathrm{NaOH}) &= n\left(\frac{1}{2}\mathrm{H_2C_2O_4 \cdot 2H_2O}\right) \\ &= \frac{m(\mathrm{H_2C_2O_4 \cdot 2H_2O})}{M\left(\frac{1}{2}\mathrm{H_2C_2O_4 \cdot 2H_2O}\right)} \\ &= \left(\frac{0.2002}{126.1/2}\right)\mathrm{mol} \\ &= 0.003175\ \mathrm{mol} \end{aligned}$$

$$c(\mathrm{NaOH}) = (0.003175/0.02852)\mathrm{mol \cdot L^{-1}} = 0.1113\ \mathrm{mol \cdot L^{-1}}$$

【例 1.3】 称取铁矿试样 0.3143 g，溶于酸并将 $\mathrm{Fe^{3+}}$ 还原为 $\mathrm{Fe^{2+}}$。用 $0.02000\ \mathrm{mol \cdot L^{-1}}$ $\mathrm{K_2Cr_2O_7}$ 溶液

滴定,消耗了 $K_2Cr_2O_7$ 溶液 21.30 mL。计算试样中 Fe_2O_3 的质量分数。$[M(Fe_2O_3)=159.7 \ g\cdot mol^{-1}]$

解　此滴定反应为

$$6Fe^{2+}+Cr_2O_7^{2-}+14H^+ \Longrightarrow 6Fe^{3+}+2Cr^{3+}+7H_2O$$

$$Cr_2O_7^{2-} \xrightarrow{+6e} 2Cr^{3+}, \quad Fe_2O_3 \longrightarrow 2Fe^{2+} \xrightarrow{-2e} 2Fe^{3+}$$

按等物质的量规则

$$n\left(\frac{1}{2}Fe_2O_3\right)=n\left(\frac{1}{6}K_2Cr_2O_7\right)$$

$$w(Fe_2O_3)=n\left(\frac{1}{2}Fe_2O_3\right)\cdot M\left(\frac{1}{2}Fe_2O_3\right)/m_s$$

$$=c\left(\frac{1}{6}K_2Cr_2O_7\right)\cdot V(K_2Cr_2O_7)\cdot \frac{1}{2}M(Fe_2O_3)/m_s$$

$$=\frac{6\times0.02000 \ mol\cdot L^{-1}\times21.30 \ mL\times159.7 \ g\cdot mol^{-1}}{0.3143 \ g\times2\times1000 \ mL\cdot L^{-1}}\times100\%$$

$$=64.94\%$$

【例 1.4】　以 $K_2Cr_2O_7$ 为基准物质,采用析出 I_2 的方式标定 $0.020 \ mol\cdot L^{-1}$ $Na_2S_2O_3$ 溶液的浓度。问应如何做,才能使称量误差在 $\pm0.1\%$ 以内?

解　以 $K_2Cr_2O_7$ 标定 $Na_2S_2O_3$ 溶液浓度采用的是置换滴定法,涉及两个反应,应从总的反应中找出实际参加反应的物质的量之间的关系。

$$6I^-+Cr_2O_7^{2-}+14H^+ \Longrightarrow 3I_2+2Cr^{3+}+7H_2O$$

$$I_2+2S_2O_3^{2-} \Longrightarrow 2I^-+S_4O_6^{2-}$$

从以上两个反应式可以看出,I^- 虽在前一反应中被氧化,却又在后一反应中被还原,结果并未发生变化。实际上相当于 $K_2Cr_2O_7$ 氧化了 $Na_2S_2O_3$。按等物质的量规则

$$n\left(\frac{1}{6}K_2Cr_2O_7\right)=n(Na_2S_2O_3)$$

在滴定分析中,为使滴定的体积误差在 0.1% 以内,消耗滴定剂的体积一般控制在 $20\sim30$ mL 范围。可按 $V(Na_2S_2O_3)=25$ mL 计算,即

$$m(K_2Cr_2O_7)=n\left(\frac{1}{6}K_2Cr_2O_7\right)\cdot M\left(\frac{1}{6}K_2Cr_2O_7\right)$$

$$=c(Na_2S_2O_3)\cdot V(Na_2S_2O_3)\cdot M\left(\frac{1}{6}K_2Cr_2O_7\right)$$

$$=0.020\times0.025\times(294.18/6)g$$

$$=0.025 \ g$$

分析天平的不确定性为 ±0.1 mg,则称量绝对误差一般为 ±0.2 mg,相对误差则为

$$E_r=\pm(0.0002/0.025)\times100\%\approx\pm1\%$$

为使称量误差在 $\pm0.1\%$ 以内,可以称取 10 倍量的 $K_2Cr_2O_7$(即 0.25 g 左右)溶解并定容在 250 mL 容量瓶中,然后用移液管移取 25.00 mL 溶液三份进行标定。这种方法俗称"称大样",可以减小称量误差。

如果基准物质的摩尔质量较大,或被标定溶液的浓度较大,其称样质量大于 0.2 g,则可分别称取三份基准物质作平行滴定,俗称"称小样"。若称量误差允许,称小样的测定结果更为可靠。

【例 1.5】　分析不纯 $CaCO_3$(其中不含分析干扰物)时,称取试样 0.3000 g,加入 $0.2500 \ mol\cdot L^{-1}$ HCl 标准溶液 25.00 mL。煮沸除去 CO_2,用 $0.2012 \ mol\cdot L^{-1}$ NaOH 溶液返滴过量的酸,消耗了 5.84 mL。计算试样中 $CaCO_3$ 的质量分数。$[M(CaCO_3)=100.09 \ g\cdot mol^{-1}]$

解　测定中涉及的两个反应为

$CaCO_3$ 与 HCl 的反应:　　　　$CaCO_3+2HCl \Longrightarrow CaCl_2+H_2O+CO_2\uparrow$

NaOH 返滴剩余之 HCl 的反应:　　$HCl+NaOH \Longrightarrow H_2O+NaCl$

显然,$CaCO_3$ 的量是用 HCl 的总量与返滴定所耗 NaOH 的量之差。

$$w(CaCO_3) = n\left(\frac{1}{2}CaCO_3\right) \cdot M\left(\frac{1}{2}CaCO_3\right)/m_s$$

$$= \left[c(HCl) \cdot V(HCl) - c(NaOH) \cdot V(NaOH)\right] \times M\left(\frac{1}{2}CaCO_3\right)/m_s$$

$$= \frac{(0.2500 \times 25.00 - 0.2012 \times 5.84) \times 100.09/2}{0.3000 \times 1000} \times 100\%$$

$$= 84.7\%$$

【例 1.6】 检验某病人血液中的含钙量,取 2.00 mL 血液,稀释后用 $(NH_4)_2C_2O_4$ 溶液处理,使 Ca^{2+} 生成 CaC_2O_4 沉淀,沉淀过滤洗涤后溶解于强酸中,然后用 $c\left(\frac{1}{5}KMnO_4\right) = 0.0500$ mol·L^{-1} 的 $KMnO_4$ 溶液滴定,用去 1.20 mL,试计算此血液中钙的含量。$[A_r(Ca) = 40.08]$

解 在间接滴定法中,要从几个反应中找出被测物的量与滴定剂的量之间的关系。在用 $KMnO_4$ 法间接测定 Ca^{2+} 时经过如下几步:

$$Ca^{2+} \xrightarrow{C_2O_4^{2-}} CaC_2O_4 \downarrow \xrightarrow{H^+} H_2C_2O_4 \xrightarrow[H^+]{KMnO_4} 2CO_2 \uparrow$$

此处 Ca^{2+} 与 $C_2O_4^{2-}$ 反应的计量比为 1:1,而 $KMnO_4$ 滴定 $H_2C_2O_4$ 的反应中,$C_2O_4^{2-} \xrightarrow{-2e} CO_2$,$MnO_4^- \xrightarrow{+5e} Mn^{2+}$,钙的基本单元为 $\frac{1}{2}Ca^{2+}$,高锰酸钾的基本单元为 $\frac{1}{5}KMnO_4$。故

$$n\left(\frac{1}{2}Ca^{2+}\right) = n\left(\frac{1}{2}H_2C_2O_4\right) = n\left(\frac{1}{5}KMnO_4\right)$$

$$\rho(Ca^{2+}) = \frac{n\left(\frac{1}{2}Ca^{2+}\right) \cdot M\left(\frac{1}{2}Ca^{2+}\right)}{V}$$

$$= \frac{c\left(\frac{1}{5}KMnO_4\right) \cdot V(KMnO_4) \cdot M\left(\frac{1}{2}Ca^{2+}\right)}{V}$$

$$= \frac{0.0500 \times 1.20 \times \frac{40.08}{2}}{2.00} \text{ mg·mL}^{-1}$$

$$= 0.601 \text{ g·L}^{-1}$$

总之,在滴定分析计算中,必须熟练掌握物质的量 (n)、物质的摩尔质量 (M)、物质的质量 (m)、溶液的浓度 (c) 和体积 (V) 之间的关系,根据具体反应情况和已知数据,计算有关组分的含量或浓度①。

---

① 在滴定分析计算中也常以反应物的分子为基本单元,根据反应方程式中的系数得出反应物之间的物质的量的关系,称作换算因数法。例如,在直接滴定法中,若物质 A 与 B 之间的反应为

$$aA + bB \Longrightarrow cC + dD$$

则

$$n(A) = \frac{a}{b}n(B), \quad n(B) = \frac{b}{a}n(A)$$

例如用 NaOH 滴定 $H_2C_2O_4 \cdot 2H_2O$,则 $n(NaOH) = 2n(H_2C_2O_4 \cdot 2H_2O)$。

在间接滴定法中,若物质 A 与 B 之间的关系为

$$aA \triangleq bB$$

则

$$n(A) = \frac{a}{b}n(B), \quad n(B) = \frac{b}{a}n(A)$$

例 1.6 的 $KMnO_4$ 法测 Ca^{2+} 中,1 mol $Ca^{2+} \triangleq$ 1 mol $H_2C_2O_4$

而

$$5 \text{ mol } H_2C_2O_4 \triangleq 2 \text{ mol } KMnO_4$$

则

$$n(Ca^{2+}) = \frac{5}{2}n(KMnO_4)$$

思 考 题

1. 为什么用作滴定分析的化学反应必须有确定的计量关系？什么是"化学计量点"？什么是"终点"？

2. 含铁量约 50％的铁矿石中铁含量的测定应采用化学分析法还是仪器分析法？若 $w(Fe) \approx 0.01\%$ 呢？

3. 用于直接配制标准溶液的基准物质应符合什么条件？基准试剂、高纯试剂和专用试剂各有何特点？I_2 可通过升华进行纯制，能否直接配制 I_2 标准溶液？

4. 将 10 mg NaCl 溶于 100 mL 水中，请用 c、w、ρ 分别表示该溶液中 NaCl 的含量。

5. 当反应 $aA + bB \Longrightarrow cC + dD$ 达化学计量点时，$n(A) = \dfrac{a}{b} n(B)$，$n\left(\dfrac{1}{Z_A} A\right) = n\left(\dfrac{1}{Z_B} B\right)$，$Z_A$、$Z_B$ 与 a、b 有什么关系？

6. 标定 NaOH 溶液时，草酸（$H_2C_2O_4 \cdot 2H_2O$）和邻苯二甲酸氢钾（$KHC_8H_4O_4$）都可以作基准物质，若 $c(NaOH) \approx 0.05$ mol·L^{-1}，选哪一种为基准物质更好？若 $c(NaOH) \approx 0.2$ mol·L^{-1} 呢？（从称量误差考虑）

7. 市售盐酸的密度为 1.18 g·mL^{-1}，HCl 含量为 36％～38％，欲用此盐酸配制 500 mL 0.1 mol·L^{-1} 的 HCl 溶液，应量取多少毫升？

8. 若将 $H_2C_2O_4 \cdot 2H_2O$ 基准物质长期保存于保干器中，用以标定 NaOH 溶液的浓度时，结果偏高还是偏低？用该 NaOH 溶液测定有机酸的摩尔质量时，结果偏高还是偏低？

9. 测定 $CaCO_3$ 的含量可采用酸碱滴定、络合滴定及氧化还原滴定法，请问此三种滴定方法各用什么滴定方式？（直接滴定、返滴定、间接滴定）

习 题

1.1 30.0 mL 0.150 mol·L^{-1} 的 HCl 溶液和 20.0 mL 0.150 mol·L^{-1} 的 $Ba(OH)_2$ 溶液相混合，所得溶液是酸性、中性，还是碱性？计算过量反应物的浓度。

1.2 称取纯金属锌 0.3250 g，溶于 HCl 溶液后，稀释到 250 mL 容量瓶中，计算 $c(Zn^{2+})$。

1.3 欲配制 $Na_2C_2O_4$ 溶液用于标定 $KMnO_4$ 溶液（在酸性介质中），已知 $c\left(\dfrac{1}{5} KMnO_4\right) \approx 0.10$ mol·L^{-1}，若要使标定时两种溶液消耗的体积相近，问应配制多大浓度（c）的 $Na_2C_2O_4$ 溶液？要配制 100 mL 溶液，应称取 $Na_2C_2O_4$ 多少克？

1.4 用 $KMnO_4$ 法间接测定石灰石中 CaO 的含量（见例 1.6），若试样中 CaO 的质量分数约为 40％，为使滴定时消耗 0.020 mol·L^{-1} $KMnO_4$ 溶液约 30 mL，问应称取试样多少克？

1.5 某铁厂化验室常需要分析铁矿中铁的含量。若 $c\left(\dfrac{1}{6} K_2Cr_2O_7\right) = 0.1200$ mol·L^{-1}，为避免计算，直接从所消耗的 $K_2Cr_2O_7$ 溶液的毫升数表示出铁的质量分数，应当称取铁矿多少克？$[A_r(Fe) = 55.85]$

1.6 称取 $Na_2HPO_4 \cdot 12H_2O$ 试剂 0.8835 g，以甲基橙为指示剂，用 0.1012 mol·L^{-1} HCl 溶液滴定至 $H_2PO_4^-$，消耗 HCl 溶液 27.30 mL。计算样品中 $Na_2HPO_4 \cdot 12H_2O$ 的质量分数，并解释所得结果。（HCl 溶液浓度、终点确定以及仪器均无问题）

1.7 称取含铝试样 0.2018 g，溶解后加入 0.02081 mol·L^{-1} EDTA 标准溶液 30.00 mL。调节酸度并加热使 Al^{3+} 定量络合，过量的 EDTA 用 0.02035 mol·L^{-1} Zn^{2+} 标准溶液返滴，消耗 Zn^{2+} 溶液 6.50 mL。计算试样中 Al_2O_3 的质量分数。（Al^{3+}、Zn^{2+} 与 EDTA 反应的化

学计量比均为1:1)

1.8 称取分析纯 $CaCO_3$ 0.1750 g,溶于过量的 40.00 mL HCl 溶液中,反应完全后滴定过量的 HCl 消耗 3.05 mL NaOH 溶液。已知 20.00 mL 该 NaOH 溶液相当于 22.06 mL HCl 溶液,计算此 HCl 溶液和 NaOH 溶液的浓度。

1.9 酒石酸($H_2C_4H_4O_6$)与甲酸(HCOOH)混合液 10.00 mL,用 0.1000 mol·L^{-1} NaOH 溶液滴定至 $C_4H_4O_6^{2-}$ 与 $HCOO^-$,耗去 15.00 mL。另取 10.00 mL 混合液,加入 0.2000 mol·L^{-1} Ce(Ⅳ)溶液 30.00 mL,在强酸性条件下,酒石酸和甲酸全部被氧化成 CO_2,剩余的Ce(Ⅳ)用 0.1000 mol·L^{-1}Fe(Ⅱ)溶液回滴,耗去 10.00 mL。计算混合液中酒石酸和甲酸的浓度。[Ce(Ⅳ)的还原产物为 Ce(Ⅲ)]

1.10 移取 KHC_2O_4-$H_2C_2O_4$ 溶液 25.00 mL,以 0.1500 mol·L^{-1} NaOH 溶液滴定至终点时消耗 25.00 mL。现移取上述 KHC_2O_4-$H_2C_2O_4$ 溶液 20.00 mL,酸化后用 0.04000 mol·L^{-1} $KMnO_4$ 溶液滴定至终点时需要多少毫升?

第 2 章　误差与分析数据处理

2.1　有关误差的一些基本概念
　　　误差的表征——准确度与精密度∥误差的表示——误差与偏差∥误差
　　　的分类——系统误差与随机误差
2.2　随机误差的分布
　　　频率分布∥正态分布∥随机误差的区间概率
2.3　有限数据的统计处理
　　　数据的集中趋势和分散程度的表示——对 μ 和 σ 的估计∥总体均值
　　　的置信区间——对 μ 的区间估计∥显著性检验∥异常值检验
2.4　校准方法
　　　校准曲线法∥标准加入法∥内标法
2.5　分析方法的灵敏度、检出限和动态范围
2.6　测定方法的选择与测定准确度的提高
2.7　有效数字

　　定量分析是根据物质的性质测定物质的量。与其他测量方法一样,所得结果不可能绝对准确,总伴以一定误差。即使采用最可靠的分析方法,使用最精密的仪器,由很熟练的分析人员进行测定,也不可能得到绝对准确的结果。同一个人对同一样品进行多次分析,结果也不尽相同。这就表明,在分析过程中,误差是客观存在的。例如:普通分析天平称量只能准确到0.1 mg,滴定管读数误差达 0.01 mL,pH 计测量误差为 0.02 等。一般常量分析结果的相对误差为千分之几,而微量分析结果的则为百分之几。测定的结果只能趋近于被测组分的真实含量,而不可能达到其真实含量。因此,对分析结果的可靠性和精确程度应作出合理的判断和正确的表述。为此,我们应该了解分析过程中产生误差的原因及误差出现的规律;并采取相应措施减小误差,使测定的结果尽量接近真实值,并基于统计分析对分析结果的可靠性作出合理判断。

2.1　有关误差的一些基本概念

2.1.1　误差的表征——准确度与精密度

　　分析结果的准确度表示被测组分的测量值与其真实值(真值)的接近程度,测量值与真实值之间差别越小,则分析结果的准确度越高。

　　为了获得可靠的分析结果,在实际工作中人们总是在相同条件下对样品进行平行测定,然后以平均值表示测定结果。如果平行测定所得数据很接近,说明分析的精密度高。所谓精密度,就是几次平行测定结果相互接近的程度。

　　如何从精密度与准确度两方面来衡量分析结果的好坏呢?

　　图 2.1 表示出甲、乙、丙、丁四人分析同一试样中铁含量的结果。由图可见:甲所得结果准确度与精密度均好,结果可靠;乙的精密度虽很高,但准确度太低,可能测量中存

在系统误差;丙的精密度与准确度均很差;丁的平均值虽也接近于真实值,但几个测量值彼此相差甚远,而仅是由于大的正负误差相互抵消才使结果接近真实值。

综上所述,我们可得到下述结论:

(1) 精密度是保证准确度的先决条件。精密度差,所测结果不可靠,就失去了衡量准确度的前提。

(2) 高的精密度不一定能保证高的准确度。

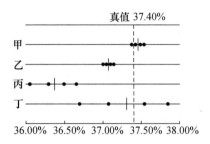

图 2.1 不同人分析同一样品的结果

("·"表示个别测量值,"|"表示平均值)

2.1.2 误差的表示——误差与偏差

1. 误差

准确度的高低用误差来衡量。误差表示测量值与真实值的差异。个别测量值 x_1, x_2, $\cdots$, x_n 与真实值 T 之差称为个别测定的误差,分别表示为

$$x_1 - T,\ x_2 - T,\ \cdots,\ x_n - T$$

通常是用各次测量值的平均值 $\bar{x}$ 来表示测定结果。因此应当用 $\bar{x} - T$ 来表示测定结果的误差,它实际是全部个别测定的误差的算术平均值。误差可用绝对误差(E_a)与相对误差(E_r)两种方法表示。

(1) 绝对误差

$$E_a = \bar{x} - T \tag{2-1a}$$

(2) 相对误差

$$E_r = \frac{E_a}{T} \times 100\% \tag{2-1b}$$

误差越小,表示结果与真实值越接近,测定的准确度越高;反之,误差越大,测定准确度越低。若测量值大于真实值,误差为正值;反之,误差为负值。相对误差反映出误差在测定结果中所占百分比,更客观,因此最常用。

客观存在的真实值是不可能准确知道的,实际工作中往往用"参考值"代替真实值来检查分析方法的准确度。"参考值"是指采用多种可靠的分析方法、由具有丰富经验的分析人员经过反复多次测定得出的比较准确的结果。有时也将纯物质中元素的理论含量作为真实值。

【例 2.1】 用沉淀滴定法测得纯 NaCl 试剂中的 $w(Cl)$ 为 60.53%,计算绝对误差和相对误差。

解   纯 NaCl 试剂中 $w(Cl)$ 的理论值是

$$w(Cl) = \frac{M(Cl)}{M(NaCl)} \times 100\% = \frac{35.45}{35.45 + 22.99} \times 100\% = 60.66\%$$

$$绝对误差\quad E_{\mathrm{a}}=60.53\%-60.66\%=-0.13\%$$

$$相对误差\quad E_{\mathrm{r}}=\frac{-0.13\%}{60.66\%}\times100\%=-0.2\%$$

2. 偏差

偏差是衡量精密度高低的尺度。它表示一组平行测定数据相互接近的程度。偏差越小,表示测定的精密度越高。

关于偏差的表示方法,将在 2.3 节介绍。

2.1.3　误差的分类——系统误差与随机误差

在图 2.1 的案例中,为什么乙的结果精密度很好,准确度却很差呢? 为什么每人所得的 4 个平行数据都有或大或小的差别呢? 这就涉及系统误差与随机误差的问题。

1. 系统误差

系统误差是由某种固定的原因造成的,它具有单向性,即正负、大小都有一定的规律性,当重复进行测定时会重复出现。若能找出原因,并设法加以测定,就可以消除,因此也称为可测误差。

产生系统误差的主要原因包括下述几方面:

(1) 方法误差。指分析方法本身所造成的误差。例如沉淀重量分析中,沉淀的溶解,共沉淀现象;滴定分析中反应进行不完全,由指示剂引起的终点与化学计量点不符合以及发生副反应等,都系统地影响测定结果,使之偏高或偏低。方法的选择或方法的校正可克服方法误差。

(2) 仪器误差。来源于仪器本身不够准确。如天平两臂不等长,砝码长期使用后质量有所改变,容量仪器体积不够准确等。可对仪器进行校准,来克服仪器误差。

(3) 试剂误差。指由于试剂不纯所引起的误差。如湿法分析中所使用的水质量不合格所带来的误差就属此类。通过空白校正及使用纯度高的水等方法,可减小试剂误差。

(4) 操作误差。指由于操作人员的主观原因造成的误差。如对终点颜色敏感性不同,有人偏深,有人偏浅。通过加强训练,可减小此类误差。

系统误差是重复地以固定形式出现的,增加平行测定次数、采取数理统计的方法不能消除此类误差,但是可以判断误差的存在及大小。

2. 随机误差

随机误差是由某些难以控制、无法避免的偶然因素造成的,其正负、大小都不固定。如天平及滴定管的读数不确定性,操作中的温度、湿度、灰尘等影响都会引起测量数据的波动,产生随机误差。随机误差的大小决定分析结果的精密度。

随机误差虽然不能通过校正而减小或消除,但它的出现服从统计规律,可以通过增加测定次数予以减小,同时采取统计方法对测定结果作正确的表达。

须注意:"过失"不同于以上两类误差。它是由于分析工作者粗心大意或违反操作规程所产生的错误,如溶液溅失、沉淀穿滤、读数记错等,都会使结果有较大的"误差"(错误)。

在处理所得数据时,如发现由于过失引起的错误,应该把该次测定结果弃去不用。也可以用统计方法检查该次测量值是不是由过失引起的,详见 2.3.4 节。

2.2　随机误差的分布

随机误差普遍存在,是由偶然因素造成的,其大小与正负都不确定。那么它的出现有无规律性呢?

2.2.1 频率分布

以某届学生用沉淀重量法测定 $BaCl_2 \cdot 2H_2O$ 试剂纯度的实验结果为例。若将测得的 173 个数据逐个列出,可见数据有大有小,似乎杂乱无章。但将其按大小顺序排列起来,由最大值和最小值可知数据处于 98.9% ~ 100.2% 范围内;进一步按组距为 0.1% 分,可将 173 个数据分为 14 组。为使每个数据都能归入组内,避免"骑墙"现象,可使组间边界值比测量值多取一位。每个组中数据出现的个数称为频数(n_i),频数除以数据总数(n)称为频率。频率除以组距(Δs)(即组中最大值与最小值之差)就是频率密度。表 2-1 列出这些数据。以频率密度和相应组测量值范围作图,就得到频率密度直方图(见图 2.2)。

表 2-1 频数分布表

组 号	分 组	频 数 (n_i)	频 率 (n_i/n)	频率密度 ($n_i/n\Delta s$)
1	98.85~98.95	1	0.006	0.06
2	98.95~99.05	2	0.012	0.12
3	99.05~99.15	2	0.012	0.12
4	99.15~99.25	5	0.029	0.29
5	99.25~99.35	9	0.052	0.52
6	99.35~99.45	21	0.121	1.21
7	99.45~99.55	30	0.173	1.73
8	99.55~99.65	50	0.289	2.89
9	99.65~99.75	26	0.150	1.50
10	99.75~99.85	15	0.087	0.87
11	99.85~99.95	8	0.046	0.46
12	99.95~100.05	2	0.012	0.12
13	100.05~100.15	1	0.006	0.06
14	100.15~100.25	1	0.006	0.06
合 计		173	1.001	

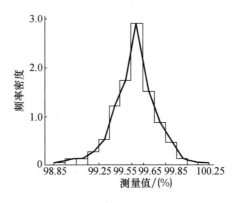

图 2.2 频率密度直方图

由表 2-1 和图 2.2 可见:数据有明显的集中趋势,频率密度最大值处于平均值(99.6%)左右;87% 的数据处于平均值±0.3% 之间,远离平均值的数据出现次数很少。

直接连接相邻组中值所对应的频率密度点,即得频率密度多边形。可以设想,实验数据越多,分组越细,频率密度多边形将逐渐趋近于一条平滑的曲线。该曲线称为概率密度曲线。

2.2.2　正态分布

分析测定中测量值大多服从或近似服从正态分布(又名高斯分布)。图 2.3 为两条正态分布曲线。正态分布的概率密度函数式是

$$y = f(x) = \frac{1}{\sigma\sqrt{2\pi}}e^{-\frac{(x-\mu)^2}{2\sigma^2}} \tag{2-2}$$

式中:$f(x)$ 称为概率密度,x 表示测量值,μ 和 σ 是正态分布的两个参数,这样的正态分布记作 $N(\mu,\sigma)$[①]。

μ 是总体均值,即无限次测定所得数据的平均值,相应于曲线最高点的横坐标值。它表示无限个数据的集中趋势,它不等于真值,只有在没有系统误差时,它才是真值。

σ 是总体标准差,是曲线两转折点之间距离的一半,它表征数据分散程度。σ 小,数据集中,曲线瘦高;σ 大,数据分散,曲线矮胖(见图 2.3)。总体方差 σ^2 在统计检验中是一个重要参量。

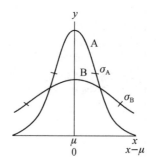

图 2.3　正态分布曲线
(μ 同,σ 不同)

$x - \mu$ 表示随机误差。若以 $x - \mu$ 为横坐标,则曲线最高点对应的横坐标为 0(图 2.3)。这时表示的是随机误差的正态分布曲线。正态分布曲线清楚地反映出随机误差的规律性:小误差出现的概率大,大误差出现的概率小,特别大的误差出现的概率极小,正误差和负误差出现的概率是相等的。

由于正态分布曲线的形状随 σ 而异,若将横坐标改用 u 表示,则正态分布曲线都归结为一条曲线。u 定义为

$$u = \frac{x - \mu}{\sigma}$$

也就是说,以 σ 为单位归一化,表示随机误差。此时函数表达式是

$$f(x) = \frac{1}{\sigma\sqrt{2\pi}}e^{-u^2/2}$$

又

$$\mathrm{d}x = \sigma\mathrm{d}u$$

---

① 也常记作 $N(\mu,\sigma^2)$,其中 σ^2 是总体标准差 σ 的平方,称为总体方差。

故
$$f(x)\mathrm{d}x = \frac{1}{\sqrt{2\pi}}\mathrm{e}^{-u^2/2}\mathrm{d}u = \phi(u)\mathrm{d}u$$

即
$$y = \phi(u) = \frac{1}{\sqrt{2\pi}}\mathrm{e}^{-u^2/2} \tag{2-3}$$

这样的正态分布称为标准正态分布,记作 $N(0,1)$,它与 σ 的大小无关。标准正态分布曲线见图 2.4。

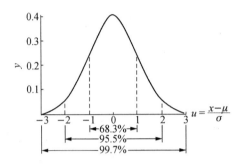

图 2.4　标准正态分布曲线

2.2.3　随机误差的区间概率

标准正态分布曲线下面的面积表示全部数据出现概率的总和,显然应当是 100%(即为 1),即

$$\int_{-\infty}^{\infty}\phi(u)\mathrm{d}u = \frac{1}{\sqrt{2\pi}}\int_{-\infty}^{\infty}\mathrm{e}^{-u^2/2}\mathrm{d}u = 1$$

随机误差在某一区间内出现的概率,可取不同 u 值对式(2-3)积分得到。已计算出不同 u 值时曲线下所包括的面积,并制成不同形式的概率积分表供直接查阅。表 2-2 列出其中一种形式的部分数据。表中列出的面积与图中阴影部分相对应,表示随机误差在此区间的概率。若是求 $\pm u$ 值区间的概率,必须乘以 2。

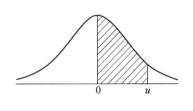

$$\begin{aligned}
概率 &= \int_0^u \phi(u)\mathrm{d}u \\
&= 面积 \\
&= \frac{1}{\sqrt{2\pi}}\int_0^u \mathrm{e}^{-u^2/2}\mathrm{d}u \\
|u| &= \frac{|x-\mu|}{\sigma}
\end{aligned}$$

表 2-2　标准正态分布概率积分表(部分数值)

$\mid u\mid$	面　　积	$\mid u\mid$	面　　积
0.674	0.2500	2.000	0.4773
1.000	0.3413	2.576	0.4950
1.645	0.4500	3.00	0.4987
1.960	0.4750	∞	0.5000

由表 2-2 可求出随机误差或测量值出现在某区间内的概率。例如，随机误差在 $(-1\sigma, +1\sigma)$ 区间，即测量值 x 在 $(\mu-\sigma, \mu+\sigma)$ 区间的概率是 $2\times0.3413=68.3\%$。同样，可求出测量值出现在其他区间的概率(见表 2-3)。

表 2-3 测量值在不同误差区间出现的概率

随机误差出现的区间 u (以 σ 为单位)	测量值出现的区间	概　率
$(-1, +1)$	$(\mu-1\sigma, \mu+1\sigma)$	68.3%
$(-1.96, +1.96)$	$(\mu-1.96\sigma, \mu+1.96\sigma)$	95.0%
$(-2, +2)$	$(\mu-2\sigma, \mu+2\sigma)$	95.5%
$(-2.58, +2.58)$	$(\mu-2.58\sigma, \mu+2.58\sigma)$	99.0%
$(-3, +3)$	$(\mu-3\sigma, \mu+3\sigma)$	99.7%

由此可见，随机误差超过 $\pm3\sigma$ 的测量值出现的概率是很小的，仅有 0.3%。

2.3　有限数据的统计处理

随机误差分布的规律给数据处理提供了理论基础，但它是对无限多次测量而言的。而实际测定只能是有限次，它们是从总体中随机抽出的一部分，称之为样本。样本所含的个体数叫样本容量，用 n 表示。数据处理的任务是通过对样本的分析，对总体作出推断，其中包括对总体参数的估计和对它的统计检验。分析化学家通过样本分析，提供测定结果及置信区间，并通过统计检验判断结果有无系统误差存在。

2.3.1　数据的集中趋势和分散程度的表示——对 μ 和 σ 的估计

对无限次测量，总体均值 μ 是数据集中趋势的表征，总体标准差 σ 是分散程度的表征，但它们都是未知的。在有限次测定中，只能通过测定数据对 μ 和 σ 作出合理估计。

1. 数据集中趋势的表示

(1) 样本平均值 $\bar{x}$

n 次测定数据的样本平均值 $\bar{x}$ 是算术平均值，即

$$\bar{x} = \frac{x_1 + x_2 + \cdots + x_n}{n} = \frac{1}{n}\sum_{i=1}^{n} x_i \tag{2-4}$$

$\bar{x}$ 是总体均值 μ 的最佳估计值。对有限次测定，测量值是围绕样本平均值 $\bar{x}$ 集中的。当 $n\to\infty$ 时，$\bar{x}\to\mu$。

(2) 中位数 $\tilde{x}$

将数据按大小顺序排列，位于正中间的数据称为中位数。当 n 为奇数时，居中者即是；而当 n 为偶数时，正中间两个数的平均值为中位数。中位数表示法的优点是它不受个别偏大值或偏小值影响，而且不要求数据必须遵循正态分布，但用它表示数据集中趋势在后续统计处理时不方便。

2. 数据分散程度的表示

(1) 极差 R(或称全距)

极差 R 指一组平行测定数据中最大者(x_{max})和最小者(x_{min})之差，即

$$R = x_{max} - x_{min} \tag{2-5a}$$

此法简单,适用于少数几次测定。例如,几次平行滴定所耗滴定剂体积的精密度常以 R 表示。相对极差为

$$\frac{R}{\bar{x}} \times 100\% \tag{2-5b}$$

(2) 平均偏差 $\bar{d}$

平均偏差 $\bar{d}$ 表示各次测量值对样本平均值之差的绝对值的平均值。各次测量值对样本平均值的偏差为

$$d_i = x_i - \bar{x} \qquad (i = 1, 2, \cdots, n)$$

平均偏差为

$$\bar{d} = \frac{|d_1| + |d_2| + \cdots + |d_n|}{n} = \frac{1}{n} \sum_{i=1}^{n} |d_i| \tag{2-6a}$$

d_i 值有正有负,若不取绝对值,其和必为零,就不能表示数据的精密度了。

相对平均偏差则是

$$\frac{\bar{d}}{\bar{x}} \times 100\% \tag{2-6b}$$

(3) 样本标准差 s

$$s = \sqrt{\frac{\sum_{i=1}^{n} (x_i - \bar{x})^2}{n-1}} = \sqrt{\frac{\sum_{i=1}^{n} d_i^2}{n-1}} \tag{2-7a}$$

样本标准差能比平均偏差更灵敏地反映出较大偏差的存在,在统计上更有意义。式中 $(n-1)$ 称为自由度[①],常用 f 表示。s^2 称为样本方差,是总体方差 σ^2 的估计值。

相对标准差(RSD)也称变异系数(CV),用百分比表示

$$\mathrm{RSD} = \frac{s}{\bar{x}} \times 100\% \tag{2-7b}$$

必须区别样本标准差 s 与总体标准差 σ。前者是对有限次测量而言,表示的是各测量值对样本平均值 $\bar{x}$ 的偏离[式(2-7a)];而后者(σ)表示的是无限次测量的情况。

3. 平均值的标准差

通常是用样本平均值 $\bar{x}$ 来估计总体均值 μ 的。一系列平行样本测定的平均值 $\bar{x}_1$,$\bar{x}_2$,$\cdots$ 的波动情况也遵从正态分布。这时应当用平均值的标准差 $\sigma_{\bar{x}}$ 来表示平均值的分散程度。显然,平均值的精密度应当比单次测定的精密度更好。统计学已证明

$$\sigma_{\bar{x}} = \frac{\sigma}{\sqrt{n}} \tag{2-8}$$

对有限次测定,样本平均值的标准差为

$$s_{\bar{x}} = \frac{s}{\sqrt{n}} \tag{2-9}$$

也就是说,平均值的标准差与测定次数的平方根成反比,增加测定次数可以提高测量的精密度。但增加测定次数是要付出代价的。从图 2.5 可见,开始时 $s_{\bar{x}}/s$ 随 n 增加减小很快,但当 $n > 5$ 时变化就较慢了,而当 $n > 10$ 时变化已很小。因此,考虑测量成本,实际工

---

① 此处自由度 f 表示计算一组数据分散度的独立偏差数,其值比测定次数 n 少1。例如:作一次测定,是无"分散度"可言的,其自由度(即独立偏差数)为零;测定两次,尽管有2个偏差,但因偏差和为零,独立偏差数只有1个,即自由度为1。

作中一般进行 4~6 次平行样本测量。

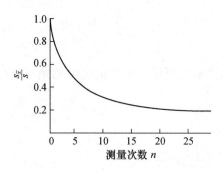

图 2.5　样本平均值的标准差与测定次数的关系

【**例 2.2**】　分析铁矿中铁的质量分数,可得如下数据(%):37.45,37.20,37.50,37.30,37.25。计算此结果的平均值、中位数、极差、平均偏差、标准差、相对标准差和平均值的标准差。

解　　　　　　　　$\bar{x} = \dfrac{37.45 + 37.20 + 37.50 + 37.30 + 37.25}{5}\% = 37.34\%$

$$\tilde{x} = 37.30\%$$

$$R = 37.50\% - 37.20\% = 0.30\%$$

各次测量的偏差 $d_i(\%)$ 分别是 $+0.11, -0.14, -0.04, +0.16, -0.09$,则

$$\bar{d} = \frac{\sum |d_i|}{n} = \frac{0.11 + 0.14 + 0.04 + 0.16 + 0.09}{5}\% = 0.11\%$$

$$s = \sqrt{\frac{\sum d_i^2}{n-1}}$$

$$= \sqrt{\frac{(0.11)^2 + (0.14)^2 + (0.04)^2 + (0.16)^2 + (0.09)^2}{5-1}}$$

$$= 0.13\%$$

$$\text{RSD} = \frac{s}{\bar{x}} \times 100\% = \frac{0.13}{37.34} \times 100\% = 0.35\%$$

$$s_{\bar{x}} = \frac{s}{\sqrt{n}} = \frac{0.13\%}{\sqrt{5}} = 0.058\% \approx 0.06\%$$

分析结果只需报告出 n、$\bar{x}$、s,无需将数据一一列出。此例结果可表示为

$$n = 5, \bar{x} = 37.34\%, s = 0.13\%$$

有了 n、$\bar{x}$、s 这三个数据,就可以对总体参数 μ 和 σ 作统计推断——区间估计和显著性检验。

2.3.2　总体均值的置信区间——对 μ 的区间估计

如前所述,只有当 $n \to \infty$,才有 $\bar{x} \to \mu$,也才能得到最可靠的分析结果。显然,这是做不到的。由有限次测量得到的平均值 $\bar{x}$ 总带有一定的不确定性,只能在一定置信度下,根据 $\bar{x}$ 值对总体均值 μ 可能存在的区间作出估计。

1. t 分布曲线

在进行有限次测量时,σ 是不知道的,仅知道它的估计值 s,用 s 代替 σ 时必然引起误

差。英国化学家和统计学家 Gosset W. S. 研究了这一课题，提出用 t 值代替 u 值，以补偿这一误差。t 定义为

$$t = \frac{\overline{x} - \mu}{s_{\overline{x}}} = \frac{\overline{x} - \mu}{s}\sqrt{n}$$ (2-10)

这时，随机误差不是正态分布，而是 t 分布。t 分布曲线的纵坐标是概率密度，横坐标是 t。图 2.6 为 t 分布曲线。

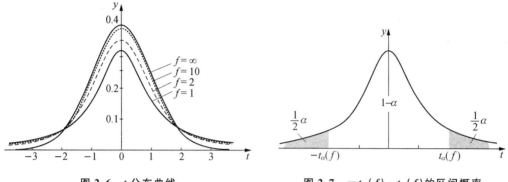

图 2.6 t 分布曲线   图 2.7 $-t_\alpha(f) \sim t_\alpha(f)$ 的区间概率

t 分布曲线随自由度 $f(f=n-1)$ 变化。当 $n \to \infty$ 时，t 分布曲线即成为标准正态分布曲线。t 分布曲线下面某区间的面积也表示随机误差在某区间的概率（见图 2.7）。

t 值不仅随概率而异，而且还随 f 变化。不同概率与 f 值所相应的 t 值已由数学家计算出。表 2-4 列出了常用的部分值，表中的 α 为 t 出现在大于 $t_\alpha(f)$ 和小于 $-t_\alpha(f)$ 时的概率（又称显著水平）。t 出现在 $[-t_\alpha(f), t_\alpha(f)]$ 区间的概率则为 $1-\alpha$（又称置信度）。由表 2-4 可见，当 $f \to \infty$ 时，$s \to \sigma$，t 即 u（见表 2-2 和表 2-4 中最后一行数据）。实际上，$f=20$ 时，t 与 u 已很接近。

表 2-4 t 分布值表

$t_\alpha(f)^a$ 自由度 f ＼ α	0.50	0.10	0.05	0.01
1	1.00	6.31	12.71	63.66
2	0.82	2.92	4.30	9.93
3	0.76	2.35	3.18	5.84
4	0.74	2.13	2.78	4.60
5	0.73	2.02	2.57	4.03
6	0.72	1.94	2.45	3.71
7	0.71	1.90	2.37	3.50
8	0.71	1.86	2.31	3.36
9	0.70	1.83	2.26	3.25
10	0.70	1.81	2.23	3.17
20	0.69	1.73	2.09	2.85
∞	0.67	1.65	1.96	2.58

a $t_\alpha(f)$ 表示显著水平 α、自由度 f 的 t 值。

2. 置信区间

总体标准差 σ 未知时，对置信区间的确定用 t 这个统计量

$$t = \frac{\bar{x} - \mu}{s / \sqrt{n}} \tag{2-11}$$

它服从自由度为 $f(f=n-1)$ 的 t 分布。由图 2.7 可知

$$-t_a(f) < t < t_a(f)$$

的概率等于 $1-\alpha$。将式(2-11)代入以上不等式，即得

$$-t_a(f) < \frac{\bar{x} - \mu}{s / \sqrt{n}} < t_a(f) \tag{2-12}$$

改写为

$$\bar{x} - t_a(f) \frac{s}{\sqrt{n}} < \mu < \bar{x} + t_a(f) \frac{s}{\sqrt{n}} \tag{2-13a}$$

于是，置信度为 $(1-\alpha) \times 100\%$ 的 μ 的置信区间是

$$\left(\bar{x} - t_a(f) \frac{s}{\sqrt{n}}, \ \bar{x} + t_a(f) \frac{s}{\sqrt{n}} \right) \tag{2-13b}$$

它是以 $\bar{x}$ 为中心的区间，这个区间有 $(1-\alpha) \times 100\%$ 的可能包含 μ。置信度需事先给出，通常是 90%，95% 或 99%。

【例 2.3】　分析铁矿石中铁含量得如下结果：$n=4$，$\bar{x}=35.21\%$，$s=0.06\%$。求：置信度为(1)95% 和(2)99% 的置信区间。

　　解　(1) $1-\alpha=0.95$，则 $\alpha=0.05$。查表 2-4 知 $t_{0.05}(3)=3.18$，代入式(2-13b)，得总体均值 μ 的 95% 置信区间

$$\left(35.21\% - 3.18 \times \frac{0.06\%}{\sqrt{4}}, \ 35.21\% + 3.18 \times \frac{0.06\%}{\sqrt{4}} \right) = (35.11\%, 35.31\%)$$

(2) $1-\alpha=0.99$，则 $\alpha=0.01$。查表 2-4 知 $t_{0.01}(3)=5.84$，代入式(2-13b)，得 μ 的 99% 置信区间

$$\left(35.21\% - 5.84 \times \frac{0.06\%}{\sqrt{4}}, \ 35.21\% + 5.84 \times \frac{0.06\%}{\sqrt{4}} \right) = (35.03\%, 35.39\%)$$

由上例可见，置信度越高，置信区间就越大。这个结论不难理解：区间的大小反映估计的精密度，置信度高低说明估计的准确度。100% 的置信度意味着区间无限大，肯定会包含总体均值 μ，但这样的区间是毫无意义的，应当根据工作需要定出置信度。

对于经常分析的某类试样，由于大量数据的积累，总体标准差 σ 可以认为是已知的，这时 μ 的 $(1-\alpha) \times 100\%$ 置信区间可按前面的方法类似地推出。由图 2.8 可见，$-u_a < u < u_a$ 的概率等于 $1-\alpha$。因为

$$u = \frac{\bar{x} - \mu}{\sigma / \sqrt{n}} \tag{2-14}$$

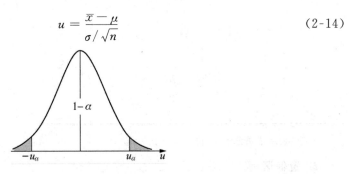

图 2.8　$-u_a \sim u_a$ 的区间概率

将式(2-14)代入以上不等式,得

$$-u_\alpha < \frac{\bar{x}-\mu}{\sigma/\sqrt{n}} < u_\alpha \tag{2-15}$$

改写为

$$\bar{x} - u_\alpha \frac{\sigma}{\sqrt{n}} < \mu < \bar{x} + u_\alpha \frac{\sigma}{\sqrt{n}} \tag{2-16a}$$

于是 μ 的 $(1-\alpha) \times 100\%$ 置信区间为

$$\left(\bar{x} - u_\alpha \frac{\sigma}{\sqrt{n}}, \ \bar{x} + u_\alpha \frac{\sigma}{\sqrt{n}} \right) \tag{2-16b}$$

【例 2.4】 分析某铁矿石的铁含量得如下结果[①]:$n=4, \bar{x}=35.21\%, \sigma=0.06\%$。求 μ 的 95% 置信区间。

解 $1-\alpha=0.95$,则 $\alpha=0.05$。从 2.2 节知 $u_{0.05}=1.96$。将 $n=4, \bar{x}=35.21\%, \sigma=0.06\%$ 代入式 (2-16b),得 μ 的 95% 置信区间:

$$\left(35.21\% - 1.96 \times \frac{0.06\%}{\sqrt{4}}, 35.21\% + 1.96 \times \frac{0.06\%}{\sqrt{4}} \right) = (35.15\%, 35.27\%)$$

与例 2.3 的(1)题比较,置信区间变窄了,也即精密度提高了。

2.3.3 显著性检验

在生产和试验中,测得的数据总是有波动的,平均值 $\bar{x}$ 常常不等于真值 μ_0。这种差异可能完全是由随机误差引起的,也可能还包含系统误差。这两种情形是直观上难以分辨的。显著性检验就是为了处理这类问题而提出的。

显著性检验是假设检验中最常用的一种方法。其检验步骤是:先对总体的特征作出某种假设,称为零假设或原假设(null hypothesis),零假设成立时,有关统计量应服从已知的某种概率分布;然后按合理的统计分布模型进行抽样结果的检验统计量计算,基于一定的置信度(或显著水平 α),对此假设应该被拒绝还是接受作出推断。

1. 总体均值的检验——u 检验法(σ 已知)

对于总体均值的检验,零假设 H_0 为:$\mu=\mu_0$;当零假设不成立时,其对立面(H_a)应该有如下几种情形:$\mu \neq \mu_0, \mu > \mu_0$ 和 $\mu < \mu_0$。例如,《美国饮用水水质标准》规定,饮用水中无机汞的浓度不能超过 $0.002 \ \text{mg·L}^{-1}$,若要确定某水库中汞离子的测定结果是否超过了这个限定值,则假设检验应该为:$H_0: \mu=2 \ \mu\text{g·L}^{-1}$;$H_a: \mu > 2 \ \mu\text{g·L}^{-1}$。又如,数年来某水库中汞离子浓度的测定结果平均值为 $0.5 \ \mu\text{g·L}^{-1}$,最近由于气候原因,怀疑汞离子浓度有变化,此时并不关心是否变大或变小。假设检验应该为:$H_0: \mu=0.5 \ \mu\text{g·L}^{-1}$;$H_a: \mu \neq 0.5 \ \mu\text{g·L}^{-1}$。

当 σ 已知(或 $s \to \sigma$)时,可用 u 检验法。检验步骤为:

① 提出零假设 $H_0: \mu=\mu_0$;

---

① 为了与例 2.3 的(1)题比较,这里的 σ 仍假定为 0.06%。

② 计算 $u=\dfrac{\bar{x}-\mu_0}{\sigma/\sqrt{n}}$；

③ 在给定显著水平 α，确定检验类型，比较 u 和临界值 u_α，作出统计推断。

对于双尾检验，当 $|u|\geqslant u_\alpha$ 时，否定零假设，接受 H_a：$\mu\neq\mu_0$。

对于单尾检验，有如下两种情形：当 $u\geqslant u_\alpha$ 时，否定零假设，接受 H_a：$\mu>\mu_0$；当 $u\leqslant -u_\alpha$ 时，否定零假设，接受 H_a：$\mu<\mu_0$。

对于 95% 置信度，上述检验的拒绝域如图 2.9 所示。对于双尾检验 $\mu\neq\mu_0$，拒绝域为 $|u|\geqslant u_\alpha$，即 $u\geqslant 1.96$ 或者 $u\leqslant -1.96$，区域处于正态分布的两端，每一端的概率为 0.025[图 2.9(a)]。在这个区域，$\bar{x}$ 事件发生的总概率小于等于 5%，为小概率事件。根据小概率原理"小概率在一次试验中可以认为基本上不会发生"，因此，当 u 处于小概率区域，则拒绝假设。对于 $\mu>\mu_0$ 的单尾检验，当 $u\geqslant u_\alpha$ 时，拒绝零假设，接受 $\mu>\mu_0$；此时临界值 u_α 为 1.64，$u\geqslant u_\alpha$ 的概率为 $\leqslant 0.05$[图 2.9(b)]。对于 $\mu<\mu_0$ 的单尾检验，当 $u\leqslant -u_\alpha$ 时，拒绝零假设，接受 $\mu<\mu_0$；此时临界值 u_α 为 1.64，$u\leqslant -u_\alpha$ 的概率为 $\leqslant 0.05$[图 2.9(c)]。

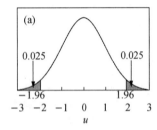 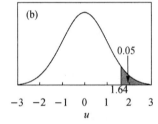 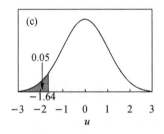

图 2.9 95% 置信度的拒绝域

(a)双尾检验 $\mu\neq\mu_0$，$u_\alpha=1.96$；(b)单尾检验 $\mu>\mu_0$，$u_\alpha=1.64$；(c)单尾检验 $\mu<\mu_0$，$u_\alpha=-1.64$

【例 2.5】 某炼铁厂生产的铁水，从长期经验知道它的碳含量服从正态分布，μ_0 为 4.55%，σ 为 0.08%。现在又测了 5 炉铁水，其碳含量分别为 4.28%，4.40%，4.42%，4.35%，4.37%。试问平均值有无变化？（给定 $\alpha=0.05$）

解　假设 $\mu=\mu_0=4.55\%$，$\bar{x}=4.36$

$$u_{计算}=\frac{\bar{x}-\mu_0}{\sigma/\sqrt{n}}=\frac{4.36\%-4.55\%}{0.08\%/\sqrt{5}}=-5.3$$

查表知　　　　$u_{0.05}=1.96$

$$|u_{计算}|=5.3>1.96$$

故拒绝假设，平均值有变化。

2. 总体均值的检验——t 检验法(σ 未知)

当 σ 未知时，可用 t 检验法。检验步骤为：

① 提出零假设 H_0：$\mu=\mu_0$；

② 计算 $t=\dfrac{\bar{x}-\mu_0}{s/\sqrt{n}}$；

③ 在给定显著水平 α，确定检验类型，比较 t 和临界值 $t_\alpha(f)$，作出统计推断。

对于双尾检验，当 $|t|\geqslant t_\alpha(f)$ 时，否定零假设，接受 H_a：$\mu\neq\mu_0$。

对于单尾检验,有如下两种情形:当 $t \geqslant t_\alpha(f)$ 时,否定零假设,接受 H_a: $\mu > \mu_0$;当 $t \leqslant -t_\alpha(f)$ 时,否定零假设,接受 H_a: $\mu < \mu_0$。

临界值 $t_\alpha(f)$ 的确定参照 u 检验(图 2.9)。

【例 2.6】 某化验室测定 CaO 的质量分数为 30.43% 的某样品中 CaO 的含量,得如下结果:$n=6$,$\overline{x}=30.51\%$,$s=0.05\%$。问此测定是否有系统误差?(给定 $\alpha=0.05$)

解 假设 $\mu=\mu_0=30.43\%$

$$t_{计算} = \frac{\overline{x}-\mu_0}{s/\sqrt{n}} = \frac{30.51\%-30.43\%}{0.05\%/\sqrt{6}} = 3.9$$

查表 2-4 知

$$t_表 = t_{0.05}(5) = 2.57$$

因此

$$|t_{计算}| > t_表$$

说明 μ 与 μ_0 有显著差异,此测定存在系统误差。

3. 两组测量结果的显著性检验

进行两组测量结果的显著性检验,即是确定两平均值 $\overline{x}_1$ 和 $\overline{x}_2$ 是否有差异,也即是判断 $\overline{x}_1$ 和 $\overline{x}_2$ 是否属于同一总体。从统计检验的角度讲,该任务就是检验统计假设 $\mu_1=\mu_2$。此时须首先确定两组数据的方差 s_1^2 和 s_2^2 是否有显著性差异,因为只有当 s_1^2 和 s_2^2 无显著性差异时,才能合并两组数据求算共同标准差,即合并标准差 s_p,然后检验假设 $\mu_1=\mu_2$。

(1)方差比较——F 检验法

总体方差未知时,可用 F 检验法比较两组样本方差。统计量 F 即两个方差的比值。

$$F = \frac{s_大^2}{s_小^2} \tag{2-17}$$

F 分布是自由度为 (n_1-1)、(n_2-1) 的概率密度函数,记作 F_{α,f_1,f_2}。

由于固定较大方差作为分子,较小方差作为分母,故 $F \geqslant 1$。

检验步骤为:

① 提出零假设 H_0: $\sigma_1^2=\sigma_2^2$;

② 计算 $F=\dfrac{s_大^2}{s_小^2}$;

③ 从 F 分布表查得 $F_{\frac{\alpha}{2},f_1,f_2}$ 值,若 $F < F_{\frac{\alpha}{2},f_1,f_2}$,则接受假设;否则拒绝假设。

在制作 F 分布表时已经预先规定,较大方差作分子,较小方差作分母,因此查表时不可将 f_1 和 f_2 搞错。自由度 f_1 和 f_2 不同,F 分布曲线也不同,图 2.10 给出 f_1 和 f_2 分别是 4 和 6 的 F 分布曲线。此外,F 分布表是供单尾检验用的,单尾检验时,若查 F 分布表时选定 $\alpha=0.05$,则所做判断的显著水平是 0.05,或者说置信度是 95%。但是在比较两组数据估计的总体方差时,事先并不能确定这两组数据的优劣,从统计上看,无论哪组优胜,都认为有显著性差异,是双尾检验。此时若查 0.05 的 F 分布表,则最后作统计推断的显著水平是 0.10,置信度是 90%;若查 0.025 的 F 分布表,则最后作统计推断的显著水平是 0.05,置信度是 95%。表 2-5 列出 α 为 0.05 和 0.025 的 F 分布临界值(部分)。

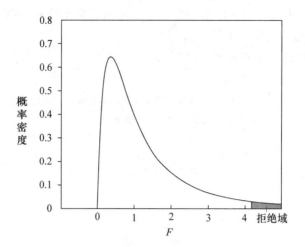

图 2.10　F 分布曲线($f_1=4, f_2=6$)

表 2-5　显著水平为 0.05 和 0.025 的 F 分布临界值表(部分)

			$f_1(s_{\pm}^2$ 的自由度)								
		α	2	3	4	5	6	7	8	9	10
$f_2(s_{\text{小}}^2$ 的自由度)	2	0.05	19.00	19.16	19.25	19.30	19.33	19.35	19.37	19.38	19.40
		0.025	39.00	39.17	39.25	39.30	39.33	39.36	39.37	39.39	39.40
	3	0.05	9.55	9.28	9.12	9.01	8.94	8.89	8.85	8.81	8.79
		0.025	16.04	15.44	15.10	14.88	14.73	14.62	14.54	14.47	14.42
	4	0.05	6.94	6.59	6.39	6.26	6.16	6.09	6.04	6.00	5.96
		0.025	10.65	9.98	9.60	9.36	9.20	9.07	8.98	8.90	8.84
	5	0.05	5.79	5.41	5.19	5.05	4.95	4.88	4.82	4.77	4.74
		0.025	8.43	7.76	7.39	7.15	6.98	6.85	6.76	6.68	6.62
	6	0.05	5.14	4.76	4.53	4.39	4.28	4.21	4.15	4.10	4.06
		0.025	7.26	6.60	6.23	5.99	5.82	5.70	5.60	5.52	5.46
	7	0.05	4.74	4.35	4.12	3.97	3.87	3.79	3.73	3.68	3.64
		0.025	6.54	5.89	5.52	5.29	5.12	4.99	4.90	4.82	4.76
	8	0.05	4.46	4.07	3.84	3.69	3.58	3.50	3.44	3.39	3.35
		0.025	6.06	5.42	5.05	4.82	4.65	4.53	4.43	4.36	4.30
	9	0.05	4.26	3.86	3.63	3.48	3.37	3.29	3.23	3.18	3.14
		0.025	5.71	5.08	4.72	4.48	4.32	4.20	4.10	4.03	3.96
	10	0.05	4.10	3.71	3.48	3.33	3.22	3.14	3.07	3.02	2.98
		0.025	5.46	4.83	4.47	4.24	4.07	3.95	3.85	3.78	3.72

(2) 检验两个总体均值是否相等——t 检验法

先用 F 检验法检验 σ_1^2 和 σ_2^2 是否相等。若检验表明,σ_1^2 和 σ_2^2 无显著差异[1],再按以下办法进行 t 检验。

检验步骤为:

① 提出零假设 $H_0: \mu_1 = \mu_2$;

---

[1]　如果 σ_1^2 和 σ_2^2 有显著差异,处理就复杂了,此处不作介绍。

② 计算：

$$t = \frac{\overline{x}_2 - \overline{x}_1}{s_p}\sqrt{\frac{n_1 n_2}{n_1 + n_2}}$$ (2-18)

式中：s_p 称为合并标准差

$$s_p = \sqrt{\frac{(n_1-1)s_1^2 + (n_2-1)s_2^2}{n_1 + n_2 - 2}}$$ (2-19)

③ 给定显著水平 α，查表 2-4 可得 $t_\alpha(n_1+n_2-2)$。当

$$|t| > t_\alpha(n_1+n_2-2)$$

说明 μ_1 与 μ_2 存在显著差异；相反，则接受假设，$\mu_1 = \mu_2$。

【例 2.7】 用两种方法测定一碱石灰（Na_2CO_3）试样中 Na_2CO_3 的质量分数，结果如下：

方法 1	方法 2
$n_1 = 5$	$n_2 = 4$
$\overline{x}_1 = 42.34\%$	$\overline{x}_2 = 42.44\%$
$s_1 = 0.10\%$	$s_2 = 0.12\%$

请比较 μ_1 与 μ_2 有无显著差异。（$\alpha = 0.05$）

解 （1）先用 F 检验法检验 σ_1^2 等于 σ_2^2 是否成立。

假设 $\sigma_1^2 = \sigma_2^2$，则

$$F = \frac{s_{大}^2}{s_{小}^2} = \frac{0.12^2}{0.10^2} = 1.44$$

查表 2-5 $\quad F_{\frac{1}{2}\alpha}(n_{大}-1, n_{小}-1) = F_{0.025}(3,4) = 9.98$

故 $\quad F < F_{表}$

接受零假设，σ_1^2 和 σ_2^2 无显著差异。

（2）用 t 检验法检验 μ_1 是否等于 μ_2。

假设 $\mu_1 = \mu_2$，则

$$t = \frac{\overline{x}_2 - \overline{x}_1}{\sqrt{\frac{(n_1-1)s_1^2+(n_2-1)s_2^2}{n_1+n_2-2}}}\sqrt{\frac{n_1 n_2}{n_1+n_2}}$$

$$= \frac{42.44 - 42.34}{\sqrt{\frac{(5-1)\times 0.10^2+(4-1)\times 0.12^2}{5+4-2}}}\sqrt{\frac{5\times 4}{5+4}}$$

$$= 1.35$$

查表 2-4

$$t_\alpha(n_1+n_2-2) = t_{0.05}(7) = 2.37$$

故

$$t < t_{表}$$

接受零假设，μ_1 和 μ_2 无显著差异。

4. 配对数据的显著性检验

当试样之间被测物含量差别大时，通常为了比较一个新方法和一个标准方法，对一系列试样中的每一个试样都采用两种方法测量。每一个试样都有来自两个方法的测定

数据,构成"对子"。对于一系列试样的配对数据做差 d_i,如果两种方法之间不存在系统误差,则对子之间的差值应符合 t 分布函数,期望值应为零,即 $\langle d \rangle = 0$。

检验步骤为:

① 提出零假设 $H_0: \mu_d = \langle d \rangle$;

② 根据对子数据计算 d_i,进而计算 $\bar{d} = \dfrac{\sum d_i}{n}$ 以及配对数据的差值的标准差 $s_d = \sqrt{\dfrac{\sum (d_i - \bar{d})^2}{n-1}}$,则

$$t = \frac{\bar{d} - \langle d \rangle}{s_d / \sqrt{n}} \tag{2-20}$$

③ 查 t 分布值表,如果 $|t| > t_a(f)$,则拒绝零假设;如果 $|t| < t_a(f)$,则接受零假设。

【例 2.8】　某人发展了一种新的测量唾液中溶菌酶的荧光方法,并与酶联免疫吸附法(ELISA)进行比较。8 个人的唾液样本的测定结果及配对数据之间的差如下表(单位:$\mu mol \cdot L^{-1}$)。

试　样	A	B	C	D	E	F	G	H
荧光法	13.52	3.95	8.40	3.03	2.64	6.32	5.10	4.58
ELISA 法	15.41	4.05	6.30	3.63	1.75	6.37	5.21	3.15
d_i	−1.89	−0.10	2.10	−0.60	0.89	−0.05	−0.11	1.43

请问两种方法之间是否存在系统误差($\alpha = 0.05$)?

解　假设 $\mu_d = \langle d \rangle$,则

$$\bar{d} = \frac{\sum d_i}{n} = 0.209, \quad s_d = \sqrt{\frac{\sum (d_i - \bar{d})^2}{n-1}} = 1.245$$

$$t = \frac{\bar{d} - \langle d \rangle}{s_d / \sqrt{n}} = \frac{0.209 - 0}{1.245 / \sqrt{8}} = 0.475 < t_{0.05}(7) = 2.37$$

故接受零假设,两种方法之间不存在系统误差。

2.3.4　异常值检验

在一组平行测定所得测量值中,有时会出现个别值远离其他值的情况。对此,有理由怀疑它是不是出自同一总体,是否为异常值,需要进行异常值的检验。

对于异常值的检测与判断依赖于数据所遵从的统计分布。本节中,讨论单变量数据集异常值的检验,假设前提是该数据集遵从正态分布。如果数据集本身不遵从正态分布,则检测到的异常值则可能是由于数据集符合其他分布,而不是真正存在异常值。

在进行统计检验之前可用箱线图或直方图判断数据是否符合高斯分布,以及可能的异常值,有助于统计检验方法的选择。此处介绍简单实用的箱线图(图 2.11)。在制作箱线图时,首先将数据按照从小到大的次序排列,找出中位数;此时,中位数将数据个数分为相等两部分,同样地,可以找出小于中位数的那部分数据的中位数,以及大于中位数的那部分数据的中位数。这三个数据分别标称为中位数(quartile 2,Q_2)、下四分位数(quartile 1,Q_1)和上四分位数(quartile 3,Q_3)。根据 Q_1 和 Q_3 可画一个箱(box),并画出

中位数线。上、下边缘线分别为除去异常值之后数据的最大值和最小值。Q_3 与 Q_1 之差为四分位距(interquartile range,IQR),小于 $Q_1-1.5IQR$ 和大于 $Q_3+1.5IQR$ 的数据均为异常值。箱线图很简单直观,不需要假定数据服从特定的分布规律,就可以看出数据的分布情况,以及可能的异常值。图 2.11 中,IQR 为 2.2,$Q_1-1.5IQR$ 和 $Q_3+1.5IQR$ 分别为 0.5 和 9.3,在下边缘和上边缘之外各有一个异常值分别为 0.2 和 9.5。

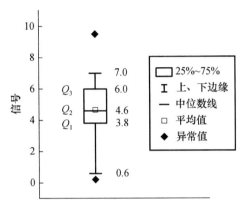

图 2.11 某组样品的检测结果($n=33$)

异常值的统计检验方法很多,常用的有 Q 检验法或者 Dixon(狄克松)检验法,以及 Grubbs(格鲁布斯)检验法。

Q 检验法或者 Dixon 检验法用于小样本数据中单个异常值的检验,可用于极大值或极小值的检验。Q 检验法将可疑值(x_q)与其相邻值(x_n)之差的绝对值与极差(R)进行比较,由于方法简单、方便而常用。以下介绍的 Q 检验法适用于 3~10 个样本测定值数据的异常值检验。当 $n>10$ 时,需要采用不同的检验统计量的计算式,在此不作介绍。

Q 检验法的做法如下:

① 测定值按大小顺序排列;

② 计算 Q 值:

$$Q_{计算} = \frac{|x_q - x_n|}{x_{max} - x_{min}} \tag{2-21}$$

③ 在给定的置信度,查 Q 值表(表 2-6),若 $Q_{计算} > Q_{表}$,则该可疑值为异常值。

表 2-6 舍弃商 Q 值表

测定次数 n	3	4	5	6	7	8	9	10
90%	0.94	0.76	0.64	0.56	0.51	0.47	0.44	0.41
95%	0.97	0.84	0.73	0.64	0.59	0.54	0.51	0.49

【例 2.9】 测定某溶液浓度(mol·L^{-1})得到如下测定值:0.1014,0.1012,0.1016,0.1025。试作检验说明 0.1025 这个值是否是异常值(置信度 90%)。

解

$$Q_{计算} = \frac{0.1025 - 0.1016}{0.1025 - 0.1012} = 0.69$$

查表 2-6,置信度为 90%,$n=4$ 时,$Q_{表}=0.76$,$Q_{计算}<Q_{表}$,故 0.1025 不是异常值。

Grubbs 检验法是另一种常用的异常值检验方法,具体做法如下:

① 测定值按大小顺序排列；

② 计算 G 值：

$$G = \frac{|x_q - \bar{x}|}{s} \qquad (2\text{-}22)$$

③ 在给定的置信度，比较 G 和临界值 $G_表$（表 2-7），做出统计判断。当 $G > G_表$，所检验可疑值为异常值。

表 2-7　G 临界值表

测定次数 n	3	4	5	6	7	8	9	10	11	12	13	14
90%	1.15	1.42	1.60	1.73	1.83	1.91	1.98	2.03	2.09	2.13	2.17	2.21
95%	1.15	1.46	1.67	1.82	1.94	2.03	2.11	2.18	2.23	2.29	2.33	2.37
测定次数 n	15	16	17	18	19	20	21	22	23	24	25	100
90%	2.25	2.28	2.31	2.34	2.36	2.38	2.41	2.43	2.45	2.47	2.48	3.02
95%	2.41	2.44	2.47	2.50	2.53	2.56	2.58	2.60	2.62	2.64	2.66	3.21

Grubbs 格鲁布斯检验法一次只能对一个异常值进行检验，当 $n > 25$ 时，计算统计量只是粗略的近似。对于多个异常值的检验，可将所检测的异常值删除，余下的数据进行下一个可疑值检验，但是并不是推荐的方法。多个异常值的检验方法有 Tietjen-Moore 检验法，该方法将 Grubbs 检验法推广至多个确定数量异常值的检验，此处不作介绍。

例 2.9 的问题如果使用 Grubbs 检验法，其检验统计量

$$G_{计算} = \frac{|x_q - \bar{x}|}{s} = \frac{|0.1025 - 0.1017|}{0.000574} = 1.39$$

查表 2-7，置信度为 90%，$n = 4$ 时，$G = 1.42$，$G_{计算} < G$，故 0.1025 不是异常值。

对异常值的舍弃或保留判断，并无严格规定，但是要首先从技术上寻找原因。在技术上有异常原因时，例如，配制溶液时溶液的溅失，滴定管活塞处出现渗漏等，应予舍弃。在技术上找不出原因时，而在统计检验中有时高度异常的值，也应舍弃。

2.4　校　准　方　法

校准和标定都是分析过程中重要的步骤，校准通过测定已知浓度标准物质产生的分析信号确定分析信号与分析浓度的关系。绝大多数的分析方法需要使用标准物校准。重量分析法和库仑分析法是两个少有的绝对分析方法，不需要校准。

最常用的校准方法有与标准直接比较的单点校准法。单点校准方法是通过一个已知浓度的标准溶液获得信号与浓度关系的方法，待测溶液获得的信号与之相比，获得浓度信息。容量滴定法则是使用单点校准法。当待测溶液浓度与标准溶液相差较大时，有可能不遵从如上单标准溶液确立的信号与浓度关系，容易产生误差。此外，单点校准法无法显示测定方法是否存在系统误差。

校准曲线法（外标法）、标准加入法和内标法是仪器分析方法常用的校准方法，以下将进行简单介绍。

2.4.1　校准曲线法

校准曲线法又称外标法，使用独立于试样的一系列被测组分标准溶液制作校准曲线。做法是，配制一系列标准溶液，通过测量这些标准溶液的仪器响应信号建立分析信

号与被测组分浓度的关系。使用最多的是线性校准曲线,因为方法的灵敏度(校准曲线的斜率)对于校准曲线上的每一个点都是相同的。图 2.12 所示的是某同学分析化学实验课上以邻二氮菲分光光度法测定 Fe^{2+} 浓度时吸光度与浓度的校准曲线。一般通过最小二乘法获得校准曲线方程。在测定被测组分浓度时,将未知浓度被测组分的信号代入校准曲线方程,反估其浓度。

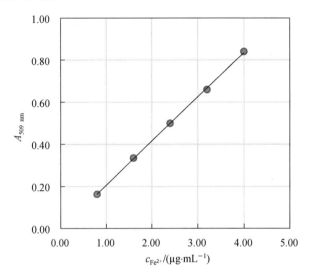

图 2.12 邻二氮菲分光光度法测定 Fe^{2+} 浓度时吸光度与浓度的校准曲线

若用 (x_i, y_i) 表示 n 个数据点 $(i = 1, 2, \cdots, n)$,假定测得的响应信号 y 与被测组分标准溶液的浓度 x(如图 2.12 中的吸光度与 $c_{Fe^{2+}}$)之间存在下式描述的线性关系:

$$y = mx + b \tag{2-23}$$

其中 b 为直线在 y 轴的截距,m 为直线斜率。

对于每一个数据点 (x_i, y_i),测量值 y_i 与校准曲线方程的相应数据点计算结果之差称作残差(residual)。残差主要来源于随机测量误差,且该随机误差符合正态分布,并与 x 无关。

根据残差定义

$$y_i - y = y_i - (mx + b)$$

令各数据点的残差的平方加和(差方和)为 SS_{resid}(自由度为 $n-2$),

$$SS_{resid} = \sum_{i=1}^{n} [y_i - (mx_i + b)]^2 \tag{2-24}$$

回归直线就是在所有直线中,差方和 SS_{resid} 最小的一条直线,即回归方程中的 m 和 b 应使 SS_{resid} 达到极小值。

为简化计算,令

$$S_{xx} = \sum (x_i - \bar{x})^2 = \sum x_i^2 - \frac{\left(\sum x_i\right)^2}{n} \tag{2-25}$$

$$S_{yy} = \sum (y_i - \bar{y})^2 = \sum y_i^2 - \frac{\left(\sum y_i\right)^2}{n} \tag{2-26}$$

$$S_{xy} = \sum (x_i - \bar{x})(y_i - \bar{y}) = \sum x_i y_i - \frac{\sum x_i \sum y_i}{n} \tag{2-27}$$

其中 $\bar{x}$ 和 $\bar{y}$ 分别是数据点 x 和 y 的平均值，$\bar{x} = \dfrac{\sum x_i}{n}$，$\bar{y} = \dfrac{\sum y_i}{n}$。则有

斜率 $m = \dfrac{S_{xy}}{S_{xx}}$ $\tag{2-28}$

截距 $b = \bar{y} - m\bar{x}$ $\tag{2-29}$

回归标准差 $s_r = \sqrt{\dfrac{S_{yy} - m^2 S_{xx}}{n-2}}$ $\tag{2-30}$

斜率的标准差 $s_m = \sqrt{\dfrac{s_r^2}{S_{xx}}}$ $\tag{2-31}$

截距的标准差 $s_b = s_r \sqrt{\dfrac{\sum x_i^2}{n \sum x_i^2 - \left(\sum x_i\right)^2}} = s_r \sqrt{\dfrac{1}{n - \left(\sum x_i\right)^2 / \sum x_i^2}}$ $\tag{2-32}$

用于判断回归方程的拟合程度的决定系数 R^2 可表示为

$$R^2 = 1 - \frac{SS_{resid}}{SS_{total}} \tag{2-33}$$

其中总离差方和（自由度为 $n-1$）

$$SS_{total} = S_{yy} = \sum (y_i - \bar{y})^2 = \sum y_i^2 - \frac{\left(\sum y_i\right)^2}{n} \tag{2-34}$$

或者可表示为

$$R^2 = \frac{SS_{reg}}{SS_{total}} = \frac{\sum_{i=1}^{n} \left[(mx_i + b) - \bar{y}\right]^2}{\sum_{i=1}^{n} (y_i - \bar{y})^2} \tag{2-35}$$

其中回归差方和（自由度为 1）

$$SS_{reg} = \sum_{i=1}^{n} \left[(mx_i + b) - \bar{y}\right]^2 \tag{2-36}$$

$$SS_{total} = SS_{reg} + SS_{resid} \tag{2-37}$$

实际测量中，通过 l 次平行试样测定获得平均信号 $\bar{y}_c$，通过校准曲线反估待测未知浓度被测组分的浓度时，反估的浓度标准差

$$s_c = \frac{s_r}{m} \sqrt{\frac{1}{l} + \frac{1}{n} + \frac{(\bar{y}_c - \bar{y})^2}{m^2 S_{xx}}} \tag{2-38}$$

则未知浓度被测组分的浓度置信区间可由下式计算

$$\mu = x \pm t s_c \tag{2-39}$$

其中，t 为显著性水平 α 下，自由度 f 为 $n-2$ 的临界值。

【例 2.10】 图 2.12 中以邻二氮菲分光光度法测定铁的校准曲线数据见下表第一和第二列，请应用最小二乘法算校准曲线回归方程以及决定系数。若一同学对两份平行样中的 Fe^{2+} 进行了测定，吸光度分别为 0.404 和 0.392，求算试样中 Fe^{2+} 的浓度、标准差以及置信区间。

x_i(Fe^{2+}浓度/ μg·mL^{-1})	y_i (509 nm 处吸光度)	x_i^2	y_i^2	x_iy_i
0.80	0.163	0.64	0.026569	0.1304
1.60	0.335	2.56	0.112225	0.5360
2.40	0.500	5.76	0.250000	1.2000
3.20	0.660	10.24	0.435600	2.1120
4.00	0.842	16.00	0.708964	3.3680
$\sum x_i=12.00$	$\sum y_i=2.500$	$\sum x_i^2=35.20$	$\sum y_i^2=1.533358$	$\sum x_iy_i=7.3464$

解 上表中第 3~5 列给出了 x_i^2、y_i^2 以及 x_iy_i 的计算结果,各量的相应和列于表格最后一行。可得 $\bar{x}=2.40,\bar{y}=0.500$。需要指出,在所有计算过程中,不要进行有效数字修约,修约应该在所有计算完成之后进行。

根据(2-25)、(2-26)和(2-27)式计算

$$S_{xx}=\sum x_i^2-\frac{\left(\sum x_i\right)^2}{n}=35.20-\frac{(12.00)^2}{5}=6.40$$

$$S_{yy}=\sum y_i^2-\frac{\left(\sum y_i\right)^2}{n}=1.533358-\frac{(2.500)^2}{5}=0.283358$$

$$S_{xy}=\sum x_iy_i-\frac{\sum x_i\sum y_i}{n}=7.3464-\frac{12.00\times2.500}{5}=1.3464$$

所以

$$m=\frac{S_{xy}}{S_{xx}}=\frac{1.3464}{6.40}=0.210375\approx0.210$$

$$b=\bar{y}-m\bar{x}=0.500-0.210\times2.40=-0.0049\approx-0.005$$

因此,校准曲线方程为 $y=0.210x-0.005$

回归标准差 $s_r=\sqrt{\frac{S_{yy}-m^2S_{xx}}{n-2}}=\sqrt{\frac{0.283358-(0.210375)^2\times6.40}{5-2}}=0.006030\approx0.006$

斜率的标准偏差 $s_m=\sqrt{\frac{s_r^2}{S_{xx}}}=\sqrt{\frac{(0.006030)^2}{6.40}}=0.002384\approx0.002$

截距的标准差 $s_b=s_r\sqrt{\frac{1}{n-\frac{\left(\sum x_i\right)^2}{\sum x_i^2}}}=0.006030\times\sqrt{\frac{1}{5-\frac{(12.00)^2}{35.20}}}=0.006325\approx0.006$

决定系数 $R^2=1-\frac{SS_{resid}}{SS_{total}}=1-\frac{\sum_{i=1}^n\left[y_i-(mx_i+b)\right]^2}{S_{yy}}=1-\frac{1.091\times10^{-4}}{0.283358}=0.9996$

未知样品的吸光度平均值为 0.398,代入校准曲线方程,得

$$x=\frac{y-b}{m}=\frac{0.398-(-0.0049)}{0.210375}μg·mL^{-1}=1.92\ μg·mL^{-1}$$

据(2-38)式可计算浓度标准差

$$s_c=\frac{s_r}{m}\sqrt{\frac{1}{l}+\frac{1}{n}+\frac{(\bar{y}_c-\bar{y})^2}{m^2S_{xx}}}=0.024604\approx0.02$$

样品中 Fe^{2+} 的浓度的置信区间为

$$\mu=x\pm t_{0.05}(3)s_c=(1.92\pm3.18\times0.02)μg·mL^{-1}=(1.92\pm0.06)μg·mL^{-1}$$

2.4.2 标准加入法

标准加入法适用于试样基底干扰较严重的情形。做法是，向一系列等份试样中加入逐渐递增量的被测组分标准溶液，将溶液稀释至刻度，混匀，测量信号。这一系列标准加入的溶液中，其基底是几乎相同的，不同的只是被测组分的浓度。

实际操作中，将体积为 V_x、浓度为 c_x 的待测试样加入到一系列体积为 V_t 的容量瓶中，之后加入一系列不同体积、浓度为 c_s 的标准溶液，体积记为 V_s，之后加入适当的试剂并定容至 V_t。混匀，测量信号，并扣除空白响应。假设仪器响应信号 S 与浓度成正比关系，则有

$$S = \frac{kV_s c_s}{V_t} + \frac{kV_x c_x}{V_t} \tag{2-40}$$

式中：k 为比例系数。对于标准溶液，可以得出 $S = mV_s + b$。比较该式与(2-40)式，可以得出

$$m = \frac{kc_s}{V_t} \quad \text{和} \quad b = \frac{kV_x c_x}{V_t}$$

根据方程(2-40)作图得到标准加入曲线，如图 2.13 所示。

$$c_x = \frac{bc_s}{mV_x} \tag{2-41}$$

浓度 c_x 的标准差可通过计算根据(2-40)式拟合的体积标准差求算。方法与(2-38)式相同，但是在标准加入法中 $\bar{y}_c = 0$，且不存在 $1/l$ 项，故(2-38)式简化为

$$s_V = \frac{s_r}{m}\sqrt{\frac{1}{n} + \frac{(0-\bar{y})^2}{m^2 S_{xx}}} \tag{2-42}$$

当信号为零时，

$$S = \frac{kV_s c_s}{V_t} + \frac{kV_x c_x}{V_t} = 0 \tag{2-43}$$

$$c_x = -\frac{(V_s)_0 c_s}{V_x} \tag{2-44}$$

式中：$(V_s)_0$ 为标准加入曲线与横坐标的交点所对应的标准溶液的体积，从图中可以看出 $(V_s)_0 = \frac{b}{m}$，式(2-41)与(2-44)是等价的。可从校准曲线获得 m 与 b 值，根据(2-41)式计算 c_x。也可直接从校准曲线延伸至与横坐标轴的交点获得 $(V_s)_0$，根据(2-44)式计算 c_x。

浓度的标准差 s_c 可由下式计算

$$s_c = s_V\left(\frac{c_s}{V_x}\right) \tag{2-45}$$

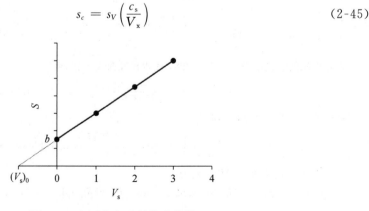

图 2.13 标准加入法的校准曲线

2.4.3 内标法

内标法是向试样、空白样以及标准溶液中加入等量的内标物。有时内标物也可以是样品中的主要成分,其含量足够大,可以认为在所有情形下浓度是恒定的。在测定内标物和被测组分的信号之后,以被测组分和内标物的信号比作为纵坐标,被测组分的标准液浓度为横坐标制作校准曲线。以待测试样与内标的信号比通过校准曲线获得被测组分的浓度。通常选择产生与待测物相似但又有足够区别的信号的物质作为内标物,内标物与被测组分的信号必须互不干扰。

由于采用测量信号的比值作为最终浓度响应信号,使用内标法可以补偿系统误差以及随机误差的影响,如仪器以及方法的随机波动影响、基底的影响,改善校准曲线的线性。在使用样品中主要成分作为内标物时,可以补偿由于样品制备等过程产生的误差。

2.5 分析方法的灵敏度、检出限和动态范围

灵敏度、检出限和动态范围是经常使用的与分析方法相关的特性。灵敏度一般是指校准曲线的斜率 m。检出限 DL 是指在一定置信度下可报告的最小浓度,以下式表示:

$$DL = ks_b/m \tag{2-46}$$

其中 m 为校准曲线斜率,s_b 为空白信号的标准差,系数 k 与置信度相关,通常取 3,对应于置信度 98.3%。

方法的检出限通常使用标准溶液测得,并不表示在实际样品测定中可以达到的最低检测浓度,但是可以用于比较分析方法与仪器。

分析方法的线性动态范围通常指可用校准曲线测定的分析物浓度范围,其低浓度限一般用检出限表示,高浓度限一般是信号偏离线性的 5% 对应的浓度。因此,校准曲线最好是线性的,使用线性的校准曲线可以很容易判断异常信号。

2.6 测定方法的选择与测定准确度的提高

为使测定结果达到一定的准确度,满足实际工作的需要,首先要选择合适的分析方法。各种分析方法具有不同的准确度和灵敏度。沉淀重量法和滴定法测定的准确度高,但灵敏度低,适于常量组分的测定;仪器分析的灵敏度高,但准确度较差,适于微量组分的测定。例如,对铁的质量分数为 40% 的试样中铁的测定,采用准确度高的沉淀重量法和滴定法测定,可以较准确地测定其含量;而若采用分光光度法测定,按其相对误差 5% 计,可能测得的范围是 38%~42%,显然,这样测定的准确度太差了。再如对铁的质量分数为 0.02% 的试样,采用分光光度法测铁,尽管相对误差较大,但因含量低,其绝对误差小,可能测得范围是 0.018%~0.022%,这样的结果是能满足要求的;而对如此微量的铁的测定,沉淀重量法和滴定法的灵敏度是无法满足要求的。此外,还必须根据分析试样的来源和组成选择合适的分析方法。例如,测定铁时,若共存元素容易以共沉淀方式干扰铁的沉淀重量法测定,可采用滴定法测定;而重铬酸钾法比络合滴定法较少受其他金属的干扰。

测定方法选定以后,可采用以下方法减少分析过程的误差。

1. 减小测量误差

为了保证分析结果的准确度,必须尽量减小测量误差。例如在沉淀重量法中,测量

步骤是称量,这就应设法减小称量误差。一般分析天平的称量误差为±0.0001 g,用减量法称量两次,可能引起的最大误差是±0.0002 g。为了使称量的相对误差小于0.1%,试样质量就不能太小。

$$试样质量=\frac{绝对误差}{相对误差}=\frac{0.0002}{0.1\%}=0.2\ g$$

可见必须使试样质量等于或大于0.2 g,才能保证称量误差在0.1%以内。

在滴定分析中,滴定管读数有±0.01 mL误差。在一次滴定中,需要读数两次,可能造成最大误差为±0.02 mL。为使测量体积的相对误差小于0.1%,消耗滴定剂必须在20 mL以上[①]。

对不同测定方法,测量的准确度只要与方法的准确度相适应就够了。如分光光度法测定微量组分,要求相对误差为2%,若称取试样0.5 g,则试样称量绝对误差不大于0.5 g×2%=0.01 g就行了。如果此时强调称准至±0.0001 g,说明操作者并未掌握相对误差的概念。

【例 2.11】 用返滴定法测定某酸浓度,为了保证测定的准确度,加入足够过量的40.00 mL 0.1000 mol·L^{-1} NaOH溶液,再用浓度相同的HCl溶液返滴定,消耗39.10 mL。有同学报告结果为10.12%,对不对?

答 不对。因为实际消耗在被测酸上的NaOH溶液体积只有
$$(40.00-39.10)\ mL=0.90\ mL$$
如果读数误差按±0.02 mL计,则体积测量误差达2%,所以该实验结果只能报告为10.1%。

2. 增加平行测定次数,减小随机误差

如前所述,增加测定次数,可以减少随机误差,但测定次数过多,则得不偿失。一般分析测定,平行做4~6次即可。

3. 消除测定过程中的系统误差

为检查分析过程中有无系统误差,做对照试验是最有效的方法。可采用三种方法:

(1)选用组成与试样相近的标准试样来测定,将测定结果与标准值比较,用 t 检验法确定有无系统误差。

(2)采用标准方法和所选方法同时测定某一试样,对测定结果进行 F 检验和 t 检验。

(3)采用加入法做对照试验,即称取等量试样两份,在一份试样中加入已知量的欲测组分,平行进行此两份试样的测定,由加入被测组分量是否定量回收判断有无系统误差。这种方法在对试样组成情况不清楚时适用。对照试验的结果同时也能说明系统误差的大小。

若对照试验或统计检验说明有系统误差存在,则应设法找出产生系统误差的原因,并加以消除。通常采用如下方法:

(1)做空白试验,消除试剂、去离子水及器皿引入的杂质所造成的系统误差。即在不加试样的情况下,按照试样分析步骤和条件进行分析试验,所得结果称为空白值,从试样测定结果中扣除此空白值。

---

① 考虑到滴定管上还附着一些液体所产生的滴沥误差,为使相对误差<0.1%,滴定剂消耗常控制到30 mL左右。

（2）校准仪器以消除仪器不准所引起的系统误差。如对砝码、移液管、容量瓶与滴定管进行校准。

（3）引用其他分析方法作校正。例如以沉淀重量法测定 SiO_2 时，滤液中损失的微量硅可用分光光度法测定，然后加到沉淀重量法结果中去。

2.7 有 效 数 字

1. 有效数字

为了得到准确的分析结果，不仅要准确地进行测量，而且还要正确地记录数字的位数。因为数据的位数不仅表示数量的大小，也反映测量的精密度。所谓有效数字，就是实际能测到的数字。

有效数字保留的位数，应当根据分析方法和仪器准确度来决定，应使数值中只有最后一位是可疑的。例如用分析天平称取试样时测量值应写作 0.5000 g，表示最后一位的 0 是可疑数字，其相对误差为

$$\frac{\pm 0.0002 \text{ g}}{0.5000 \text{ g}} \times 100\% = \pm 0.04\%$$

而称取试样 0.5 g，则表示是用台秤称量的，其相对误差为

$$\frac{\pm 0.2 \text{ g}}{0.5 \text{ g}} \times 100\% = \pm 40\%$$

同样，如把量取溶液的体积记作 24 mL，就表示是用量筒量取的；而从滴定管中放出的体积则应写作 24.00 mL。

数字"0"具有双重意义：若作为普通数字使用，它就是有效数字；若作为定位用，则不是有效数字。例如，滴定管读数 20.30 mL，两个"0"都是测量数字，都是有效数字，此时有效数字为 4 位。若改用升表示，则是 0.02030 L，这时前面的两个"0"仅起定位作用，不是有效数字，此数仍是 4 位有效数字。改变单位并不改变有效数字的位数。当需要在数的末尾加"0"作定位用时，最好采用指数形式表示，否则有效数字的位数含混不清。例如，质量为 25.0 mg，若以 μg 为单位，则应表示为 2.50×10^4 μg。若表示成 25000 μg，就易误解为 5 位有效数字。

在分析化学中常遇到倍数、分数关系，非测量所得，可视为无限多位有效数字。而对 pH、pM、$\lg K$ 等对数数值，其有效数字的位数仅取决于尾数部分的位数，因其整数部分只代表该数的方次。如 pH=11.02，表示 $[H^+]=9.6 \times 10^{-12}$ mol·L^{-1}，其有效数字为 2 位而非 4 位。

在计算中若遇首位数≥8 的数字，可多计一位有效数字，如 0.0985，可按 4 位有效数字对待。

2. 有效数字的修约规则

对分析数据进行处理时，须根据各步的测量精密度及有效数字的计算规则，合理保留有效数字的位数。目前多采用"四舍六入五成双"规则对数字进行修约。其做法是：

当尾数≤4 时，则舍；尾数≥6，则入；尾数等于 5 而后面数为 0 时，若"5"前面为偶数则舍，为奇数则入；当尾数 5 后面还有不是零的任何数时，无论 5 前面是偶数或奇数，皆入。例如，将下列数据修约为 4 位有效数字：

$$0.52664 \longrightarrow 0.5266$$

$$0.36266 \longrightarrow 0.3627$$
$$10.2350 \longrightarrow 10.24$$
$$250.650 \longrightarrow 250.6$$
$$18.0852 \longrightarrow 18.09$$

3. 数据运算规则

在分析结果的计算中,每个测量值的误差都要传递到结果里面。因此必须运用有效数字的运算规则,做到合理取舍,既不无原则地保留过多位数使计算复杂化,也不因舍弃任何尾数而使准确度受到损失。计算时,可先计算结果,再根据题意或具体情况进行修约。

(1) 加减法

加减法是各个数值绝对误差的传递,结果的绝对误差应与各数中绝对误差最大的那个数相适应。可以按照小数点后位数最少的那个数来保留其他各数的位数,以便于计算。例如

$$50.1 + 1.45 + 0.5812 = ?$$

原　　数	绝对误差	修约为
50.1	± 0.1	50.1
1.45	± 0.01	1.4
+)0.5812	± 0.0001	0.6
52.1312	± 0.1	52.1

可见 3 个数中以第一数绝对误差最大,它决定了总和的不确定性为 ± 0.1。其他误差小的数不起作用,结果的绝对误差仍保持 ± 0.1,故求和结果为 52.1。实际计算时可以小数点后位数最少的数 50.1 为准,将各数修约为带一位小数的数,再相加求和,结果相同而较简捷。

(2) 乘除法

乘除法是各个数值相对误差的传递,结果的相对误差应与各数中相对误差最大的那个数相适应。通常可以按照有效数字位数最少的那个数来保留其他各数的位数,以便于运算。例如

$$0.0121 \times 25.64 \times 1.05782 = ?$$

上面 3 个数的相对误差是

原　　数	相　对　误　差
0.0121	$\pm \dfrac{1}{121} \times 100\% = \pm 0.8\%$
25.64	$\pm \dfrac{1}{2564} \times 100\% = \pm 0.04\%$
1.05782	$\pm \dfrac{1}{105782} \times 100\% = \pm 0.00009\%$

其中以第一数(3 位有效数字)相对误差最大,应以它为标准,将其他各数都修约为 3 位有效数字,然后相乘,即 $0.0121 \times 25.6 \times 1.06 = 0.328$。这样,最后结果仍为 3 位有效数字,相对误差为 $\pm 0.3\%$,与准确度最差的第一数相适应。若直接相乘,得到积为 0.3281823

…,就完全失去有效数字的意义,因而是不正确的,应按第一数修约为 3 位有效数字。

凡涉及化学平衡的有关计算,由于常数的有效数字多为两位,一般保留两位有效数字。常量组分的沉淀重量法和滴定法测定,方法误差约 0.1％,一般取 4 位有效数字。但若含量在 80％以上,则取 3 位有效数字,这样与方法的准确度更为相近;若取 4 位,则表示准确度近万分之一,通过计算提高了准确度,显然是不合理的。

4. 误差的传递

分析结果常常是通过一系列测量步骤之后,从多个实验数据求算获得的。各个实验数据的测量误差对分析结果的误差贡献依赖于计算分析结果所涉及的计算式。如果计算结果以 R 表示,测量的量用 A、B 和 C 表示,绝对系统误差分别为 E_R、E_A、E_B 以及 E_C,随机误差分别为 S_R、S_A、S_B 以及 S_C。表 2-8 给出了基于各种数学运算获得的结果的系统误差与随机误差的计算式。

表 2-8　一些给定运算中的系统误差与随机误差传递

运算类型	计算式	系统误差传递	随机误差传递
加减运算	$R=aA+bB-cC$	$E_R=aE_A+bE_B-cE_C$	$S_R^2=a^2S_A^2+b^2S_B^2+c^2S_C^2$
乘除运算	$R=\dfrac{mAB}{C}$	$\dfrac{E_R}{R}=\dfrac{E_A}{A}+\dfrac{E_B}{B}-\dfrac{E_C}{C}$	$\dfrac{S_R^2}{R^2}=\dfrac{S_A^2}{A^2}+\dfrac{S_B^2}{B^2}+\dfrac{S_C^2}{C^2}$
幂运算	$R=aA^n$	$\dfrac{E_R}{R}=n\dfrac{E_A}{A}$	$\dfrac{S_R}{R}=n\dfrac{S_A}{A}$
对数运算	$R=a\lg A$	$E_R=0.434a\dfrac{E_A}{A}$	$S_R=0.434a\dfrac{S_A}{A}$

思　考　题

1.　分析过程中出现下面的情况,试回答它造成什么性质的误差,如何改进?
(1) 过滤时使用了定性滤纸,最后灰分加大;
(2) 滴定管读数时,最后一位估计不准;
(3) 试剂中含有少量被测组分。

2.　概率、置信度和置信区间各是什么含义?

3.　u 分布曲线和 t 分布曲线有何不同?

4.　例 2.11 中的测定结果有 2％的误差,不能满足常量分析的要求,如何改进才能使测定误差达到 0.1％左右?

5.　甲乙二人同时分析一矿物试样中硫的质量分数时,每次称取试样 3.5 g,分析结果报告为:甲:0.042％,0.041％;乙:0.04099％,0.04201％。问哪一份报告是合理的,为什么?

习　题

2.1　测定某样品中氮的质量分数时,6 次平行测定的测量值是 20.48％,20.55％,20.58％,20.60％,20.53％,20.50％。
(1) 计算这组数据的平均值、中位数、极差、平均偏差、标准差、相对标准差和平均值的标准差;
(2) 若此样品是标准样品,其中氮的质量分数为 20.45％,计算以上测量值的绝对误差和相对误差。

2.2 测定试样中 CaO 的质量分数时,得到如下测量值:35.65%,35.69%,35.72%,35.60%。问:

(1) 统计处理后的分析结果应如何表示?

(2) 比较 95% 和 90% 置信度下总体均值的置信区间。

2.3 根据以往经验,用某一方法测定矿样中锰的质量分数时,标准差(即 σ)是 0.12%。现测得锰的质量分数为 9.56%,如果分析结果分别是根据 1 次、4 次、9 次测定得到的,计算各次结果平均值的置信区间。(95% 置信度)

2.4 某分析人员提出了测定氯的新方法。用此法分析某标准样品(标准值为 16.62%),4 次测定的平均值为 16.72%,标准差为 0.08%。问此结果与标准值相比有无显著差异。(显著水平为 0.05)

2.5 在不同温度下对某试样作分析,所得测量值(%)如下。

$$10℃:96.5,\ 95.8,\ 97.1,\ 96.0$$
$$37℃:94.2,\ 93.0,\ 95.0,\ 93.0,\ 94.5$$

试比较两组结果是否有显著差异。(显著水平为 0.10)

2.6 某实验室发展了荧光显微成像计数法,将其用于测量血清中的癌胚抗原(CEA),并与酶联免疫吸附法(ELISA)进行比较。9 个人的血清试样测定结果如下表(ng·mL^{-1}),每一个数据为重复 3 次测定的结果。请问两种方法之间是否存在系统误差?($\alpha=0.05$)

试样	#1	#2	#3	#4	#5	#6	#7	#8	#9
ELISA 法	0.74	5.25	0.66	15.09	12.66	0.55	0.55	0.95	0.26
荧光显微成像计数法	0.73	5.70	0.64	14.64	12.26	0.56	0.53	0.95	0.25

2.7 某人测定一溶液浓度(mol·L^{-1}),获得以下测量值:0.2038,0.2042,0.2052,0.2039。第三个结果是否为异常值?测定了第五次,结果为 0.2041,这时第三个结果还是异常值吗?(置信度为 90%)

2.8 标定 0.1 mol·L^{-1} HCl,欲消耗 HCl 溶液 25 mL 左右,应称取 Na_2CO_3 基准物多少克?从称量误差考虑能否达到 0.1% 的准确度?若改用硼砂($Na_2B_4O_7 \cdot 10H_2O$)为基准物,结果又如何?

2.9 下列各数含有的有效数字是几位?

$$0.0030,\ 6.023×10^{23},\ 64.120,\ 4.80×10^{-10},$$
$$998,\ 1000,\ 1.0×10^3,\ pH=5.2\ 时的[H^+]。$$

2.10 按有效数字运算规则计算下列结果:

(1) $213.64+4.4+0.3244$;

(2) $\dfrac{0.0982×(20.00-14.39)×162.206/3}{1.4182×1000}×100$;

(3) pH=12.20 溶液的 $[H^+]$。

2.11 某人用络合滴定返滴定法测定试样中铝的质量分数。称取试样 0.2000 g,加入 0.02002 mol·L^{-1} EDTA 溶液 25.00 mL,返滴定时消耗了 0.02012 mol·L^{-1} Zn^{2+} 溶液 23.12 mL。请计算试样中铝的质量分数。此处有效数字有几位?如何才能提高测定的准确度?

第3章 酸碱平衡与酸碱滴定法

3.1 酸碱反应及其平衡常数
    酸碱反应∥酸碱反应的平衡常数∥活度与浓度,平衡常数的几种形式
3.2 酸度对弱酸(碱)形态分布的影响
    一元弱酸溶液中各种形态的分布∥多元酸溶液中各种形态的分布∥
    * 浓度对数图
3.3 酸碱溶液的 H^+ 浓度计算
    水溶液中酸碱平衡处理的方法∥一元弱酸(碱)溶液 pH 的计算∥两性
    物质溶液 pH 的计算∥多元弱酸溶液 pH 的计算∥一元弱酸及其共轭
    碱($HA+A^-$)混合溶液 pH 的计算∥强酸(碱)溶液 pH 的计算∥混合
    酸和混合碱溶液 pH 的计算
3.4 酸碱缓冲溶液
    缓冲容量和缓冲范围∥缓冲溶液的选择∥标准缓冲溶液
3.5 酸碱指示剂
    酸碱指示剂的作用原理∥影响指示剂变色间隔的因素∥混合指示剂
3.6 酸碱滴定曲线和指示剂的选择
    强碱滴定强酸或强酸滴定强碱∥一元弱酸(碱)的滴定∥滴定一元弱酸
    (弱碱)及其与强酸(强碱)混合物的总结∥多元酸和多元碱的滴定
3.7 终点误差
    代数法计算终点误差∥终点误差公式和终点误差图及其应用
3.8 酸碱滴定法的应用
    酸碱标准溶液的配制与标定∥酸碱滴定法应用示例
* 3.9 非水溶剂中的酸碱滴定
    * 概述∥ * 溶剂的性质与作用∥ * 非水滴定的应用

酸碱滴定法(acid-base titration)又称中和滴定,是依据酸碱反应来作定量分析的方法。酸碱反应平衡是四大化学平衡的基础,酸度决定物种存在的形态,因而影响各类反应的完全度及反应速率,因此酸碱平衡(acid-base equilibrium)的处理不仅是酸碱滴定的基础,也是其他分析方法的基础。由于许多反应是在水溶液中进行的,而水本身就是酸碱物质,所以任何水溶液的反应都必须考虑酸碱作用。本章着重介绍酸度对弱酸(碱)形态分布的影响;酸碱溶液 pH 的计算;酸碱滴定曲线及指示剂的选择;滴定反应的完全度及终点误差;酸碱滴定的典型应用示例等内容。

3.1 酸碱反应及其平衡常数

3.1.1 酸碱反应

按 Brϕnsted(布朗斯台德)酸碱定义:凡能给出质子(H^+)的物质是酸,能接受质子的

物质是碱。能给出多个质子的物质叫多元酸,能接受多个质子的物质叫多元碱。酸 (HA)给出质子后变成它的共轭碱(A^-),碱(A^-)接受质子后便变成它的共轭酸。其间 的相互转化,可用下式表示。HA 和 A^- 相互依存,称为共轭酸碱对。

$$HA \Longrightarrow A^- + H^+$$
$$\text{酸} \qquad \text{碱} \qquad \text{质子}$$

酸和碱可以是中性分子,也可以是阳离子或阴离子。酸较其共轭碱多一个质子,例如

酸		碱		质子
HAc	$\Longrightarrow$	Ac^-	$+$	H^+
H_2CO_3	$\Longrightarrow$	HCO_3^-	$+$	H^+
HCO_3^-	$\Longrightarrow$	CO_3^{2-}	$+$	H^+
NH_4^+	$\Longrightarrow$	NH_3	$+$	H^+
H_6Y^{2+}	$\Longrightarrow$	H_5Y^+	$+$	H^+
NH_3OH^+	$\Longrightarrow$	NH_2OH	$+$	H^+
$(CH_2)_6N_4H^+$	$\Longrightarrow$	$(CH_2)_6N_4$	$+$	H^+

酸给出质子的反应、碱接受质子的反应都称作酸碱半反应,半反应都不能单独发生。 酸给出质子必须有另一种能接受质子的碱存在。酸碱反应实际上是两个共轭酸碱对共 同作用的结果,其实质是质子的转移。以醋酸(HAc)在水中的离解反应为例

半反应 1 $\qquad$ HAc(酸 1)$\Longrightarrow Ac^-$(碱 1)$+H^+$

半反应 2 $\qquad H^+ + H_2O$(碱 2)$\Longrightarrow H_3O^+$(酸 2)

总的反应 $\qquad HAc + H_2O \Longrightarrow H_3O^+ + Ac^-$
$\qquad\qquad$ 酸1$\quad$碱2$\qquad$酸2$\quad$碱1

其结果是质子从 HAc 转移到 H_2O,此处溶剂 H_2O 起着碱的作用,有它存在,HAc 的离 解才得以实现。H^+ 不能在水中单独存在,而是以水合质子 $H_9O_4^+$ 形式存在,此处简化成 H_3O^+,为书写方便,通常也将 H_3O^+ 写成 H^+,以上反应式则简化为

$$HAc \Longrightarrow H^+ + Ac^-$$

注意,这一简化式代表的是一个完整的酸碱反应,不要把它看作是酸碱半反应,即不可忘 记作为溶剂的水所起的作用。

对于碱在水溶液中的离解,则溶剂 H_2O 作为酸参加了反应。以 NH_3 为例

半反应 1 $\qquad NH_3$(碱 1)$+H^+ \Longrightarrow NH_4^+$(酸 1)

半反应 2 $\qquad H_2O$(酸 2)$\Longrightarrow OH^-$(碱 2)$+H^+$

总的反应 $\qquad NH_3 + H_2O \Longrightarrow NH_4^+ + OH^-$

OH^- 也不能单独存在,也是以水合离子形式存在,一般记作 $H_7O_4^-$,此处是以其简化形式 OH^- 表示的。

从上述 HAc、NH_3 的离解反应知道,溶剂 H_2O 既可以给出质子又能接受质子,所以 它是两性物质。在 H_2O 分子之间产生的质子转移反应叫作水的质子自递反应

$$H_2O\text{(酸 1)}+H_2O\text{(碱 2)}\Longrightarrow OH^-\text{(碱 1)}+H_3O^+\text{(酸 2)}$$

以前称之为"盐的水解"反应,也是质子转移反应,例如 NH_4Cl 的水解,也就是弱酸 NH_4^+ 的离解反应

$$NH_4^+ + H_2O \Longrightarrow NH_3 + H_3O^+$$

NaAc 的水解,也就是弱碱 Ac^- 的离解反应

$$Ac^- + H_2O \Longrightarrow HAc + OH^-$$

因此本书不再提盐的水解了。

中和反应是一类重要的酸碱反应

$$H_3O^+ + OH^- \Longrightarrow H_2O + H_2O$$

$$HA + OH^- \Longrightarrow A^- + H_2O$$

$$A^- + H_3O^+ \Longrightarrow HA + H_2O$$

它们是离解反应的逆反应,是酸碱滴定法的化学基础。

3.1.2 酸碱反应的平衡常数

在浓度相同的情况下,酸碱反应进行的程度可以用反应的平衡常数来衡量,其中最基本的是酸(碱)离解常数和水的质子自递常数,其他均可由此导出。

弱酸 HA 在水溶液中的离解反应及平衡常数是

$$HA + H_2O \Longrightarrow H_3O^+ + A^-$$

$$K_a = \frac{a(H_3O^+) \cdot a(A^-)}{a(HA)} \tag{3-1}$$

在稀溶液中溶剂 H_2O 的活度规定为 1,不包括在式中。平衡常数 K_a 称为酸的离解常数,此值越大,表示该酸越强。它仅随温度变化。

弱碱 A^- 在水溶液中的离解反应及平衡常数是

$$A^- + H_2O \Longrightarrow HA + OH^-$$

$$K_b = \frac{a(HA) \cdot a(OH^-)}{a(A^-)} \tag{3-2}$$

K_b 能衡量碱的强弱,称为碱的离解常数。

水的质子自递反应及平衡常数是

$$H_2O + H_2O \Longrightarrow H_3O^+ + OH^-$$

$$K_w = a(H_3O^+) \cdot a(OH^-) = 1.0 \times 10^{-14} \quad (25℃) \tag{3-3}$$

K_w 称为水的质子自递常数,或称水的活度积。

就共轭酸碱对 HA-A^- 来说,若酸 HA 的酸性很强,其共轭碱 A^- 的碱性必弱。共轭酸碱对的 K_a 和 K_b 间的关系可由式(3-1)、式(3-2)和式(3-3)导出

$$K_a K_b = \frac{a(H_3O^+) \cdot a(A^-)}{a(HA)} \times \frac{a(HA) \cdot a(OH^-)}{a(A^-)} = a(H_3O^+) \cdot a(OH^-) = K_w$$

$$\tag{3-4a}$$

或写成
$$pK_a + pK_b = pK_w \tag{3-4b}$$

因此由酸的离解常数 K_a 可求出其共轭碱的 K_b,反之亦然。正像溶液的酸、碱度统一用 pH 表示一样,酸和碱的强度完全可以统一地用 pK_a 表示。在化学书籍与文献中常常只给出酸的 pK_a,其共轭碱的 pK_b 可通过式(3-4b)计算出来。

【例 3.1】 查得 NH_4^+ 的 pK_a 为 9.25,求 NH_3 的 pK_b。

解 NH_4^+-NH_3 为共轭酸碱对,故

$$pK_b = 14.00 - pK_a = 14.00 - 9.25 = 4.75$$

多元酸在水中逐级离解，溶液中存在多个共轭酸碱对。例如三元酸 H_3A，它逐级离解为 H_2A^-、HA^{2-}、A^{3-}，通常是

$$K_{a_1} > K_{a_2} > K_{a_3}$$

酸的强度次序是

$$H_3A > H_2A^- > HA^{2-}$$

其各级共轭碱的离解反应和离解常数是

$$A^{3-} + H_2O \rightleftharpoons HA^{2-} + OH^- \qquad K_{b_1} = K_w / K_{a_3}$$

$$HA^{2-} + H_2O \rightleftharpoons H_2A^- + OH^- \qquad K_{b_2} = K_w / K_{a_2}$$

$$H_2A^- + H_2O \rightleftharpoons H_3A + OH^- \qquad K_{b_3} = K_w / K_{a_1}$$

根据式(3-4b)，本例中 pK_a 和 pK_b 的关系为

$$pK_{b_1} = 14.00 - pK_{a_3}$$

$$pK_{b_2} = 14.00 - pK_{a_2}$$

$$pK_{b_3} = 14.00 - pK_{a_1}$$

最强的碱的离解常数 K_{b_1} 对应着最弱的共轭酸的 K_{a_3}；而最弱的碱的离解常数 K_{b_3} 对应着最强的共轭酸的 K_{a_1}，所以

$$K_{b_1} > K_{b_2} > K_{b_3}$$

必须熟练掌握 pK_a 与 pK_b 间的换算。

【例 3.2】 计算 HS^- 的 pK_b。

解 　HS^- 为两性物质，K_b 是它作为碱的离解常数，即

$$HS^- + H_2O \rightleftharpoons H_2S + OH^-$$

其共轭酸是 H_2S。HS^- 的 K_b 即 S^{2-} 的 K_{b_2}，可由 H_2S 的 K_{a_1} 求得。

由附录 C.2 查得 H_2S 的 pK_{a_1} 为 7.05，故

$$pK_{b_2} = 14.00 - pK_{a_1} = 14.00 - 7.05 = 6.95$$

酸碱滴定反应是酸、碱离解反应或水的质子自递反应的逆反应，其反应的平衡常数称作滴定反应常数，以 K_t 表示，可由 K_a、K_b 或 K_w 求得。例如

$$H^+ + OH^- \rightleftharpoons H_2O \qquad K_t = \frac{1}{a(H^+) \cdot a(OH^-)} = \frac{1}{K_w} = 10^{14.00}$$

$$HA + OH^- \rightleftharpoons A^- + H_2O \qquad K_t = \frac{a(A^-)}{a(HA) \cdot a(OH^-)} = \frac{1}{K_b} = \frac{K_a}{K_w}$$

$$A^- + H^+ \rightleftharpoons HA \qquad K_t = \frac{a(HA)}{a(H^+) \cdot a(A^-)} = \frac{1}{K_a}$$

在水溶液中，反应完全度最高的是强酸和强碱的反应，它的平衡常数 $K_t = 10^{14.00}$；反应完全度最差的是水的质子自递反应，它的平衡常数 $K_w = 10^{-14.00}$；其他酸碱反应的平衡常数均介于两者之间。K_t 取决于被滴酸碱的 K_a 或 K_b[①]，它是影响酸碱滴定的最重要因素，在酸碱滴定中将着重讨论。

---

① 多元酸(碱)和混合酸(碱)的滴定反应较复杂，应当求其反应的条件常数 (K_t')，在学了本书第 4 章络合滴定法后，不难求得。详见"附录 A 　主要参考书"[13](p.84～89)。

3.1.3 活度与浓度,平衡常数的几种形式

1. 活度与浓度

在电解质溶液中,由于荷电离子之间以及离子和溶剂间的相互作用,使得离子在化学反应中表现出的有效浓度与其真实浓度间有差别。离子在化学反应中起作用的有效浓度称为离子的活度。在有关化学平衡的计算中,严格地说应当用活度而不是浓度。

离子的活度(a)与浓度(c)之间的关系是

$$a = \gamma c \tag{3-5}$$

式中:γ 称为离子的活度系数,它是衡量实际溶液与理想溶液之间差别的尺度。对于极稀溶液,离子间相距很远,可忽略它们之间的相互作用,视为理想溶液,这时 $\gamma \approx 1$,$a \approx c$;随着溶液浓度的增大,$\gamma < 1$,则 $a < c$。中性分子不带电荷,其活度系数等于 1,如 HAc 分子、NH_3 分子等;溶剂的活度规定为 1(当溶质的浓度很小时);其他情况下离子的活度是通过测量或计算得到的。

Debye-Hückel(德拜-休克尔)提出了稀溶液($I \leqslant 0.1 \text{ mol·kg}^{-1}$)[①] 中计算活度系数的公式

$$-\lg\gamma_i = \frac{0.5115 z_i^2 \sqrt{I}}{1 + B\mathring{a}\sqrt{I}} \tag{3-6}$$

式中:γ_i 为 i 离子的活度系数;z_i 为 i 离子的电荷;B 为常数,25℃时为 3.291;$\mathring{a}$ 为离子的体积参数,约等于水化离子的有效半径,以 nm(纳米)为单位;I 为溶液的离子强度,可由下式计算

$$I = \frac{1}{2}(c_1 z_1^2 + c_2 z_2^2 + \cdots + c_i z_i^2) \tag{3-7}$$

式中:c_1,c_2,$\cdots$ 以及 z_1,z_2,$\cdots$ 分别为溶液中各种离子的浓度和电荷。其中电荷的作用以平方关系出现,可见离子价数的影响是很大的。

离子体积参数 $\mathring{a}$ 可由附录 C.1 中查出[②]。有了 $\mathring{a}$、I 及离子电荷 z,就可由式(3-6)计算其活度系数。一些离子在几种离子强度下的 γ 已计算出,也列于附录 C.1 中。

【例 3.3】 某溶液中 $BaCl_2$ 和 HCl 的浓度分别为 0.030 mol·L^{-1} 和 0.010 mol·L^{-1},计算该溶液 H^+ 的活度 $a(H^+)$。

解 溶液中各离子的浓度为

$$c(Ba^{2+}) = 0.030 \text{ mol·L}^{-1}$$

$$c(Cl^-) = (0.010 + 0.030 \times 2) \text{ mol·L}^{-1} = 0.070 \text{ mol·L}^{-1}$$

$$c(H^+) = 0.010 \text{ mol·L}^{-1}$$

$$I = \frac{1}{2}(0.030 \times 2^2 + 0.070 \times 1^2 + 0.010 \times 1^2) \text{ mol·kg}^{-1}$$

$$= 0.10 \text{ mol·kg}^{-1}$$

---

① 在分析化学中溶液浓度一般不大,可用物质的量浓度 c 代替。

② 若在表中未列出可采用的平均 $\mathring{a}$,则可按下表的 $\mathring{a}$ 计算:

离子种类	1价	2价	3价	4价
$\mathring{a}$/nm	0.4	0.5	0.5	0.6

查附录 C.1 知，H^+ 的 $\mathring{a}$ 为 0.9 nm，代入 Debye-Hückel 方程

$$-\lg\gamma(H^+)=\frac{0.5115\times1^2\ \sqrt{0.10}}{1+3.291\times0.9\ \sqrt{0.10}}=0.084$$

$$\gamma(H^+)=0.82$$

故

$$a(H^+)=\gamma(H^+)\cdot c(H^+)$$
$$=0.82\times0.010\ \text{mol}\cdot\text{L}^{-1}$$
$$=0.0082\ \text{mol}\cdot\text{L}^{-1}$$

由于上述溶液不算很稀，因此活度系数不等于 1，浓度与活度就有差别。

Debye-Hückel 公式仅适用于较稀的溶液（$I<0.1\ \text{mol}\cdot\text{kg}^{-1}$）[1]。对于离子强度不太高的溶液，可由此公式计算出活度系数的近似值。若再忽略离子体积的差别（除 H^+ 外，均视 $\mathring{a}$ 为 0.3 nm），则活度系数仅与离子强度（I）和离子电荷（z）有关。据此制成了简易活度系数图（图 3.1），使用起来很方便。

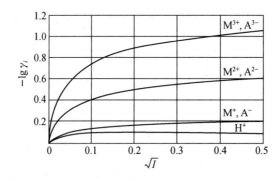

图 3.1　不同价态离子的 $-\lg\gamma_i$ 与离子强度的近似关系

由图可见，离子强度在 $0.1\sim0.5\ \text{mol}\cdot\text{kg}^{-1}$ 之间，活度系数改变不大，因此在分析化学计算中，常按 $I=0.1\ \text{mol}\cdot\text{kg}^{-1}$ 来处理溶液平衡问题。

2. 活度常数、浓度常数和混合常数

前面讨论的弱酸的离解常数 K_a 是用反应物与产物的活度表示的，例如反应

$$HA \Longleftrightarrow H^+ + A^-$$

$$K_a=\frac{a(H^+)\cdot a(A^-)}{a(HA)}$$

K_a 称为活度常数，或称热力学常数 K_a^T[2]，它仅随温度变化。但在实际工作中用到的是各组分的浓度。若用浓度表示上述平衡关系，就得到浓度常数 K_a^C。这时，K_a^C 与 K_a 的关系是

$$K_a^C=\frac{[H^+][A^-]}{[HA]}=\frac{a(H^+)\cdot a(A^-)}{a(HA)}\times\frac{\gamma(HA)}{\gamma(H^+)\cdot\gamma(A^-)}=\frac{K_a}{\gamma(H^+)\cdot\gamma(A^-)}$$

可见浓度常数不仅与温度有关，还随离子强度或活度系数而改变。

若 H^+（或 OH^-）用活度表示，其他组分用浓度表示，就得到混合常数 K_a^M。对以上反

---

① Davis（戴维斯）公式：$-\lg\gamma_i=0.509z_i^2\left(\dfrac{\sqrt{I}}{1+\sqrt{I}}-0.2I\right)$，适用于 I 在 $0.1\sim0.6\ \text{mol}\cdot\text{kg}^{-1}$ 范围内 γ 的计算。

② 酸的热力学常数一般简化写作 K_a。

应,不难导出

$$K_a^M = \frac{a(H^+) \cdot [A^-]}{[HA]} = \frac{K_a}{\gamma(A^-)}$$

它也随离子强度而变。由于在实际工作中往往用电位法测定溶液的 pH,即 $-lga(H^+)$,使用混合常数进行计算就很方便。

【例 3.4】 计算 $I = 0.1$ mol·kg^{-1} 时 HAc 的 K_a^C 和 K_a^M。

解 从附录 C.1 中查得 $\gamma(H^+) = 0.826$,$\gamma(Ac^-) = 0.770$;从附录 C.2 中查得 HAc 的 $K_a = 1.75 \times 10^{-5}$,所以它的

$$K_a^C = \frac{K_a}{\gamma(H^+) \cdot \gamma(Ac^-)} = \frac{1.75 \times 10^{-5}}{0.826 \times 0.770} = 2.75 \times 10^{-5}$$

$$K_a^M = \frac{K_a}{\gamma(Ac^-)} = \frac{1.75 \times 10^{-5}}{0.770} = 2.27 \times 10^{-5}$$

带电荷的酸碱,离子强度对其 K_a^C、K_a^M 大小的影响是不一样的。

如果只涉及分析测定中酸碱平衡的处理,通常溶液的浓度不太大,如果准确度要求不是太高(酸碱离解常数的数值常有百分之几的误差),就可以忽略离子强度的影响,用活度常数代替浓度常数作近似计算。本章一般都采用这样的处理方法,仅在准确度要求较高时,才考虑离子强度的影响(如标准缓冲溶液 pH 的计算)。

若溶液离子强度较高,最好采用浓度常数或混合常数计算。从图 3.1 可知,当 I 在 $0.1 \sim 0.5$ mol·kg^{-1} 之间时 $lg\gamma_i$ 变化较小,一般的分析多处于此范围内,因此常用 $I = 0.1$ mol·kg^{-1} 的浓度(或混合)常数进行计算。手册与文献中所列大多是 $I = 0.1$ mol·kg^{-1} 情况下的常数。

3.2 酸度对弱酸(碱)形态分布的影响

分析化学中所使用的试剂(如沉淀剂、络合剂等)大多是弱酸(碱)。在弱酸(碱)平衡体系中,往往存在多种形态,为使反应进行完全,必须控制有关形态的浓度。它们的浓度分布是由溶液中的氢离子浓度所决定的,因此酸度是影响各类化学反应的重要因素。例如以 CaC_2O_4 形态沉淀 Ca^{2+} 时,沉淀的完全度与 $C_2O_4^{2-}$ 浓度有关,而后者又取决于溶液的 H^+ 浓度。了解酸度对弱酸(碱)形态分布的影响,对于掌握与控制分析条件有重要的指导意义。

3.2.1 一元弱酸溶液中各种形态的分布

一元弱酸(HA)在溶液中以 HA 和 A^- 两种形态存在,其总浓度(c)又称为分析浓度,两种形态的平衡浓度分别表示为[HA]和[A^-],其间关系是

$$c = [HA] + [A^-]$$

由平衡式知

$$[A^-] = \frac{[HA]K_a}{[H^+]}$$

故

$$c = [HA]\left(1 + \frac{K_a}{[H^+]}\right)$$

以 x(HA)表示 HA 在总浓度中所占分数,称为 HA 的摩尔分数,则

$$x(\mathrm{HA}) = \frac{[\mathrm{HA}]}{c} = \frac{1}{1 + \dfrac{K_a}{[\mathrm{H}^+]}} = \frac{[\mathrm{H}^+]}{K_a + [\mathrm{H}^+]} \tag{3-8}$$

同样可导出 A^- 的摩尔分数 $x(\mathrm{A}^-)$

$$x(\mathrm{A}^-) = \frac{[\mathrm{A}^-]}{c} = \frac{K_a}{K_a + [\mathrm{H}^+]} \tag{3-9}$$

且有
$$x(\mathrm{HA}) + x(\mathrm{A}^-) = 1$$

　　由酸的 K_a 和溶液的 pH 就可以计算两种形态的摩尔分数。对指定酸（碱）而言,摩尔分数是 $[\mathrm{H}^+]$ 的函数,控制溶液的 pH,就可以控制溶液中各形态的浓度。

【例 3.5】　计算 pH 4.0 和 8.0 时 HAc 和 Ac^- 的摩尔分数。

　解　已知 HAc 的 $K_a = 1.75 \times 10^{-5}$。

pH = 4.0 时

$$x(\mathrm{HAc}) = \frac{[\mathrm{H}^+]}{K_a + [\mathrm{H}^+]} = \frac{1.0 \times 10^{-4}}{1.75 \times 10^{-5} + 1.0 \times 10^{-4}} = 0.85$$

$$x(\mathrm{Ac}^-) = \frac{K_a}{K_a + [\mathrm{H}^+]} = \frac{1.75 \times 10^{-5}}{1.75 \times 10^{-5} + 1.0 \times 10^{-4}} = 0.15$$

或
$$x(\mathrm{Ac}^-) = 1 - x(\mathrm{HAc}) = 1 - 0.85 = 0.15$$

pH = 8.0 时

$$x(\mathrm{HAc}) = \frac{1.0 \times 10^{-8}}{1.75 \times 10^{-5} + 1.0 \times 10^{-8}} = 5.7 \times 10^{-4}$$

$$x(\mathrm{Ac}^-) = 1 - 5.7 \times 10^{-4} \approx 1.0$$

　　图 3.2 为 HAc 的 x-pH 曲线。此图叫作酸碱形态分布图。

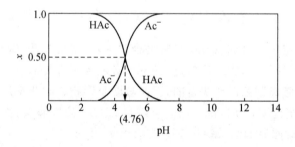

图 3.2　HAc 的形态分布图

　　可见,$x(\mathrm{HAc})$ 随 pH 增大而减小,$x(\mathrm{Ac}^-)$ 则随 pH 增大而增大。两曲线相交于 pH $= \mathrm{p}K_a = 4.76$ 这一点,此时 $x(\mathrm{HAc}) = x(\mathrm{Ac}^-)$,即两种形态各占一半。图形以 $\mathrm{p}K_a$ 点为界分成两个区域:当酸度高时($\mathrm{pH} < \mathrm{p}K_a$),以酸型(HAc)为主;酸度低时($\mathrm{pH} > \mathrm{p}K_a$),以碱型($\mathrm{Ac}^-$)为主;在过渡区 $\mathrm{pH} \approx \mathrm{p}K_a$ 处,两种形态都以较大量存在。以上结论可以推广到任何一元弱酸。任何一元弱酸(碱)的形态分布图形状都相同,只是图中曲线的交点随其 $\mathrm{p}K_a$ 大小不同而左右移动。

　　优势区域图是形态分布图的俯视图,是对酸碱分布图的简化,它可以更加简明地表示出 $\mathrm{p}K_a$ 对酸碱形态分布的重要意义。图 3.3 是 HF 和 HCN 的优势区域图。

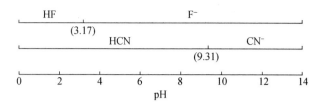

图 3.3 HF(pK_a=3.17)和 HCN(pK_a=9.31)的优势区域图

F$^-$与 CN$^-$常用作络合剂以掩蔽某些金属离子,为使掩蔽效果好,必须控制[F$^-$]与[CN$^-$]足够大。由于 HF 远比 HCN 的酸性强,F$^-$占优势的区域(pH>3.17)就比 CN$^-$占优势的区域(pH>9.31)宽得多,因此它作为掩蔽剂应用的 pH 范围比 CN$^-$宽得多。酸越弱,其碱型占优势的区域越窄,控制酸度就更为重要。如果用 KCN 作络合剂,pH<9.31 时不仅反应难以进行,而且大量的 HCN 从溶液中挥发逸出,那是极其危险的,必须严格控制 pH>10。若反应中要利用的是酸型,则恰好相反,即其 pK_a越大越好。由此可见,弱酸(碱)的 pK_a是决定形态分布的内在因素,而 pH 的控制则是其外部条件。

平衡浓度与分析浓度是两个有联系但又不相同的概念。在平衡计算中经常涉及,必须区别清楚。摩尔分数计算式将这两种浓度联系起来。以 HA 为例

$$[HA]=cx(HA), \quad [A^-]=cx(A^-)$$

在计算溶液的[H$^+$]时,平衡式中表示的是各形态的平衡浓度,而实际知道的是分析浓度,弄清两者的关系将使计算大大简化。对 HA-A$^-$体系

若 pH<pK_a-1,则[HA]$\gg$[A$^-$],即 x(HA)$\approx$1,此时[HA]$\approx c$,[A$^-$]$\ll c$;

若 pH>pK_a+1,则[A$^-$]$\gg$[HA],即 x(A$^-$)$\approx$1,此时[A$^-$]$\approx c$,[HA]$\ll c$;

若 pH$\approx$pK_a,则[HA]$\approx$[A$^-$],此时[HA]和[A$^-$]均不能用 c 代替,而必须用 c、K_a 和[H$^+$]通过摩尔分数计算式计算[HA]和[A$^-$]。

在下节讨论溶液中[H$^+$]的计算时经常会用到上述结论。

3.2.2 多元酸溶液中各种形态的分布

以二元弱酸 H$_2$A 为例。它在溶液中以 H$_2$A、HA$^-$和 A^{2-}三种形态存在。若分析浓度为 c,则有

$$c=[H_2A]+[HA^-]+[A^{2-}]=[H_2A]\left(1+\frac{K_{a_1}}{[H^+]}+\frac{K_{a_1}K_{a_2}}{[H^+]^2}\right)$$

H$_2$A 的摩尔分数以 x_2 表示

$$x_2=\frac{[H_2A]}{c}$$

$$=\frac{1}{1+\dfrac{K_{a_1}}{[H^+]}+\dfrac{K_{a_1}K_{a_2}}{[H^+]^2}}$$

$$=\frac{[H^+]^2}{[H^+]^2+[H^+]K_{a_1}+K_{a_1}K_{a_2}} \tag{3-10}$$

同样,可导出 HA$^-$和 A^{2-}的摩尔分数 x_1 和 x_0

$$x_1 = \frac{[HA^-]}{c} = \frac{[H^+]K_{a_1}}{[H^+]^2 + [H^+]K_{a_1} + K_{a_1}K_{a_2}} \qquad (3-11)$$

$$x_0 = \frac{[A^{2-}]}{c} = \frac{K_{a_1}K_{a_2}}{[H^+]^2 + [H^+]K_{a_1} + K_{a_1}K_{a_2}} \qquad (3-12)$$

且有
$$x_2 + x_1 + x_0 = 1$$

以上 x 的算式中,下标代表某形态所含 H^+ 数,$[H^+]^2$、$[H^+]K_{a_1}$、$K_{a_1}K_{a_2}$ 分别与 $[H_2A]$、$[HA^-]$ 和 $[A^{2-}]$ 各项的值相对应,其和与各形态浓度的总和相对应。了解这点,就容易直接写出这些表达式。

【例 3.6】　计算 pH＝4.0 时 0.050 mol·L^{-1} 酒石酸(以 H_2A 表示)溶液中酒石酸根离子的浓度 $[A^{2-}]$。

　　解　已知酒石酸的 $pK_{a_1} = 3.04$, $pK_{a_2} = 4.37$,则

$$\begin{aligned}
x_0 &= \frac{K_{a_1}K_{a_2}}{[H^+]^2 + [H^+]K_{a_1} + K_{a_1}K_{a_2}} \\
&= \frac{10^{-3.04-4.37}}{10^{-8.0} + 10^{-4.0-3.04} + 10^{-3.04-4.37}} \\
&= 0.28
\end{aligned}$$

$$[A^{2-}] = cx_0 = 0.050 \text{ mol·}L^{-1} \times 0.28 = 0.014 \text{ mol·}L^{-1}$$

二元弱酸有两个 pK_a(pK_{a_1} 和 pK_{a_2}),以它们为界,可分为 3 个区域:$pH < pK_{a_1}$ 时,H_2A 形态占优势;$pH > pK_{a_2}$ 时,A^{2-} 形态为主;而当 $pK_{a_1} < pH < pK_{a_2}$ 时,则主要是 HA^- 形态。pK_{a_1} 与 pK_{a_2} 相差越小,HA^- 占优势的区域越窄。酒石酸正是这种情况($pK_{a_1} = 3.04$,$pK_{a_2} = 4.37$),见图 3.4。以酒石酸氢钾沉淀形式检出 K^+ 时,希望酒石酸氢根离子(HA^-)浓度大些,这时要求控制酸度在 pH 3.0～4.3 之间;反之,在含有酒石酸和钾(或铵)盐的分析溶液中,为防止酒石酸氢钾(或铵)沉淀,应控制 pH 在 3.0～4.3 范围以外。由图 3.4 还可看出,酒石酸氢根离子(HA^-)最多时也只占 72%,此时其他两种形态(H_2A 和 A^{2-})各占 14%。换言之,即使将纯的酒石酸氢钾溶于水中,也将有 28% 发生酸式和碱式离解,酒石酸氢根离子(HA^-)的浓度将比其分析浓度小很多。

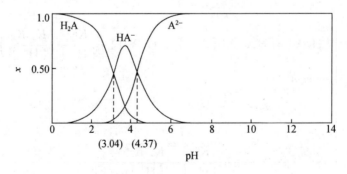

图 3.4　酒石酸的形态分布图

不难写出三元酸中各种形态的摩尔分数

$$x_3 = \frac{[H_3A]}{c} = \frac{[H^+]^3}{[H^+]^3 + [H^+]^2 K_{a_1} + [H^+] K_{a_1} K_{a_2} + K_{a_1} K_{a_2} K_{a_3}}$$

$$x_2 = \frac{[H_2A^-]}{c} = \frac{[H^+]^2 K_{a_1}}{[H^+]^3 + [H^+]^2 K_{a_1} + [H^+] K_{a_1} K_{a_2} + K_{a_1} K_{a_2} K_{a_3}}$$

$$x_1 = \frac{[HA^{2-}]}{c} = \frac{[H^+] K_{a_1} K_{a_2}}{[H^+]^3 + [H^+]^2 K_{a_1} + [H^+] K_{a_1} K_{a_2} + K_{a_1} K_{a_2} K_{a_3}}$$

$$x_0 = \frac{[A^{3-}]}{c} = \frac{K_{a_1} K_{a_2} K_{a_3}}{[H^+]^3 + [H^+]^2 K_{a_1} + [H^+] K_{a_1} K_{a_2} + K_{a_1} K_{a_2} K_{a_3}}$$

H_3PO_4 的 pK_{a_1}、pK_{a_2} 和 pK_{a_3} 分别为 2.16、7.21 和 12.32,将不同 $[H^+]$ 代入以上各式,可以计算在任何 pH 下各形态的摩尔分数。图 3.5 是 H_3PO_4 的形态分布图。由图可见,在 pH 2.16~7.21 范围内,溶液中以 $H_2PO_4^-$ 为主;在 $pH = (pK_{a_1} + pK_{a_2})/2 = 4.69$ 时,$H_2PO_4^-$ 浓度达到最大,其他形态的浓度极小,用酸碱滴定法测定 H_3PO_4 时,就可以把 H_3PO_4 中和到 $H_2PO_4^-$。同样在 pH 7.21~12.32 范围内,溶液中以 HPO_4^{2-} 为主;在 pH = 9.77 时,HPO_4^{2-} 浓度达到最大,其他形态浓度极小,所以 H_3PO_4 也可以用 NaOH 中和到 HPO_4^{2-} 这一步。$H_2PO_4^-$ 和 HPO_4^{2-} 之所以存在的 pH 范围较宽,是由于 H_3PO_4 的各级 pK_a 之间相差较大。以后可以证明多元酸分步滴定时,要求 $\Delta pK_a \geqslant 5$。

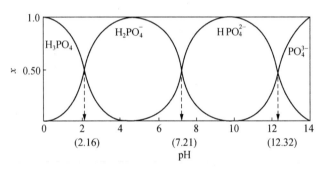

图 3.5 H_3PO_4 的形态分布图

*3.2.3 浓度对数图

弱酸的形态分布图表明了各形态随 pH 变化的情况,缺点是无法表示小量形态。若取浓度的对数值作图就能克服这个缺点。浓度对数图表示在酸碱分析浓度和离子强度不变的条件下,酸碱各种形态浓度的对数值随 pH 变化的情况。

1. 一元弱酸(碱)

图 3.6 是 HAc-Ac$^-$($c = 0.1 \text{ mol·L}^{-1}$)的浓度对数图。图中横坐标表示 pH,取 0~14 单位;纵坐标表示 $\lg c_X$,其中,c_X 代表溶液中参与质子转移的各种形态的浓度。在 HAc-Ac$^-$ 水溶液中存在的这类形态有 HAc、Ac$^-$、H$^+$、OH$^-$,此图表示 $\lg[HAc]$、$\lg[Ac^-]$、$\lg[H^+]$、$\lg[OH^-]$ 随 pH 变化的情况。在实际分析中,酸碱分析浓度 c 常小于 1 mol·L^{-1},故各形态的 $\lg c_X$ 皆为负值,一般纵坐标取 $-8 \sim 0$ 即可。

图中各线与 pH 的关系是:

(1) $\lg[H^+] = -pH$,$\lg[H^+]$ 与 pH 成斜率为 -1 的直线。

(2) $\lg[OH^-] = -pOH = pH - 14$,$\lg[OH^-]$ 与 pH 成斜率为 $+1$ 的直线。

(3) $\lg[HAc]$ 与 pH 的关系是

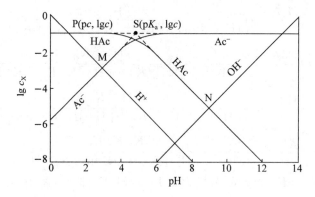

图 3.6　HAc-Ac⁻ 共轭酸碱对的浓度对数图

($c=0.1 \text{ mol} \cdot \text{L}^{-1}$, $\text{p}K_{\text{a}}=4.76$)

$$[\text{HAc}]=cx_1=\frac{c[\text{H}^+]}{K_{\text{a}}+[\text{H}^+]}$$

当 $[\text{H}^+]\geqslant 10K_{\text{a}}$ 时，即在 $\text{pH}\leqslant \text{p}K_{\text{a}}-1$ 区域

$$[\text{HAc}]\approx c$$

$$\lg[\text{HAc}]=\lg c=-1.0$$

$\lg[\text{HAc}]$ 与 pH 成斜率为 0 的水平线。

当 $[\text{H}^+]\leqslant \dfrac{1}{10}K_{\text{a}}$ 时，即在 $\text{pH}\geqslant \text{p}K_{\text{a}}+1$ 区域

$$[\text{HAc}]=\frac{c[\text{H}^+]}{K_{\text{a}}}$$

$$\lg[\text{HAc}]=\lg c+\text{p}K_{\text{a}}-\text{pH}$$

$\lg[\text{HAc}]$ 与 pH 成斜率为 -1 的直线。

当 $[\text{H}^+]=K_{\text{a}}$ 时，即 $\text{pH}=\text{p}K_{\text{a}}$

$$[\text{HAc}]=c/2$$

$$\lg[\text{HAc}]=\lg c-\lg 2=-1.30$$

(4) $\lg[\text{Ac}^-]$ 与 pH 同样可得出以下关系：

在 $\text{pH}\leqslant \text{p}K_{\text{a}}-1$ 区域

$$\lg[\text{Ac}^-]=\lg c-\text{p}K_{\text{a}}+\text{pH}$$

直线斜率为 $+1$。

在 $\text{pH}\geqslant \text{p}K_{\text{a}}+1$ 区域

$$\lg[\text{Ac}^-]=\lg c=-1.0$$

直线斜率为 0。

而当 $\text{pH}=\text{p}K_{\text{a}}$ 时

$$\lg[\text{Ac}^-]=\lg c-\lg 2=-1.30$$

显然，$\lg[\text{HAc}]$ 与 $\lg[\text{Ac}^-]$ 两线相交于 $(\text{p}K_{\text{a}},\lg(c/2))$ 点。在 $\text{p}K_{\text{a}}-1<\text{pH}<\text{p}K_{\text{a}}+1$ 区域，$\lg[\text{HAc}]$、$\lg[\text{Ac}^-]$ 呈弯曲线。图 3.6 中 S 点称为体系点，其坐标是 $(\text{p}K_{\text{a}},\lg c)$，它是斜率为 $+1$、0、-1 这三条直线延长线的交点。

综上所述，绘制浓度对数图的方法如下：

(1) 先取好纵、横坐标，其分度大小一致。再作 $\lg[\text{H}^+]$ 和 $\lg[\text{OH}^-]$ 线，两线相交于 $(7,-7)$ 点。这两条直线是任何酸碱体系都有的。

(2) 根据酸碱的分析浓度 c 画出 $\lg c$ 水平线。在水平线上标出横坐标为 $\text{p}K_{\text{a}}$ 的点，即 S 点。经过 S 分别向两侧作斜率为 ± 1 的两条直线，并在 $\text{pH}=\text{p}K_{\text{a}}\pm 1$ 区域内作出两条弯曲的线，与 $\lg c$ 水平线及斜

率为 ±1 两条直线相连,并相交于 S 点以下 0.3 单位处。最后标出各条线的名称。

浓度对数图清楚地表明酸度对一元弱酸(碱)形态的影响,从图上可以读出次要形态的浓度。以图 3.6 为例:

当 pH≤pK_a-1 时,lg[HAc]线与 lg$c$ 线重合,即[HAc]≈c,此时 HAc 是主要形态,[Ac^-]则很低。由图可读出,在 pH=1 时,lg[Ac^-]=-4.76,即[Ac^-]=1.7×10^{-5} mol·L^{-1},在形态分布图中如此低的浓度是表示不出来的。

当 pH≥pK_a+1 时,则是 lg[Ac^-]线与 lg$c$ 线重合,即[Ac^-]≈c,而[HAc]是很低的。pH=10 时,lg[HAc]=-6.24。

在 pK_a-1<pH<pK_a+1 区域,lg[HAc]、lg[Ac^-]线均不与 lg$c$ 线重合,[HAc]、[Ac^-]均小于 c,两种形态的浓度相差不大,这就是 HAc-Ac^- 缓冲体系。

2. 多元弱酸(碱)

多元酸碱和混合酸碱的浓度对数图与一元弱酸的相似,只是体系点和曲线更多些。以 H_3PO_4 为例,它可以分别看作是 3 个一元弱酸体系,即 H_3PO_4-$H_2PO_4^-$、$H_2PO_4^-$-HPO_4^{2-} 和 HPO_4^{2-}-PO_4^{3-} 体系,分别通过 3 个体系点 S_1(pK_{a_1},lg$c$)、S_2(pK_{a_2},lg$c$)、S_3(pK_{a_3},lg$c$)作各条曲线。图 3.7 是 0.1 mol·L^{-1} H_3PO_4 体系的浓度对数图。由图可见,除了有斜率为 0 和 ±1 的直线外,还有斜率为 ±2、±3 的直线,由于它们都处于浓度很低的范围,也可以不画出来。混合酸碱体系的浓度对数图实际上是在同一张坐标纸上把各酸碱体系的浓度对数曲线画在一起而成,此处不再详述。

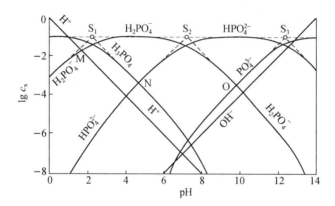

图 3.7 H_3PO_4 溶液的浓度对数图

浓度对数图除能直接读出浓度很低的形态的浓度外,它还具有直观、形象的特点。由于图上若干等腰直角三角形的顶点坐标很容易确定,所以很容易精确地指出某形态的浓度而不必计较图形绘制质量的好坏。浓度对数图包含很多有关处理酸碱平衡和酸碱滴定的信息,利用它可以抓住酸碱反应的主要矛盾,从而简化计算。它具有多种用途,如求酸碱溶液的 pH、计算终点误差以及确定分析测定中的最适宜酸度等。详细介绍请参阅《酸碱平衡的处理》一书。浓度对数图不仅用于酸碱平衡的处理,也可应用于络合、沉淀和氧化还原平衡体系的处理。

3.3 酸碱溶液的 H^+ 浓度计算

水溶液中酸碱平衡处理的关键是水溶液的酸度问题,酸度是化学反应的最基本和最重要的因素。计算溶液的 H^+ 浓度,是化学计算中的重要内容,有重要的理论意义和实际意义。只要知道水溶液的 pH,就很容易算得酸碱物种各形态的平衡浓度;如果知道酸碱物种各形态的平衡浓度,也很容易算得溶液的 pH。

水溶液中,通常多个化学平衡同时存在。在了解溶液平衡的基础上,可采用通用的思路与方法解决复杂体系中的平衡问题,主要应用的方程式有如下 3 种:平衡常数式、物料平衡式以及电荷平衡式。实际操作中,列出所有上述表达式,可获得求解浓度的精确表达式,但是这种计算式在大多数情况下是高次方程,需要用数值方法借助计算机求解。实际上,可以根据溶液的具体条件,分清主次,合理取舍,使精确计算式简化为便于计算的近似计算式或最简计算式。

本章中,对酸碱平衡的处理,一般忽略离子强度的影响,以活度常数代替浓度常数(或混合常数)进行计算。

3.3.1　水溶液中酸碱平衡处理的方法

1. 物料平衡式(MBE)

在平衡状态下某一组分的分析浓度等于该组分各种形态的平衡浓度之和。它的数学表达式叫作物料平衡。浓度为 c 的 HAc 溶液的物料平衡式为

$$c=[HAc]+[Ac^-]$$

浓度为 c 的 $NaHCO_3$ 溶液的物料平衡式是

$$c=[H_2CO_3]+[HCO_3^-]+[CO_3^{2-}]=[Na^+]$$

物料平衡式将平衡浓度与分析浓度联系起来,在溶液平衡计算中经常用到。

2. 电荷平衡式(CBE)

处于平衡状态的水溶液是电中性的,也就是溶液中荷正电质点所带正电荷的总数一定等于荷负电质点所带负电荷的总数。其数学表达式叫作电荷平衡式。

浓度为 c 的 NaAc 溶液,其电荷平衡式是

$$[Na^+]+[H^+]=[Ac^-]+[OH^-]$$

对多价阳(阴)离子,平衡浓度前还有相应的系数。例如,浓度为 c 的 Na_2CO_3 水溶液,其电荷平衡式为

$$[Na^+]+[H^+]=[HCO_3^-]+2[CO_3^{2-}]+[OH^-]$$

H_2CO_3 是中性分子,不包括在电荷平衡式中。

3. 质子条件式(PCE)

酸碱反应的本质是质子的转移。当反应达到平衡时,酸失去的质子数与碱得到的质子数一定相等。这种数量关系的数学表达式叫作质子条件式。质子条件来源于物料平衡和电荷平衡,但按下述方法可很容易地写出来。

列出质子条件式时,先要选择适当物质作为参考,以它作为考虑质子转移的起点,常称为参考水准或零水准(零水准的物质是参与质子转移的物质);然后根据质子转移数相等的数量关系写出质子条件式。

以一元弱酸 HA 为例,溶液中参与质子转移的物质是 HA 和 H_2O,它们之间的质子转移情况是

$$HA \text{ 与 } H_2O \text{ 间质子转移}\quad HA+H_2O \Longleftrightarrow H_3O^++A^-$$

$$H_2O \text{ 分子间质子转移}\quad H_2O+H_2O \Longleftrightarrow H_3O^++OH^-$$

得失质子数应当相等,于是就得到弱酸溶液的质子条件式

$$[H_3O^+]=[A^-]+[OH^-]$$

式中:$[H_3O^+]$ 是水得质子后的产物的浓度,$[A^-]$ 和$[OH^-]$分别是 HA 和 H_2O 失去质子后的产物的浓度。若两端乘以溶液体积,就表示得失质子的物质的量(摩尔)相等。

由上可见,在选好零水准后,只要将所有得到质子后的产物写在等式的一边,所有失去质子后的产物写在等式的另一边,就得到质子条件式。显然,质子条件式中不出现零水准物质。为简化计,H_3O^+ 以 H^+ 表示。在处理多元弱酸(碱)时,要注意平衡浓度前的系数。例如 Na_2HPO_4 水溶液,其质子条件式是

$$2[H_3PO_4]+[H_2PO_4^-]+[H^+]=[PO_4^{3-}]+[OH^-]$$

这里零水准是 HPO_4^{2-} 和 H_2O,它们均不出现在质子条件式中;另外,Na^+ 不参与质子得失,所以也不出现在质子条件式中。式中 H_3PO_4 是由零水准 HPO_4^{2-} 得到两个质子的产物,所以 $[H_3PO_4]$ 前应乘以 2。

在酸碱平衡处理中最简单而又最常用的方法是根据质子条件式进行处理的方法,本书重点介绍这一种方法。

下面分别讨论各类酸碱溶液 pH 的计算。

3.3.2 一元弱酸(碱)溶液 pH 的计算

1. 一元弱酸

一元弱酸(HA)溶液的质子条件式是

$$[H^+]=[A^-]+[OH^-]$$

利用平衡常数式将上式中各项变成 $[H^+]$ 的函数,即

$$[H^+]=\frac{K_a[HA]}{[H^+]}+\frac{K_w}{[H^+]}$$

则

$$[H^+]=\sqrt{K_a[HA]+K_w} \tag{3-13a}$$

这就是一元弱酸溶液 $[H^+]$ 的精确表达式。HA 的平衡浓度 $[HA]$ 可通过其分析浓度 c 与摩尔分数算得。若将 $[HA]=cx(HA)$ 代入式(3-13a),就会得到一元三次方程。

$$[H^+]^3+K_a[H^+]^2-(cK_a+K_w)[H^+]-K_aK_w=0 \tag{3-13b}$$

可用数值方法,借助计算机解此方程。实际工作中往往无需精确计算,可根据具体情况对式(3-13a)作合理的近似处理。

对于一元弱酸有

$$[HA]=c-[A^-]=c-[H^+]+[OH^-]\approx c-[H^+]$$

若酸不是太弱,水的离解可忽略[①],即当 $K_ac>20K_w$ 时,略去 K_w 项。则式(3-13a)简化为近似计算式

$$[H^+]=\sqrt{K_a[HA]}=\sqrt{K_a(c-[H^+])} \tag{3-14a}$$

此即

$$[H^+]^2+K_a[H^+]-cK_a=0 \tag{3-14b}$$

解此一元二次方程,即得 $[H^+]$。

---

① 仅对极弱且极稀的酸溶液,才不能忽略水的酸性。若酸的离解度小,则 $[HA]\approx c$。故

$$[H^+]=\frac{K_ac}{[H^+]}+\frac{K_w}{[H^+]}$$

即

$$[H^+]=\sqrt{K_ac+K_w}$$

此种情况在实际工作中很少遇到。

如果酸的离解度很小，$\alpha < 5\%$，对应于 $K_a/c < 2.5 \times 10^{-3}$，此时
$$[HA] = c - [H^+] \approx c$$
则式(3-14a)近似为最简计算式
$$[H^+] = \sqrt{K_a c} \qquad (3\text{-}15)^{①}$$
一般情况下可按最简式计算弱酸溶液$[H^+]$，之后检验$[H^+] < 0.05c$是否成立，否则应按式(3-14b)计算。

【例 3.7】　计算 $0.10\ \text{mol·L}^{-1}$ HAc($pK_a = 4.76$)溶液的 pH。

　解　因为 $K_a c = 0.10 \times 10^{-4.76} = 10^{-5.76} \gg K_w$，所以水的酸性可忽略。

又 $K_a/c = 10^{-4.76}/10^{-1.00} = 10^{-3.76} < 2.5 \times 10^{-3}$，故$[HA] \approx c$，因此可用最简式计算
$$[H^+] = \sqrt{K_a c} = \sqrt{10^{-4.76-1.00}}\ \text{mol·L}^{-1} = 10^{-2.88}\ \text{mol·L}^{-1}$$
$$pH = 2.88$$

【例 3.8】　计算 $0.20\ \text{mol·L}^{-1}$ 二氯乙酸($pK_a = 1.26$)溶液的 pH。

　解　很明显 $K_a c \gg K_w$，K_w 可忽略。但是
$$K_a/c = 10^{-1.26}/10^{-0.70} = 10^{-0.56} \gg 2.5 \times 10^{-3}$$
故$[HA] \neq c$，应用近似式(3-14b)计算
$$[H^+] = 10^{-1.09}\ \text{mol·L}^{-1}, \quad pH = 1.09$$

2. 一元弱碱

对于一元弱碱 A^- 溶液，可作类似处理。将质子条件式
$$[H^+] + [HA] = [OH^-]$$
代入平衡关系式
$$[H^+] + \frac{[H^+][A^-]}{K_a} = \frac{K_w}{[H^+]}$$
得到$[H^+]$的精确表达式
$$[H^+] = \sqrt{\frac{K_w}{1 + [A^-]/K_a}} \qquad (3\text{-}16)$$

若碱不是太弱，则可忽略水的碱性，即当 $c/K_a > 20$ 时，可略去式(3-16)分母中的 1。又
$$[A^-] = c - [HA] = c - [OH^-] + [H^+] \approx c - [OH^-]$$
则可简化为近似计算式

---

① 利用浓度对数图求溶液的$[H^+]$很方便。由图可直观地判定质子条件式中哪些形态是主要的，哪些可以略去。然后由图找到主要形态的曲线的交点，即求出 pH。以 $0.10\ \text{mol·L}^{-1}$ HAc 溶液为例，其质子条件式是
$$[H^+] = [Ac^-] + [OH^-]$$
由图 3.6 可见，在 HAc 为主的区域(pH < 4.76)，$[Ac^-] \gg [OH^-]$，故$[OH^-]$可略去。$\lg[H^+]$与$\lg[Ac^-]$线的交点 M，对应的 pH 为 2.88，即为所求。实际由图中△PSM 的几何关系也可知，M 点的 pH 是
$$pH = \frac{1}{2}(pK_a + pc)$$
此即最简式(3-15)的对数形式。
从图 3.6 中 M 点位置可见，作这样的近似来计算 $0.10\ \text{mol·L}^{-1}$ HAc 溶液的$[H^+]$是完全合理的。不难看出，图 3.6 中 N 点的横坐标即为 $0.10\ \text{mol·L}^{-1}$ NaAc 溶液的 pH。

$$[H^+] = \sqrt{\frac{K_w K_a}{[A^-]}} = \sqrt{\frac{K_w K_a}{c - [OH^-]}} \tag{3-17a}$$

或写作

$$[OH^-] = \sqrt{K_b[A^-]} = \sqrt{K_b(c - [OH^-])} \tag{3-17b}$$

又若碱离解度很小，$\alpha < 5\%$（即 $K_b/c < 2.5 \times 10^{-3}$），有 $[A^-] \approx c$，则近似计算式 (3-17a) 和 (3-17b) 可分别简化为最简计算式

$$[OH^-] = \sqrt{K_b c} \tag{3-18a}$$

或

$$[H^+] = \sqrt{\frac{K_w K_a}{c}} \tag{3-18b}$$

用最简式计算一元弱酸（或弱碱）溶液的 $[H^+]$，是在两方面作了近似处理：① 忽略了 H_2O 的离解，即略去 K_w 项；② 忽略了弱酸（或弱碱）本身的离解，则 $[HA] \approx c$（或 $[A^-] \approx c$）。

3.3.3　两性物质溶液 pH 的计算

既能给出质子又能接受质子的物质是两性物质。溶剂水就是两性物质，对生命有重要意义的氨基酸、蛋白质等都是两性物质。计算两性物质水溶液的 pH 具有特别的意义。

现以 NaHA 为例，讨论此类物质溶液的 pH 计算。将 NaHA 的质子条件式

$$[H^+] + [H_2A] = [A^{2-}] + [OH^-]$$

代入平衡关系式

$$[H^+] + \frac{[H^+][HA^-]}{K_{a_1}} = \frac{K_{a_2}[HA^-]}{[H^+]} + \frac{K_w}{[H^+]}$$

得到 $[H^+]$ 的精确表达式

$$[H^+] = \sqrt{\frac{K_{a_2}[HA^-] + K_w}{1 + [HA^-]/K_{a_1}}} \tag{3-19}$$

此式中 $[HA^-]$ 未知，直接计算有困难[①]，若 K_{a_1} 与 K_{a_2} 相差较大，$\Delta pK_a \geqslant 3.2$，则 $x_{HA^-} \geqslant 95\%$，即 $[HA^-] \approx c$；若 $K_{a_2} c > 20 K_w$，则可忽略 K_w，即与 HA^- 的酸性相比，水的酸性太小，从而得近似计算式

$$[H^+] = \sqrt{\frac{K_{a_2} c}{1 + c/K_{a_1}}} \tag{3-20}$$

再若 $c/K_{a_1} > 20$，可忽略分母中的 1，即 HA^- 碱性也不太弱，忽略水的碱性。这样得到最简式

$$[H^+] = \sqrt{K_{a_1} K_{a_2}} \tag{3-21}$$

【例 3.9】　计算 $0.050\ mol \cdot L^{-1}$ NaHCO₃ 溶液的 pH。

解　已知 $pK_{a_1} = 6.38$，$pK_{a_2} = 10.25$。因为

$$K_{a_2} c = 10^{-10.25 - 1.30} = 10^{-11.55} \gg K_w$$

$$\frac{c}{K_{a_1}} = \frac{10^{-1.30}}{10^{-6.38}} = 10^{5.08} \gg 20$$

---

① 用数值方法借助计算机可按此式算得结果。详见：李克安，童沈阳. 分析化学中的数值方法. 北京：北京大学出版社，1990，62.

故采用最简式(3-21)计算

$$[H^+]=\sqrt{K_{a_1}K_{a_2}}$$
$$=\sqrt{10^{-6.38-10.25}}\ \mathrm{mol\cdot L^{-1}}$$
$$=10^{-8.32}\ \mathrm{mol\cdot L^{-1}}$$
$$pH=8.32$$

【例 3.10】 计算 $0.033\ \mathrm{mol\cdot L^{-1}}$ Na_2HPO_4 溶液的 pH。

解　HPO_4^{2-} 作两性物质所涉及的常数是 $pK_{a_2}(7.21)$ 和 $pK_{a_3}(12.32)$。用下式计算

$$[H^+]=\sqrt{\frac{K_{a_3}c+K_w}{1+c/K_{a_2}}}$$

因为

$$K_{a_3}c=10^{-12.32-1.48}=10^{-13.80}\approx K_w$$

故 K_w 项不能略去。

又

$$\frac{c}{K_{a_2}}=\frac{10^{-1.48}}{10^{-7.21}}=10^{5.73}\gg20$$

故分母中的 1 可略去。因此

$$[H^+]=\sqrt{\frac{K_{a_3}c+K_w}{c/K_{a_2}}}=\sqrt{\frac{10^{-13.08}+10^{-14.00}}{10^{5.73}}}\ \mathrm{mol\cdot L^{-1}}=10^{-9.66}\ \mathrm{mol\cdot L^{-1}}$$
$$pH=9.66$$

若用最简式计算，pH=9.76，$[H^+]$ 的相对误差为 21%。这是因为 HPO_4^{2-} 的酸性极弱，水的离解不能忽略，否则计算出来的 $[H^+]$ 偏低。

氨基酸是两性物质，在水溶液中以双极离子形式存在。以甘氨酸(即氨基乙酸)为例，它在水溶液中的离解平衡可用下式表示

$$NH_3^+CH_2COOH \underset{H^+}{\overset{K_{a_1}}{\rightleftharpoons}} NH_3^+CH_2COO^- \underset{H^+}{\overset{K_{a_2}}{\rightleftharpoons}} NH_2CH_2COO^-$$

氨基乙酸阳离子　　　氨基乙酸双极离子　　　氨基乙酸阴离子

通常说的氨基乙酸是指双极离子形态。手册中所列 $pK_{a_1}(2.35)$ 相应于 $NH_3^+CH_2COOH$ 离解成 $NH_3^+CH_2COO^-$，$pK_{a_2}(9.78)$ 则相应于 $NH_3^+CH_2COO^-$ 离解成 $NH_2CH_2COO^-$。可见氨基乙酸的酸性($pK_{a_2}=9.78$)和碱性($pK_{b_2}=11.65$)均很弱。当溶液中

$$[NH_3^+CH_2COOH]=[NH_2CH_2COO^-]$$

时，此即氨基酸的等电点，它是氨基酸的重要性质。

当溶液中含有弱酸(HA)和弱碱(B)时，其 $[H^+]$ 计算与两性物质相似。它的精确计算式是

$$[H^+]=\sqrt{\frac{K_a(HA)\cdot[HA]+K_w}{1+[B]/K_a(H^+B)}} \tag{3-22}$$

近似计算式是

$$[H^+]=\sqrt{\frac{K_a(HA)\cdot c(HA)}{1+c(B)/K_a(H^+B)}} \tag{3-23}$$

最简式是

$$[H^+]=\sqrt{\frac{c(HA)}{c(B)}K_a(HA)\cdot K_a(H^+B)} \tag{3-24a}$$

若 $c(HA)=c(B)$，则有

$$[H^+] = \sqrt{K_a(HA) \cdot K_a(H^+B)} \qquad (3-24b)$$

计算时要注意,HA、B 应是溶液中的主要存在形态。

【例 3.11】 计算浓度为 0.10 mol·L^{-1} NaAc 和 0.20 mol·L^{-1} H_3BO_3 混合溶液的 pH。

解 已知 HAc 的 $pK_a = 4.76$,H_3BO_3 的 $pK_a = 9.24$。

因为

$$K_a(H_3BO_3) \cdot c(H_3BO_3) = 10^{-9.24-0.70} = 10^{-9.94} \gg K_w$$

$$c(Ac^-)/K_a(HAc) = 10^{-1.00+4.76} = 10^{3.74} \gg 1$$

所以可用最简式计算,即

$$[H^+] = \sqrt{\frac{10^{-4.76-9.24-0.70}}{10^{-1.00}}} \text{ mol·}L^{-1} = 10^{-6.85} \text{ mol·}L^{-1}$$

$$pH = 6.85$$

由优势区域图可见,在此 pH 下,溶液中的主要存在形态是 H_3BO_3 和 Ac^-,因此上述计算完全正确。

3.3.4 多元弱酸溶液 pH 的计算

以二元弱酸 H_2A 为例,其质子条件式是

$$[H^+] = [HA^-] + 2[A^{2-}] + [OH^-]$$

溶液为酸性,$[OH^-]$ 项可略去。再结合有关平衡常数式,得

$$[H^+] = \frac{K_{a_1}[H_2A]}{[H^+]} + 2\left(\frac{K_{a_1}K_{a_2}[H_2A]}{[H^+]^2}\right)$$

为便于作近似计算,进一步写作如下形式

$$[H^+] = \frac{K_{a_1}[H_2A]}{[H^+]}\left(1 + \frac{2K_{a_2}}{[H^+]}\right) \qquad (3-25)$$

若 $2K_{a_2}/[H^+] \ll 1$,可将其略去,即忽略 H_2A 的第二步离解,得到

$$[H^+] = \sqrt{K_{a_1}[H_2A]} \qquad (3-26)$$

多元弱酸便简化成一元弱酸,以后的处理就与一元弱酸的计算完全相同了。计算完毕,须检验简化条件是否成立,若不成立,则不可简化计算。

【例 3.12】 计算 0.10 mol·L^{-1} 丁二酸溶液的 pH。

解 已知 $pK_{a_1} = 4.21$,$pK_{a_2} = 5.64$。先按一元酸处理,因为

$$K_{a_1}/c = 10^{-3.21} < 2.5 \times 10^{-3}$$

故采用最简式(3-15)计算

$$[H^+] = \sqrt{K_{a_1}c} = \sqrt{10^{-4.21-1.00}} \text{ mol·}L^{-1} = 10^{-2.61} \text{ mol·}L^{-1}$$

此时

$$2K_{a_2}/[H^+] = \frac{2 \times 10^{-5.64}}{10^{-2.61}} = 10^{-2.73} \ll 1$$

因此按一元弱酸处理是合理的,该溶液的 pH 即为 2.61。

可见,即使像丁二酸,其 $\Delta(\lg K_a)$ 仅 1.43,仍可按一元弱酸简化处理。因此,一般多元弱酸,只要浓度不太稀,均可按一元弱酸处理。

对于多元弱碱,可作类似处理,不再详述。

3.3.5　一元弱酸及其共轭碱(HA＋A⁻)混合溶液 pH 的计算

一元弱酸和其共轭碱共存的溶液是 pH 缓冲溶液,在化学及生物化学中有着广泛的用途。这类溶液的[H⁺]的计算公式也可由溶液的质子条件式导出[①]。这里,依据溶液的物料平衡式和电荷平衡式推导计算公式。

若一元弱酸 HA 及其共轭碱 NaA 的分析浓度分别为 c_a 和 c_b,有物料平衡式

$$[HA]+[A^-]=c_a+c_b \qquad ①$$

和电荷平衡式
$$[H^+]+[Na^+]=[OH^-]+[A^-] \qquad ②$$

其中
$$[Na^+]=c_b$$

①＋②,即

$$[HA]=c_a-[H^+]+[OH^-]$$

由②,得

$$[A^-]=c_b+[H^+]-[OH^-]$$

代入酸离解常数式,得[H⁺]的精确计算式

$$[H^+]=\left(\frac{[HA]}{[A^-]}\right)K_a=\left(\frac{c_a-[H^+]+[OH^-]}{c_b+[H^+]-[OH^-]}\right)K_a \qquad (3\text{-}27)$$

实际上用精确式计算[H⁺]的情况是极少的。

溶液为酸性时,可忽略[OH⁻]项,得[H⁺]的近似计算式

$$[H^+]=\frac{c_a-[H^+]}{c_b+[H^+]}K_a \qquad (3\text{-}28a)$$

或当溶液为碱性时,略去[H⁺]项,得近似计算式

$$[H^+]=\frac{c_a+[OH^-]}{c_b-[OH^-]}K_a \qquad (3\text{-}28b)$$

也可以表示为
$$[OH^-]=\frac{c_b-[OH^-]}{c_a+[OH^-]}K_b \qquad (3\text{-}28c)$$

式(3-28a)、(3-28b)及(3-28c)展开后是一元二次方程。解此方程,可计算出[H⁺]或[OH⁻]。

若弱酸、碱的分析浓度较大,即同时满足

$$c_a \gg [OH^-]-[H^+], \quad c_b \gg [H^+]-[OH^-]$$

则得到常用的最简式

$$[H^+]=\frac{c_a}{c_b}K_a \qquad (3\text{-}29)$$

计算时先按最简式计算,然后将[H⁺]或[OH⁻]和 c_a 或 c_b 相比,看忽略是否合理。若不合理,再用近似式计算。

【例 3.13】　计算以下溶液的 pH:(1) 0.040 mol·L⁻¹ HAc-0.060 mol·L⁻¹ NaAc 溶液;(2) 0.080 mol·L⁻¹ 二氯乙酸-0.12 mol·L⁻¹ 二氯乙酸钠溶液。(已知 HAc 的 pK_a＝4.76,二氯乙酸的 pK_a＝1.26)

解　(1) 先按最简式(3-29)计算

---

① 彭崇慧,编著.酸碱平衡的处理.北京:北京大学出版社,1982,54.

$$[H^+]=\left(\frac{c_a}{c_b}\right)K_a=\frac{0.040}{0.060}\times10^{-4.76}\ mol\cdot L^{-1}=10^{-4.94}\ mol\cdot L^{-1}$$

因为[H$^+$]≪c_a、[H$^+$]≪c_b,用最简式计算是合理的,结果正确,pH 为 4.94。

（2）先按最简式计算

$$[H^+]=\frac{0.080}{0.12}\times10^{-1.26}\ mol\cdot L^{-1}=10^{-1.44}\ mol\cdot L^{-1}$$

将[H$^+$]与c_a、c_b相比均很接近。因此忽略[H$^+$]是不合理的,应采用近似式(3-28a)计算

$$[H^+]=\left(\frac{c_a-[H^+]}{c_b+[H^+]}\right)K_a=\frac{0.080-[H^+]}{0.12+[H^+]}\times10^{-1.26}\ mol\cdot L^{-1}$$

解此一元二次方程,得

$$[H^+]=10^{-1.65}\ mol\cdot L^{-1}$$
$$pH=1.65$$

【例 3.14】 在 20.00 mL 0.1000 mol·L^{-1} HA($K_a=10^{-7.00}$)溶液中,加入 0.1000 mol·L^{-1} NaOH 溶液 19.96 mL(此为滴定到化学计量点前 0.2%),计算此溶液的 pH。

解 混合后 HA 和 A$^-$的浓度分别为

$$c_a=\frac{0.1000\times0.04}{20.00+19.96}\ mol\cdot L^{-1}=10^{-4.00}\ mol\cdot L^{-1}$$
$$c_b=\frac{0.1000\times19.96}{20.00+19.96}\ mol\cdot L^{-1}=10^{-1.30}\ mol\cdot L^{-1}$$

先按最简式计算

$$[H^+]=\left(\frac{c_a}{c_b}\right)K_a=\frac{10^{-4.00}}{10^{-1.30}}\times10^{-7.00}\ mol\cdot L^{-1}=10^{-9.70}\ mol\cdot L^{-1}$$

此时[OH$^-$]=$10^{-4.30}$mol·L^{-1},与c_a接近,因此应采用近似式(3-28c)计算

$$[OH^-]=\left(\frac{c_b-[OH^-]}{c_a+[OH^-]}\right)K_b=\frac{10^{-1.30}-[OH^-]}{10^{-4.00}+[OH^-]}\times10^{-7.00}\ mol\cdot L^{-1}$$

解此一元二次方程,得

$$[OH^-]=10^{-4.44}\ mol\cdot L^{-1}$$
$$pH=9.56$$

3.3.6 强酸(碱)溶液 pH 的计算

强酸在溶液中全部离解,其质子条件式是(以 HCl 为例)
$$[H^+]=[OH^-]+c(HCl)$$
它表示溶液中总的[H$^+$]来自 HCl 和 H$_2$O 的离解,引用平衡关系式得

$$[H^+]=\frac{K_w}{[H^+]}+c(HCl) \tag{3-30}$$

此即计算强酸溶液[H$^+$]的精确式。按此式计算需解一元二次方程。

若 HCl 浓度不太低[$c(HCl)>10^{-6}$ mol·L^{-1}],可忽略 H$_2$O 的离解,采用近似式计算
$$[H^+]=c(HCl) \tag{3-31a}$$

对强碱溶液,其质子条件式是(以 NaOH 为例)
$$[OH^-]=[H^+]+c(NaOH)$$
或写作
$$[H^+]=[OH^-]-c(NaOH)$$
NaOH 浓度不太低时,则有

$$[OH^-]=c(NaOH) \tag{3-31b}$$

3.3.7　混合酸和混合碱溶液 pH 的计算

1. 强碱与弱碱($NaOH+A^-$)混合液

其质子条件式即强碱与弱碱的质子条件式的合并,即

$$[H^+]+[HA]=[OH^-]-c(NaOH)$$

可写作

$$[OH^-]=[H^+]+[HA]+c(NaOH)$$

即溶液中总的$[OH^-]$由 NaOH、A^- 和 H_2O 提供。溶液为碱性,可略去$[H^+]$项。为求解$[OH^-]$,引用如下平衡关系式,将$[HA]$变成$[OH^-]$的函数

$$[HA]=\frac{c_b K_b}{K_b+[OH^-]}$$

这样就得到近似计算式

$$[OH^-]=\frac{c_b K_b}{K_b+[OH^-]}+c(NaOH) \tag{3-32}$$

若$c(NaOH)\gg[HA]$,则得最简式

$$[OH^-]=c(NaOH) \tag{3-33}$$

计算的方法仍是先按最简式计算$[OH^-]$,然后由$[OH^-]$计算$[HA]$并看是否合理,不合理再用近似式计算。

【例 3.15】　在 20.00 mL 0.1000 mol·L^{-1} HA($K_a=10^{-7.00}$)溶液中加入 0.1000 mol·L^{-1} NaOH 溶液 20.04 mL(此为滴定到化学计量点后 0.2%),计算溶液的 pH。

解　混合后 A^- 和 NaOH 的浓度分别是

$$c_b=\frac{0.1000\times20.00}{20.00+20.04}\ mol·L^{-1}=10^{-1.30}\ mol·L^{-1}$$

$$c(NaOH)=\frac{0.1000\times0.04}{20.00+20.04}\ mol·L^{-1}=10^{-4.00}\ mol·L^{-1}$$

先按最简式(3-33)计算

$$[OH^-]=c(NaOH)=10^{-4.00}\ mol·L^{-1}$$

再由$[OH^-]$计算$[HA]$

$$[HA]=\frac{c_b K_b}{K_b+[OH^-]}=\frac{10^{-1.30}\times10^{-7.00}}{10^{-7.00}+10^{-4.00}}\ mol·L^{-1}=10^{-4.30}\ mol·L^{-1}$$

$[HA]\approx c(NaOH)$,必须用近似式(3-32)计算

$$[OH^-]=\frac{10^{-1.30}\times10^{-7.00}}{10^{-7.00}+[OH^-]}+10^{-4.00}$$

解此一元二次方程,得

$$[OH^-]=10^{-3.86}\ mol·L^{-1}$$

$$pH=10.14$$

对于强酸与弱酸(HCl+HA)混合液,可作类似处理。

质子条件式　　　　　$[H^+]=[OH^-]+[A^-]+c(HCl)$

近似计算式　　　　　$[H^+]=\dfrac{c_a K_a}{K_a+[H^+]}+c(HCl)$　　　　　(3-34)

最简式 $$[H^+] = c(HCl) \tag{3-35}$$

2. 两弱酸($HA + HB$)混合液

其质子条件式是

$$[H^+] = [A^-] + [B^-] + [OH^-]$$

因为酸性溶液,忽略 $[OH^-]$,代入平衡常数式整理得近似计算式

$$[H^+] = \sqrt{K_a(HA) \cdot [HA] + K_a(HB) \cdot [HB]} \tag{3-36}$$

若两酸都较弱,忽略其离解,$[HA] \approx c(HA)$,$[HB] \approx c(HB)$,得最简式

$$[H^+] = \sqrt{K_a(HA) \cdot c(HA) + K_a(HB) \cdot c(HB)} \tag{3-37}$$

实际上两酸总有强弱之分。如果这里的 $K_a(HA) > K_a(HB)$,在很多情况下

$$[H^+] = \sqrt{K_a(HA) \cdot c(HA)}$$

对于弱碱混合溶液,其 $[OH^-]$ 的计算方法与此类似。

【例 3.16】 10 mL 0.20 mol·L^{-1} HCl 溶液与 10 mL 含 0.50 mol·L^{-1} HCOONa 和 2.0×10^{-4} mol·L^{-1} $Na_2C_2O_4$ 的溶液混合,计算溶液中的 $[C_2O_4^{2-}]$。

解 计算 $[C_2O_4^{2-}]$ 要引用 $x(C_2O_4^{2-})$,为此应先求 $[H^+]$。方法有二:

(1) 混合后发生了酸碱中和反应,由于 $c(HCOO^-) \gg c(C_2O_4^{2-})$,可略去后者所消耗的 H^+。又因 $n(HCOO^-) > n(HCl)$,反应后形成 HCOOH-$HCOO^-$ 缓冲体系,由平衡常数式计算 $[H^+]$(HCOOH 的 $pK_a = 3.77$),混合后

$$c(HCOOH) = \frac{0.20 \times 10}{20} \text{ mol·}L^{-1} = 0.10 \text{ mol·}L^{-1}$$

$$c(HCOO^-) = \frac{(0.50 \times 10 - 0.20 \times 10)}{20} \text{ mol·}L^{-1} = 0.15 \text{ mol·}L^{-1}$$

故

$$[H^+] = \left(\frac{c_a}{c_b}\right) K_a = \frac{0.10}{0.15} \times 10^{-3.77} \text{ mol·}L^{-1} = 10^{-3.95} \text{ mol·}L^{-1}$$

(2) 混合后不考虑发生反应,按原来状态列质子条件式求解

$$[H^+] + [HCOOH] + [HC_2O_4^-] + 2[H_2C_2O_4] = [OH^-] + c(HCl)$$

若完全不略去任何项,势必要解一元四次方程。若略去 $[HC_2O_4^-]$ 和 $[H_2C_2O_4]$ 项,$[HCOOH]$ 用 $c(HCOO^-) \cdot x(HCOOH)$ 表示。混合后由于体积变化

$$c(HCl) = 0.10 \text{ mol·}L^{-1}, \quad c(HCOO^-) = 0.25 \text{ mol·}L^{-1}$$

代入上式,得

$$[H^+] + \frac{0.25[H^+]}{[H^+] + 10^{-3.77}} = 0.10$$

解得

$$[H^+] = 10^{-3.95} \text{ mol·}L^{-1}$$

显然(2)法较(1)法麻烦。可见,心中有数解题将方便得多。

已知 $H_2C_2O_4$:$pK_{a_1} = 1.25$,$pK_{a_2} = 4.29$,$c(C_2O_4^{2-}) = 2.0 \times 10^{-4}$ mol·L^{-1} $= 10^{-4.00}$ mol·L^{-1}

故由式(3-12)得

$$[C_2O_4^{2-}] = c(C_2O_4^{2-}) \cdot x(C_2O_4^{2-})$$

$$= \frac{10^{-4.00} \times 10^{-1.25-4.29}}{10^{-3.95 \times 2} + 10^{-3.95-1.25} + 10^{-1.25-4.29}} \text{ mol·}L^{-1}$$

$$= 10^{-4.50} \text{ mol·}L^{-1}$$

$$= 3.2 \times 10^{-5} \text{ mol·}L^{-1}$$

3.4　酸碱缓冲溶液

酸碱缓冲溶液是一类非常重要的溶液体系,它能维持溶液的酸度,使其不因外加少量酸、碱或溶液的稀释而发生显著变化。人血液的 pH 是 $7.36 \sim 7.44$;络合滴定要在一定的酸度下进行,这都是由酸碱缓冲溶液控制的。酸碱缓冲溶液可分为两大类:① 弱酸及其共轭碱共存的溶液,它们基于弱酸离解平衡以控制 $[H^+]$,如:$HAc\text{-}Ac^-$,$NH_4^+\text{-}NH_3$,$(CH_2)_6N_4H^+\text{-}(CH_2)_6N_4$ 等;② 强酸或强碱溶液,由于其酸度或碱度较高,外加少量酸、碱或稀释时 pH 的相对改变不大。在实际工作中,前者最常用,因此也更重要。

3.4.1　缓冲容量和缓冲范围

任何缓冲溶液的缓冲能力都是有一定限度的。若加入酸、碱过多或过分稀释,都会失去其缓冲作用。缓冲溶液的缓冲能力以缓冲容量 β 表示,即

$$\beta = \frac{\mathrm{d}b}{\mathrm{dpH}} = -\frac{\mathrm{d}a}{\mathrm{dpH}}$$

其意义是:使 1 L 溶液的 pH 增加 dpH 单位时所需强碱 $\mathrm{d}b$ mol,或是使 1 L 溶液的 pH 减少 dpH 单位时所需强酸 $\mathrm{d}a$ mol。酸增加使 pH 降低,故在 $\mathrm{d}a/\mathrm{dpH}$ 前加一负号。显然,β 越大,溶液的缓冲能力也越大。下面讨论影响缓冲容量 β 的因素。

$HA\text{-}A^-$ 体系可看作在 HA 溶液中加入强碱。若 HA 的分析浓度为 c,强碱的浓度为 b,其质子条件式是

$$[H^+] + b = [OH^-] + [A^-]$$

所以

$$b = -[H^+] + \frac{K_w}{[H^+]} + \frac{cK_a}{K_a + [H^+]}$$

则

$$\frac{\mathrm{d}b}{\mathrm{d}[H^+]} = -1 - \frac{K_w}{[H^+]^2} - \frac{cK_a}{(K_a + [H^+])^2}$$

而

$$\mathrm{dpH} = \mathrm{d}(-\lg[H^+]) = -\frac{\mathrm{d}[H^+]}{2.3[H^+]}$$

故

$$\beta = \frac{\mathrm{d}b}{\mathrm{dpH}} = \frac{\mathrm{d}b}{\mathrm{d}[H^+]} \frac{\mathrm{d}[H^+]}{\mathrm{dpH}}$$

$$= 2.3 \left\{ [H^+] + [OH^-] + \frac{cK_a[H^+]}{([H^+] + K_a)^2} \right\} \tag{3-38}$$

此即计算弱酸缓冲容量的精确式。当弱酸不太强又不太弱时,略去 $[H^+]$ 和 $[OH^-]$,简化成近似式

$$\beta = 2.3cK_a \frac{[H^+]}{([H] + K_a)^2} \tag{3-39}$$

根据式(3-39)求极值可知,当 $[H^+] = K_a$(即 $\mathrm{pH} = \mathrm{p}K_a$)时,$\beta$ 有极大值,其值为

$$\beta_{\max} = 2.3c \frac{K_a^2}{(2K_a)^2} = 0.575c$$

由上可见:

(1) 缓冲物质总浓度越大,缓冲容量也越大。过分稀释将导致缓冲能力显著下降。

(2) 最大的缓冲容量值是在 $[H^+] = K_a$ 时,此时 $c_a = c_b = 0.5c$,即弱酸与其共轭碱的

浓度控制在1:1时缓冲容量最大。

根据式(3-39)计算可以证明:① 当 $c_a:c_b=1:10$ 或 $10:1$(即 $pH=pK_a\pm1$)时,缓冲容量为其最大值的 $1/3$;② 当 $c_a:c_b=1:100$ 或 $100:1$(即 $pH=pK_a\pm2$)时,β 仅为最大值的 $1/25$。由此可见,缓冲溶液的有效缓冲范围约在 pH 为 $pK_a\pm1$ 的范围,即约有 2 个 pH 单位。图3.8中实线是 $0.1\ mol\cdot L^{-1}$ HAc-NaAc 溶液在不同 pH 时的缓冲容量。

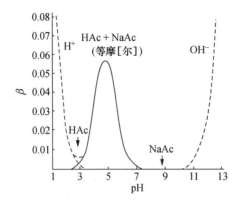

图3.8 $0.1\ mol\cdot L^{-1}$ HAc-NaAc 的 β-pH 曲线

对强酸、强碱溶液,其缓冲容量分别为式(3-38)中的第一及第二项,即

$$\beta=2.3([H^+]+[OH^-])$$

对强碱溶液,忽略 $[H^+]$;对强酸溶液,则忽略 $[OH^-]$。若强酸或强碱的浓度为 c,则其缓冲容量 β 为

$$\beta=2.3c \qquad (3\text{-}40)$$

可见强酸或强碱与共轭酸碱对的总浓度相同时,强酸、强碱的缓冲容量是共轭酸碱缓冲溶液的4倍。但它们的缓冲范围只在浓度较大的区域,即低 pH 和高 pH 区(如图3.8虚线所示),在 pH 3~11 范围内几乎没有什么缓冲能力。实际上,需要缓冲作用的化学体系大多是从弱酸性到弱碱性这一区域,因此这类缓冲溶液的作用不如共轭酸碱缓冲溶液大。

【例3.17】 欲配制 200 mL pH=9.35 的 NH$_3$-NH$_4$Cl 缓冲溶液,且使该溶液在加入 1.0 mmol 的 HCl 或 NaOH 时 pH 的改变不大于 0.12 单位,需用多少克 NH$_4$Cl 和多少毫升 1.0 mol·L^{-1}氨水?

解
$$\beta=\frac{db}{dpH}=\frac{1.0\times\frac{1000}{200}\times10^{-3}}{0.12}=4.2\times10^{-2}$$

又
$$\beta=2.3cK_a\frac{[H^+]}{([H^+]+K_a)^2}$$

将 $K_a=10^{-9.25}$ 和 $[H^+]=10^{-9.35}$ 代入,解得

$$c=\frac{4.2\times10^{-2}(10^{-9.25}+10^{-9.35})^2}{2.3\times10^{-9.25}\times10^{-9.35}}\ mol\cdot L^{-1}=0.074\ mol\cdot L^{-1}$$

$$m(NH_4Cl)=cx(NH_4^+)\cdot VM$$
$$=\left(0.074\times\frac{10^{-9.35}}{10^{-9.25}+10^{-9.35}}\times0.200\times53.49\right)\ g$$
$$=0.35\ g$$

$$V(NH_3 \cdot H_2O) = \left(0.074 \times \frac{10^{-9.25}}{10^{-9.25} + 10^{-9.35}} \times 200 \div 1.0\right) \text{mL}$$
$$= 8.2 \text{ mL}$$

3.4.2　缓冲溶液的选择

缓冲溶液的选择首先要考虑有较大的缓冲能力。如前所述,应当是选择弱酸的 pK_a 接近于所需的 pH,并控制弱酸与共轭碱浓度比近于 1:1,所用缓冲物质总浓度应当大一些(一般在 $0.01 \sim 1$ mol·L^{-1} 之间)。此外,缓冲体系不应对分析过程有显著影响。例如,用于光度分析的缓冲溶液在所测波长范围内应基本没有吸收,在络合滴定中使用的缓冲溶液不应对被测离子有显著的副反应。

表 3-1 列出一些常用的缓冲溶液。

表 3-1　常用缓冲溶液

缓冲溶液	酸的存在形态	碱的存在形态	$pK_a(I=0.1)$
氨基乙酸-HCl	$NH_3^+CH_2COOH$	$NH_3^+CH_2COO^-$	$2.5(pK_{a_1})$
一氯乙酸-NaOH	$CH_2ClCOOH$	CH_2ClCOO^-	2.7
甲酸-NaOH	$HCOOH$	$HCOO^-$	3.65
HAc-NaAc	HAc	Ac^-	4.65
六次甲基四胺-HCl	$(CH_2)_6N_4H^+$	$(CH_2)_6N_4$	8.74
NaH_2PO_4-Na_2HPO_4	$H_2PO_4^-$	HPO_4^{2-}	6.9
三乙醇胺-HCl	$NH^+(CH_2CH_2OH)_3$	$N(CH_2CH_2OH)_3$	7.9
三羟甲基甲胺-HCl	$NH_3^+C(CH_2OH)_3$	$NH_2C(CH_2OH)_3$	*8.08
$Na_2B_4O_7$	H_3BO_3	$H_2BO_3^-$	*9.24
$NH_3 \cdot H_2O$-NH_4Cl	NH_4^+	NH_3	9.37
氨基乙酸-NaOH	$NH_3^+CH_2COO^-$	$NH_2CH_2COO^-$	9.7
$NaHCO_3$-Na_2CO_3	HCO_3^-	CO_3^{2-}	10.1
Na_2HPO_4-NaOH	HPO_4^{2-}	PO_4^{3-}	11.7

* 为 $I=0$ 的 pK_a。

在实际工作中,要求在很宽的 pH 范围中都有缓冲作用,具有这种性质的溶液称为全域缓冲溶液。这种缓冲溶液是由几种 pK_a 不同的弱酸混合后加入不同量的强酸、强碱制备的。例如将 pK_a 分别为 3、5、7、9、11 的几种弱酸混合在一起,由其配制成的溶液的缓冲容量如图 3.9 中的实线所示。

Britton-Robinson(伯瑞坦-罗宾森)缓冲溶液就是一种全域缓冲溶液,它是由浓度均为 0.04 mol·L^{-1} 的 H_3PO_4、H_3BO_3 和 HAc 混合而成的,向其中加入不同体积的 0.2 mol·L^{-1} NaOH,即可得所需 pH 的缓冲溶液[①]。

---

① 常文保,李克安.简明分析化学手册.北京:北京大学出版社,1981,264.

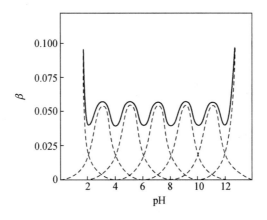

图 3.9 全域缓冲溶液的缓冲容量曲线

3.4.3 标准缓冲溶液

标准缓冲溶液是用来校准 pH 计用的,它的 pH 是在一定温度下经过实验准确测定的。这类溶液又分为两种:

(1) 由逐级离解常数相差较小的两性物质组成。以酒石酸氢钾(简写作 KHA)为例。由于 pK_{a_1}(3.04)与 pK_{a_2}(4.37)相近,HA^- 的酸式、碱式离解常数均大。由图 3.4 可见,酒石酸氢钾溶液中 HA^- 仅占 72%,H_2A 与 A^{2-} 各占 14%,这就相当于两个缓冲体系:H_2A-HA^- 和 HA^--A^{2-},比值分别为 1∶5 和 5∶1,也具有一定的维持 pH 恒定的能力(想一想:若 K_{a_1} 与 K_{a_2} 相差大,会如何?)。

(2) 由直接配制的共轭酸碱对所组成,如 $H_2PO_4^-$-HPO_4^{2-}、硼砂等;有的甚至还可用强碱单独配制,如 $Ca(OH)_2$。

常用的标准缓冲溶液及其 pH 列于表 3-2 中。校准 pH 计时,所选标准缓冲溶液的 pH 应当与被测 pH 范围相近,这样测量的准确度才高。同时,还要注意温度对缓冲溶液 pH 的影响。

表 3-2 几种常用的标准缓冲溶液[①]

标准缓冲溶液	pH(25℃)
饱和酒石酸氢钾(0.034 $mol \cdot kg^{-1}$)	3.557
0.050 $mol \cdot kg^{-1}$ 邻苯二甲酸氢钾	4.005
0.025 $mol \cdot kg^{-1}$ KH_2PO_4 + 0.025 $mol \cdot kg^{-1}$ Na_2HPO_4	6.865
0.010 $mol \cdot kg^{-1}$ 硼砂	9.180
饱和氢氧化钙	12.454

标准缓冲溶液的 pH 是用实验测定的,计算此类溶液的 pH 时,必须作活度校正。

---

① 标准缓冲溶液的配制方法请参阅:Pure and Applied Chemistry. 1985,57(3):531~542.

【**例 3.18**】　计算 $0.025\ mol\cdot L^{-1}\ KH_2PO_4$-$0.025\ mol\cdot L^{-1}\ Na_2HPO_4$ 缓冲溶液的 pH。

解　$c(K^+)=0.025\ mol\cdot L^{-1}$，$c(H_2PO_4^-)=0.025\ mol\cdot L^{-1}$

$c(Na^+)=0.050\ mol\cdot L^{-1}$，$c(HPO_4^{2-})=0.025\ mol\cdot L^{-1}$

$$I=\frac{1}{2}(0.025\times 1^2+0.025\times 1^2+0.050\times 1^2+0.025\times 2^2)=0.10$$

由附录 C.1 查得

$$\gamma(H_2PO_4^-)=0.77,\ \gamma(HPO_4^-)=0.355$$

$$a(H^+)=\frac{a(H_2PO_4^-)}{a(HPO_4^{2-})}K_{a_2}=\frac{[H_2PO_4^-]\cdot\gamma(H_2PO_4^-)}{[HPO_4^{2-}]\cdot\gamma(HPO_4^{2-})}K_{a_2}$$

$$=\frac{0.025\times 0.77}{0.025\times 0.355}\times 6.2\times 10^{-8}\ mol\cdot L^{-1}$$

$$=1.34\times 10^{-7}\ mol\cdot L^{-1}$$

$$=10^{-6.87}\ mol\cdot L^{-1}$$

$$pH=-\lg a(H^+)=6.87$$

与实验值 6.865 一致。

【**例 3.19**】　计算 $0.050\ mol\cdot L^{-1}$ 邻苯二甲酸氢钾（简化表示作 KHB）溶液的 pH。

解　因为 $[H^+]^2=K_{a_1}^C K_{a_2}^C$（忽略水的酸式离解和碱式离解）

其中　$K_{a_1}^C=\frac{[H^+][HB^-]}{[H_2B]}=K_{a_1}\left\{\frac{\gamma(H_2B)}{\gamma(H^+)\cdot\gamma(HB^-)}\right\}$，$\gamma(H_2B)=1$

$$K_{a_2}^C=\frac{[H^+][B^{2-}]}{[HB^-]}=K_{a_2}\left\{\frac{\gamma(HB^-)}{\gamma(H^+)\cdot\gamma(B^{2-})}\right\}$$

$$[H^+]^2=K_{a_1}^C K_{a_2}^C=\frac{K_{a_1}K_{a_2}}{\gamma^2(H^+)\cdot\gamma(B^{2-})}$$

所以　$$a(H^+)=\sqrt{K_{a_1}K_{a_2}/\gamma(B^{2-})}$$

此时　$$I=\frac{1}{2}(0.050\times 1^2+0.050\times 1^2)=0.050$$

由附录 C.1 查得邻苯二甲酸根离子 $C_6H_4(COO)_2^{2-}$ 的 $\gamma=0.484$，所以

$$a(H^+)=\sqrt{\frac{10^{-2.95}\times 10^{-5.41}}{0.484}}\ mol\cdot L^{-1}=10^{-4.02}\ mol\cdot L^{-1}$$

$$pH=4.02$$

计算结果与实验值 4.005 也基本一致。

　　基于酸碱反应原理的滴定分析叫作酸碱滴定法，又称中和滴定法。酸碱滴定法中要回答的主要问题是：哪些物质能用酸碱滴定法测定？如何正确选择指示剂？终点与化学计量点不一致会造成多大误差？以下将着重讨论这些问题。

3.5　酸碱指示剂

3.5.1　酸碱指示剂的作用原理

　　酸碱指示剂是一些有机弱酸或弱碱，当溶液 pH 改变时，指示剂获得质子转化为酸型或失去质子转化为碱型，指示剂的酸型和碱型具有不同的结构，因而具有不同的颜色。下面以甲基橙、酚酞为例来说明。

1. 甲基橙（MO）

甲基橙是一种双色指示剂，它在溶液中存在如下的离解平衡和颜色变化：

$(CH_3)_2N$—〈〉—N=N—〈〉—SO_3^-

黄色(偶氮式)

$OH^- \Updownarrow H^+$

$(CH_3)_2\overset{+}{N}$=〈〉=N—$\overset{H}{N}$—〈〉—SO_3^-

红色(醌式)

由平衡关系式不难看出,当溶液中[H$^+$]增大时,反应向下进行,甲基橙主要以醌式(酸型)存在,显红色;当溶液中[H$^+$]降低时,反应向上进行,甲基橙主要以偶氮式(碱型)存在,溶液显黄色。在酸碱滴定中另一个常用指示剂——甲基红具有类似的情况。

2. 酚酞(PP)

酚酞是弱的有机酸,在溶液中有如下平衡:

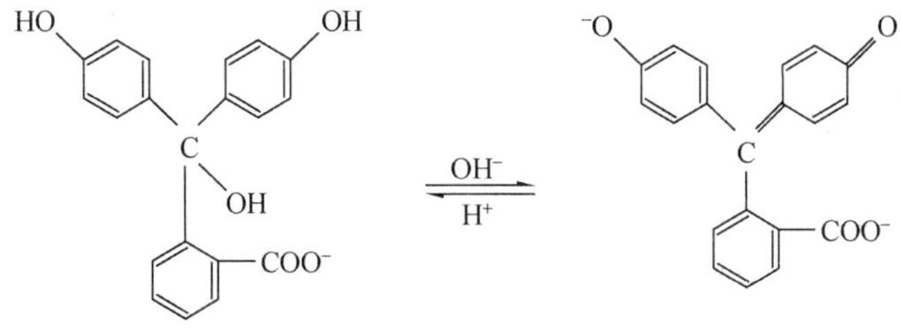

无色　　　　　　　　　　　　　　　　红色

在酸性溶液中,上述平衡向左移动,酚酞主要以无色的羟式存在;在碱性溶液中平衡向右移动,酚酞转变为醌式而显红色。为了进一步说明指示剂颜色变化与酸度的关系,以 HIn 代表指示剂酸型,以 In$^-$ 代表指示剂碱型,在溶液中指示剂的平衡关系可用下式表示

$$HIn \rightleftharpoons H^+ + In^-$$

$$K_a = \frac{[H^+][In^-]}{[HIn]} \quad \text{或写成} \quad \frac{[In^-]}{[HIn]} = \frac{K_a}{[H^+]}$$

溶液的颜色取决于指示剂碱型与酸型的比值([In$^-$]/[HIn])。

对一定的指示剂而言,在指定条件下 K_a 是常数,因此[In$^-$]/[HIn]值就只取决于[H$^+$]。理论上,在不同[H$^+$]时,[In$^-$]/[HIn]有不同数值,应当呈现不同的色调:

(1) 当[H$^+$]≥10K_a,即 pH≤pK_a−1 时,溶液的酸型的量是碱型的量的 10 倍以上,溶液主要呈现酸型的颜色;

(2) 当[H$^+$]≤K_a/10,即 pH≥pK_a+1 时,溶液的酸型的量是碱型的量的 1/10 以下,主要呈现碱型的颜色;

(3) 在 pK_a−1<pH<pK_a+1 范围内,溶液中酸型与碱型的量相差不大,所以溶液表现为酸型与碱型复合后的颜色,随着 pH 的改变,颜色也在改变(这个 pH 范围是理论上的指示剂变色间隔);

(4) 当 pH=pK_a 时,溶液中酸型与碱型浓度相等,这是理论上的指示剂颜色转变点。

例如甲基橙的 pK_a=3.4,所以甲基橙理论上的变色间隔为 pH 2.4~4.4,颜色转变点为 pH 3.4。实际情况又如何呢?

若配制一系列不同 pH 的缓冲溶液,各加入 1 滴甲基橙指示剂,目视可以发现:当 pH<3.1 时,溶液呈红色;pH>4.4 时,溶液呈黄色;pH 在 3.1～4.4 范围内,溶液呈橙色。我们将目视到的指示剂变色 pH 范围称为指示剂变色间隔。为什么甲基橙在 pH 3.1～4.4 的区间发生颜色变化,而理论上的变色间隔却是 2.4～4.4 呢? 由图 3.10 可以看到:

(1) 当 pH<3.1 时,$x(HIn)>x(In^-)$,由于人眼辨别能力的限制,此时只能见到红色;当 pH=3.1 时,$x(In^-)$已占到 34%,这时就可以从红色中观察到黄色。

(2) 若 pH>4.4,$x(In^-)>x(HIn)$,只能见到黄色。由于人眼对红色较敏感,当 pH=4.4 时,尽管 HIn 只有 9%,已经能从黄色中观察到红色了。

(3) 而 pH 3.1～4.4 间的橙色正是黄、红色的混合色。

既然指示剂的变色间隔是人的目视确定的,不同的人对颜色敏感程度不同,因而观察的变色间隔也不同。如甲基橙的变色间隔有人报道为 3.1～4.4,也有人报道为 3.2～4.5 或 2.9～4.3。但指示剂的变色间隔总是发生在 pK_a 的两侧(见图 3.10)。

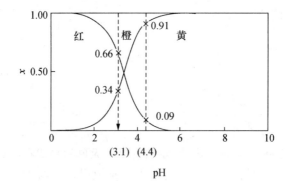

图 3.10 甲基橙的 x-pH 图

在实际滴定中并不需要指示剂从酸色完全变为碱色,而只要看到明显的色变就可以了。通常在指示剂的变色间隔内有一点颜色变化特别明显,如甲基橙当 pH≈4.0 时呈显著的橙色,这一点也就是实际的滴定终点,称为指示剂的滴定指数,以 pT 表示。当人的眼睛对指示剂的酸型与碱型的颜色同样敏感时,则指示剂理论上的颜色转变点就是 pT,即 $pT=pK_a$。但是在观察这一点时,还会有 0.3 pH 的出入,所以 ΔpH=0.3 常常作为目视滴定分辨终点的极限。

最常用的酸碱指示剂见表 3-3,常用酸碱指示剂见附录 B.1。

表 3-3 最常用的酸碱指示剂

指示剂	颜 色			pK_a	pT	变色 pH 范围
	酸型色	过渡色	碱型色			
甲基橙	红	橙	黄	3.4	4.0	3.1～4.4
甲基红	红	橙	黄	5.0	5.0	4.4～6.2
酚 酞	无色	粉红	红	9.1		8.0～9.8
百里酚酞	无色	淡蓝	蓝	10.0	10.0	9.4～10.6

3.5.2 影响指示剂变色间隔的因素

1. 指示剂用量

对双色指示剂,如甲基橙,pT 仅取决于 $[In^-]/[HIn]$,而与指示剂用量无关。但若指示剂用量过多时,色调变化不明显,而指示剂本身也要消耗滴定剂,也对分析不利。

对单色指示剂如酚酞,指示剂的用量对 pT 有较大的影响。设指示剂总浓度为 c,人眼观察到红色碱型的最低浓度为 a(一个固定值),代入平衡关系式

$$\frac{K_a}{[H^+]} = \frac{[In^-]}{[HIn]} = \frac{a}{c-a}$$

式中:K_a 和 a 都是定值,如果 c 增大了,要维持平衡只有增大 $[H^+]$。就是说,指示剂要在较低的 pH 时显粉红色。如在 $50\sim100$ mL 溶液中加 $2\sim3$ 滴 0.1% 酚酞溶液,pH$\approx$9 时显粉红色;而在同样条件下,若加 $15\sim20$ 滴时,则酚酞在 pH$\approx$8 时就显粉红色。

2. 温度

温度改变时,指示剂的离解常数和水的质子自递常数都有改变,因而指示剂的变色间隔也随之发生改变。例如甲基橙在室温下的变色间隔是 $3.1\sim4.4$,在 100℃ 时为 $2.5\sim3.7$,对 $[H^+]$ 的灵敏度降低好几倍。所以滴定都应在室温下进行,有必要加热煮沸时,最好将溶液冷却后再滴定。

3. 盐类

中性电解质的存在增加了溶液的离子强度,使指示剂的离解常数发生改变,影响到指示剂的变色。某些盐具有吸收不同波长光的性质,也会改变指示剂颜色的深度和色调,所以在滴定过程中不宜有大量盐类存在。在制备对照参比溶液时,除需要加入相同量的指示剂外,还应该有相同浓度的电解质(包括反应生成的盐)在内。

3.5.3 混合指示剂

在一些酸碱滴定中,需要把滴定终点限制在很窄的 pH 间隔内,以达到一定的准确度。单一指示剂的变色间隔约 2 个 pH,而且目测终点还有 0.3 pH 单位的不确定性,这就难以达到要求。这时可采用混合指示剂。

混合指示剂是利用颜色互补的原理使终点观测明显,按其作用分为两类:

(1) 由两种酸碱指示剂混合。由于颜色互补使变色间隔变窄,颜色变化敏锐。例如甲酚红(pH $7.2\sim8.8$,黄~紫)和百里酚蓝(pH $8.0\sim9.6$,黄~蓝)按 1:3 混合,其变色间隔变窄,为 pH 8.2(粉红)~8.4(紫)。若将甲基红(pH $4.4\sim6.2$,红~黄)和溴甲酚绿(pH $3.8\sim5.4$,黄~蓝)按 2:3 混合,pH 5.0 以下为暗红色,pH 5.1 为灰绿色,pH 5.2 以上为绿色,变色间隔很窄且颜色易于辨别。

(2) 由一种酸碱指示剂与一种惰性染料相混合。惰性染料非酸碱指示剂,颜色不随 pH 变化。由于颜色互补使变色敏锐,其变色间隔不变。例如甲基橙(pH $3.1\sim4.4$,红~黄)与靛蓝磺酸钠(蓝色)混合后,pH<3.1 呈紫色(红+蓝),pH>4.4 为绿色(黄+蓝),颜色变化很清楚,适于灯光下滴定用。常用混合指示剂列于附录 B.1-2 中。

3.6 酸碱滴定曲线和指示剂的选择

为了选择合适的指示剂指示终点,必须了解滴定过程中溶液 pH 的变化,特别是化学计量点附近 pH 的改变。以溶液的 pH 对滴定剂加入的体积(或中和百分数)作图,得到酸碱滴定曲线,它能很好地展示滴定过程中溶液 pH 的变化规律。下面介绍几种类型的酸碱滴定曲线,以了解被滴定酸碱的离解常数、浓度等因素对滴定突跃的影响以及正确选择指示剂的方法等。

3.6.1 强碱滴定强酸或强酸滴定强碱

这类滴定反应及其常数是

$$H^+ + OH^- \Longrightarrow H_2O \qquad K_t = \frac{1}{K_w} = 10^{14.00}$$

它是反应完全程度最高、确定滴定终点最容易的酸碱滴定法。现以 $0.1000\ \text{mol·L}^{-1}$ NaOH 溶液滴定 $20.00\ \text{mL}$ $0.1000\ \text{mol·L}^{-1}$ HCl 溶液为例,讨论强酸与强碱滴定过程中 pH 的变化和滴定曲线的形状。

1. 整个滴定过程的 4 个阶段

(1) 滴定前。溶液的酸度等于 HCl 溶液的原始浓度,即

$$[H^+] = 0.1000\ \text{mol·L}^{-1}$$

所以
$$pH = -\lg[H^+] = 1.00$$

(2) 滴定开始到化学计量点前。溶液的酸度取决于剩余 HCl 的浓度。如加入 NaOH 溶液 $18.00\ \text{mL}$ 时,则未中和的 HCl 溶液为 $2.00\ \text{mL}$,此时溶液中

$$[H^+] = 0.1000 \times \frac{2.00}{20.00 + 18.00}\ \text{mol·L}^{-1} = 5.26 \times 10^{-3}\ \text{mol·L}^{-1}$$

所以
$$pH = 2.28$$

当加入 NaOH $19.98\ \text{mL}$ 时,未中和的 HCl 为 $0.02\ \text{mL}$,此时溶液中

$$[H^+] = 0.1000 \times \frac{0.02}{39.98}\ \text{mol·L}^{-1} = 5.00 \times 10^{-5}\ \text{mol·L}^{-1}$$

所以
$$pH = 4.30$$

(3) 化学计量点时。加入 NaOH 为 $20.00\ \text{mL}$,HCl 全部被中和。此时溶液中 $[H^+]$ 由水的离解决定,即

$$[H^+] = [OH^-] = \sqrt{K_w} = 10^{-7.00}\ \text{mol·L}^{-1}$$

所以
$$pH = 7.00$$

(4) 化学计量点以后。溶液的酸度取决于过量 NaOH 的浓度。如加入 NaOH $20.02\ \text{mL}$ 时,NaOH 过量 $0.02\ \text{mL}$,此时溶液 $[OH^-]$ 为

$$[OH^-] = 0.1000 \times \frac{0.02}{40.02}\ \text{mol·L}^{-1} = 5.00 \times 10^{-5}\ \text{mol·L}^{-1}$$

$$[H^+] = 2.00 \times 10^{-10}\ \text{mol·L}^{-1}$$

$$pH = 9.70$$

用类似的方法可以计算滴定过程中加入任意体积 NaOH 时溶液的 pH,结果列于表 3-4。

表 3-4　用 0.1000 mol·L^{-1} NaOH 溶液滴定 20.00 mL 0.1000 mol·L^{-1} HCl 溶液时的 pH 变化

V(加入 NaOH) mL	HCl 被中和 百分数/(%)	V(剩余 HCl) mL	V(过量 NaOH) mL	[H$^+$]	pH	
0.00	0.00	20.00		1.00×10^{-1}	1.00	
18.00	90.00	2.00		5.26×10^{-3}	2.28	
19.80	99.00	0.20		5.02×10^{-4}	3.30	
19.98	99.90	0.02		5.00×10^{-5}	4.30	突跃范围
20.00	100.00	0.00		1.00×10^{-7}	7.00	
20.02	100.1		0.02	2.00×10^{-10}	9.70	
20.20	101.0		0.20	2.01×10^{-11}	10.70	
22.00	110.0		2.00	2.10×10^{-12}	11.68	
40.00	200.0		20.00	5.00×10^{-13}	12.52	

2. 滴定曲线的形状和滴定突跃

以溶液的 pH 为纵坐标，NaOH 加入量（或滴定百分数）为横坐标，绘制滴定曲线（如图 3.11 中的实线所示）。

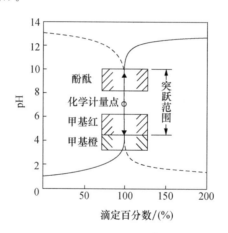

图 3.11　用 0.1000 mol·L^{-1} NaOH 溶液滴定 0.1000 mol·L^{-1} HCl 溶液的滴定曲线

（1）滴定曲线的形状。图 3.11 表明，在滴定开始时曲线是比较平坦的，随着滴定的进行，曲线逐渐向上倾斜，在化学计量点前后发生较大的变化，以后曲线又比较平坦。滴定开始时，溶液中酸量大，加入 18 mL 碱，pH 才改变 1.3 个单位，这正是强酸缓冲容量最大的区域，所以曲线平坦；随着滴定的进行，溶液中酸量减少，缓冲容量下降，这时若使 pH 改变 1 个单位，只需要再加入 1.8 mL NaOH；溶液中剩余的酸愈少，则加入相同量碱所引起的 pH 变化也愈大，曲线逐渐倾斜；当滴定到溶液中只剩下 0.1%（0.02 mL）HCl 时，溶液 pH 为 4.30，这时再加 1 滴（0.04 mL）NaOH，不仅将剩下的半滴 HCl 中和，而且 NaOH 还过量了半滴。此时，1 滴之差使溶液的酸度发生巨大的变化，pH 由 4.30 急剧增加到 9.70，增大了 5.4 个 pH 单位，即 [H$^+$] 改变了 2.5×10^5 倍，溶液由酸性变为碱性。从图 3.11 可见，在化学计量点前后 0.1%，曲线呈现近似垂直的一段，表明溶液的 pH 有一个突然的改变，这种 pH 的突然改变称为滴定突跃。突跃所在的 pH 范围称滴定突跃范围。此后若继续加入 NaOH 溶液，则进入强碱的缓冲区，溶液的 pH 变化又逐渐减小，

77

曲线又比较平坦。

(2) 指示剂的选择。滴定突跃有重要的实际意义,它是选择指示剂的依据,凡变色点的 pH 处于滴定突跃范围内的指示剂均适用。在此滴定中,酚酞、甲基红、甲基橙均适用。若以甲基橙为指示剂,溶液颜色由橙色变为黄色时,溶液 pH 为 4.4。从表 3-4 知,未中和的 HCl 小于 0.1%,因此滴定误差不会超过 0.1%。

如果用 $0.1000 \ mol \cdot L^{-1}$ HCl 溶液滴定 $0.1000 \ mol \cdot L^{-1}$ NaOH 溶液,则情况相似,但 pH 变化方向相反,如图 3.11 中虚线所示。这时酚酞、甲基红都可以选为指示剂。如果用甲基橙作指示剂,从黄色滴定到橙色(pH 为 4.0),将有 +0.2% 的误差。

必须指出,滴定突跃的大小还与溶液浓度有关。图 3.12 表明,酸碱浓度增大 10 倍,滴定突跃范围的 pH 就增加 2 个单位。用 $1.0 \ mol \cdot L^{-1}$ HCl 滴定 $1.0 \ mol \cdot L^{-1}$ NaOH 的滴定突跃范围为 10.7~3.3。这时即使选甲基橙作指示剂,终点变色的pH(4.0)仍处于突跃范围之内,滴定误差小于 0.1%。反之,若浓度降低 10 倍,滴定突跃范围的 pH 间隔也相应地减少 2 个单位。如用 $0.010 \ mol \cdot L^{-1}$ NaOH 滴定 $0.010 \ mol \cdot L^{-1}$ HCl 时,滴定突跃范围为 5.3~8.7。由于突跃范围小了,指示剂的选择受到限制。要使误差小于 0.1%,甲基红最适宜,酚酞差一些;而若用甲基橙作指示剂,误差高达 1%。

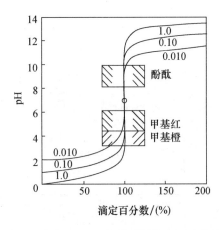

图 3.12 不同浓度($mol \cdot L^{-1}$)的强碱滴定强酸的滴定曲线

3.6.2 一元弱酸(碱)的滴定

1. 强碱滴定弱酸

强碱滴定弱酸(HA)时,滴定反应及其常数是

$$HA + OH^- \rightleftharpoons H_2O + A^-$$

$$K_t = \frac{[A^-]}{[HA][OH^-]} = \frac{K_a}{K_w}$$

滴定反应常数 K_t 比强碱滴定强酸的小,说明反应的完全程度较强碱滴定强酸差。现以 $0.1000 \ mol \cdot L^{-1}$ NaOH 溶液滴定 20.00 mL $0.1000 \ mol \cdot L^{-1}$ HAc 溶液为例,计算滴定过程中溶液的 pH。

(1) 滴定开始前。溶液是 $0.1000 \ mol \cdot L^{-1}$ HAc,用最简式(3-15)计算[H^+]

$$[H^+] = \sqrt{K_a c} = \sqrt{10^{-4.76-1.0}} \ mol \cdot L^{-1} = 10^{-2.88} \ mol \cdot L^{-1}$$

所以 $\qquad$ pH$=2.88$

（2）滴定开始至化学计量点前。滴加 NaOH 后与 HAc 作用生成 NaAc，同时溶液中还有剩余的 HAc，这时溶液是 HAc 与 NaAc 的混合物。由于 HAc 不是太弱，可按最简式（3-29）计算。例如，当加入 NaOH 19.98 mL 时，未中和的 HAc 为 0.02 mL，则

$$c(\text{HAc})=\frac{0.02\times0.10}{20.00+19.98}\ \text{mol}\cdot\text{L}^{-1}=5.0\times10^{-5}\ \text{mol}\cdot\text{L}^{-1}=10^{-4.30}\ \text{mol}\cdot\text{L}^{-1}$$

$$c(\text{Ac}^-)=\frac{19.98\times0.10}{20.00+19.98}\ \text{mol}\cdot\text{L}^{-1}=5.0\times10^{-2}\ \text{mol}\cdot\text{L}^{-1}=10^{-1.30}\ \text{mol}\cdot\text{L}^{-1}$$

故

$$[\text{H}^+]=\frac{c(\text{HAc})}{c(\text{Ac}^-)}K_a=\frac{10^{-4.30}}{10^{-1.30}}\times10^{-4.76}\ \text{mol}\cdot\text{L}^{-1}=10^{-7.76}\ \text{mol}\cdot\text{L}^{-1}$$

即 $\qquad$ pH$=7.76$

经检验，使用最简式计算是合理的。

（3）化学计量点时。HAc 全部被中和生成 NaAc，此时 $c(\text{Ac}^-)=0.05\ \text{mol}\cdot\text{L}^{-1}$，$K_bc>20K_w$，$K_b/c<2.5\times10^{-3}$，按最简式（3-18a）计算。即

$$[\text{OH}^-]=\sqrt{K_bc}=\sqrt{\frac{10^{-14.00}}{10^{-4.76}}\times10^{-1.30}}\ \text{mol}\cdot\text{L}^{-1}=10^{-5.27}\ \text{mol}\cdot\text{L}^{-1}$$

$$\text{pH}=8.73$$

（4）化学计量点以后。溶液的组成是 NaOH 和 NaAc。Ac$^-$ 的碱性较弱，溶液的[OH$^-$]由过量的 NaOH 浓度决定。加入 20.02 mL NaOH，即过量的 NaOH 为 0.02 mL。所以

$$[\text{OH}^-]=\frac{0.02\times0.10}{20.00+20.02}\ \text{mol}\cdot\text{L}^{-1}=5.0\times10^{-5}\ \text{mol}\cdot\text{L}^{-1}$$

$$\text{pOH}=4.30$$

$$\text{pH}=14.00-4.30=9.70$$

按上述方法，可以计算滴定过程中溶液的 pH，结果列于表 3-5 中，并根据各点的 pH 绘出滴定曲线（图 3.13）。

表 3-5 用 0.1000 mol·L^{-1} NaOH 溶液滴定 20.00 mL 0.1000 mol·L^{-1} HAc 或 HA 溶液时的 pH 变化

V（加入 NaOH） mL	酸被中和 百分数/(%)	pH	
		HAc	HA[a]（$K_a=10^{-7.00}$）
0	0	2.88	4.00
10.0	50.0	4.76	7.00
18.0	90.0	5.71	7.95
19.80	99.0	6.76	9.00
19.96	99.8	7.46	9.56
19.98	99.9	7.76 ⎫突	9.70 ⎫突
20.00	100.0	8.73 ⎬跃	9.85 ⎬跃
20.02	100.1	9.70 ⎭范围	10.00 ⎭范围
20.04	100.2	10.00	10.14
20.20	101.0	10.70	10.70
22.00	110.0	11.70	11.70

[a] 此酸较弱，在化学计量点附近应采用近似式（3-28b）及（3-32）计算[OH$^-$]。参见例 3.14 及例 3.15 中的计算。

图 3.13 表明,滴定前弱酸溶液的 pH 比强酸溶液的大。滴定开始后,反应产生的 Ac^- 抑制了 HAc 的离解,溶液中 $[H^+]$ 较快地降低,pH 很快增加;随着滴定的进行,HAc 浓度不断降低,而 NaAc 浓度逐渐增大,溶液的缓冲容量增大,其 pH 变化缓慢,50% 的 HAc 被滴定时,$[HAc]/[Ac^-]=1$,此时溶液缓冲容量最大,曲线最平;接近化学计量点时,HAc 浓度已很低,溶液的缓冲作用显著减弱,若继续加入 NaOH,溶液的 pH 则较快地增大(由于滴定产物 Ac^- 是弱碱,化学计量点时溶液不是中性而是弱碱性);化学计量点后为 NaAc-NaOH 混合溶液,Ac^- 碱性较弱,它的离解几乎完全受到来自过量 NaOH 的 OH^- 的抑制,曲线与 NaOH 滴定 HCl 的曲线基本重合。

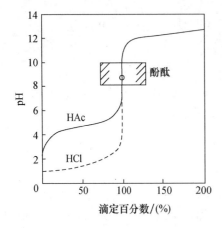

图 3.13　用 0.1000 mol·L^{-1} NaOH 溶液滴定
0.1000 mol·L^{-1} HAc 溶液的滴定曲线(实线)

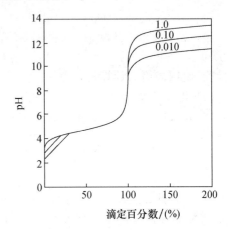

图 3.14　不同浓度(mol·L^{-1})的
弱酸用强碱滴定的滴定曲线

由表 3-5 看到,强碱滴定弱酸的突跃范围比滴定同样浓度的强酸的突跃小得多,而且是在弱碱性区域。以 0.1000 mol·L^{-1} NaOH 溶液滴定 0.1000 mol·L^{-1} HAc 溶液的突跃范围是 7.76~9.70,因此在酸性范围内变色的指示剂,如甲基橙、甲基红等都不能使用;而只能选择在碱性范围内变色的指示剂,如酚酞、百里酚蓝等。酚酞的变色点(pH 为 9)恰好在滴定突跃范围之内,所以用酚酞作指示剂可获得准确的结果。

酸的强弱是影响突跃范围大小的重要因素。酸越弱(即 K_a 越小),滴定反应常数 K_t($K_t=K_a/K_w$)也越小,突跃范围也就越小。由表 3-5 可见,滴定 0.1 mol·L^{-1} 的弱酸($K_a=10^{-7.00}$),化学计量点前后 0.1% 时 pH 变化是 9.70~10.00。即使能选到合适的指示剂,假设其 pT 为 9.85,正好与化学计量点的 pH 一致。但由于人眼观察终点有 0.3 pH 单位的不确定性,因此终点将是 9.56~10.14。这时达到的准确度是 ±0.2%。酸更弱,准确度还要低。此外,酸的浓度也影响突跃范围大小(见图 3.14)。在化学计量点前,由于 $[H^+]=([HA]/[A^-])K_a$,$[H^+]$ 取决于 $[HA]$ 与 $[A^-]$ 之比,而与其总浓度无关。一般情况下,在化学计量点前 0.1%,溶液 pH 均为 pK_a+3。此前不同浓度的 HA 的滴定曲线合而为一。在化学计量点之后,与强酸的滴定相似。当被滴酸的浓度增大 10 倍时,pH 增加 1 个单位,所以,弱酸滴定中其浓度对滴定突跃范围的影响比强酸的小。

考虑到借助指示剂观察终点有 0.3 pH 单位的不确定性,为使终点与化学计量点相差 ±0.3 pH(即滴定突跃范围为 0.6 pH 单位),在浓度不太稀的情况下要求 $K_ac \geq 10^{-8}$,这时终点误差不大于 0.2%。

2. 强酸滴定弱碱

强酸滴定弱碱的情况与强碱滴定弱酸相似。现以浓度为 $0.1000\ mol \cdot L^{-1}$ 的 HCl 溶液滴定 $20.00\ mL\ 0.1000\ mol \cdot L^{-1}\ NH_3 \cdot H_2O$ 溶液为例,说明滴定过程中溶液 pH 的变化及指示剂的选择。此滴定反应及其 K_t 是

$$NH_3 + H^+ \rightleftharpoons NH_4^+$$

$$K_t = \frac{[NH_4^+]}{[NH_3][H^+]} = \frac{1}{K_a} = 10^{9.25}$$

从滴定常数 K_t 可以预计滴定反应进行较完全。各滴定点 pH 的计算方法与强碱滴定弱酸类似,现将各点的 pH 列于表 3-6,并将计算结果绘成滴定曲线(图 3.15)。

表 3-6 用 $0.1000\ mol \cdot L^{-1}$ HCl 溶液滴定 $20.00\ mL\ 0.1000\ mol \cdot L^{-1}\ NH_3 \cdot H_2O$ 溶液时的 pH 变化

$\dfrac{V(HCl)}{mL}$	NH_3 被中和百分数/(%)	算 式	pH	
0	0	$[OH^-] = \sqrt{K_b c}$	11.12	
10.00	50.0		9.25	
18.00	90.0	$[OH^-] = K_b \dfrac{c(NH_3)}{c(NH_4^+)}$	8.30	
19.80	99.0		7.25	
19.98	99.9		6.25	突跃范围
20.00	100.0	$[H^+] = \sqrt{K_a c}$	5.28	
20.02	100.1		4.30	
20.20	101.1	$[H^+] = c(HCl)$	3.30	
22.00	110.0		2.32	

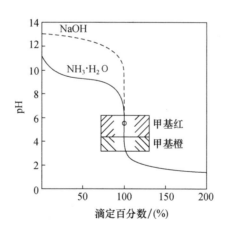

图 3.15 用 $0.1000\ mol \cdot L^{-1}$ HCl 溶液滴定 $0.1000\ mol \cdot L^{-1}\ NH_3 \cdot H_2O$ 溶液的滴定曲线

从表 3-6 和图 3.15 可以看出,强酸滴定弱碱,在化学计量点时溶液呈弱酸性,滴定突跃发生在酸性范围。对于 $0.10\ mol \cdot L^{-1}\ NH_3 \cdot H_2O$ 溶液的滴定,化学计量点为 5.28,突跃范围为 6.25~4.30。因此必须选在酸性范围内变色的指示剂:甲基红或溴甲酚绿是合适的指示剂。若用甲基橙作指示剂,则终点出现略迟,滴定到橙色时(pH 4.0),误差有 $+0.2\%$。

和弱酸的滴定一样,弱碱的强度(K_b)和浓度(c)都会影响反应的完全度和滴定突跃

81

范围的大小。在浓度不太小的情况下,当 $K_b c \geqslant 10^{-8}$ 时方能准确滴定。

3.6.3　滴定一元弱酸(弱碱)及其与强酸(强碱)混合物的总结

对于 HA-A$^-$ 共轭酸碱体系,用强碱滴定 HA 的逆过程即是用强酸滴定 A$^-$。图3.16 表示三种强度不同的 $0.10\ \text{mol} \cdot \text{L}^{-1}$ HA 和 A$^-$ 的滴定曲线。图中的 Q、R、S、T 分别相应于溶液组成为 H$^+$ ＋HA、HA、A$^-$、A$^-$ ＋OH$^-$。此图是下面几类酸碱滴定的总结。

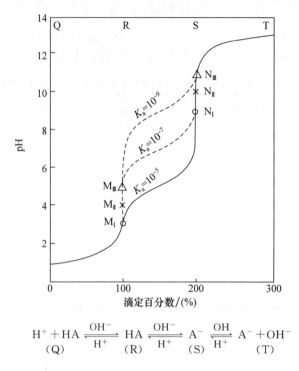

$$\text{H}^+ + \text{HA} \xrightleftharpoons[\text{H}^+]{\text{OH}^-} \text{HA} \xrightleftharpoons[\text{H}^+]{\text{OH}^-} \text{A}^- \xrightleftharpoons[\text{H}^+]{\text{OH}} \text{A}^- + \text{OH}^-$$
$$\quad (\text{Q}) \qquad\qquad (\text{R}) \qquad\qquad (\text{S}) \qquad\qquad (\text{T})$$

图 3.16　一元弱酸或弱碱及其与强酸或强碱混合物的滴定曲线

1. 滴定弱酸(HA)或弱碱(A$^-$)可行性的判断

(1) 用 NaOH 滴定 $0.10\ \text{mol} \cdot \text{L}^{-1}$ HA。相应于从图中 R 点(HA)至 S 点(A$^-$)。由图可见:滴定 K_a 为 10^{-5} 的酸,化学计量点(N$_\text{I}$)附近突跃最大;滴定 K_a 为 10^{-9} 的酸,化学计量点(N$_\text{III}$)附近突跃最小。对 $0.10\ \text{mol} \cdot \text{L}^{-1}$ 的酸 HA,$K_a \geqslant 10^{-7}$ 是准确滴定(滴定误差 $\leqslant 0.2\%$)的必要条件。

(2) 用 HCl 滴定 $0.10\ \text{mol} \cdot \text{L}^{-1}$ A$^-$。相应于从图中 S 点(A$^-$)到 R 点(HA)。由图可见,滴定 $K_b = 10^{-5}$ 的碱,化学计量点(M$_\text{III}$)附近突跃最大;滴定 $K_b = 10^{-9}$ 的碱,化学计量点(M$_\text{I}$)附近突跃最小。$0.10\ \text{mol} \cdot \text{L}^{-1}$ 的碱 A$^-$ 被准确滴定的必要条件是 $K_b \geqslant 10^{-7}$。

(3) HA-A$^-$ 共轭。K_a 为 10^{-5} 的 HA 的化学计量点(N$_\text{I}$)附近突跃大,能用 NaOH 准确地滴定;而其共轭碱 A$^-$ 的 K_b 为 10^{-9},化学计量点(M$_\text{I}$)附近突跃小,不能用 HCl 滴定,反之亦然。而 $K_a = K_b = 10^{-7}$ 的 HA 和 A$^-$ 则是能够准确滴定的界限;再弱,就难以用目视滴定准确测定了。

上述情况可表示为(实线表示能准确滴定,虚线表示不能准确滴定):

$$\text{HA} \underset{K_b = 10^{-9}}{\overset{K_a = 10^{-5}}{\xrightleftharpoons{\hspace{2cm}}}} \text{A}^-$$

$$HA \xrightleftharpoons[K_b=10^{-7}]{K_a=10^{-7}} A^-$$

$$HA \xrightleftharpoons[K_b=10^{-5}]{K_a=10^{-9}} A^-$$

2. 强酸-弱酸(HCl＋HA)混合液的滴定

HCl＋HA 相应于图中 Q 点;用 NaOH 滴定 HCl 相应于从 Q 点到 R 点,其化学计量点位置和滴定突跃范围的大小相当于用 HCl 滴定 A$^-$ 的情况;继续滴定到 S 点,所测定的是 HA。图3.16清楚地表明了什么情况下可以滴定 HCl 分量,什么情况下只能滴定混合酸总量。当 HCl 的浓度为 $0.1 \ mol \cdot L^{-1}$、HA 的浓度为 $0.2 \ mol \cdot L^{-1}$ 时:

(1) 若 HA 的 K_a 为 10^{-5}。滴定 HCl 的化学计量点(M_I)[①]附近突跃小,不能准确滴定 HCl 分量。第二化学计量点(N_I)附近突跃大,能准确滴定混合酸的总量。

(2) 若 HA 的 K_a 为 10^{-9}。第一化学计量点(M_{III})附近突跃比第二化学计量点(N_{III})突跃大,这时能准确滴定 HCl 分量,不能准确滴定混合酸总量。

(3) 若 HA 的 K_a 为 10^{-7}。第一化学计量点(M_{II})和第二化学计量点(N_{II})附近突跃范围大小相同,既能滴定 HCl,也能滴定 HA。

对强碱-弱碱混合液的滴定情况与上相似。

3. 用返滴定法能否改进突跃范围的大小

K_a 为 10^{-9} 的弱酸 HA 不能用 NaOH 直接滴定,能否加过量的 NaOH 然后用 HCl 返滴定进行测定呢? 图 3.16 作出否定的回答。加入过量的 NaOH 到弱酸 HA 溶液中,溶液的组成为 $OH^- + A^-$($K_b=10^{-5}$),相应于图中 T 点。用 HCl 返滴定过量 NaOH,化学计量点时溶液的组成是 A^-(即图中 S 点)。这就是 NaOH 滴定 K_a 为 10^{-9} 的弱酸 HA 的化学计量点,可见返滴定法并不改变化学计量点的位置与突跃范围的大小,仅是从相反方向到达化学计量点而已。这就是说,若从反应完全度考虑,凡不能用直接法滴定的物质,也不能用返滴定法滴定。

3.6.4　多元酸和多元碱的滴定

1. 多元酸的滴定

常见的多元酸多数是弱酸,它们在水溶液中分步离解。在多元酸滴定中要解决的问题是能否分步滴定,以及选什么指示剂。

(1) 二元弱酸 H_2A

若用 NaOH 滴定二元弱酸 H_2A,它首先被滴定成 HA^-。

① 如果 K_{a_1} 与 K_{a_2} 相差不大,则 H_2A 尚未定量变成 HA^-,就有相当部分的 HA^- 被滴定成 A^{2-} 了。这样在第一化学计量点附近就没有明显的突跃,无法确定终点,也就不能滴定到这一步。

② 若 K_{a_1} 与 K_{a_2} 相差较大,就可以定量滴定到 HA^-。此时未滴定的 H_2A 和进一步滴定生成的 A^{2-} 均较少,可以忽略。从多元酸的 x-pH 曲线(图3.4和3.5),可清楚地发现分步滴定的可能性与 K_{a_1}/K_{a_2} 的关系。

---

① 分步滴定 HCl 至其化学计量点时,溶液体积增加一倍,这时 HA 的浓度为 $0.1 \ mol \cdot L^{-1}$,即图上的 M_I 点。

若分步滴定允许误差是 $\pm 0.5\%$[①],选择指示剂的 pT 正好是化学计量点,就要求化学计量点前后 0.5% 有 0.3 pH 变化,这时必须 $K_{a_1}/K_{a_2} \geqslant 10^5$ 才行(在终点误差一节中将证明)。当然还必须满足 $K_{a_1}c \geqslant 10^{-8}$ 的要求[②]。至于能否全部被滴定,即定量滴定到 A^{2-} 一步,实际上可看成一元弱酸的滴定,要视 $K_{a_2}c$ 是否大于 10^{-8} 而定。一般若能分步滴定,K_{a_1}/K_{a_2} 必大,而 $K_{a_2}c$ 就较小,大多数不能滴定到第二步。

(2) 有机多元弱酸

对于多数有机多元弱酸,各级相邻离解常数之比都太小,不能分步滴定。如

	pK_{a_1}	pK_{a_2}	pK_{a_3}
酒石酸	3.04	4.37	
草　酸	1.25	4.29	
柠檬酸	3.13	4.23	6.40

但它们的最后一级常数都大于 10^{-7},都能用 NaOH 一步滴定全部可中和的质子。例如,草酸就常作为标定 NaOH 的基准物质,滴定到 $C_2O_4^{2-}$。

(3) H_3PO_4

H_3PO_4 是三元弱酸($pK_{a_1}=2.16$,$pK_{a_2}=7.21$,$pK_{a_3}=12.32$),各相邻常数比值都近于 10^5,可以分步滴定,其滴定曲线如图 3.17。

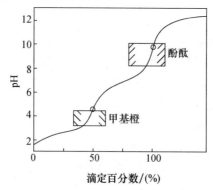

图 3.17　用 0.1000 mol·L⁻¹ NaOH 溶液滴定 0.1000 mol·L⁻¹ H₃PO₄ 溶液的滴定曲线

① 第一化学计量点。用 NaOH 滴定 H_3PO_4 至第一化学计量点的产物是 NaH_2PO_4,溶液中

$$[H^+] = \sqrt{\dfrac{K_{a_2}c}{1+\dfrac{c}{K_{a_1}}}} = \sqrt{\dfrac{10^{-7.21-1.30}}{1+\dfrac{10^{-1.30}}{10^{-2.16}}}}\ \text{mol·L}^{-1} = 10^{-4.71}\ \text{mol·L}^{-1}$$

pH 为 4.71,选用甲基橙为指示剂。采用同浓度的 NaH_2PO_4 溶液为参比,误差不大于 0.5%。

---

① 多元酸的 $(K_{a_1}/K_{a_2}) > 10^5$ 的不多,故滴定的准确度不高,误差小于 0.5% 就算不错了。因此,对多元酸分步滴定的准确度不作过高的要求。

② 使用 $\Delta pK_a \geqslant 5$ 和 $K_{a_1}c > 10^{-8}$ 来判断多元酸能否分步滴定,还应考虑浓度 c 的大小。若 $c=0.10$ mol·L⁻¹,则要求 $2 \leqslant pK_{a_1} \leqslant 7$;若 $c=0.010$ mol·L⁻¹,则要求 $3 \leqslant pK_{a_1} \leqslant 6$。[详细讨论请参阅:李克安.多元酸碱分步滴定的可行性研究.大学化学,1993,8(1):15.]

② 第二化学计量点。产物是 Na_2HPO_4，溶液的 pH 为 9.66(见例 3.10)。若选酚酞为指示剂,则终点将出现过早;选用百里酚酞作指示剂($pT \approx 10$),终点由无色变为浅蓝色,误差为 $+0.5\%$。

③ 第三化学计量点。因为 $K_{a_3} \approx 10^{-13}$,说明 HPO_4^{2-} 已太弱,PO_4^{3-} 是很强的碱,故无法用 NaOH 滴定,如果加入 $CaCl_2$ 于溶液中,则发生如下反应

$$2HPO_4^{2-} + 3Ca^{2+} \Longrightarrow Ca_3(PO_4)_2 \downarrow + 2H^+$$

PO_4^{3-} 被沉淀而从溶液中除去,即将弱酸变成强酸,就可以用 NaOH 滴定第三个 H^+。为使 $Ca_3(PO_4)$ 沉淀完全,应选酚酞作指示剂。

(4) 混合弱酸

混合弱酸的滴定与多元酸相似。对两种弱酸 HA 和 HB[其中 $K_a(HA) > K_a(HB)$],若 $c(HA) \cdot K_a(HA)/c(HB) \cdot K_a(HB) > 10^5$,就有可能分步滴定 HA。此时,误差约 0.5%,化学计量点时溶液组成为 $A^- + HB$,其溶液中$[H^+]$的计算可按式(3-24a)进行。

2. 多元碱的滴定

Na_2CO_3 是二元碱,标定 HCl 溶液的浓度常用它作基准物质,工业碱纯度的测定也是基于它与 HCl 的反应。用 HCl 滴定 Na_2CO_3,反应分两步进行

$$CO_3^{2-} + H^+ \Longrightarrow HCO_3^-$$

$$HCO_3^- + H^+ \Longrightarrow H_2CO_3$$
$$\qquad\qquad\qquad \longrightarrow CO_2 + H_2O$$

(1) 第一步反应。由于 $K_{b_1}/K_{b_2} = K_{a_1}/K_{a_2} = 10^4 < 10^5$,滴定到 HCO_3^-,化学计量点的 pH 为 8.35(见例 3.9),这一步滴定的准确度不高。若采用甲酚红和百里酚蓝混合指示剂指示终点,并用相同浓度的 $NaHCO_3$ 作参比,结果误差约 0.5%。

(2) 第二步反应。此时的滴定产物是 $H_2CO_3(CO_2 + H_2O)$,其饱和溶液浓度约为 0.04 $mol \cdot L^{-1}$,溶液中

$$[H^+] \approx \sqrt{K_{a_1} c} = \sqrt{4.2 \times 10^{-7} \times 0.04} \ mol \cdot L^{-1} = 1.3 \times 10^{-4} \ mol \cdot L^{-1}$$
$$pH = 3.9$$

滴定终点的确定可采取以下方法:

(1) 采用甲基橙或甲基橙-靛蓝磺酸钠混合指示剂确定终点。在室温下滴定,但终点变化不敏锐。最好采用为 CO_2 所饱和并含有相同浓度 NaCl 和指示剂的溶液为参比。

(2) 用甲基红-溴甲酚绿混合指示剂。在此情况下需加热除去 CO_2。当滴定到溶液变红,暂时中断滴定。加热除去 CO_2,这时颜色又回到绿色,继续滴定到红色。溶液的 pH 变化如图 3.18 虚线所示。重复此操作,直至加热后颜色不变为止,一般需要加热 2～3 次。此滴定终点敏锐,准确度高。

(3) Kolthoff 等推荐用双指示剂法。在溶液中先后加入酚酞和溴甲酚绿。先由酚酞变色估计滴定剂大致用量;近终点时加热除去 CO_2,冷却,继续滴定至溶液由紫色变为绿色。此法终点敏锐,准确度也高。

以上讨论了一元酸碱、多元酸碱的滴定曲线,对于较复杂的混合酸(碱)体系,则计算过程要复杂一些,但是借助于计算机也不难处理。设有 m 种酸 $H_{n_1}A'$、$H_{n_2}A''$、$H_{n_3}A'''$、$\cdots$、$H_{n_m}A^m$ 的混合溶液,其浓度分别为 c_1、c_2、c_3、$\cdots$、c_n。用 NaOH 滴定此混合溶液,计算滴定过程中$[H^+]$随滴定剂加入体积的变化。

为计算滴定过程中的$[H^+]$,先写出质子条件式,这里以 $H_{n_1}A'$、$H_{n_2}A''$、$H_{n_3}A'''$、$\cdots$、$H_{n_m}A^m$、

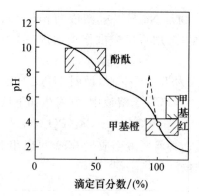

图 3.18　用 0.10 mol·L⁻¹ HCl 滴定 0.050 mol·L⁻¹ Na₂CO₃ 的滴定曲线

NaOH、H_2O 为零水准

$$c(\text{NaOH})+[\text{H}^+]=[\text{H}_{n_1-1}\text{A}']+2[\text{H}_{n_1-2}\text{A}']+\cdots+n_1[\text{A}']$$
$$+[\text{H}_{n_2-1}\text{A}'']+2[\text{H}_{n_2-2}\text{A}'']+\cdots+n_2[\text{A}'']+\cdots+[\text{H}_{n_m-1}\text{A}^{m'}]$$
$$+2[\text{H}_{n_m-2}\text{A}^{m'}]+\cdots+n_m[\text{A}^{m'}]+[\text{OH}^-]$$

上式可归纳成

$$\sum_{i=1}^{m}\left(\sum_{j=1}^{n_i}j[\text{H}_{n_i-j}\text{A}]\right)+[\text{OH}^-]-[\text{H}^+]-c(\text{NaOH})=0$$

将 $[\text{H}_{n_i-j}\text{A}]$ 用 $c_i x(\text{H}_{n_i-j}\text{A})$ 表示并代入上式，得

$$\sum_{i=1}^{m}\left[\frac{\sum_{j=1}^{n_i}\left(k\prod_{k=1}^{j}K_{a_k}[\text{H}^+]^{n_i-k}\right)}{\sum_{k=0}^{n_i}\left(\prod_{k=0}^{j}K_{a_k}[\text{H}^+]^{n_i-k}\right)}\right]c_i+\frac{K_w}{[\text{H}^+]}-[\text{H}^+]-c(\text{NaOH})=0$$

式中：K_{a_k} 为酸的各级离解常数，令 $K_{a_0}=1$。c_i 根据各酸初始浓度 $c_i^{(0)}$ 和加入滴定剂的体积进行计算，例如，混合酸溶液的体积为 $V^{(0)}$，加入滴定剂的体积为 V，则

$$c_i=c_i^{(0)}V^{(0)}/(V^{(0)}+V)$$

$$c(\text{NaOH})=c^{(0)}(\text{NaOH})\cdot V/(V^{(0)}+V)$$

上式可用数值方法（如二分法）计算。应用本算式可以计算任意一元酸（碱）、多元酸（碱）、混合酸（碱）体系用 NaOH 滴定到任一点的 pH。

　　例如：向 20.00 mL 0.0100 mol·L⁻¹ HAc($K_a=1.75\times10^{-5}$)、0.0050 mol·L⁻¹柠檬酸($K_{a_1}=7.4\times10^{-4}$、$K_{a_2}=1.7\times10^{-5}$、$K_{a_3}=4.0\times10^{-7}$)、0.0500 mol·L⁻¹琥珀酸($K_{a_1}=6.2\times10^{-5}$、$K_{a_2}=2.3\times10^{-6}$)组成的混合酸溶液滴加 0.1000 mol·L⁻¹ NaOH 溶液 0、10、20、30、40、50 mL，计算各滴定点的 pH。

　　此处 $m=3$，$n_1=1$，$n_2=3$，$n_3=2$。三种酸的分析浓度和 K_a 如题中所示，将这些数据代入方程中，以二分法算得：

$V(\text{NaOH})/\text{mL}$	0	10	20	30	40	50
pH	2.61	4.59	5.84	12.00	12.39	12.56

此例中只计算了几个滴定点的 pH，若将滴定体积间隔变得很小，可以精确绘出滴定曲线。

　　这里从混合弱酸的滴定出发推导出算式。实际上，此式的用途要广泛得多，它几乎能解决大多数酸碱滴定体系及各类酸碱溶液（包括强酸、强碱、酸碱混合溶液、两性物质溶液）的 pH 计算。详细介绍请见参考文献[①]。

---

①　李克安，童沈阳.一种处理酸碱平衡体系的新方法.化学通报,1988,(9):53.

3.7 终点误差

由滴定终点与化学计量点不一致导致的滴定误差称为终点误差(E_t)。

$$E_t = \frac{n(\text{过量或不足的滴定剂})}{n(\text{在化学计量点时被测组分反应基本单元})}$$ (3-41)

在下面的讨论中,以指示剂的实际变色点为滴定终点的 pH 来计算终点误差。

3.7.1 代数法计算终点误差

1. 强酸(碱)的滴定

(1) 用 NaOH 滴定 HCl

根据定义,

$$E_t = \frac{c_{ep}(\text{NaOH}) \cdot V_{ep}(\text{NaOH}) - c_{ep}(\text{HCl}) \cdot V_{ep}(\text{HCl})}{c_{sp}(\text{HCl}) \cdot V_{sp}(\text{HCl})}$$

在终点附近,$V_{ep} \approx V_{sp}$,故

$$E_t = \frac{c_{ep}(\text{NaOH}) - c_{ep}(\text{HCl})}{c_{sp}(\text{HCl})}$$ (3-42)

以 H_2O、HCl 和加入的 NaOH 为零水准,溶液的质子条件式是

$$[H^+] + c(\text{NaOH}) = [OH^-] + c(\text{HCl})$$

NaOH 与 HCl 的浓度差为

$$c(\text{NaOH}) - c(\text{HCl}) = [OH^-] - [H^+]$$

代入式(3-42)得

$$E_t = \frac{[OH^-]_{ep} - [H^+]_{ep}}{c_{sp}(\text{HCl})}$$ (3-43)

(2) 用 HCl 滴定 NaOH

其终点误差式是

$$E_t = \frac{[H^+]_{ep} - [OH^-]_{ep}}{c_{sp}(\text{NaOH})}$$ (3-44)

【例 3.20】 计算 0.10 mol·L^{-1} NaOH 溶液滴定 0.10 mol·L^{-1} HCl 溶液至甲基橙变黄(pH 4.4)和酚酞变红(pH 9.0)的终点误差。

解 由式(3-43)计算

(1) pH=4.4

$$E_t = \frac{[OH^-]_{ep} - [H^+]_{ep}}{c_{sp}(\text{HCl})} = \frac{10^{-9.6} - 10^{-4.4}}{0.05} \times 100\% = -0.08\%$$

(2) pH=9.0

$$E_t = \frac{10^{-5.0} - 10^{-9.0}}{0.05} \times 100\% = +0.02\%$$

2. 弱酸(碱)的滴定

用 NaOH 滴定一元弱酸 HA,根据定义

$$E_t = \frac{c_{ep}(\text{NaOH}) \cdot V_{ep}(\text{NaOH}) - c_{ep}(\text{HA}) \cdot V_{ep}(\text{HA})}{c_{sp}(\text{HCl}) \cdot V_{sp}(\text{HA})} \approx \frac{c_{ep}(\text{NaOH}) - c_{ep}(\text{HA})}{c_{sp}(\text{HCl})}$$ (3-45)

以 H_2O、HA 和加入的 NaOH 为零水准,溶液的质子条件式是

$$[H^+] + c(\text{NaOH}) = [OH^-] + [A^-]$$

物料平衡式为

$$c(HA) = [HA] + [A^-]$$

两式相减,得

$$c(NaOH) - c(HA) = [OH^-] - [H^+] - [HA]$$

故

$$E_t = \frac{[OH^-]_{ep} - [H^+]_{ep}}{c_{sp}(HA)} - x_{ep}(HA) \tag{3-46}$$

【例 3.21】　计算 0.10 mol·L^{-1} NaOH 溶液滴定 0.10 mol·L^{-1} HAc 溶液至 pH 9.0 和 7.0 的终点误差。

解　由式(3-46)计算

(1) pH = 9.0

$$E_t = \frac{[OH^-]_{ep}}{c_{sp}(HA)} - \frac{[H^+]_{ep}}{[H^+]_{ep} + K_a}$$

$$= \left(\frac{10^{-5.0}}{10^{-1.3}} - \frac{10^{-9.0}}{10^{-9.0} + 10^{-4.76}} \right) \times 100\%$$

$$= +0.01\%$$

(2) pH = 7.0

$$E_t = -\frac{10^{-7.0}}{10^{-7.0} + 10^{-4.76}} \times 100\% = -0.6\%$$

若是二元弱酸 H$_2$A 中两个 H$^+$ 一次被滴定,也不难计算其终点误差。

【例 3.22】　计算 0.10 mol·L^{-1} NaOH 溶液滴定 0.050 mol·L^{-1} H$_2$C$_2$O$_4$ 溶液至酚酞变色时(pH = 9.0)的终点误差。(H$_2$C$_2$O$_4$ 的 pK_{a_1} = 1.25,pK_{a_2} = 4.29)

解　与一元酸(碱)滴定不同,此例中 H$_2$C$_2$O$_4$ 与 NaOH 反应的物质的量之比为 1:2,因此在化学计量点附近,终点误差应为

$$E_t = \frac{c_{ep}(NaOH) - 2c_{ep}(H_2C_2O_4)}{2c_{sp}(H_2C_2O_4)}$$

滴定过程中的质子条件式可写成

$$c(NaOH) + [H^+] = [HC_2O_4^-] + 2[C_2O_4^{2-}] + [OH^-]$$

物料平衡为

$$c(H_2C_2O_4) = [H_2C_2O_4] + [HC_2O_4^-] + [C_2O_4^{2-}]$$

将质子条件式减去 2 倍的物料平衡式并代入 E_t 的计算式中,得

$$E_t = \frac{[OH^-]_{ep} - [H^+]_{ep}}{2c_{sp}(H_2C_2O_4)} - \frac{x_{1(ep)}}{2} - x_{2(ep)}$$

本例中终点的 pH 是 9.0,则上式中[H$^+$]$_{ep}$ 和 x_2 均可略去[①],故

$$E_t = \frac{[OH^-]_{ep}}{2c_{sp}(H_2C_2O_4)} - \frac{1}{2}x_{1(ep)}$$

$$= \left[\frac{10^{-5.0}}{2 \times 0.025} - \frac{10^{-9.0}}{2 \times (10^{-9.0} + 10^{-4.29})} \right] \times 100\%$$

$$= 0.02\%$$

弱碱的滴定与弱酸的滴定类似,可以自行推导 E_t 的算式。

---

① 在 pH 9.0 时,H$_2$C$_2$O$_4$ 的摩尔分数极低,可忽略。将 HC$_2$O$_4^-$ 看作一元弱酸,则计算 x_1 较简便。

3.7.2 终点误差公式和终点误差图及其应用

终点误差取决于什么因素？其中哪些是最根本的？终点误差的一般公式有助于了解此问题。利用它还可以解决酸碱滴定中的一些基本问题。

1. 滴定一元弱酸(碱)的终点误差公式和终点误差图

以一元弱酸的滴定为例。其终点误差计算式为式(3-45)，引用平衡关系式，变为 $[H^+]$ 的函数式

$$E_t = \frac{[OH^-]_{ep} - [HA]_{ep}}{c_{sp}} = \left(\frac{K_w}{[H^+]_{ep}} - \frac{[H^+]_{ep}[A^-]_{ep}}{K_a} \right) \Big/ c_{sp}$$

令 $\Delta pH = pH_{ep} - pH_{sp}$，则

$$[H^+]_{ep} = [H^+]_{sp} \times 10^{-\Delta pH}$$

又按式(3-18b)，有

$$[H^+]_{sp} = \sqrt{\frac{K_a K_w}{c_{sp}}}$$

而

$$[A^-]_{ep} \approx c_{sp}$$

将这些关系式代入以上终点误差计算式并整理，得

$$E_t = \sqrt{\frac{c_{sp} K_w}{K_a}} (10^{\Delta pH} - 10^{-\Delta pH}) \Big/ c_{sp} \tag{3-47}$$

因为 $K_t = K_a / K_w$，上式可进一步整理成

$$E_t = \frac{10^{\Delta pH} - 10^{-\Delta pH}}{(c_{sp} K_t)^{1/2}} \tag{3-48}$$

此即计算一元弱酸(碱)的终点误差公式。

【例 3.23】 若 $\Delta pH = \pm 0.2$，$\lg(c_{sp} K_t)$ 分别为 8.0，6.0，4.0，计算终点误差各是多少？

解 由式(3-48)计算

$$\lg(c_{sp} K_t) = 8.0, \quad E_t = \frac{10^{0.2} - 10^{-0.2}}{(10^{8.0})^{1/2}} \times 100\% = \pm 0.01\%$$

$$\lg(c_{sp} K_t) = 6.0, \quad E_t = \frac{10^{0.2} - 10^{-0.2}}{(10^{6.0})^{1/2}} \times 100\% = \pm 0.1\%$$

$$\lg(c_{sp} K_t) = 4.0, \quad E_t = \frac{10^{0.2} - 10^{-0.2}}{(10^{4.0})^{1/2}} \times 100\% = \pm 1\%$$

为应用方便，可将终点误差公式以终点误差图表示。以上面计算结果为例：取半对数坐标纸，横坐标表示 $\lg(c_{sp} K_t)$；纵坐标表示 $E_t \times 100$；在图上标出三点：(4.0, 1.0)，(6.0, 0.1)，(8.0, 0.01)，连接三点所得直线即为 $\Delta pH = \pm 0.2$ 的误差图；取不同 ΔpH 计算并作图，得到一系列平行直线，此即终点误差图(图3.19)。

2. 终点误差公式和终点误差图的应用

终点误差公式(或图)将终点误差(E_t)与滴定反应常数(K_t)、被测物的分析浓度(c_{sp})以及终点与化学计量点 pH 的差值(ΔpH)定量地联系起来。利用它能非常简便地解决酸碱滴定中的一些重要问题。

(1) 计算终点误差(参见下例)

【例 3.24】 用 0.10 mol·L^{-1} NaOH 溶液滴定 0.10 mol·L^{-1} HAc 溶液，若 $\Delta pH = \pm 0.3$，计算终点误差。

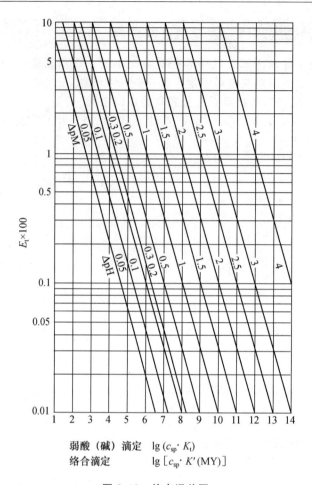

弱酸（碱）滴定 $\lg(c_{sp} \cdot K_t)$

络合滴定 $\lg\left[c_{sp} \cdot K'(MY)\right]$

图 3.19 终点误差图

    解 $K_t = K_a/K_w = 10^{-4.76+14.00} = 10^{9.24} \approx 10^{9.2}$

$$c_{sp} = 0.05 \text{ mol} \cdot \text{L}^{-1} = 10^{-1.3} \text{ mol} \cdot \text{L}^{-1}$$

所以 $\lg(c_{sp}K_t) = 9.2 - 1.3 = 7.9$

查终点误差图，$\lg(c_{sp}K_t) = 7.9$，$\Delta\text{pH} = \pm0.3$ 时，$E_t = \pm0.02\%$。此化学计量点 pH 为 8.7，取 $\Delta\text{pH} = +0.3$，即终点 pH 为 9.0 时，$E_t = +0.02\%$，与例 3.21 计算的结果一致。

（2）计算滴定突跃

    滴定曲线中最有实际意义的部分是化学计量点附近突跃的 pH 范围，它是选择指示剂的依据。利用误差图求突跃范围非常方便。

    【例 3.25】 用 $0.10 \text{ mol} \cdot \text{L}^{-1}$ NaOH 溶液滴定 $0.10 \text{ mol} \cdot \text{L}^{-1}$ 的 K_a 为 $10^{-7.0}$ 的一元弱酸溶液。若允许 E_t 为 $\pm0.2\%$，求滴定的 pH 突跃范围。

    解 $\lg(c_{sp}K_t) = -1.3 + 14.0 - 7.0 = 5.7$

查误差图，$\lg(c_{sp}K_t) = 5.7$，$E_t = \pm0.2\%$ 时，$\Delta\text{pH} = \pm0.3$。又化学计量点时

$$[\text{OH}^-] = \sqrt{K_b c_{sp}} = \sqrt{10^{-7.0-1.3}} \text{ mol} \cdot \text{L}^{-1} = 10^{-4.15} \text{ mol} \cdot \text{L}^{-1}$$

即化学计量点 pH 为 9.85。若允许 E_t 为 $\pm0.2\%$，化学计量点前后 0.2% 的 pH 范围即滴定突跃范围，应当是 pH = 9.85±0.3，即滴定突跃的 pH 范围是 9.55～10.15，与表 3-5 所列的计算结果基本一致。

（3）酸碱滴定可行性的判断

这是酸碱滴定应用中首先要解决的问题,实际上是求 $c_{sp}K_t$,这取决于允许的终点误差(E_t)和检测终点的准确度(ΔpH)。在酸碱滴定中,即使指示剂变色点与化学计量点完全一致,pH 也会有 0.3 单位的出入。根据所允许不同的 E_t,查误差图可得出不同的条件。

① 若 $E_t \leqslant \pm 0.2\%$,则 $\lg(c_{sp}K_t) \geqslant 5.7$,对 $0.10\ mol \cdot L^{-1}$ 一元弱酸溶液,要求 $K_t \geqslant 10^7$,即 $K_a \geqslant 10^{-7}$。

② 若 $E_t \leqslant \pm 0.5\%$,则 $\lg(c_{sp}K_t) \geqslant 5.0$,对 $0.10\ mol \cdot L^{-1}$ 一元弱酸溶液,要求 $K_t \geqslant 10^{6.3}$,即 $K_a \geqslant 10^{-7.7}$。

若是采用仪器确定终点,检测终点的准确度可以提高。例如,用 pH 计测量可以准确到 $\pm 0.05\ pH$,如果允许 E_t 为 $\pm 0.5\%$,则 $\lg(c_{sp}K_t) \geqslant 3.3$ 即可。即浓度为 $0.10\ mol \cdot L^{-1}$ 的一元弱酸只要 $K_a \geqslant 10^{-9.4}$,也可用滴定法测定。

3. 终点误差影响因素的进一步讨论

化学计量点时

$$[HA]_{sp} = [OH^-]_{sp} = \sqrt{K_b c_{sp}} = \sqrt{\frac{c_{sp}K_w}{K_a}}$$

故式(3-47)可写作

$$E_t = \frac{[HA]_{sp}}{c_{sp}}(10^{\Delta pH} - 10^{-\Delta pH}) \tag{3-49}$$

这揭示出了影响 E_t 的最本质的因素。

（1）$[HA]_{sp}/c_{sp}$ 表示化学计量点时未起反应的被测物所占的分数。它是滴定反应完全度的倒转量度,反应越完全,$[HA]_{sp}/c_{sp}$ 越小,E_t 就越小。将式(3-49)与式(3-48)相比较,可见

$$\frac{[HA]_{sp}}{c_{sp}} = \frac{1}{(c_{sp}K_t)^{1/2}}$$

即一元弱酸滴定反应的完全度决定于 K_t 与 c_{sp} 两者。

（2）ΔpH 的大小反映选择指示剂是否恰当。ΔpH 越小,终点离化学计量点越近,E_t 就越小。

（3）反应完全度。就以上两方面来说,反应完全度的影响要更大。若反应完全度高,ΔpH 即使大一些也无妨。例如当 $K_t = 10^{12.0}$（即 HA 的 K_a 为 $10^{-2.0}$）、$c_{sp} = 10^{-1.3}$ 时,反应进行得很完全,化学计量点时未起反应的 HA 仅占

$$\frac{[HA]_{sp}}{c_{sp}} = \frac{1}{(c_{sp}K_t)^{1/2}} = \frac{1}{(10^{-1.3+12.0})^{1/2}} = 10^{-5.4}$$

即使 ΔpH 为 ± 2.4 单位,E_t 也只是 $\pm 0.1\%$。此突跃范围大（4.8 pH 单位）,可供选择的指示剂也多。反之,如果反应完全度很差,即使指示剂变色点与化学计量点完全一致,由于判定终点的 0.3 pH 出入所引起的误差将是很大的。这就是说,如果滴定体系不好,反应完全度差,想方设法去找指示剂也是徒劳的。

4. 多元酸分步滴定的误差公式

以滴定二元酸 H_2A 为例,滴定过程的质子条件式为

$$c(NaOH) + [H^+] = [HA^-] + 2[A^{2-}] + [OH^-]$$

物料平衡式为

$$c(H_2A) = [H_2A] + [HA^-] + [A^{2-}]$$

两式相减，得

$$c(NaOH) - c(H_2A) = [A^{2-}] - [H_2A] + [OH^-] - [H^+]$$

在第一化学计量点附近

$$E_t = \frac{c_{ep}(NaOH) - c_{ep}(H_2A)}{c_{sp_1}(H_2A)}$$

$$= \frac{[A^{2-}]_{ep} - [H_2A]_{ep} + [OH^-]_{ep} - [H^+]_{ep}}{c_{sp_1}(H_2A)}$$

$$\approx \frac{[A^{2-}]_{ep} - [H_2A]_{ep}^{①}}{c_{sp_1}(H_2A)}$$

故

$$E_t = \frac{\dfrac{K_{a_2}[HA^-]_{ep}}{[H^+]_{ep}} - \dfrac{[H^+]_{ep}[HA^-]_{ep}}{K_{a_1}}}{c_{sp_1}(H_2A)}$$

又

$$[H^+]_{ep} = [H^+]_{sp_1} \times 10^{-\Delta pH} = \sqrt{K_{a_1}K_{a_2}} \times 10^{-\Delta pH}$$

$$[HA^-]_{ep} \approx c_{sp_1}(H_2A)$$

代入上式整理，得

$$E_t = \frac{10^{\Delta pH} - 10^{-\Delta pH}}{(K_{a_1}/K_{a_2})^{1/2}} \tag{3-50}$$

将式(3-50)与式(3-48)相比较，可见对多元酸分步滴定来说，$c_{sp}K_t$ 即 K_{a_1}/K_{a_2}。K_{a_1}/K_{a_2} 越大，即 $\Delta(lgK_a)$ 越大，E_t 越小。此处 E_t 与溶液浓度无关[②]。

$\Delta(lgK_a)$ 多大才能进行分步滴定？这也与要求的准确度和检测终点的准确度有关。对目测终点，如果 ΔpH 有 ± 0.3 单位，若允许 E_t 为 $\pm 0.5\%$，则 $\Delta(lgK_a) \geq 5$。因此，常以 $\Delta(lgK_a) \geq 5$[③] 作为判断多元酸能否分步滴定的条件。

两混合弱酸的分步滴定与多元酸的相似，但还涉及两种酸的浓度，即

$$E_t = \frac{10^{\Delta pH} - 10^{-\Delta pH}}{\left[\dfrac{K_a(HA) \cdot c(HA)}{K_a(HB) \cdot c(HB)}\right]^{1/2}} \tag{3-51}$$

分步滴定的要求是 $\dfrac{K_a(HA) \cdot c(HA)}{K_a(HB) \cdot c(HB)} \geq 10^5$。

3.8　酸碱滴定法的应用

3.8.1　酸碱标准溶液的配制与标定

酸碱滴定法中最常用的标准溶液是 HCl 与 NaOH 溶液，有时也用 H_2SO_4 和 HNO_3 溶液。溶液浓度常配成 $0.10\ mol \cdot L^{-1}$。如太浓，消耗试剂太多，造成浪费；太稀，则滴定突跃小，得不到准确的结果。

---

① 在第一化学计量点 sp_1 附近，$[OH^-]_{ep}$、$[H^+]_{ep}$ 均很小，故略去。

② 严格说来与浓度是有关系的，见 p.84 的注②。

③ 有的书中以 $\Delta(lgK_a) \geq 4$ 作为判断分步滴定的条件，这是相应于 $E_t \leq \pm 1\%$、$\Delta pH = \pm 0.2$ 的情况。

1. 酸标准溶液

HCl 标准溶液一般不是直接配制的,而是先配成大致所需浓度,然后用基准物质标定。标定 HCl 溶液的基准物质,最常用的是无水碳酸钠及硼砂。

(1) 无水碳酸钠(Na_2CO_3)。碳酸钠容易制得很纯,价格便宜,也能得到准确的结果。但有强烈的吸湿性,因此用前必须在 $270\sim300℃$ 加热约 1 h,然后放于保干器中冷却备用。

也可采用分析纯 $NaHCO_3$ 在 $270\sim300℃$ 加热焙烧 1 h,使之转化为 Na_2CO_3

$$2NaHCO_3 \xm=\xmathrm{\triangle}= Na_2CO_3 + CO_2 + H_2O$$

加热时温度不应超过 $300℃$,否则将有部分 Na_2CO_3 分解为 Na_2O。标定时可选甲基橙或甲基红作指示剂。这时 Na_2CO_3 与 HCl 反应的物质的量之比为 1:2。

(2) 硼砂($Na_2B_4O_7 \cdot 10H_2O$)。硼砂水溶液实际上是同浓度的 H_3BO_3 和 $H_2BO_3^-$ 的混合液

$$B_4O_7^{2-} + 5H_2O \xmathrm{=} 2H_3BO_3 + 2H_2BO_3^-$$

它与 HCl 反应的物质的量之比亦是 1:2,但由于其摩尔质量($381.4\ \mathrm{g \cdot mol^{-1}}$)较大,在直接称取单份基准物质作标定时,称量误差小。硼砂无吸湿性,也容易制纯。其缺点是在空气中易风化失去部分水,故常保存在相对湿度为 60% 的恒湿器中。用 $0.050\ \mathrm{mol \cdot L^{-1}}$ 硼砂溶液标定 $0.10\ \mathrm{mol \cdot L^{-1}}$ HCl 溶液的化学计量点相当于 $0.10\ \mathrm{mol \cdot L^{-1}}$ H_3BO_3 溶液(为什么?),此时

$$\begin{aligned}
[H^+] &= \sqrt{K_a c} \\
&= \sqrt{10^{-9.24-1.00}}\ \mathrm{mol \cdot L^{-1}} \\
&= 10^{-5.12}\ \mathrm{mol \cdot L^{-1}}
\end{aligned}$$

因此,选甲基红为指示剂是合适的。

2. 碱标准溶液

NaOH 具有很强的吸湿性,也易吸收空气中的 CO_2,因此不能用直接法配制标准溶液,而是先配成大致浓度的溶液,然后进行标定。常用来标定 NaOH 溶液的基准物质有邻苯二甲酸氢钾、草酸等。

(1) 邻苯二甲酸氢钾($KHC_8H_4O_4$)。邻苯二甲酸氢钾是两性物质(其 pK_{a_2} 为 5.4),与 NaOH 定量地反应

滴定时选酚酞为指示剂。

邻苯二甲酸氢钾容易制得很纯;在空气中不吸水,容易保存;与 NaOH 按物质的量之比1:1反应;摩尔质量($204.2\ \mathrm{g \cdot mol^{-1}}$)又大,可以直接称取单份作标定。所以它是标定碱的较好的基准物质。

(2) 草酸($H_2C_2O_4 \cdot 2H_2O$)。草酸是二元弱酸($pK_{a_1}=1.25$,$pK_{a_2}=4.29$),由于其 $K_{a_1}/K_{a_2}<10^5$,只能作为二元酸一次滴定到 $C_2O_4^{2-}$,亦选酚酞为指示剂。

草酸稳定,也常作基准物质。由于它与 NaOH 按 1:2(物质的量之比)反应,其摩尔质量($126.07\ \mathrm{g \cdot mol^{-1}}$)又不太大。若 NaOH 浓度不大,为减小称量误差,应当多称一些草酸配在容量瓶中,然后移取部分溶液作标定(即称大样)。

3. 酸碱滴定中 CO_2 的影响

CO_2 是酸碱滴定误差的重要来源。

NaOH 试剂中常含有一些 Na_2CO_3，它的存在使滴定突跃变小，影响了准确滴定。再者在标定 NaOH 时，一般是以有机弱酸为基准物质，选用酚酞为指示剂，此时 CO_3^{2-} 被中和为 HCO_3^-。当以此 NaOH 溶液作滴定剂时，若滴定突跃处于酸性范围，就应当选甲基橙（或甲基红）为指示剂。此时 CO_3^{2-} 被中和为 H_2CO_3 了，这样就导致误差。因此，配制 NaOH 溶液时，必须除去 CO_3^{2-}。

除去 CO_3^{2-} 后业已标定好浓度的 NaOH 溶液，在保存不当时还会从空气中吸收 CO_2。用此 NaOH 溶液作滴定剂时，若是必须采用酚酞为指示剂，则所吸收的 CO_2 最终是以 HCO_3^- 形态存在，这样就导致误差；而若采用甲基橙为指示剂，则所吸收的 CO_2 最终又以 CO_2 形态放出，对测定结果无影响。因此为避免空气中 CO_2 的干扰，应尽可能地选用甲基橙等酸性范围变色的指示剂。

此外，去离子水中也含有 CO_2，它在溶液中有如下平衡

$$CO_2 + H_2O \rightleftharpoons H_2CO_3$$

$$K = \frac{[H_2CO_3]}{[CO_2]} = 2.16 \times 10^{-3}$$

能与碱反应的是 H_2CO_3 形态（而不是 CO_2），它在水溶液中仅占 0.3%，同时它与碱的反应速率不太快。因此，当滴定至粉红色时，稍放置，CO_2 又转变为 H_2CO_3，致使粉红色褪去。这样就得不到稳定的终点，直到溶液中的 CO_2 转化完毕为止。因此，若采用酚酞为指示剂，所用去离子水必须煮沸以除去 CO_2。

配制不含 CO_3^{2-} 的 NaOH 溶液的常用方法有：

(1) 先配成饱和的 NaOH 溶液（约 50%），因为 Na_2CO_3 在饱和的 NaOH 溶液中溶解度很小，可作为不溶物下沉到溶液底部，然后取上清液用煮沸除去 CO_2 的去离子水稀释至所需浓度。

(2) 在较浓的 NaOH 溶液中加入 $BaCl_2$ 或 $Ba(OH)_2$ 溶液以沉淀 CO_3^{2-}，然后取上清液稀释（在 Ba^{2+} 不干扰测定时才能采用）。

配制成的 NaOH 标准溶液应当保存在装有虹吸管及碱石灰管[含 $Ca(OH)_2$]的瓶中，防止吸收空气中的 CO_2。放置过久，NaOH 溶液的浓度会发生改变，应重新标定。

3.8.2　酸碱滴定法应用示例

1. 烧碱中 NaOH 和 Na_2CO_3 的测定（混合碱的分析）

(1) 双指示剂法

准确称取一定量试样，溶解后先以酚酞为指示剂，用 HCl 标准溶液滴定至粉红色消失，记下用去 HCl 溶液的体积 V_1(mL)，这时 NaOH 全部被中和，而 Na_2CO_3 则被中和到 $NaHCO_3$。然后加入甲基橙，继续用 HCl 溶液滴定至溶液由黄色变为橙红色，记下又用去的 HCl 溶液体积 V_2(mL)。显然，V_2 是滴定 $NaHCO_3$ 所消耗的体积。而 Na_2CO_3 被中和到 $NaHCO_3$ 与 $NaHCO_3$ 被中和到 H_2CO_3，所消耗 HCl 溶液的体积是相等的。Na_2CO_3 和 NaOH 的摩尔质量分别是 106.0 g·mol^{-1} 和 40.00 g·mol^{-1}，故

$$w(Na_2CO_3) = \frac{c(HCl) \cdot V_2 \times 106.0}{m_s \times 1000} \times 100\%$$

$$w(\text{NaOH}) = \frac{c(\text{HCl}) \cdot (V_1 - V_2) \times 40.00}{m_s \times 1000} \times 100\%$$

式中：m_s 为试样质量(g)，下同。

（2）氯化钡法

准确称取一定量试样，溶解后稀释到一定体积，然后分取二等份试液分别作如下测定：

① 第一份溶液用甲基橙作指示剂，用 HCl 标准溶液滴定总碱度，这时 NaOH 和 Na_2CO_3 完全被中和，所消耗 HCl 溶液的体积为 V_1(mL)。

② 第二份溶液先加 BaCl_2 溶液，使 Na_2CO_3 生成 BaCO_3 沉淀。然后在沉淀存在的情况下以酚酞[①]为指示剂，用 HCl 标准溶液滴定，所消耗 HCl 溶液的体积为 V_2(mL)。显然，V_2 是中和 NaOH 所消耗的 HCl 体积，而 Na_2CO_3 所消耗的 HCl 体积是 $V_1 - V_2$，故

$$w(\text{NaOH}) = \frac{c(\text{HCl}) \cdot V_2 \times 40.00}{m_s \times 1000} \times 100\%$$

$$w(\text{Na}_2\text{CO}_3) = \frac{c(\text{HCl}) \cdot (V_1 - V_2) \times \frac{1}{2} \times 106.2}{m_s \times 1000} \times 100\%$$

2. 纯碱中 Na_2CO_3 和 NaHCO_3 的测定(混合碱的分析)

其分析方法与 NaOH 和 Na_2CO_3 混合物测定相似，也可采用上面的两种方法，但采用氯化钡法时略有不同。

采用氯化钡法测定时，仍分取二等份试液作测定：第一份溶液仍以甲基橙为指示剂，用 HCl 标准溶液滴定 Na_2CO_3 和 NaHCO_3 的总量，消耗 HCl 溶液体积 V_1(mL)；第二份溶液先准确加入过量的 NaOH 溶液，使 NaHCO_3 转化为 Na_2CO_3，然后加入 BaCl_2 溶液将 CO_3^{2-} 沉淀为 BaCO_3，再以酚酞为指示剂，用 HCl 标准溶液返滴过量的 NaOH，此消耗 HCl 溶液为 V_2(mL)。显然，消耗于使 HCO_3^- 转变为 CO_3^{2-} 的 NaOH 的物质的量(mmol)即欲测的 NaHCO_3 的物质的量(mmol)，NaHCO_3 的摩尔质量是 84.01 g·mol^{-1}，故

$$w(\text{NaHCO}_3) = \frac{[c(\text{NaOH}) \cdot V(\text{NaOH}) - c(\text{HCl}) \cdot V_2] \times 84.01}{m_s \times 1000} \times 100\%$$

$$w(\text{Na}_2\text{CO}_3) = \frac{\{c(\text{HCl}) \cdot V_1 - [c(\text{NaOH}) \cdot V(\text{NaOH}) - c(\text{HCl}) \cdot V_2]\} \times 106.0}{2m_s \times 1000} \times 100\%$$

氯化钡法虽然比双指示剂法麻烦，但由于 CO_3^{2-} 被沉淀，最后的滴定实际上是强酸滴定强碱，避免了滴定 CO_3^{2-} 至 HCO_3^- 这一步，所以测定结果比双指示剂法准确。

3. 铵盐中氮的测定

肥料及土壤中常常需要测定氮的含量，有机化合物也要求测定其中氮的含量。所以氮的测定在农业分析和有机分析中占重要的地位。

另外，食品中蛋白质的含量也可以由测得的含氮量乘上换算因数得到[②]。通常先将样品经适当处理把氮转化为铵，然后再进行铵的测定。常用的方法有以下几种：

（1）蒸馏法

将含铵试液置于蒸馏瓶中，加浓碱使 NH_4^+ 转化为 NH_3，然后加热蒸馏。用过量的

---

① 若选甲基橙为指示剂，稳定的橙色出现时(pH 4.0)，BaCO_3 将全部溶解。此时测定的仍是总碱度。

② 各种食品的蛋白质换算因数稍有差别，如乳类为 6.38、大米为 5.95、花生为 5.46 等。

HCl 标准溶液吸收 NH_3,再以 NaOH 标准溶液返滴过量的 HCl。采用甲基橙或甲基红为指示剂,氮的摩尔质量为 $14.01\ g\cdot mol^{-1}$,故

$$w(N) = \frac{[c(HCl)\cdot V(HCl) - c(NaOH)\cdot V(NaOH)]\times 14.01}{m_s \times 1000}\times 100\%$$

也可以用过量 H_3BO_3 溶液来吸收 NH_3,即

$$NH_3 + H_3BO_3 =\!=\!= NH_4^+ + H_2BO_3^-$$

再用 HCl 标准溶液滴定生成的 $H_2BO_3^-$。此终点产物是 NH_4^+ 和 H_3BO_3,$pH\approx 5$,选甲基红为指示剂。此法的优点是:只需一种标准溶液(HCl);H_3BO_3 作吸收剂,只要保证过量,其浓度和体积并不需要准确知道;此法也不需特殊仪器。

有机氮化物需要在 $CuSO_4$ 催化下,用浓 H_2SO_4 溶液消化分解,使其转化为 NH_4^+。其后用蒸馏法测定,称为 Kjeldahl(克氏)定氮法。

(2) 甲醛法

甲醛与 NH_4^+ 作用定量地置换出酸

$$4NH_4^+ + 6HCHO =\!=\!= (CH_2)_6N_4H^+ + 3H^+ + 6H_2O$$

然后用 NaOH 标准溶液滴定。因 $(CH_2)_6N_4H^+$ 的酸性不太弱($pK_a = 5.15$),它也同时被 NaOH 滴定。此处 4 mol NH_4^+ 置换出 4 mol H^+,消耗 4 mol NaOH。即 1 mol NH_4^+ 与 1 mol NaOH 相当。终点产物是 $(CH_2)_6N_4$,应选酚酞为指示剂。甲醛中常含有甲酸,使用前应预先中和除去(用什么指示剂?)。此法可用以测定某些氨基酸。

与蒸馏法相比,甲醛法较简便。但若试样中含有大量酸(有机物用浓 H_2SO_4 消化时就存在大量酸),在预先中和时会产生大量盐,将使指示剂变色不明显。在此情况下,宜采用蒸馏法测定。

4. 磷的测定

磷的测定可用酸碱滴定法。试样经处理后,将磷转化为 H_3PO_4;然后在 HNO_3 介质中加入钼酸铵,使之生成黄色磷钼酸铵沉淀。其反应为

$$H_3PO_4 + 12MoO_4^{2-} + 2NH_4^+ + 22H^+ =\!=\!= (NH_4)_2HPO_4\cdot 12MoO_3\cdot H_2O + 11H_2O$$

沉淀过滤后,用水洗涤至沉淀不显酸性为止。将沉淀溶于过量碱溶液中,然后以酚酞为指示剂,用 HNO_3 标准溶液返滴至红色褪去。其溶解与滴定的总的反应式是

$$(NH_4)_2HPO_4\cdot 12MoO_3\cdot H_2O + 24OH^- =\!=\!= 12MoO_4^{2-} + HPO_4^{2-} + 2NH_4^+ + 13H_2O$$

此处,1 mol P 消耗 24 mol 的 NaOH。因此适用于微量磷的测定。

5. 硅的测定

矿物、岩石等硅酸盐试样中 SiO_2 含量的测定通常都采用沉淀重量法,虽然结果较准确,但费时太长。而采用硅氟酸钾滴定法,快速简便,结果的准确度也能满足一般要求。

试样经碱(KOH)熔融分解后,转化为可溶性硅酸盐。后者在强酸介质中与 KF 形成难溶的硅氟酸钾沉淀,反应如下

$$K_2SiO_3 + 6HF =\!=\!= K_2SiF_6\downarrow + 3H_2O$$

由于沉淀溶解度较大,沉淀时需加入固体 KCl 降低其溶解度。沉淀用滤纸过滤,用 KCl-乙醇溶液洗涤后,放回原烧杯中,加入 KCl-乙醇溶液,以 NaOH 溶液中和沉淀吸附的游离酸至酚酞变红,再加入沸水使之水解而释放出 HF。反应式为

$$K_2SiF_6 + 3H_2O \xrightarrow{\triangle} 2KF + H_2SiO_3 + 4HF$$

立即用 NaOH 标准溶液滴定生成的 HF,由消耗的 NaOH 溶液体积计算试样中 SiO_2 含量。此处 1 mol SiO_2 消耗 4 mol NaOH。

6. 一些不能直接滴定的弱酸(碱)的测定

经过适当的处理,一些极弱的酸(碱)也可用酸碱滴定法测定。例如,H_3BO_3 的酸性太弱(pK_a＝9.24),不能用碱直接滴定。若加入多元醇(如甘露醇或甘油),则变成络合酸

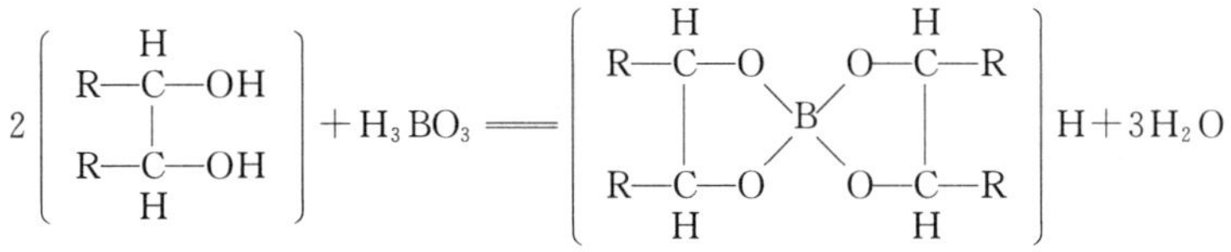

$$2\left[\begin{array}{c} H \\ R-C-OH \\ | \\ R-C-OH \\ H \end{array}\right] + H_3BO_3 = \left[\begin{array}{c} R-C-O \quad O-C-R \\ | \quad \searrow B \swarrow \quad | \\ R-C-O \quad O-C-R \\ H \quad\quad H \end{array}\right]H + 3H_2O$$

此络合酸的 pK_a 为 4.26,可以直接用碱滴定。

利用离子交换剂与溶液中离子的交换作用,一些极弱酸(如 NH_4Cl)、极弱碱(NaF)及中性盐(KNO_3)也可以用酸碱滴定法测定。例如,NH_4Cl 溶液流经强酸型阳离子交换柱,则

$$R-SO_3^- H^+ + NH_4Cl = R-SO_3^- NH_4^+ + HCl$$

置换出的 HCl,用标准碱溶液滴定。

KNO_3 溶液流经季铵型阴离子交换柱,则

$$R-NR_3'-OH + KNO_3 = R-NR_3'NO_3 + KOH$$

置换出的碱,用标准酸溶液滴定。

利用离子交换法还可以测定天然水中总盐量。

*3.9　非水溶剂中的酸碱滴定

*3.9.1　概述

一些在水中离解常数很小的弱酸或弱碱,由于没有明显的滴定突跃而不能准确滴定;许多有机酸、碱在水中的溶解度小,也使滴定产生困难。如果采用非水溶剂作为滴定介质,上述困难往往可以克服。此外,在水溶液中只能连续滴定两种组分,而在非水介质中有时可以连续滴定好几种组分。因此,"非水滴定"扩大了酸碱滴定的范围,在有机分析中应用得非常广泛。

溶剂按其酸碱性的不同,可以分为两大类:

(1) 两性溶剂

这类溶剂既有酸的性质,又有碱的性质,具有质子自递作用。其中:

① 酸碱性和水差不多的称为中性溶剂,如甲醇、乙醇等;

② 酸性明显地大于水的称为酸性溶剂,如甲酸、乙酸等;

③ 碱性明显地大于水的则称为碱性溶剂,如乙二胺、液氨等。

(2) 惰性溶剂

这类溶剂不具酸碱性质或酸碱性极弱,如苯、氯仿、乙腈、甲基异丁基酮等。在惰性溶剂中,溶剂不参与质子转移过程,质子转移反应直接发生在被滴物和滴定剂之间。

吡啶是一种单纯的碱性溶剂,它只有碱性而不具酸性,没有质子自递反应,不同于上述两性的碱性溶剂。

*3.9.2　溶剂的性质与作用

1. 溶剂的质子自递常数

两性溶剂都发生质子自递反应,溶剂的质子自递常数用 K_s 表示。例如

溶　　剂			溶剂化质子		溶剂阴离子	自递常数[a] $K_s = a_1 a_2$
H_2O	+	H_2O $\rightleftharpoons$	H_3O^+	+	OH^-	1.0×10^{-14}
HAc	+	HAc $\rightleftharpoons$	H_2Ac^+	+	Ac^-	3.6×10^{-15}
C_2H_5OH	+	C_2H_5OH $\rightleftharpoons$	$C_2H_5OH_2^+$	+	$C_2H_5O^-$	7.9×10^{-20}
SH	+	SH $\rightleftharpoons$	SH_2^+	+	S^-	

[a] a_1、a_2 分别表示溶剂化质子、溶剂阴离子的活度。

K_s 小，表示质子自递反应进行的程度差。一些溶剂的 pK_s 列于表 3-7 中。

表 3-7　溶剂的特性

溶　　剂	介电常数 ε(20℃)	pK_s(25℃)
H_2O	80.37	14.0
C_2H_5OH	25.0	19.1
CH_3OH	32.35	16.7
HAc	6.15	14.45
HCOOH	58.1	6.2
乙二胺	12.9	15.3
CH_3CN(乙腈)	36.0	32.2
甲基异丁酮	13.1	>30
DMF(二甲基甲酰胺)	37.6	—
吡啶	13.3	—
二噁烷	2.25	—
苯	2.28	—

溶剂的 K_s 与溶剂的酸碱性有关。溶剂(SH)作为酸、碱离解的半反应及其常数分别是

$$SH \rightleftharpoons H^+ + S^- \qquad K_a^{SH} = \frac{a(H^+) \cdot a(S^-)}{a(SH)} \qquad (3\text{-}52)$$

$$SH + H^+ \rightleftharpoons SH_2^+ \qquad K_b^{SH} = \frac{a(SH_2^+)}{a(H^+) \cdot a(SH)} \qquad (3\text{-}53)$$

K_a^{SH}、K_b^{SH} 是衡量溶剂给出或接受质子能力的强弱,分别为溶剂的固有酸度常数、固有碱度常数。尽管目前还不能测定这些数值,但借助于这个概念,可以得出一些重要结论。不难导出

$$K_a^{SH} \, K_b^{SH} = \frac{a(H^+) \cdot a(S^-)}{a(SH)} \times \frac{a(SH_2^+)}{a(H^+) \cdot a(SH)} = K_s \qquad (3\text{-}54)$$

在溶剂 SH 中,$a(SH) \approx 1$。式(3-54)表明,溶剂的酸、碱性越弱(K_a^{SH}、K_b^{SH} 小),溶剂的自递常数 K_s 越小。

必须指出,在溶剂的质子自递反应中包括了 2 个共轭酸碱对。以 HAc 为例,表示 HAc 酸性强弱关系的是 HAc-Ac^- 共轭对,而表示 HAc 碱性强弱关系的则是 H_2Ac^+-HAc 共轭对。容易产生的误解是"因为 HAc 的酸性强,HAc 的碱性必弱"。这是把共轭关系搞错了。HAc 和 HAc 并不是共轭对,HAc 酸性强,说明 Ac^- 碱性弱;HAc 的碱性弱,则意味着 H_2Ac^+ 酸性强,而 HAc 的酸性和碱性的强弱间没有必然的联系。

溶剂的 K_s 是非水溶剂的重要特性,由 K_s 可以了解酸碱滴定反应的完全度和混合酸碱有无连续滴定的可能性。

在两性溶剂 SH 中,强酸就是溶剂化质子 SH_2^+,强碱就是溶剂阴离子 S^-(正像水中的强酸是

H_3O^+，强碱是 OH^- 一样）。因此，两性溶剂中强酸滴定强碱的反应及其常数是

$$SH_2^+ + S^- \rightleftharpoons 2SH \qquad K_t = \frac{1}{a(SH_2^+) \cdot a(S^-)} = \frac{1}{K_s} \qquad (3\text{-}55)$$

可见溶剂的 K_s 越小，则 K_t 越大，滴定反应的完全度就越高。若用 $0.1\ mol \cdot L^{-1}$ 强碱滴定 $0.1\ mol \cdot L^{-1}$ 强酸，以水（$pK_s = 14$）为溶剂，化学计量点前后各 0.1% 时溶液的酸度为 pH 4.3～pOH 4.3，即 pH 4.3～9.7，相差 5.4 个 pH 单位；而以乙醇（$pK_s = 19.1$）为溶剂时，则相应的酸度为 pH 4.3～pC_2H_5O 4.3，即 pH＝4.3～14.8[①]，这时相差 10.5 个 pH 单位。显然，以乙醇为溶剂，滴定突跃更大。

由上可见：溶剂的 pK_s 越大，滴定单一组分的突跃越大，滴定的准确度就越高；由于可用的 pH 范围大，还可以连续滴定多种不同强度的酸（碱）混合物。甲基异丁基酮的 pK_s 大（>30），以它为溶剂可以连续滴定 5 种不同强度的酸（参见图 3.22）。

2. 溶剂的酸碱性

（1）溶剂酸碱性对物质的酸、碱性强弱的影响

如前所述，酸、碱在溶液中的离解是通过溶剂接受或给出质子得以实现的。显然，物质的酸、碱性强弱不仅取决于物质的本性，也与溶剂的酸碱性有关。物质的固有酸度 K_a^{HA}、固有碱度 K_b^A 常数分别是

$$HA \rightleftharpoons H^+ + A^- \qquad K_a^{HA} = \frac{a(H^+) \cdot a(A^-)}{a(HA)} \qquad (3\text{-}56)$$

$$A^- + H^+ \rightleftharpoons HA \qquad K_b^A = \frac{a(HA)}{a(H^+) \cdot a(A^-)} \qquad (3\text{-}57)$$

酸 HA 和碱 A^- 在溶剂 SH 中的离解反应及其常数 K_a 和 K_b 分别为

$$HA + SH \rightleftharpoons SH_2^+ + A^- \qquad K_a = \frac{a(SH_2^+) \cdot a(A^-)}{a(HA)} = K_a^{HA} K_b^{SH} \qquad (3\text{-}58)$$

$$A^- + SH \rightleftharpoons HA + S^- \qquad K_b = \frac{a(HA) \cdot a(S^-)}{a(A^-)} = K_b^A K_a^{SH} \qquad (3\text{-}59)$$

式（3-58）表明酸的强弱还与溶剂的碱性有关，式（3-59）则表明碱的强弱还取决于溶剂的酸性。例如，苯酚在水中酸性极弱（$pK_a \approx 10$），而在碱性较强的乙二胺中则表现为强酸；吡啶在水中碱性很弱（$pK_b \approx 9$），但在酸性较强的冰醋酸中成为较强的碱。

（2）溶剂酸碱性对滴定反应完全度的影响

在溶剂 SH 中，用强酸 SH_2^+ 滴定弱碱 A^- 的反应及其常数 K_t 分别是

$$SH_2^+ + A^- \rightleftharpoons HA + SH$$

$$K_t = \frac{a(HA)}{a(SH_2^+) \cdot a(A^-)} = \frac{1}{K_a} = \frac{K_b}{K_s} = \frac{K_b^A K_a^{SH}}{K_a^{SH} K_b^{SH}} = K_b^A / K_b^{SH} \qquad (3\text{-}60)$$

可见，溶剂的碱性越弱（K_b^{SH} 小），则滴定反应常数（K_t）越大。这不难理解：此滴定反应的实质是质子由强酸（SH_2^+）处转移到弱碱（A^-），若溶剂的碱性强，它将与弱碱 A^- 争夺质子，结果导致滴定反应完全度差。

例如，吡啶在水中不能滴定，但在碱性比水弱的冰醋酸中的滴定突跃很大，能准确地测定（图3.20）。必须指出，吡啶能在冰醋酸中滴定，其原因是冰醋酸的碱性弱。若认为是"因为醋酸的酸性强"，就是错误的。式(3-60)清楚地表明强酸滴定弱碱，其滴定反应常数 K_t 取决于溶剂的固有碱度常数 K_b^{SH}，而与其固有酸度常数 K_a^{SH} 无关。对于强碱滴定弱酸，亦可作出类似的分析。因此，从反应的完全度考虑，滴定弱碱应当在碱性弱的溶剂中，而滴定弱酸则应当选酸性弱的溶剂。

3. 溶剂的介电常数 ε

介电常数表示两个带相反电荷的质点在该溶剂中离解所需的能量。对于不带电荷的酸或碱，其在两性溶剂中的离解分为两步

---

① 在此情况下，pH 即 $pC_2H_5OH_2^+$。化学计量点后 0.1% 的 pC_2H_5O 为 4.3，$pH = pK_s - pC_2H_5O = 19.1 - 4.3 = 14.8$。

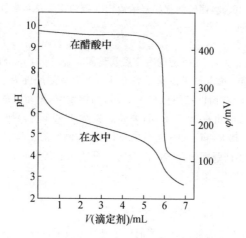

图 3.20　用 0.2 mol·L⁻¹ HClO₄ 溶液滴定吡啶

$$HA+SH \overset{①}{\underset{}{\rightleftharpoons}} [SH_2^+ A^-] \overset{②}{\underset{}{\rightleftharpoons}} SH_2^+ +A^-$$

$$A+SH \overset{①}{\underset{}{\rightleftharpoons}} [AH^+ S^-] \overset{②}{\underset{}{\rightleftharpoons}} AH^+ +S^-$$

上式中：步① 是电离,酸或碱同溶剂之间发生质子转移作用,在静电引力作用下形成离子对;步② 是离解,离子对在溶剂分子的作用下分开,形成溶剂化离子。根据库仑定律,离子间的吸引力 F 与介电常数 ε 成反比,即

$$F=\frac{e_+ e_-}{\varepsilon r^2} \tag{3-61}$$

所以,在介电常数大的溶剂中离解所需能量小,有利于离子对的离解,增强了酸的强度。例如,H_3BO_3 在水($\varepsilon=80.37$)中的离解度比乙醇($\varepsilon=25$)中约高 10^6 倍(乙醇与水的碱性相近)。

对于带电荷的酸、碱,情况有所不同。例如 NH_4^+ 的离解

$$NH_4^+ +SH \rightleftharpoons [NH_3 SH_2^+] \rightleftharpoons NH_3 +SH_2^+$$

由于没有离子对的形成,其离解过程几乎不受 ε 的影响。因此,NH_4^+ 在乙醇中的离解度与在水中差不多,但由于乙醇的 pK_s 比水大,故在乙醇中用强碱滴定 NH_4^+ 的 K_t($K_t=K_a/K_s$)大,能准确地滴定。基于此,在乙醇介质中可以在 H_3BO_3 存在下滴定 NH_4^+。

4. 溶剂的拉平效应与区分效应

在水中,$HClO_4$、H_2SO_4、HCl、HNO_3 的稀溶液都是强酸,无法区分其强弱。这是因为水的碱性相对较强,上述强酸将质子定量地转移给 H_2O 生成 H_3O^+,如

$$HClO_4 +H_2O \Longrightarrow H_3O^+ +ClO_4^-$$

$$H_2SO_4 +H_2O \Longrightarrow H_3O^+ +HSO_4^-$$

在水中最强的酸是 H_3O^+,更强的酸都被拉平到 H_3O^+ 的水平,这种现象称为拉平效应。只有比 H_3O^+ 弱的酸,如 HAc、NH_4^+ 等才能分辨其强弱,这就是区分效应。在碱性比水弱的冰醋酸介质中,只有 $HClO_4$ 比 H_2Ac^+ 强;而 H_2SO_4、HCl 和 HNO_3 的离解程度就有差别,可以分辨出强弱。

同样,在水溶液中,比 OH^- 更强的碱(如 O_2^-、NH_2^- 等)都被拉平到 OH^- 的水平,只有比 OH^- 弱的碱(如 NH_3、Ac^- 等)才能分辨出强弱。而在酸性比 H_2O 强的冰醋酸介质中,上述弱碱都被拉平到 Ac^- 的水平而成为强碱。上述情况表示如图 3.21。

显然,溶剂的酸性、碱性越弱,其区分区越大。惰性溶剂没有明显的质子授受现象,没有拉平效应,是很好的区分性溶剂。

利用溶剂的拉平效应,可以测定混合酸(或碱)的总量;利用其区分效应则可分别测定混合酸(或碱)

中各组分的分量。例如,甲基异丁基酮(MIBK)的酸性、碱性均极弱,$pK_s>30$,对强酸不会拉平,对弱酸也能得到敏锐的终点。以 MIBK 为溶剂,用氢氧化四丁胺为滴定剂,可以连续滴定 $HClO_4$、HCl、水杨酸、HAc、苯酚等 5 种酸,用电位法得到了明显的转折点(图 3.22)。

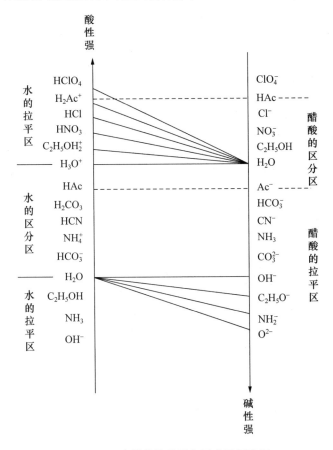

图 3.21　溶剂的拉平区和区分区示意图

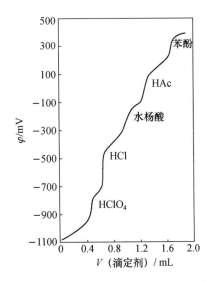

图 3.22　在甲基异丁基酮中,用 0.2 mol·L^{-1}氢氧化四丁胺溶液滴定 5 种酸的混合溶液

*3.9.3　非水滴定的应用

1. 弱碱和混合碱的滴定

（1）滴定弱碱应当选择碱性弱的溶剂。最常用的是冰醋酸，它的碱性很弱，其 K_s 比水的稍小。冰醋酸的介电常数（$\varepsilon=6.1$）很小，溶质都以离子对形式存在，但这并不妨碍它成为一个好的溶剂，因为反应物和产物的离解度都降低了，可以相互抵消一部分。

（2）滴定弱碱应当选强酸为滴定剂。在醋酸中 $HClO_4$ 是强酸，常以 $HClO_4$ 为滴定剂。市售产品中纯 $HClO_4$ 的质量分数为 72%，配制 $HClO_4$ 的醋酸溶液应加适量的醋酸酐除去其中的水分。标定 $HClO_4$ 浓度常用邻苯二甲酸氢钾为基准物质（在水溶液中，它作为酸标定碱；而在 HAc 介质中，它是作为碱标定酸）。指示终点可采用电位法或指示剂法。此处常用结晶紫、甲基紫为指示剂。

在冰醋酸介质中可以滴定许多弱碱，如胺类、生物碱、氨基酸等。由于它的酸性太强，可以拉平许多强度不同的碱，故不适于作混合碱的分别滴定。

（3）为了分别测定强度不同的碱，必须用酸、碱性均弱的溶剂。即选用惰性溶剂或 pK_s 大的溶剂。例如三丁胺和乙基苯胺混合物，在冰醋酸（$pK_s=14.45$）中只能测定总量；而在乙腈（$pK_s=32.2$）中则可以得到两个突跃，从而测定二者分量。但在惰性溶剂中试样溶解度小，且溶剂导电性差，难以用电位法指示终点，一般常与其他两性溶剂混合使用。

2. 弱酸和混合酸的滴定

（1）滴定弱酸要用酸性弱的溶剂，如乙二胺、正丁胺、吡啶等。若酸不是很弱，用苯-甲醇混合溶剂即可。常用的滴定剂是甲醇钾或甲醇钠以及氢氧化四丁胺的苯-甲醇溶液。标定碱的基准物质常用苯甲酸。指示剂多用百里酚蓝、偶氮紫等。常用以测定羧酸、磺酰胺、氨基酸（羧基）以及酚类等弱酸。

（2）混合酸的分别滴定要选择酸、碱性均弱的溶剂。前述在甲基异丁基酮介质中分别滴定 5 种酸即是一例。

必须指出，非水溶剂的体膨胀系数比水大，例如冰醋酸的体膨胀系数（0.0011）是水的 5 倍。温度改变 1℃，体积就有 0.11% 的变化。因此，标定与测定最好同时进行。否则，应利用下式作温度校正，即

$$c_t=\frac{c_{t_0}}{1+0.0011(t-t_0)} \tag{3-62}$$

式中：t_0 为标定时的温度，c_{t_0} 是温度为 t_0 时标定的标准溶液浓度；t 是测定时的温度，c_t 是校正为温度 t 时标准溶液的浓度。

思 考 题

1. Brφnsted 理论认为 Fe^{3+} 也是一种弱酸，请写出 $FeCl_3$ 水溶液的物料平衡式、电荷平衡式及质子条件式。

2. 测定弱酸的离解常数常用电位滴定法，当弱酸被滴定到 50% 时，此时溶液的 pH 即为 pK_a，试问这里的 K_a 是 K_a^T、K_a^C，还是 K_a^M？为什么？

3. 在定性分析中常用生成酒石酸氢钾沉淀的方法检出 K^+，这个实验的 pH 应控制在什么范围？

4. 下列情况下，溶液的 pH 应如何控制？
（1）用 NH_4F 掩蔽 Fe^{3+}、Al^{3+}；
（2）用 KCN 掩蔽 Cu^{2+}、Zn^{2+}。

5. 氨基乙酸溶液的质子条件式和氨基乙酸等电点时的质子条件式是否相同？如何将氨基乙酸溶液调节到它的等电点？

6. 用 0.0200 mol·L^{-1} EDTA 溶液滴定 25.00 mL 0.0200 mol·L^{-1} Zn^{2+} 溶液，加入

$0.10\ mol \cdot L^{-1}\ HAc\text{-}0.10\ mol \cdot L^{-1}\ Ac^{-}$ 缓冲溶液 2.0 mL,以控制溶液的 pH 为 5.0 左右,能否做到? 如何做才能使溶液在滴定前后的 pH 的改变不超过 0.2 pH 单位?

〔提示:EDTA(用 $Na_2 H_2 Y$ 表示)滴定 Zn^{2+} 的反应为:$Zn^{2+} + H_2 Y^{2-} \Longrightarrow ZnY^{2-} + 2H^{+}$〕

7. 用 NaOH 溶液滴定 $NH_4 Cl$ 溶液可行否? 若加入足够过量的 NaOH 溶液使 NH_4^{+} 全部转变成 NH_3,然后用 HCl 溶液返滴定过量的 NaOH 溶液,能否准确测定 $NH_4 Cl$? 为什么?

8. 用甲醛法测定肥田粉 $(NH_4)_2 SO_4$ 中 NH_4^{+} 的质量分数。若肥田粉中含有少量游离酸(H^{+}),甲醛中含少量甲酸(HCOOH),应如何处理? 滴定过程中溶液的颜色发生什么样的变化?

9. NaF 不能用强酸直接滴定,若将该溶液通过强酸型阳离子交换树脂柱,流出液可用什么标准溶液滴定? 选什么指示剂指示滴定终点?

10. 若以甲酸作溶剂,用 $0.10\ mol \cdot L^{-1}$ 强碱滴定 $0.10\ mol \cdot L^{-1}$ 强酸,化学计量点的 pH 及化学计量点前后 0.5% 的 pH 各为多少?

11. 下列物质能否用酸碱滴定法直接测定? 如能,应使用什么标准溶液和指示剂;如不能,可用什么办法使之适于用酸碱滴定法进行测定?

(1)乙胺; (2)$NH_4 Cl$; (3)HF; (4)NaAc; (5)$H_3 BO_3$; (6)硼砂; (7)苯胺;
(8)$NaHCO_3$。

12. 下列各溶液能否用酸碱滴定法测定,用什么滴定剂和指示剂? 滴定终点的产物是什么?

(1)柠檬酸;

(2)NaHS;

(3)氨基乙酸钠;

(4)顺丁烯二酸;

(5)$NaOH + (CH_2)_6 N_4$(浓度均为 $0.1\ mol \cdot L^{-1}$);

(6)$0.5\ mol \cdot L^{-1}$ 氯乙酸 $+ 0.01\ mol \cdot L^{-1}$ 醋酸。

13. 设计下列混合物的分析方案:

(1)$HCl + NH_4 Cl$ 混合液;

(2)硼酸 + 硼砂混合物;

(3)$HCl + H_3 PO_4$ 混合液。

习   题

3.1 从手册中查出下列各酸的离解常数 pK_a,分别计算它们的 K_a 及与其相应的共轭碱的 K_b。

(1)$H_3 PO_4$;(2)$H_2 C_2 O_4$;(3)苯甲酸;(4)NH_4^{+};(5) ⟨⟩—NH_3^{+}。

3.2 (1)计算 pH = 5.00 时,$H_3 PO_4$ 的摩尔分数 x_3、x_2、x_1、x_0。

(2)假定 $H_3 PO_4$ 各种形态总浓度是 $0.050\ mol \cdot L^{-1}$,问此时 $H_3 PO_4$、$H_2 PO_4^{-}$、HPO_4^{2-}、PO_4^{3-} 的浓度各为多少?

3.3 某溶液中含有 HAc、NaAc 和 $Na_2 C_2 O_4$,其浓度分别为 0.80、0.29 以及 $1.0 \times 10^{-4}\ mol \cdot L^{-1}$。计算此溶液中 $C_2 O_4^{2-}$ 的平衡浓度。

3.4 三个烧杯中分别盛有 100 mL $0.30\ mol \cdot L^{-1}$ 的 HAc 溶液。如欲分别将其 pH 调整至 4.50、5.00 及 5.50,问应分别加入 $2.0\ mol \cdot L^{-1}$ 的 NaOH 溶液多少毫升?

3.5 已知 NH_4^+ 的 $pK_a=9.25$。计算 $I=0.10$ 时，NH_4^+ 的 pK_a^M 和 pK_a^C。

3.6 写出下列物质水溶液的质子条件式：

(1) NH_3；　(2) NH_4Cl；　(3) Na_2CO_3；　(4) KH_2PO_4；　(5) $NaAc+H_3BO_3$。

3.7 计算下列各溶液的 pH：

(1) 0.10 mol·L^{-1} 氯乙酸 $ClCH_2COOH$；

(2) 0.10 mol·L^{-1} 六次甲基四胺 $(CH_2)_6N_4$；

(3) 0.010 mol·L^{-1} 氨基乙酸；

(4) 氨基乙酸溶液等电点（即 $NH_3^+CH_2COOH$ 和 $NH_2CH_2COO^-$ 两种离子的浓度相等时）；

(5) 0.10 mol·L^{-1} Na_2S；

(6) 0.010 mol·L^{-1} H_2SO_4。

3.8 计算下列溶液的 pH：

(1) 50 mL 0.10 mol·L^{-1} H_3PO_4；

(2) 50 mL 0.10 mol·L^{-1} H_3PO_4+25 mL 0.10 mol·L^{-1} $NaOH$；

(3) 50 mL 0.10 mol·L^{-1} H_3PO_4+50 mL 0.10 mol·L^{-1} $NaOH$；

(4) 50 mL 0.10 mol·L^{-1} H_3PO_4+75 mL 0.10 mol·L^{-1} $NaOH$。

3.9 配制 pH 为 2.00 和 10.00 的氨基乙酸缓冲溶液各 100 mL，其缓冲物质总浓度为 0.10 mol·L^{-1}。问需分别称取氨基乙酸（NH_2CH_2COOH）多少克？加 1.0 mol·L^{-1} HCl 或 1.0 mol·L^{-1} $NaOH$ 溶液各多少毫升？

3.10 某滴定反应过程中会产生 1.0 mmol H^+，现加入 5.0 mL pH 为 5.00 的 HAc-Ac^- 缓冲溶液控制溶液酸度。如欲使反应体系的 pH 下降不到 0.30 单位，该缓冲溶液中的 HAc 和 Ac^- 浓度各为多少？若配制此溶液 1 L，应加多少克 $NaAc·3H_2O$ 和多少毫升冰醋酸（17 mol·L^{-1}）？

3.11 用 0.1000 mol·L^{-1} $NaOH$ 溶液滴定 0.1000 mol·L^{-1} 甲酸溶液，化学计量点的 pH 是多少？计算用酚酞作指示剂（pT 为 9.0 时）的终点误差。

3.12 用 $2.0×10^{-3}$ mol·L^{-1} HCl 溶液滴定 20.00 mL $2.0×10^{-3}$ mol·L^{-1} $Ba(OH)_2$ 溶液，化学计量点前后 0.1% 的 pH 是多少？若用酚酞作指示剂（终点 pH 为 8.0），计算终点误差。

3.13 用 0.1000 mol·L^{-1} HCl 溶液滴定 20.00 mL 0.1000 mol·L^{-1} $NaOH$ 溶液。若 $NaOH$ 溶液中同时含有 0.2000 mol·L^{-1} $NaAc$，计算化学计量点以及化学计量点前后 0.1% 时的 pH；若滴定到 pH 7.0，终点误差有多大？

3.14 用 0.5000 mol·L^{-1} HCl 溶液滴定相同浓度一元弱碱 B（$pK_b=6.00$），计算化学计量点的 pH 和化学计量点前后 0.1% 的 pH；若所用溶液的浓度都是 0.0200 mol·L^{-1}，结果又如何？

3.15 分别计算 0.1000 mol·L^{-1} $NaOH$ 溶液滴定 0.1000 mol·L^{-1} H_3PO_4 溶液至 pH $=5.0$ 和 pH$=10.0$ 时的终点误差。

3.16 用凯氏定氮法测定试样含氮量时，用过量的 100 mL 0.3 mol·L^{-1} HCl 溶液吸收氨，然后用 0.2 mol·L^{-1} $NaOH$ 标准溶液返滴。若吸收液中氨的总浓度为 0.2 mol·L^{-1}，计算化学计量点的 pH 和返滴到 pH 4.0 及 7.0 时的终点误差。

3.17 现有一含磷样品。称取试样 1.000 g，经处理后，以钼酸铵沉淀磷为磷钼酸铵，用水洗去过量的钼酸铵后，用 0.1000 mol·L^{-1} $NaOH$ 溶液 50.00 mL 溶解沉淀。过量的 $NaOH$

用 0.2000 mol·L^{-1} HNO$_3$ 溶液滴定,以酚酞作指示剂,用去 HNO$_3$ 溶液 10.27 mL。计算试样中的磷和五氧化二磷的质量分数。

3.18　有一含 Na$_2$CO$_3$ 与 NaOH 的混合物。称取试样 0.5895 g 溶于水中,用 0.3000 mol·L^{-1} HCl 溶液滴定至酚酞变色时,用去 HCl 溶液 24.08 mL;加甲基橙后继续用 HCl 溶液滴定,又消耗 HCl 溶液 12.02 mL。试计算试样中 Na$_2$CO$_3$ 与 NaOH 的质量分数。

3.19　某试样含 Na$_2$CO$_3$、NaHCO$_3$ 及其他惰性物质。称取试样 0.3010 g,用酚酞作指示剂滴定时,用去 0.1060 mol·L^{-1} HCl 溶液 20.10 mL,继续用甲基橙作指示剂滴定,共用去 HCl 溶液 47.70 mL。计算试样中 Na$_2$CO$_3$ 与 NaHCO$_3$ 的质量分数。

3.20　某学生标定一 NaOH 溶液,测得其浓度为 0.1026 mol·L^{-1}。但误将其暴露于空气中,致使吸收了 CO$_2$。为测定 CO$_2$ 的吸收量,取该碱液 25.00 mL,用 0.1143 mol·L^{-1} HCl 溶液滴定至酚酞终点计耗去 HCl 溶液 22.31 mL。计算:

(1) 每升该碱液吸收了多少克 CO$_2$?

(2) 用该碱液去测定弱酸浓度,若浓度仍以 0.1026 mol·L^{-1} 计算,会引起多大误差?

第4章 络合滴定法[①]

4.1 概述

4.2 络合平衡
   络合物的稳定常数和各级络合物的分布∥络合反应的副反应系数∥络合物的条件(稳定)常数∥金属离子缓冲溶液

4.3 络合滴定基本原理
   滴定曲线∥金属指示剂∥终点误差∥络合滴定中酸度的控制

4.4 混合离子的选择性滴定
   控制酸度进行分步滴定∥使用掩蔽剂的选择性滴定∥其他滴定剂的应用

4.5 络合滴定的方式和应用
   滴定方式∥EDTA 标准溶液的配制和标定

络合滴定法(complexometric titration)是以络合反应为基础的滴定分析方法,络合反应广泛地应用于分析化学的各种分离与测定中。络合滴定反应所涉及的平衡关系比较复杂,为了定量处理各种因素对络合平衡的影响,引入了副反应系数、条件常数的概念,进而对平衡进行简化处理。这种简化处理思路应用于涉及复杂平衡的其他体系。

4.1 概　　述

络合反应具有很大的普遍性,金属离子在溶液中大多是以不同形式的络离子存在的。

1. 无机络合剂

无机络合剂分子中仅含 1 个可键合原子,与金属离子反应逐级形成 ML_i 型简单配位的络合物。这类络合物的逐级稳定常数比较接近,络合物多数不够稳定。因此,无机络合剂通常用作掩蔽剂、辅助络合剂和显色剂等,仅 Ag^+ 与 CN^-、Hg^{2+} 与 Cl^- 等少数离子的反应可用于滴定分析。例如,用 $AgNO_3$ 滴定 CN^- 的反应为

$$Ag^+ + 2CN^- \Longrightarrow Ag(CN)_2^-$$

化学计量点后,过量的 Ag^+ 与 $Ag(CN)_2^-$ 形成 $Ag[Ag(CN)_2]$ 沉淀,指示终点到达。Hg^{2+} 与 Cl^- 可生成稳定的 1:2 络合物 $HgCl_2$,用二苯卡巴腙等为指示剂,与 Hg^{2+} 形成有色络合物指示终点。

2. 有机络合剂

常用有机络合剂如下表所示:

---

① 络合滴定又称配位滴定。络合物、络合剂、络离子、络合反应又分别称为配合物、配合剂、配离子、配位反应。

络合物	$\left[\begin{array}{cc} H_3N & NH_3 \\ & Cu \\ H_3N & NH_3 \end{array}\right]^{2+}$	$\left[\begin{array}{cc} H_2C-N & N-CH_2 \\ \mid & \mid \\ & Cu \\ \mid & \mid \\ H_2C-N & N-CH_2 \\ H_2 & H_2 \end{array}\right]^{2+}$	$\left[\begin{array}{cc} H_2C-CH_2 \\ H & \\ H_2C & N & NH_2 \\ & Cu & \\ H_2C & N & NH_2 \\ H & \\ H_2C-CH_2 \end{array}\right]^{2+}$
形成常数	$\lg K_1 = 4.1$ $\lg K_2 = 3.5$ $\lg K_3 = 2.9$ $\lg K_4 = 2.1$ $\lg \beta_4 = 12.6$	$\lg K_1 = 10.6$ $\lg K_2 = 9.0$ $\lg \beta_2 = 19.6$	$\lg K = 20.6$
螯环数	0	2	3

有机络合剂分子中常含有两个以上可键合原子,与金属离子络合时形成低络合比的具有环状结构的螯合物。它比同种配位原子所形成的简单配位的络合物稳定得多。比较 Cu^{2+} 与氨、乙二胺和三乙撑四胺所形成的络合物(见上表),就很清楚了。由于减少甚至消除了分级络合现象,以及络合物稳定性的增加,使这类络合反应有可能用于滴定。

广泛用作络合滴定剂的,是含有—$N(CH_2COOH)_2$ 基团的有机化合物,称为氨羧络合剂。其分子中含有氨氮和羧氧配位原子

$$\underset{\text{氨氮}}{\overset{\cdot\cdot}{N}\big\backslash} \qquad \underset{\text{羧氧}}{\overset{O}{\underset{\parallel}{-C-O-}}}$$

前者易与 Co、Ni、Zn、Cu、Hg 等金属离子络合,后者则几乎能与所有高价金属离子络合。因此氨羧络合剂兼有两者的络合能力,几乎能与所有金属离子络合。目前研究过的氨羧络合剂有几十种,其中应用最广的是乙二胺四乙酸,简称 EDTA,其结构式为

$$HOOCCH_2 \qquad \overset{+}{\underset{\mid}{N}}-CH_2-CH_2-\overset{+}{\underset{H}{N}} \qquad CH_2COO^-$$
$$^-OOCCH_2 \qquad\qquad\qquad\qquad\qquad CH_2COOH$$

分子中两个羧酸上的氢转移到氮原子上形成双偶极离子。

EDTA 常用 H_4Y 表示。它在水中的溶解度较小(22℃时,在 100 mL 水中溶解 0.02 g);难溶于酸和有机溶剂;易溶于 NaOH 或 $NH_3 \cdot H_2O$ 溶液,形成相应的盐。通常使用的是其二钠盐(22℃时,在 100 mL 水中可溶解 11.1 g,约 $0.3\ mol \cdot L^{-1}$),也简称 EDTA,溶液的 pH 约为4.5。

H_4Y 的两个羧酸根可再接受 H^+,形成 H_6Y^{2+}。这样,它就相当于一个六元酸,有六级离解常数,即

K_{a_1}	K_{a_2}	K_{a_3}	K_{a_4}	K_{a_5}	K_{a_6}
$10^{-0.9}$	$10^{-1.6}$	$10^{-2.07}$	$10^{-2.75}$	$10^{-6.24}$	$10^{-10.34}$

在水溶液中,EDTA 总是以 H_6Y^{2+}、H_5Y^+、H_4Y、H_3Y^-、H_2Y^{2-}、HY^{3-} 和 Y^{4-} 等7种形态存在。各种形态的摩尔分数(x)与 pH 的关系如图 4.1 所示。在 pH<1 的强酸溶液

中,EDTA 主要以 H_6Y^{2+} 形态存在;在 pH 2.75~6.24 时,主要以 H_2Y^{2-} 形态存在;仅在 pH>10.34 时,才主要以 Y^{4-} 形态存在。

EDTA 络合物具有如下一些特点:

(1) EDTA 具有广泛的络合性能,几乎能与所有金属离子形成络合物。表 4-1 列出一些金属-EDTA 络合物的稳定常数。

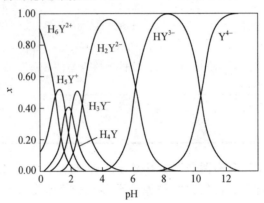

图 4.1　EDTA 各种形态的分布图

表 4-1　一些金属-EDTA 络合物的 lgK

离 子	lgK	离 子	lgK	离 子	lgK
Na^+	1.7	Zn^{2+}	16.5	Hg^{2+}	21.8
Mg^{2+}	8.7	Cd^{2+}	16.5	Th^{4+}	23.2
Ca^{2+}	10.7	Pb^{2+}	18.0	Fe^{3+}	25.1
La^{3+}	15.4	Ni^{2+}	18.6	Bi^{3+}	27.9
Al^{3+}	16.1	Cu^{2+}	18.8	ZrO^{2+}	29.9

由表可见,绝大多数 EDTA 络合物相当稳定。EDTA 与 3 价、4 价金属离子及大多数 2 价金属离子所成络合物的 lgK 均大于 15。通常碱土金属形成络合物的倾向较小,但它们与 EDTA 络合物的 lgK 也在 8~11 左右,也可以用 EDTA 滴定。EDTA 广泛络合的性能给络合滴定的广泛应用提供了可能,但同时导致实际滴定中组分之间相互干扰。络合作用的普遍性与实际测定中要求的选择性成为络合滴定中的主要矛盾,因此设法提高选择性就成为络合滴定中的一个很重要的问题。

(2) EDTA 分子中有 6 个可配位原子,与大多数金属离子形成 1:1 络合物。如

$$Zn^{2+} + H_2Y^{2-} \Longrightarrow ZnY^{2-} + 2H^+$$
$$Al^{3+} + H_2Y^{2-} \Longrightarrow AlY^- + 2H^+$$
$$Sn^{4+} + H_2Y^{2-} \Longrightarrow SnY + 2H^+$$

个别离子,如 Mo(V),与 EDTA 形成 2:1 络合物。络合物大多带电荷,水溶性高,络合反应速率大多较快,这些都为络合滴定提供了有利条件。由于 EDTA 与金属离子络合时形成多个五元环,螯合物稳定性高。

图 4.2 为 CaY^{2-} 螯合物的立体构型。

(3) 大多数金属-EDTA 络合物无色,这有利于用指示剂确定终点。但有色的金属离子所形成的 EDTA 络合物的颜色更深,例如

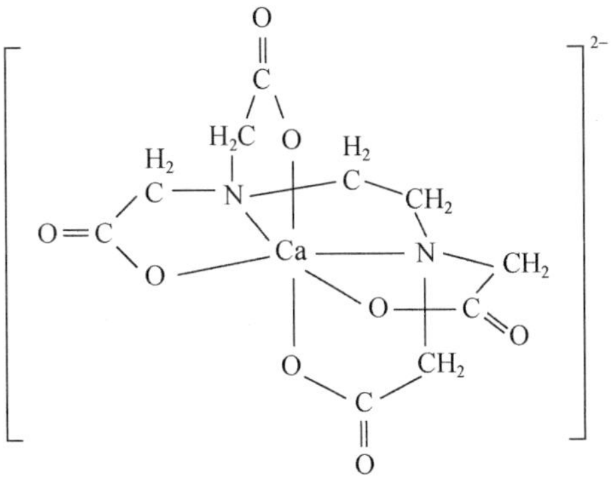

图 4.2 CaY^{2-} 螯合物的立体构型

CuY^{2-}	NiY^{2-}	CoY^{2-}	MnY^{2-}	CrY^-	FeY^-
深蓝	蓝	紫红	紫红	深紫	黄

因此滴定这些离子时,要控制其浓度勿过大,否则,使用指示剂确定终点时将发生困难。

4.2 络 合 平 衡

4.2.1 络合物的稳定常数和各级络合物的分布

1. 络合物的稳定常数

金属离子与 EDTA 反应,大多形成 1:1 络合物(以下均略去电荷)

$$M + Y \rightleftharpoons MY$$

反应的平衡常数表达式为

$$K(MY) = \frac{[MY]}{[M][Y]} \tag{4-1}$$

$K(MY)$ 为金属-EDTA 络合物的稳定常数(或称形成常数)。此值越大,络合物越稳定。其倒数即为络合物的不稳定常数(或称离解常数)。在络合滴定中溶液的离子强度较高,故采用浓度常数。本章涉及酸碱平衡时则采用 $I=0.1$ 时的混合常数。

金属离子还能与其他络合剂 L 形成 ML_n 型络合物,ML_n 型络合物是逐级形成的,其逐级形成反应与相应的逐级稳定常数是

$$M + L \rightleftharpoons ML \qquad \text{第一级稳定常数 } K_1 = \frac{[ML]}{[M][L]}$$

$$ML + L \rightleftharpoons ML_2 \qquad \text{第二级稳定常数 } K_2 = \frac{[ML_2]}{[ML][L]}$$

$$\vdots \qquad\qquad\qquad \vdots \qquad\qquad\qquad \vdots$$

$$ML_{n-1} + L \rightleftharpoons ML_n \qquad \text{第 } n \text{ 级稳定常数 } K_n = \frac{[ML_n]}{[ML_{n-1}][L]} \tag{4-2}$$

逐级稳定常数将络合剂 L 的平衡浓度 $[L]$ 与相邻两级络合物的平衡浓度比值联系起来,即

$$pL = \lg K_1 \text{ 时}, \quad [ML] = [M]$$

$$pL = \lg K_2 \text{ 时}, \quad [ML_2] = [ML]$$

$$pL = \lg K_i \text{ 时}, \quad [ML_i] = [ML_{i-1}]$$

ML_n 络合物的逐级离解与相应的不稳定常数则是

$$ML_n \rightleftharpoons ML_{n-1} + L \qquad 第一级不稳定常数(K_{不稳})_1 = \frac{[ML_{n-1}][L]}{[ML_n]}$$

$$ML_{n-1} \rightleftharpoons ML_{n-2} + L \qquad 第二级不稳定常数(K_{不稳})_2 = \frac{[ML_{n-2}][L]}{[ML_{n-1}]}$$

$$\vdots \qquad\qquad\qquad \vdots \qquad\qquad\qquad \vdots$$

$$ML \rightleftharpoons M + L \qquad 第 n 级不稳定常数(K_{不稳})_n = \frac{[M][L]}{[ML]} \qquad (4\text{-}3)$$

逐级稳定常数与不稳定常数的关系是

$$K_1 = \frac{1}{(K_{不稳})_n}, \quad K_2 = \frac{1}{(K_{不稳})_{n-1}}, \quad \cdots, \quad K_n = \frac{1}{(K_{不稳})_1}$$

即第一级稳定常数是第 n 级不稳定常数的倒数;第 n 级稳定常数是第一级不稳定常数的倒数。

以铜氨络合物为例,已知其逐级稳定常数 $K_1 \sim K_4$ 分别为 $10^{4.1}, 10^{3.5}, 10^{2.9}, 10^{2.1}$,则 $Cu(NH_3)_4^{2+}$ 的逐级离解常数 $(K_{不稳})_1 \sim (K_{不稳})_4$ 分别为 $10^{-2.1}, 10^{-2.9}, 10^{-3.5}, 10^{-4.1}$。通常络合物多用稳定常数表示,而酸碱多用离解常数表示。如果把酸 (H_nL) 看作质子络合物,就可以把酸碱平衡处理与络合平衡处理统一起来。以 NH_4^+ 为例,可将 NH_4^+ 看作 NH_3 与 H^+ 形成的络合物:

$$NH_3 + H^+ \rightleftharpoons NH_4^+ \qquad K^H(NH_4^+) = \frac{1}{K_a} = \frac{K_b}{K_w} = \frac{(10^{-4.63})^①}{10^{-14.00}} = 10^{9.37}$$

此处用 $K^H(NH_4^+)$ 表示 NH_3 与 H^+ 反应形成 NH_4^+ 的形成常数,也称质子化常数。对于多元酸,如 H_3PO_4,则有

$$PO_4^{3-} + H^+ \rightleftharpoons HPO_4^{2-} \qquad K^H(HPO_4^{2-}) = \frac{1}{K_{a_3}} = K_1$$

$$HPO_4^{2-} + H^+ \rightleftharpoons H_2PO_4^- \qquad K^H(H_2PO_4^-) = \frac{1}{K_{a_2}} = K_2$$

$$H_2PO_4^- + H^+ \rightleftharpoons H_3PO_4 \qquad K^H(H_3PO_4) = \frac{1}{K_{a_1}} = K_3$$

若将逐级稳定常数渐次相乘,就得到各级累积稳定常数 (β_i)

$$\beta_1 = K_1 = \frac{[ML]}{[M][L]}$$

$$\beta_2 = K_1 K_2 = \frac{[ML_2]}{[M][L]^2}$$

$$\vdots \qquad \vdots$$

$$\beta_n = K_1 K_2 \cdots K_n = \frac{[ML_n]}{[M][L]^n} \qquad (4\text{-}4)$$

β_n 即为各级络合物的总的稳定常数。例如,铜氨络合物的各级累积稳定常数 $\lg\beta_1 \sim \lg\beta_4$ 分别为 4.1, 7.6, 10.5 和 12.6。

根据络合物的各级累积稳定常数,可以计算各级络合物的浓度,即

$$[ML] = \beta_1[M][L]$$

① 此为 $I=0.1$ 时的离解常数。

$$[ML_2] = \beta_2[M][L]^2$$
$$\vdots \qquad \vdots$$
$$[ML_n] = \beta_n[M][L]^n \qquad (4-5)$$

各级累积稳定常数将各级络合物的浓度（$[ML]$，$[ML_2]$，$\cdots$，$[ML_n]$）直接与游离金属、游离络合剂的浓度（$[M]$，$[L]$）联系起来。在络合平衡处理中，常涉及各级络合物的浓度，以上关系式很重要。

2. 各级络合物的分布

溶液中各级络合物浓度所占的分数用摩尔分数 x 表示。若金属离子的分析浓度为 $c(M)$，按金属离子的物料平衡关系有

$$c(M) = [M] + [ML] + [ML_2] + \cdots + [ML_n]$$

各级络合物的浓度由式(4-5)表示。则各级络合物的摩尔分数分别是

$$x_0 = \frac{[M]}{c(M)} = \frac{[M]}{[M] + [ML] + [ML_2] + \cdots + [ML_n]}$$

$$= \frac{[M]}{[M] + [M][L]\beta_1 + [M][L]^2\beta_2 + \cdots + [M][L]^n\beta_n}$$

$$= \frac{1}{1 + [L]\beta_1 + [L]^2\beta_2 + \cdots + [L]^n\beta_n}$$

$$x_1 = \frac{[ML]}{c(M)} = \frac{[L]\beta_1}{1 + [L]\beta_1 + [L]^2\beta_2 + \cdots + [L]^n\beta_n}$$

$$\vdots \qquad \vdots$$

$$x_n = \frac{[ML_n]}{c(M)} = \frac{[L]^n\beta_n}{1 + [L]\beta_1 + [L]^2\beta_2 + \cdots + [L]^n\beta_n} \qquad (4-6)$$

可见各级络合物的摩尔分数 $x_0 \sim x_n$ 仅是游离络合剂浓度$[L]$的函数。根据铜氨络合物的各级累积稳定常数，按上式计算出 pL 为 $0 \sim 6$ 时各级络合物的摩尔分数，绘出铜氨络合物的各种形态分布系数曲线如图 4.3。

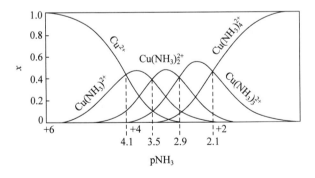

图 4.3　铜氨络合物各种形态的分布图

各级铜氨络合物的分布与多元弱酸各种形态的分布趋势非常相似。随着 pNH_3 减小，即$[NH_3]$增大，形成配位数更高的络合物。相邻两级络合物分布系数曲线的交点所对应的 pL 即为此两级络合物相关的 lgK。由于铜氨络合物的各相邻的逐级稳定常数相近，当$[NH_3]$在相当大的范围变化时，都是几种络合物同时存在。因此，不能以 NH_3 为滴定剂滴定 Cu^{2+}，无机络合物中大多如此。汞（Ⅱ）的氯络合物是个例外，其 $lgK_1 \sim lgK_4$

分别是 6.7，6.5，0.9，1.0。由于 $\lg K_2$ 与 $\lg K_3$ 相差较大，可以定量滴定到 $HgCl_2$ 一步。汞(Ⅱ)的氯络合物的各种形态分布系数曲线如图 4.4。

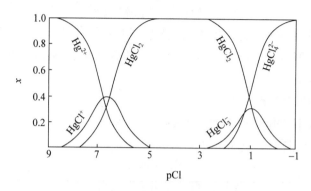

图 4.4　汞(Ⅱ)氯络合物各种形态的分布图

各级络合物的浓度可由各摩尔分数求得

$$[ML_i] = c(M) x_i$$

式中：x_i 是游离络合剂平衡浓度 $[L]$ 的函数，实际知道的是 $c(L)$，即络合剂的总浓度。若 $c(L) \gg c(M)$，则可忽略与金属离子络合所消耗的络合剂，使计算简化。

正如在多元酸 H_nA 的各种形态分布中，以酸的逐级离解常数 $K_{a_i}(i=1,\cdots,n)$ 为界，分为各种形态占优势的区域，由溶液的 pH 即可知哪种形态占优势。在此，是以络合物 ML_n 的逐级稳定常数 $K_i(i=1,\cdots,n)$ 为界，分为各种形态占优势的区域，由溶液的 pL 可知哪种形态占优势。如铜氨络合物的 $\lg K_1 \sim \lg K_4$ 分别为 4.1，3.5，2.9，2.1，其优势区域图如图 4.5 所示。

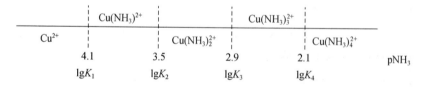

图 4.5　铜氨络合物形态分布优势区域图

由图 4.5 可见：当 $pNH_3 < 2.1(\lg K_4)$ 时，$Cu(NH_3)_4^{2+}$ 为主要形态；$pNH_3 > 4.1$ $(\lg K_1)$ 时，游离 Cu^{2+} 为主要存在形态。比较 H_3PO_4 在水溶液中的优势区域图，用逐级形成常数(质子化常数)代替逐级离解常数，如图 4.6 所示，即可将 ML_n 型络合物与 H_nA 型多元酸的分布统一起来。这种优势区域图对于判断络合物在水溶液中的主要存在形态十分便利。

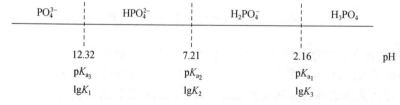

图 4.6　磷酸形态分布优势区域图

4.2.2　络合反应的副反应系数

在络合滴定体系中,除了被测金属离子 M 与滴定剂 Y 之间的主反应外,还存在不少副反应。平衡关系表示如下:

$$
\begin{array}{ccccc}
\text{M} & + & \text{Y} & \rightleftharpoons & \text{MY} & \quad\text{主反应}\\
\swarrow\ \big|\ \searrow & & \swarrow\ \big|\ \searrow & & \swarrow\quad\searrow & \\
{}_{A}\ \ {}^{\text{M}}\ \ {}_{\text{OH}} & & {}_{H}\ \ {}^{\text{Y}}\ \ {}_{N} & & {}_{H}\ \ {}^{\text{MY}}\ \ {}_{\text{OH}} & \\
\text{MA}\quad\text{M(OH)} & & \text{HY}\quad\text{NY} & & \text{MHY}\quad\text{M(OH)Y} & \quad\text{副反应}\\
\vdots\qquad\vdots & & \vdots & & & \\
\text{MA}_n\quad\text{M(OH)}_n & & \text{H}_6\text{Y} & & & \\
\text{M}' & & \text{Y}' & & \text{(MY)}' &
\end{array}
$$

这些副反应的发生都将影响主反应进行的程度。反应物(M、Y)发生副反应不利于主反应的进行,而反应产物(MY)发生副反应则有利于主反应。当存在副反应时,K(MY)的大小不能反映主反应进行的程度,因为这时未参与主反应的金属离子不仅有 M,还有 MA,MA$_2$,$\cdots$,M(OH),M(OH)$_2$,$\cdots$,应当用这些形态的浓度总和[M']表示,同时未参与主反应的滴定剂也应当用[Y']表示,而所形成的络合物应当用总浓度[(MY)']表示。因此应当用

$$K'(\text{MY})=\frac{[(\text{MY})']}{[\text{M}'][\text{Y}']}\tag{4-7}$$

表示有副反应发生时主反应进行的程度。为了定量地表示副反应进行的程度,引入副反应系数(α)。下面分别讨论 M、Y 和 MY 的副反应系数。

1. 滴定剂的副反应系数 α_{Y}

滴定剂的副反应系数 α_{Y} 是

$$\alpha_{\text{Y}}=\frac{[\text{Y}']}{[\text{Y}]}=\frac{[\text{Y}]+[\text{HY}]+[\text{H}_2\text{Y}]+\cdots+[\text{H}_6\text{Y}]+[\text{NY}]}{[\text{Y}]}$$

它表示未与 M 络合的滴定剂的各种形态的总浓度([Y'])是游离滴定剂浓度([Y])的多少倍。α_{Y} 越大,表示滴定剂发生的副反应越严重。$\alpha_{\text{Y}}=1$ 时,[Y']=[Y],表示滴定剂未发生副反应。滴定剂 Y 与 H$^+$ 和溶液中其他金属离子 N 发生副反应,其副反应系数分别用 $\alpha_{\text{Y(H)}}$ 和 $\alpha_{\text{Y(N)}}$ 表示。

滴定剂是碱,易于接受质子形成其共轭酸,酸度对滴定剂的副反应的影响通常是严重的。当溶液中不存在与 Y 络合的其他金属离子时,Y 仅与 H$^+$ 发生副反应,此时

$$\alpha_{\text{Y}}=\alpha_{\text{Y(H)}}=\frac{[\text{Y}']}{[\text{Y}]}=\frac{[\text{Y}]+[\text{HY}]+\cdots+[\text{H}_6\text{Y}]}{[\text{Y}]}$$

$\alpha_{\text{Y(H)}}$ 表示溶液中游离的 Y 和各级质子化形态的总浓度([Y'])是游离 Y 浓度([Y])的多少倍。显然,此即多元酸 H$_6$Y 中 Y 的摩尔分数 x_0 的倒数

$$\alpha_{\text{Y(H)}}=\frac{1}{x_0}=\frac{[\text{H}]^6+[\text{H}]^5K_{a_1}+\cdots+K_{a_1}K_{a_2}K_{a_3}K_{a_4}K_{a_5}K_{a_6}}{K_{a_1}K_{a_2}K_{a_3}K_{a_4}K_{a_5}K_{a_6}}$$

$$=\frac{[\text{H}]^6}{K_{a_1}K_{a_2}K_{a_3}K_{a_4}K_{a_5}K_{a_6}}+\frac{[\text{H}]^5}{K_{a_2}K_{a_3}K_{a_4}K_{a_5}K_{a_6}}+\cdots+\frac{[\text{H}]}{K_{a_6}}+1$$

若将 EDTA 的各种形态看作 Y 与 H$^+$ 逐级形成的络合物,各步反应及相应的常数为

$$\text{Y}+\text{H}\rightleftharpoons\text{HY},\qquad K_1^{\text{H}}=\frac{[\text{HY}]}{[\text{H}][\text{Y}]}=\frac{1}{K_{a_6}},\qquad \beta_1^{\text{H}}=K_1^{\text{H}}=\frac{[\text{HY}]}{[\text{H}][\text{Y}]}$$

$$HY+H \Longrightarrow H_2Y, \qquad K_2^H = \frac{[H_2Y]}{[H][HY]} = \frac{1}{K_{a_5}}, \qquad \beta_2^H = K_1^H K_2^H = \frac{[H_2Y]}{[H]^2[Y]}$$

$$\vdots \qquad\qquad \vdots \qquad\qquad \vdots$$

$$H_5Y+H \Longrightarrow H_6Y, \qquad K_6^H = \frac{[H_6Y]}{[H][H_5Y]} = \frac{1}{K_{a_1}}, \qquad \beta_6^H = K_1^H K_2^H \cdots K_6^H = \frac{[H_6Y]}{[H]^6[Y]}$$

由此,可将计算 $\alpha_{Y(H)}$ 的算式写为

$$\alpha_{Y(H)} = \frac{[Y]+[HY]+[H_2Y]+\cdots+[H_6Y]}{[Y]}$$

$$= \frac{[Y]+[H][Y]\beta_1^H+[H]^2[Y]\beta_2^H+\cdots+[H]^6[Y]\beta_6^H}{[Y]}$$

$$= 1+[H]\beta_1^H+[H]^2\beta_2^H+\cdots+[H]^6\beta_6^H \qquad (4\text{-}8)$$

即 $\alpha_{Y(H)}$ 仅是[H]的函数。酸度越高,$\alpha_{Y(H)}$ 越大,故又将其称为酸效应系数。式中各项分别与 Y、HY、H_2Y、$\cdots$、H_6Y 相对应,由各项数值大小可知哪种形态为主。

【例 4.1】　计算 pH=5.00 时 EDTA 的酸效应系数 $\alpha_{Y(H)}$。

解　查得 EDTA 的各级酸的离解常数 $K_{a_1} \sim K_{a_6}$ 分别是 $10^{-0.9}$,$10^{-1.6}$,$10^{-2.07}$,$10^{-2.75}$,$10^{-6.24}$,$10^{-10.34}$。则酸的各级稳定常数 $K_1^H \sim K_6^H$ 则分别是 $10^{10.34}$,$10^{6.24}$,$10^{2.75}$,$10^{2.07}$,$10^{1.6}$,$10^{0.9}$。故各级累积稳定常数 $\beta_1^H \sim \beta_6^H$ 分别为 $10^{10.34}$,$10^{16.58}$,$10^{19.33}$,$10^{21.40}$,$10^{23.0}$,$10^{23.9}$。

按照式(4-8),有

$$\alpha_{Y(H)} = 1+[H]\beta_1^H+[H]^2\beta_2^H+\cdots+[H]^6\beta_6^H$$

$$= 1+10^{-5.00+10.34}+10^{-10.00+16.58}+10^{-15.00+19.33}+10^{-20.00+21.40}+10^{-25.00+23.0}+10^{-30.00+23.9}$$

$$= 1+10^{5.34}+10^{6.58}+10^{4.33}+10^{1.40}+10^{-2.0}+10^{-6.1}$$

$$= 10^{6.60}$$

副反应系数式中虽然包含许多项,但在一定条件下只有少数几项(一般是 2~3 项)是主要的,其他项均可略去。由上可见,pH 5.00 时,未与 M 络合的 EDTA 主要以 H_2Y (式中第三项)形态存在,其次是 HY(式中第二项)。

络合滴定中 $\alpha_{Y(H)}$ 是常用的重要数值。为应用方便,常将不同 pH 时的 $\lg\alpha_{Y(H)}$ 计算出来列成表或绘成 $\lg\alpha_{Y(H)}$-pH 图备用。附录C.5中列有不同 pH 时 EDTA 和其他络合剂的 $\lg\alpha_{L(H)}$。图 4.7 为 EDTA 的 $\lg\alpha_{Y(H)}$-pH 曲线,表明酸度对 $\alpha_{Y(H)}$ 影响极大。pH=1 时,$\alpha_{Y(H)}=$

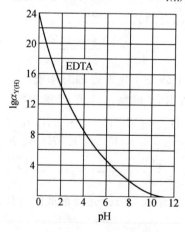

图 4.7　EDTA 的 $\lg\alpha_{Y(H)}$-pH 曲线

$10^{18.3}$，此时 EDTA 与 H^+ 的副反应很严重，溶液中游离的 EDTA（即[Y]）仅为未与 M 络合的 EDTA 总浓度（即[Y']）的 $10^{-18.3}$。$\alpha_{Y(H)}$ 随酸度降低而减小。仅当 $pH \geqslant 12$ 时，$\alpha_{Y(H)}$ 才等于 1，即此时 Y 才不与 H^+ 发生副反应。

关于 Y 与溶液中存在的其他金属离子 N 的副反应系数 $\alpha_{Y(N)}$，将在 4.4 节混合离子的滴定中讨论。

2. 金属离子的副反应系数 α_M

若金属离子 M 与其他络合剂 A 发生副反应，副反应系数为

$$\alpha_{M(A)} = \frac{[M] + [MA] + [MA_2] + \cdots + [MA_n]}{[M]}$$
$$= 1 + [A]\beta_1 + [A]^2\beta_2 + \cdots + [A]^n\beta_n \tag{4-9}$$

它仅是[A]的函数。

A 可能是滴定所需缓冲剂或为防止金属离子水解所加的辅助络合剂，也可能是为消除干扰而加的掩蔽剂。在高 pH 下滴定金属离子时，OH^- 与 M 形成金属羟基络合物，A 就代表 OH^-。一些金属离子在不同 pH 下的 $\lg\alpha_{M(OH)}$ 列于附录 C.6 中。一些金属离子的 $\lg\alpha_{M(OH)}$-pH 曲线和 $\lg\alpha_{M(NH_3)}$-$\lg[NH_3]$ 曲线见图 4.8 和 4.9。

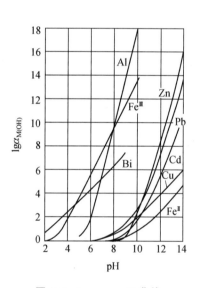

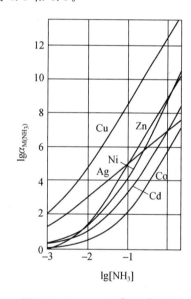

图 4.8 $\lg\alpha_{M(OH)}$-pH 曲线　　　　**图 4.9 $\lg\alpha_{M(NH_3)}$-$\lg[NH_3]$ 曲线**

实际情况往往是金属离子同时发生多种副反应，这时应当用金属离子的总的副反应系数 α_M 表示。若 M 既与 A 又与 B 发生副反应，则

$$\alpha_M = \frac{[M']}{[M]} = \frac{[M] + [MA] + [MA_2] + \cdots + [MB] + [MB_2] + \cdots}{[M]}$$
$$= \frac{[M] + [MA] + [MA_2] + \cdots}{[M]} + \frac{[M] + [MB] + [MB_2] + \cdots}{[M]} - \frac{[M]}{[M]}$$
$$= \alpha_{M(A)} + \alpha_{M(B)} - 1$$

α_M 表示未与滴定剂 Y 络合的金属离子的各种形态总浓度[M']是游离金属离子浓度[M]的多少倍，其值可由各个副反应系数 $\alpha_{M(A)}$、$\alpha_{M(B)}$ 等求得。若有 p 个络合剂与金属离子发生副反应，则 α_M 是

$$\alpha_M = \alpha_{M(A_1)} + \alpha_{M(A_2)} + \cdots + (1-p) \tag{4-10}$$

【例 4.2】 计算 pH$=11.00$，$[NH_3]=0.10$ mol·L^{-1}时的 lgα_{Zn}。

解 $Zn(NH_3)_4^{2+}$ 的 lg$\beta_1 \sim$ lgβ_4 分别是 $2.27,4.61,7.01,9.06$。按式(4-9)，有

$$\begin{aligned}
\alpha_{Zn(NH_3)} &= 1 + [NH_3]\beta_1 + [NH_3]^2\beta_2 + [NH_3]^3\beta_3 + [NH_3]^4\beta_4 \\
&= 1 + 10^{-1.00+2.27} + 10^{-2.00+4.61} + 10^{-3.00+7.01} + 10^{-4.00+9.06} \\
&= 1 + 10^{1.27} + 10^{2.61} + 10^{4.01} + 10^{5.06} \\
&= 10^{5.10}
\end{aligned}$$

由附录 C.6 查得，pH$=11$ 时，lg$\alpha_{Zn(OH)}=5.4$，故

$$\alpha_{Zn} = \alpha_{Zn(NH_3)} + \alpha_{Zn(OH)} - 1 = 10^{5.1} + 10^{5.4} - 1 = 10^{5.6}$$

$$lg\alpha_{Zn} = 5.6$$

必须注意，式(4-9)中$[A]$是指络合剂 A 的平衡浓度，即游离的 A 的浓度。络合剂 A 大多是碱，易与 H^+ 结合，$[A]$将随 pH 而变。若将 A 与 H^+ 的反应看作副反应，$\alpha_{A(H)}$ 是

$$\begin{aligned}
\alpha_{A(H)} &= \frac{[A']}{[A]} = \frac{[A] + [HA] + \cdots + [H_nA]}{[A]} \\
&= 1 + [H]\beta_1 + \cdots + [H]^n\beta_n
\end{aligned} \tag{4-11}$$

当主反应进行较完全时，未与 EDTA 络合的金属离子很少，与金属离子络合所消耗的 A 可忽略，$[A']$即络合剂 A 的总浓度（或称分析浓度）$c(A)$。基于式(4-11)即可求出 $[A]$，即

$$[A] = \frac{[A']}{\alpha_{A(H)}} \approx \frac{c(A)}{\alpha_{A(H)}}$$

【例 4.3】 计算 pH$=9.0$，$c(NH_3)=0.1$ mol·L^{-1}时的 lg$\alpha_{Zn(NH_3)}$（忽略与 Zn 络合消耗的 NH_3）。

解 NH_4^+ 的 lg$K^H(NH_4^+)=9.4$，按式(4-11)

$$\alpha_{NH_3(H)} = 1 + [H]K^H(NH_4^+) = 1 + 10^{-9.0+9.4} = 10^{0.5}$$

所以

$$[NH_3] = \frac{[NH_3']}{\alpha_{NH_3(H)}} \approx \frac{c(NH_3)}{\alpha_{NH_3(H)}} = \frac{10^{-1.0}}{10^{0.5}} \text{ mol·L}^{-1} = 10^{-1.5} \text{ mol·L}^{-1}$$

由式(4-9)计算出

$$\alpha_{Zn(NH_3)} = 10^{3.2}$$

$$lg\alpha_{Zn(NH_3)} = 3.2$$

附录 C.5 中列出一些络合剂的 lg$\alpha_{A(H)}$。

3. 络合物的副反应系数 α_{MY}

在酸度较高的情况下，MY 会与 H^+ 发生副反应，形成酸式络合物 MHY，即

$$MY + H \Longrightarrow MHY \qquad K^H(MHY) = \frac{[MHY]}{[MY][H]}$$

副反应系数是

$$\alpha_{MY(H)} = \frac{[MY] + [MHY]}{[MY]} = 1 + [H]K^H(MHY) \tag{4-12a}$$

$K^H(MHY)$表示 MY 与 H^+ 反应形成 MHY 络合物的稳定常数。

碱度较高时,会有碱式络合物 M(OH)Y 生成,副反应系数 $\alpha_{MY(OH)}$ 则是

$$\alpha_{MY(OH)} = 1 + [OH]K^{OH}(M(OH)Y) \tag{4-12b}$$

酸式络合物与碱式络合物大多不太稳定,一般计算中可忽略不计。

4.2.3 络合物的条件(稳定)常数

由副反应系数定义知

$$[M'] = \alpha_M \cdot [M], \quad [Y'] = \alpha_Y \cdot [Y], \quad [(MY)'] = \alpha_{MY} \cdot [MY]$$

将其代入式(4-7),得到

$$K'(MY) = \frac{\alpha_{MY} \cdot [MY]}{\alpha_M \cdot [M] \cdot \alpha_Y \cdot [Y]} = \frac{\alpha_{MY}}{\alpha_M \alpha_Y} K(MY) \tag{4-13a}$$

在一定条件下(如溶液 pH 和试剂浓度一定时),α_M、α_Y 和 α_{MY} 均为定值,因此,$K'(MY)$ 在一定条件下是个常数。为强调它是随条件而变的,称之为条件稳定常数(简称条件常数),也有的书称之为表观稳定常数或有效稳定常数。

条件常数 $K'(MY)$ 是用副反应系数校正后的实际稳定常数。即由于金属离子发生了副反应,未参与主反应的金属离子的总浓度 $[M']$ 为游离金属离子浓度 $[M]$ 的 α_M 倍,这就相当于主反应常数 $K(MY)$ 减小了 α_M 倍。同样,滴定剂发生副反应使主反应常数又减小 α_Y 倍,而络合物发生副反应则使主反应常数增加 α_{MY} 倍。只有当反应物和生成物均不发生副反应时,$K'(MY)$ 才等于 $K(MY)$。此时,$K(MY)$ 才反映 M 与 Y 反应的实际情况。

$K'(MY)$ 是条件常数的笼统表示。有时为明确表示哪些组分发生了副反应,可将"'"写在发生副反应组分的右上方。例如仅是滴定剂发生副反应,写作 $K(MY')$;而若金属离子与滴定剂皆发生副反应,则写作 $K(M'Y')$;等等。

式(4-13a)用对数形式表示,则是

$$\lg K'(MY) = \lg K(MY) - \lg\alpha_M - \lg\alpha_Y + \lg\alpha_{MY} \tag{4-13b}$$

多数情况下(溶液酸、碱性不太强时),不形成酸式、碱式络合物,可简化成如下形式

$$\lg K'(MY) = \lg K(MY) - \lg\alpha_M - \lg\alpha_Y \tag{4-14}$$

这是常用的计算络合物条件常数的重要公式。

【例 4.4】 计算 pH 2.0 和 5.0 时的 $\lg K'(ZnY)$。

解 已知 $\lg K(ZnY) = 16.5$,$\lg K^H(ZnHY) = 3.0$。pH = 2.0 时

$$\lg\alpha_{Y(H)} = 13.8 \quad (附录 C.5)$$

$$\lg\alpha_{Zn(OH)} = 0 \quad (附录 C.6)$$

按式(4-12a)计算

$$\alpha_{ZnY(H)} = 1 + [H]K^H(ZnHY) = 1 + 10^{-2.0+3.0} = 10^{1.0}$$

所以

$$\lg K'(ZnY) = \lg K(ZnY) - \lg\alpha_{Zn(OH)} - \lg\alpha_{Y(H)} + \lg\alpha_{ZnY(H)}$$
$$= 16.5 - 0 - 13.8 + 1.0$$
$$= 3.7$$

pH = 5.0 时,$\lg\alpha_{Y(H)} = 6.6$,$\lg\alpha_{Zn(OH)} = 0$,所以

$$\lg K'(ZnY) = \lg K(ZnY) - \lg\alpha_{Y(H)}$$
$$= 16.5 - 6.6$$
$$= 9.9$$

由上例可见,尽管 $\lg K(\text{ZnY})$ 高达 16.5,但若在 pH 2.0 时滴定,由于 Y 与 H^+ 的副反应严重,$\lg\alpha_{Y(H)}$ 为 13.8,$\lg K'(\text{ZnY})$ 仅 3.7,此时 ZnY 络合物极不稳定;而在 pH 5.0 时,$\lg\alpha_{Y(H)}$ 为 6.6,此时 $\lg K'(\text{ZnY})$ 达 9.9,络合反应进行得很完全。由此可见在络合滴定中控制酸度的重要性。

酸度降低使 $\lg\alpha_{Y(H)}$ 减小有利于络合物形成。但酸度过低将使 $\lg\alpha_{M(OH)}$ 增大,这又不利于主反应。图 4.10 为一些金属-EDTA 络合物的 $\lg K'(\text{MY})$-pH 曲线,它清楚地表明了酸度对 $\lg K'(\text{MY})$ 的影响。即使溶液中无其他络合剂存在,络合物的条件常数也远较相应的浓度常数小。例如 $K(\text{HgY})=10^{21.8}$,实际 $K'(\text{HgY})$ 不超过 $10^{12.0}$;$K(\text{Fe}^{\text{III}}\text{Y})\gg K(\text{CuY})$,但由于 Fe(III) 与 OH^- 的副反应严重,pH 8.0 以上 $K'(\text{Fe}^{\text{III}}\text{Y})$ 值远小于 $K'(\text{CuY})$。

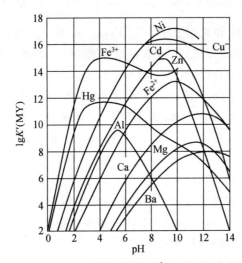

图 4.10　EDTA 络合物的 $\lg K'(\text{MY})$-pH 曲线

【例 4.5】　计算 pH 9.0,$c(\text{NH}_3)=0.1\ \text{mol·L}^{-1}$ 时的 $\lg K'(\text{ZnY})$。

解　此时溶液中的平衡关系是

此条件下 $\alpha_{\text{Zn(NH}_3)}=10^{3.2}$(例 4.3),$\alpha_{\text{Zn(OH)}}=10^{0.2}$(附录 C.6)。所以
$$\alpha_{\text{Zn}}=10^{3.2}+10^{0.2}-1=10^{3.2}$$
又
$$\lg\alpha_{Y(H)}=1.4\quad(\text{附录 C.5})$$
故
$$\lg K'(\text{ZnY})=\lg K(\text{ZnY})-\lg\alpha_{\text{Zn}}-\lg\alpha_{Y(H)}$$
$$=16.5-3.2-1.4=11.9$$

图 4.11 为不同氨浓度时的 $\lg K'(\text{ZnY})$-pH 曲线。由图可见,当酸度较高时,氨主要以 NH_4^+ 形态存在,OH^- 浓度也小,副反应仅来自 H^+ 对 Y 的影响,$\lg K'(\text{ZnY})$ 随 pH 升高而升高,此时不同浓度氨的曲线合而为一。当 pH 继续升高时,由于 NH_3 和 OH^- 与 Zn^{2+} 的副反应,导致 $\lg K'(\text{ZnY})$ 减小,而出现最大值。显然 $c(\text{NH}_3)$ 越大,达最大值的 pH 越低,并且在同一 pH 下的 $\lg K'(\text{ZnY})$ 越小。而当 pH>12 时,副反应主要来自 OH^- 对 Zn^{2+} 的影响,三条曲线又合为一条,$\lg K'(\text{ZnY})$ 随 pH 升高而降低。在弱碱性溶液中用

Zn^{2+} 标定 EDTA 时,常加入氨性缓冲溶液控制溶液 pH,此时氨为 Zn^{2+} 的辅助络合剂。由图可见,氨的浓度不能过大,否则 $\lg K'(ZnY)$ 太小,反应进行不完全。

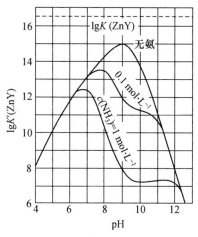

图 4.11 $\lg K'(ZnY)$-pH 曲线

4.2.4   金属离子缓冲溶液

金属离子缓冲溶液是由金属络合物(ML)和过量的络合剂(L)所组成,具有控制金属离子浓度的作用,它与弱酸(HA)及其共轭碱(A)组成的控制溶液 pH 的酸碱缓冲溶液的原理相似。

$$H + A \rightleftharpoons HA \qquad pH = pK_a + \lg \frac{[A]}{[HA]}$$

$$M + L \rightleftharpoons ML \qquad pM = \lg K(ML) + \lg \frac{[L]}{[ML]}$$

在含有大量的络合物 ML 和大量络合剂 L 的溶液中,若加入金属离子 M,则大量存在的络合剂 L 将与之络合从而抑制 pM 降低。若加入能与 M 作用的其他络合剂,溶液中大量存在的络合物 ML 将离解出 M 以阻止 pM 增大。显然,当过量络合剂与络合物浓度相等时,缓冲能力最大。实际上 L 往往发生副反应,此时

$$K(ML') = \frac{[ML]}{[M][L']} = \frac{K(ML)}{\alpha_{L(H)}}$$

取对数形式,得

$$\begin{aligned} pM &= \lg K(ML') + \lg \frac{[L']}{[ML]} \\ &= \lg K(ML) - \lg \alpha_{L(H)} + \lg \frac{[L']}{[ML]} \end{aligned} \qquad (4\text{-}15)$$

因此,选用不同络合剂,控制合适 pH,调节 $[L']/[ML]$,就可配制不同 pM 的金属离子缓冲溶液。

【**例 4.6**】 欲配制 pCa 为 6.0 的钙离子缓冲溶液:(1) 若选用 EDTA 为络合剂,应如何配制,pH 多大合适?(2) 如需控制溶液 pH 为 7.5,应如何配制?

解 1 $\lg K(CaY) = 10.7$。为使缓冲容量最大,需使 $[CaY] = [Y']$,即溶液中 $c_Y = 2c(Ca)$。按式(4-15)

$$pCa = lgK(CaY') = lgK(CaY) - lg\alpha_{Y(H)}$$

故
$$lg\alpha_{Y(H)} = lgK(CaY) - pCa = 10.7 - 6.0 = 4.7$$

查 $lg\alpha_{Y(H)}$-pH 曲线(图 4.7),此时 pH=6.0。因此,按 EDTA 与 Ca^{2+} 的物质的量之比为 2:1 混合,并调节溶液 pH=6.0,即得 pCa 为 6.0 的钙离子缓冲溶液。

解 2　为保证 pH=7.5、pCa=6.0,需要调节[CaY]与[Y']的比值。按式(4-15)

$$lg\frac{[Y']}{[CaY]} = 6.0 - 10.7 + 2.8 = -1.9$$

$$\frac{[Y']}{[CaY]} = 1:80$$

若按该比例配制缓冲溶液,其缓冲容量太小,没有应用价值,因此只能考虑改换络合剂。若选 HEDTA 为络合剂,$lgK(CaX) = 8.0$,pH=7.5 时 $lg\alpha_{X(H)} = 2.3$,则有

$$lg\frac{[X']}{[CaX]} = 6.0 - 8.0 + 2.3 = 0.3$$

$$\frac{[X']}{[CaX]} = 2:1$$

配制溶液时按 HEDTA 与 Ca^{2+} 的物质的量之比为 3:1 混合,并调节 pH 为 7.5 即可。

　　在一些化学反应中,常需要控制某金属离子浓度在很低数值。由于在稀溶液中,金属离子的络合、水解反应以及容器的吸附和该离子的外来引入等均影响极大,不能用直接稀释的方法配制出所需的浓度。上述金属离子缓冲溶液既能维持该金属离子浓度在指定 pM 范围,又有很大的"储备"浓度,因而可无匮乏之虞,所以在实际应用中是很重要的。

4.3　络合滴定基本原理

4.3.1　滴定曲线

　　在络合滴定中,随着滴定剂的加入,金属离子浓度逐渐减小,在化学计量点附近,pM 发生急剧变化。有了条件常数,滴定曲线不难作出。用络合剂 Y 滴定金属离子 M 的过程与用弱碱 A 滴定强酸 H^+ 相似[①]。

　　表 4-2 将两类滴定进行比较:若将酸 HA 作为络合物处理,用形成常数 $K^H(HA)$ 表示(即 $1/K_a$),则两类滴定的计算式完全一致;若反应进行不完全,在计算化学计量点前后的 pM' 时不能忽略络合物的离解。

表 4-2　酸碱滴定曲线和络合滴定曲线的计算公式的对比[a]

滴定反应	$H + A \rightleftharpoons HA$		$M + Y \rightleftharpoons MY$	
	溶液组成	[H]的计算	溶液组成	[M']的计算
开　始	H	$c(H)$	M'	$c(M)$
化学计量点前	H+HA	按剩余 H 计	M'+MY	按剩余 M'计
化学计量点	HA	$\sqrt{K_a c}$	MY	$\sqrt{\dfrac{c}{K'(MY)}}$
化学计量点后	HA+A	$\left(\dfrac{[HA]}{[A]}\right)K_a$	MY+Y'	$\left(\dfrac{[MY]}{[Y']}\right)\dfrac{1}{K'(MY)}$

a 表中离子均略去电荷。

[①]　在此仅是作对比,实际滴定强酸是不会用弱碱作滴定剂的。

需要特别强调的是化学计量点 pM′ 的计算,它是选择指示剂的依据。按条件常数式

$$K'(MY) = \frac{[MY]}{[M'][Y']}$$

化学计量点时,$[M']=[Y']$(注意,不是$[M]=[Y]$)。若络合物比较稳定,$[MY]=c(M)-[M']\approx c(M)$。将其代入上式,整理即得

$$[M']_{sp} = \sqrt{\frac{c_{sp}(M)}{K'(MY)}}$$

取对数形式,即

$$(pM')_{sp} = \frac{1}{2}\left[\lg K'(MY) + pc_{sp}(M)\right] \tag{4-16}$$

这就是计算化学计量点时 pM′ 的公式。式中:$c_{sp}(M)$表示化学计量点时金属离子的分析浓度。若滴定剂与被滴物浓度相等,$c_{sp}(M)$即为金属离子原始浓度之半。

【例 4.7】 用 2×10^{-2} mol·L^{-1} EDTA 溶液滴定同浓度的 Zn^{2+} 溶液。若溶液 pH 为 9.0,$c(NH_3)$ 为 0.2 mol·L^{-1},计算化学计量点的 pZn′,pZn,pY′,pY,以及化学计量点前后 0.1% 时的 pZn′ 和 pY′。

解 化学计量点时,pH=9.0,$c(NH_3)=\frac{0.2}{2}$ mol·L^{-1}=0.1 mol·L^{-1},例 4.5 已计算得

$$\lg\alpha_{Zn}=\lg\alpha_{Zn(NH_3)}=3.2,\ \lg\alpha_{Y(H)}=1.4,\ \lg K'(ZnY)=11.9$$

又 $$c_{sp}(Zn)=10^{-2.0}\ mol·L^{-1}$$

按式(4-16),则

$$(pZn')_{sp}=\frac{1}{2}\left[\lg K'(ZnY)+pc_{sp}(Zn)\right]=\frac{1}{2}(11.9+2.0)=7.0$$

因 $$[Zn]=\frac{[Zn']}{\alpha_{Zn}}$$

$$pZn=pZn'+\lg\alpha_{Zn}=7.0+3.2=10.2$$

又 $$(pY')_{sp}=(pZn')_{sp}=7.0$$

$$(pY)_{sp}=(pY')_{sp}+\lg\alpha_{Y(H)}=7.0+1.4=8.4$$

化学计量点前 0.1% 时

$$[Zn']=\frac{2\times10^{-2}}{2}\times0.1\%\ mol·L^{-1}=1\times10^{-5}\ mol·L^{-1}$$

$$pZn'=5.0$$

$$[Y']=\frac{[ZnY]}{[Zn']K'}=\frac{1\times10^{-2}}{1\times10^{-5}\times10^{11.9}}\ mol·L^{-1}=10^{-11.9+3.0}\ mol·L^{-1}=10^{-8.9}\ mol·L^{-1}$$

$$pY'=8.9$$

化学计量点后 0.1% 时

$$[Y']=\frac{2\times10^{-2}}{2}\times0.1\%\ mol·L^{-1}=1\times10^{-5}\ mol·L^{-1}$$

$$pY'=5.0$$

$$[Zn']=\frac{[ZnY]}{[Y']K'}=\frac{1\times10^{-2}}{1\times10^{-5}\times10^{11.9}}\ mol·L^{-1}=10^{-11.9+3.0}\ mol·L^{-1}=10^{-8.9}\ mol·L^{-1}$$

$$pZn'=8.9$$

化学计量点附近体积变化很小,K' 可以认为不变。化学计量点时未与 EDTA 络合的锌的总浓度(即 $[Zn']$)仅 $10^{-7.0}$ mol·L^{-1},故与锌络合所消耗的氨可忽略,一般若能准确滴定,这种忽略均是合理的。

滴定突跃的大小是决定络合滴定准确度的重要依据。影响滴定突跃的因素有:

(1) 络合物的条件稳定常数 $K'(MY)$。在浓度一定的条件下,$K'(MY)$越大,突跃也越大(图 4.12)。

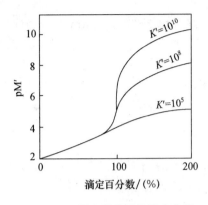

图 4.12　不同条件常数的滴定曲线
($c = 10^{-2}\ mol \cdot L^{-1}$)

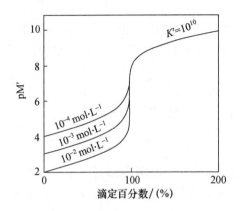

图 4.13　不同浓度溶液的滴定曲线
($K' = 10^{10}$)

这是由于化学计量点后

$$pM' = \lg K'(MY) - \lg \frac{[MY]}{[Y']}$$

当滴定剂过量 0.1% 时

$$pM' = \lg K'(MY) - 3$$

可见 pM'仅取决于 $\lg K'(MY)$,将随 $\lg K'(MY)$增大而增大,$K'(MY)$增大 10 倍,pM'则增大 1 个单位;化学计量点前按反应剩余的 $[M']$计算 pM',与 $K'(MY)$无关,因此 $K'(MY)$不同的滴定曲线合为一条。借助于调节溶液酸度,控制其他络合剂的浓度,可使 $\lg K'(MY)$增大,从而使滴定突跃加大。

(2) 金属离子浓度 $c(M)$。在条件常数 $K'(MY)$一定的条件下,$c(M)$越大,突跃也越大(图 4.13)。化学计量点前,pM'随 $c(M)$增大而减小,若浓度加大 10 倍,pM'则降低 1 个单位;化学计量点后,浓度不同的滴定曲线合为一条,表明 pM'与浓度无关。此处浓度改变仅影响滴定曲线的一侧,这与酸碱滴定中的一元弱酸(碱)滴定情况相似。

4.3.2　金属指示剂

络合滴定指示终点的方法很多,其中最重要的是使用金属指示剂指示终点。酸碱指示剂是以指示溶液中 H^+浓度的变化确定终点,金属指示剂则是以指示溶液中金属离子浓度的变化确定终点。

1. 金属指示剂作用原理

金属指示剂是一类有机染料,能与某些金属离子形成与染料本身颜色不同的有色络合物。例如,铬黑 T(EBT)及其与镁的络合物的结构如下:

若以 EDTA 滴定 Mg^{2+}，滴定开始时溶液中有大量的 Mg^{2+}，部分的 Mg^{2+} 与指示剂络合，呈现 $MgIn^-$ 的红色；随着 EDTA 的加入，它逐渐与 Mg^{2+} 络合；在化学计量点附近，Mg^{2+} 浓度降至很低，加入的 EDTA 进而夺取 $MgIn^-$ 络合物中的 Mg^{2+}，使指示剂游离出来，即

$$MgIn^- + HY^{3-} \rightleftharpoons MgY^{2-} + HIn^{2-}$$
$$(\text{红}) \qquad\qquad\qquad (\text{蓝})$$

此时溶液呈现蓝色，表示达到滴定终点。

作为金属指示剂，必须具备以下条件：

（1）金属-指示剂络合物与指示剂的颜色应有明显区别，终点颜色变化才明显。金属指示剂多是有机弱酸，颜色随 pH 而变化，因此必须控制合适的 pH 范围。仍以铬黑 T 为例，它在溶液中有如下平衡

$$H_2In^- \xrightarrow{pK_{a_2} 6.4} HIn^{2-} \xrightarrow{pK_{a_3} 11.5} In^{3-}$$
$$(\text{紫红}) \qquad\qquad (\text{蓝}) \qquad\qquad (\text{橙})$$

当 pH<6.4 时呈紫红色，pH>11.5 时则呈橙色，均与铬黑 T 金属络合物的红色相近。为使终点变化明显，使用铬黑 T 的最适宜酸度应在 pH 6.4～11.5 范围之间。

（2）金属-指示剂络合物（MIn）的稳定性应比金属-EDTA 络合物（MY）的稳定性低。否则 EDTA 不能夺取 MIn 中的 M，即使过了化学计量点也不变色，就失去了指示剂的作用。但是金属指示剂络合物稳定性不能太低，否则终点变色不敏锐。因此，为使滴定的准确度高，MIn 的稳定性要适当，以免终点会过早或过迟到达。后面将对此进行定量讨论。

（3）指示剂与金属离子的反应必须进行迅速，且有良好的可逆性，才能用于滴定。

2. 金属指示剂颜色转变点的 pM[即$(pM)_t$]的计算

金属-指示剂络合物在溶液中有如下平衡关系（在忽略金属离子副反应的情况下）：

$$
\begin{array}{c}
M + In \rightleftharpoons MIn \\
\downarrow H \\
HIn \\
\downarrow H \\
H_2In \\
\vdots
\end{array}
$$

其条件常数式为

$$K(MIn') = \frac{[MIn]}{[M][In']} = \frac{K(MIn)}{\alpha_{In(H)}}$$

采用对数形式

$$pM + \lg\frac{[MIn]}{[In']} = \lg K(MIn) - \lg\alpha_{In(H)}$$

在 $[MIn]=[In']$[①]时，溶液呈现混合色，即可得出指示剂颜色转变点的 pM，以 $(pM)_t$ 表示，其值是

$$(pM)_t = \lg K(MIn') = \lg K(MIn) - \lg\alpha_{In(H)} \tag{4-17}$$

---

① $[In']$ 表示多种具有不同颜色的形态浓度总和。为使终点变色明显，必在一定 pH 范围内滴定，此时必是某一形态（其颜色与金属-指示剂络合物有显著区别）为主。例如铬黑 T 作指示剂时是以 HIn^{2-} 形态占优势，此时 $[In'] \approx [HIn^{2-}]$。

因此,只要知道金属-指示剂络合物的稳定常数 $K(\text{MIn})$,并算得一定 pH 时的指示剂的酸效应系数 $\alpha_{\text{In(H)}}$,就可求出 $(\text{pM})_t$。

【例 4.8】　铬黑 T 与 Mg^{2+} 的络合物的 $\lg K(\text{MgIn})$ 为 7.0,铬黑 T 的质子化累积常数的对数值为 $\lg\beta_1=11.5$,$\lg\beta_2=17.9$。试计算 pH 10.0 时铬黑 T 的 $(\text{pMg})_t$。

解
$$\begin{aligned}
\alpha_{\text{In(H)}} &= 1+[\text{H}]\beta_1+[\text{H}]^2\beta_2 \\
&= 1+10^{-10.0+11.5}+10^{-20.0+17.9} \\
&= 10^{1.5}
\end{aligned}$$

故
$$\begin{aligned}
(\text{pMg})_t &= \lg K(\text{MgIn}') \\
&= \lg K(\text{MgIn})-\lg\alpha_{\text{In(H)}} \\
&= 7.0-1.5 \\
&= 5.5
\end{aligned}$$

上例是指 M 与 In 的物质的量之比为 1:1 的情况。实际上有时还会形成 1:2 或 1:3 以及酸式络合物,则 $(\text{pM})_t$ 的计算就很复杂。况且在实际应用时,通常控制溶液显 In 色(用 EDTA 滴定 M 时)或 MIn 色(用 M 滴定 EDTA 时)为终点,与计算的 $(\text{pM})_t$ 略有出入。因此不少指示剂变色点的 $(\text{pM})_t$ 是由实验所测。

附录 C.7 中列有一些金属指示剂在不同 pH 下的 $\lg\alpha_{\text{In(H)}}$ 与 $(\text{pM})_t$。图 4.14 为铬黑 T 的 $(\text{pMg})_t$-pH 曲线和二甲酚橙的 $(\text{pZn})_t$-pH 曲线。由图可见,指示剂变色点的 $(\text{pM})_t$ 随酸度而变,酸度越低(pH 高),指示剂的灵敏度越高[$(\text{pM})_t$ 大]。由图可查出不同 pH 时的 $(\text{pM})_t$。

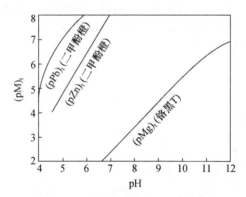

图 4.14　指示剂的 $(\text{pM})_t$-pH 曲线

在金属离子 M 未发生副反应时,$(\text{pM})_{ep}$ 即 $(\text{pM})_t$。若 M 发生副反应,终点时未与 EDTA 络合的金属离子总浓度是 $[\text{M}']$,它是游离金属离子浓度的 α_M 倍,此时

$$(\text{pM}')_{ep} = (\text{pM})_t - \lg\alpha_M \tag{4-18}$$

3. 常用金属指示剂

常用金属指示剂及其主要应用列于附录 B.2 中。

(1) 铬黑 T(EBT)

如前所述,铬黑 T 是在弱碱性溶液中滴定 Mg^{2+}、Zn^{2+}、Pb^{2+} 等离子的常用指示剂。

(2) 二甲酚橙(XO)

二甲酚橙是在酸性溶液(pH<6.0)中许多金属离子络合滴定所使用的指示剂。常

用于锆、铪、钍、钪、铟、稀土、钇、铋、铅、锌、镉、汞的直接滴定法中。会封闭 XO 的离子，如铝、镍、钴、铜、镓等，可采用返滴定法，即加入过量 EDTA 后，调节 pH 5.0～5.5(六次甲基四胺缓冲溶液)，再用锌或铅返滴定。3 价铁离子可在 pH 2～3 时，以硝酸铋返滴定法测定之。

二甲酚橙为多元酸(六级离解常数)，在 pH 0～6.0 之间，二甲酚橙为黄色，它与金属离子形成的络合物为红色。二甲酚橙与各种金属离子形成络合物的稳定性不同，产生明显颜色变化的最高酸度也就不同(表 4-3)。

表 4-3　二甲酚橙与金属离子显色的最高酸度

金属离子	酸度 $c(HNO_3)/(mol \cdot L^{-1})$	金属离子	pH
Zr^{4+}，Hf^{4+}	1.0	Pb^{2+}，Al^{3+}，In^{3+}，Ca^{2+}	3.0
Bi^{3+}	0.5	镧系元素离子，Y^{3+}	3.0～4.0
Fe^{3+}	0.2	Zn^{2+}，Co^{2+}，Tl^{3+}	4.0
Th^{4+}	0.1	Cu^{2+}	5.0
Sc^{3+}	0.05	Mn^{2+}，Ni^{2+}，Cd^{2+}，Hg^{2+}	5.0～5.5

(3) 1-(2-吡啶偶氮)-2-萘酚(PAN)

PAN 与 Cu^{2+} 的显色反应非常灵敏，但很多其他金属离子，如 Ni^{2+}、Co^{2+}、Zn^{2+}、Pb^{2+}、Bi^{3+}、Ca^{2+} 与 PAN 反应慢或灵敏度低。若以 Cu-PAN 为间接金属指示剂，则可测定多种金属离子。Cu-PAN 指示剂是 CuY 和 PAN 的混合液。将此液加到含有被测金属离子 M 的试液中时，发生如下置换反应

$$CuY + PAN + M \Longrightarrow MY + Cu\text{-}PAN$$
(黄绿)　　　　　　　　　(紫红)

溶液呈现紫红色。当加入的 EDTA 定量络合 M 后，EDTA 将夺取 Cu-PAN 中的 Cu^{2+}，从而使 PAN 游离出来

$$Cu\text{-}PAN + Y \Longrightarrow CuY + PAN$$
(紫红)　　　　　　(黄绿)

溶液由紫红变为黄绿色指示终点到达。因滴定前加入的 CuY 的量与最后生成的 CuY 是相等的，故加入的 CuY 并不影响测定结果。

在几种离子的连续滴定中，若分别使用几种指示剂，往往发生颜色干扰。而 Cu-PAN 可在很宽的 pH 范围(pH 1.9～12.2)内使用，就可以在同一溶液中连续指示终点。

(4) 其他指示剂

① Mg-EBT 类似于 Cu-PAN，为间接指示剂。

② 在 pH 2 时，磺基水杨酸(无色)与 Fe^{3+} 形成紫红色络合物，可用作滴定 Fe^{3+} 的指示剂。

③ 在 pH 12.5 时，钙指示剂(蓝色)与 Ca^{2+} 形成紫红色络合物，可用作滴定 Ca^{2+} 的指示剂。

4. 使用金属指示剂中存在的问题

(1) 指示剂的封闭现象。某些金属-指示剂络合物(MIn)较相应的金属-EDTA 络合物(MY)稳定，显然此指示剂不能作为滴定该金属的指示剂。在滴定其他金属离子时，若溶液中存在这些金属离子，则溶液一直呈现 MIn 的颜色，即使到了化学计量点也不变色，

这种现象称为指示剂的封闭现象。例如在 pH 10 时以铬黑 T 为指示剂滴定 Ca^{2+}、Mg^{2+} 总量时，Al^{3+}、Fe^{3+}、Cu^{2+}、Co^{2+}、Ni^{2+} 等会封闭铬黑 T，致使终点无法确定。往往由于试剂或去离子水的质量差，含有微量的上述离子也使得指示剂失效。解决的办法是加入掩蔽剂，使干扰离子生成更稳定的络合物，从而不再与指示剂作用。Al^{3+}、Fe^{3+} 对铬黑 T 的封闭可加三乙醇胺予以消除；Cu^{2+}、Co^{2+}、Ni^{2+}·可用 KCN 掩蔽；Fe^{3+} 也可先用抗坏血酸还原为 Fe^{2+}，再加 KCN 以 $Fe(CN)_4^{2-}$ 形式掩蔽。若干扰离子的量太大，则需预先分离除去。

（2）指示剂的僵化现象。有些指示剂或金属-指示剂络合物在水中的溶解度太小，使得滴定剂与金属-指示剂络合物交换缓慢，终点拖长，这种现象称为指示剂的僵化。解决的办法是加入有机溶剂或加热，以增大其溶解度。例如用 PAN 作指示剂时，经常加入酒精或在加热下滴定。

（3）指示剂的氧化变质现象。金属指示剂大多为含双键的有色化合物，易被日光、氧化剂、空气所分解，在水溶液中多不稳定，日久会变质。若配成固体混合物则较稳定，保存时间较长。例如铬黑 T 和钙指示剂，常用固体 NaCl 或 KCl 作稀释剂配制。

4.3.3 终点误差

参照酸碱滴定终点误差公式(3-44)的导出，不难得到络合滴定的误差公式。EDTA(Y)滴定金属(M)的终点误差表达式是

$$E_t = \frac{[Y']_{ep} - [M']_{ep}}{c_{sp}(M)}$$

由

$$\Delta pM' = (pM')_{ep} - (pM')_{sp}$$
$$\Delta pY' = (pY')_{ep} - (pY')_{sp}$$

得

$$[M']_{ep} = [M']_{sp} 10^{-\Delta pM'}$$
$$[Y']_{ep} = [Y']_{sp} 10^{-\Delta pY'} = [Y']_{sp} 10^{\Delta pM'} ①$$

代入上式，得

$$E_t = \frac{[M']_{sp}(10^{\Delta pM'} - 10^{-\Delta pM'})}{c_{sp}(M)}$$

根据式(4-16)，有

$$[M']_{sp} = [c_{sp}(M)/K'(MY)]^{1/2}$$

又因

$$\Delta pM' = \Delta pM ②$$

故

$$E_t = \frac{10^{\Delta pM} - 10^{-\Delta pM}}{[K'(MY) \cdot c_{sp}(M)]^{1/2}} \tag{4-19}$$

① 在终点与化学计量点时，分别有如下关系：
$$(pM')_{ep} + (pY')_{ep} = \lg K'_{ep}(MY) - \lg[MY]_{ep}$$
$$(pM')_{sp} + (pY')_{sp} = \lg K'_{sp}(MY) - \lg[MY]_{sp}$$
终点离化学计量点近时，$\lg K'_{ep}(MY) \approx \lg K'_{sp}(MY)$，$\lg[MY]_{cp} \approx \lg[MY]_{sp}$。上两式相减，得 $\Delta pM' = -\Delta pY'$。

② $[M']_{ep} = (\alpha_M)_{ep} \cdot [M]_{ep}$，$[M']_{sp} = (\alpha_M)_{sp} \cdot [M]_{sp}$。终点离化学计量点近时，$(\alpha_M)_{ep} \approx (\alpha_M)_{sp}$，故 $\Delta pM' = \Delta pM$。

这就是络合滴定终点误差公式,其形式与酸碱滴定终点误差公式相似。$K'(MY)$对应于酸碱滴定反应常数 K_t,$c_{sp}(M)$ 对应于 c_{sp},ΔpM 则相应于 ΔpH。因此,终点误差图3.19 对络合滴定同样适用。

用络合滴定法测定时所需的条件,也取决于允许的误差和检测终点的准确度。一般络合滴定目测终点有 $\pm(0.2\sim0.5)\Delta pM$ 的出入,即 ΔpM 至少有 ±0.2。若允许 E_t 为 $\pm0.1\%$,则 $\lg[c_{sp}(M)\cdot K'(MY)]\geqslant6$。因此通常将 $\lg(cK')^{①}\geqslant6$ 作为判断能否用络合滴定法测定的条件。用终点误差图也可求络合滴定的突跃范围与终点误差。

【例 4.9】 在 pH 5.0 的六次甲基四胺缓冲溶液中以 2×10^{-2} mol·L^{-1} EDTA 滴定同浓度的 Pb^{2+}。计算滴定突跃,并选择合适的指示剂。

解 六次甲基四胺不与 Pb^{2+} 络合,在 pH=5.0 时
$$\lg\alpha_{Pb(OH)}=0,\ \lg\alpha_{Y(H)}=6.6$$
故
$$\lg K(PbY')=18.0-6.6=11.4$$
查误差图,$\lg(cK')=11.4-2.0=9.4$,$E_t=\pm0.1\%$ 时
$$\Delta pM=\pm1.7$$
$$(pPb)_{sp}=\frac{1}{2}[\lg K(PbY')+pc_{sp}(Pb)]=\frac{1}{2}(11.4+2.0)=6.7$$
滴定突跃即化学计量点前后 0.1% 的 pPb,相应的 pPb 是 6.7 ± 1.7,即滴定突跃为 pPb 5.0~8.4。

查附录 C.7-3,二甲酚橙在 pH 5.0 时的 $(pPb)_t=7.0$,正处于突跃范围内,所以它是合适的指示剂。

【例 4.10】 在 pH 10.0 的氨性缓冲溶液中用 2×10^{-2} mol·L^{-1} EDTA 滴定同浓度的 Mg^{2+}。若以铬黑 T 为指示剂滴定到变色点 $(pMg)_t$,计算 E_t。

解 pH=10.0 时,$(pMg)_{ep}=(pMg)_t=5.4$ (查附录 C.7-1,或见例 4.8 计算)
$$\lg K(MgY')=\lg K(MgY)-\lg\alpha_{Y(H)}=8.7-0.5=8.2$$
$$(pMg)_{sp}=\frac{1}{2}[\lg K(MgY')+pc_{sp}(Mg)]=\frac{1}{2}(8.2+2)=5.1$$
$$\Delta pM=(pMg)_{ep}-(pMg)_{sp}=5.4-5.1=+0.3$$
查误差图,$\lg cK'=6.2$,$\Delta pM=+0.3$ 时,$E_t=+0.1\%$。

络合滴定终点误差计算式也可直接由误差的定义和条件常数式求得,按误差定义
$$E_t=\frac{[Y']_{ep}-[M']_{ep}}{c_{sp}(M)}$$
由条件常数式
$$[Y']_{ep}=\frac{[MY]_{ep}}{[M']_{ep}\cdot K'(MY)}\approx\frac{c_{sp}(M)}{[M']_{ep}\cdot K'(MY)}$$
两者结合即得
$$E_t=\frac{1}{[M']_{ep}\cdot K'(MY)}-\frac{[M']_{ep}}{c_{sp}(M)} \tag{4-20}$$
式中:$[M']_{ep}$ 即指示剂变色点的 $[M']$。

利用此式计算例 4.10 的终点误差,即
$$E_t=\left(\frac{1}{10^{-5.4}\times10^{8.2}}-\frac{10^{-5.4}}{10^{-2}}\right)\times100\%$$
$$=(0.16-0.04)\%\approx+0.1\%$$

---

① $\lg(cK')$ 是 $\lg[c_{sp}(M)\cdot K'(MY)]$ 的简写。

结果与用误差图求得的一致。

4.3.4　络合滴定中酸度的控制

1. 单一离子滴定的最高酸度与最低酸度

最高酸度的控制是为了保证达到准确滴定的 $K'(\mathrm{MY})$。由误差公式(4-19)可见,在 $c_{\mathrm{sp}}(\mathrm{M})$ 与 $\Delta\mathrm{pM}$ 一定的条件下,终点误差 E_{t} 仅取决于 $K'(\mathrm{MY})$。若金属离子没有发生副反应,$K'(\mathrm{MY})$ 仅取决于 $\alpha_{\mathrm{Y(H)}}$,即仅由酸度决定。这样就可以求得滴定的最高酸度(即最低 pH)。

【**例 4.11**】　用 $2\times10^{-2}\ \mathrm{mol\cdot L^{-1}}$ EDTA 滴定同浓度的 $\mathrm{Zn^{2+}}$。若 $\Delta\mathrm{pM}$ 为 ±0.2,要求终点误差在 $\pm0.1\%$ 以内,pH 最低应是多少?

解　由误差图知,$\Delta\mathrm{pM}=\pm0.2$,$E_{\mathrm{t}}=\pm0.1\%$ 时,$\lg cK'=6.0$,今 $c_{\mathrm{sp}}(\mathrm{Zn})=10^{-2}\ \mathrm{mol\cdot L^{-1}}$,故
$$\lg K'(\mathrm{ZnY})=8.0$$

在 $\mathrm{Zn^{2+}}$ 没有发生副反应时
$$\lg K'(\mathrm{ZnY})=\lg K(\mathrm{ZnY'})=\lg K(\mathrm{ZnY})-\lg\alpha_{\mathrm{Y(H)}}$$

故
$$\lg\alpha_{\mathrm{Y(H)}}=\lg K(\mathrm{ZnY})-\lg K(\mathrm{ZnY'})=16.5-8.0=8.5$$

从 $\lg\alpha_{\mathrm{Y(H)}}$-pH 曲线(见图 4.7)查得此时 pH 约为 4.0,此即最低 pH。若 pH 低于 4.0,$\lg K(\mathrm{ZnY'})$ 就小于 8,而达不到准确滴定的要求。

不同金属-EDTA 络合物的 $\lg K(\mathrm{MY})$ 不同。为使 $\lg K(\mathrm{MY'})$ 达到 8.0 的最低 pH 也不同,若以不同的 $\lg K(\mathrm{MY})$ 对相应的最低 pH 作图,就得到酸效应曲线(见图 4.15)。由图可查得滴定各种金属离子的最低 pH。必须注意,此最低 pH 是相应于如下条件:$\Delta\mathrm{pM}=\pm0.2$,$c_{\mathrm{sp}}(\mathrm{M})=10^{-2}\ \mathrm{mol\cdot L^{-1}}$,$E_{\mathrm{t}}=0.1\%$,金属离子未发生副反应。

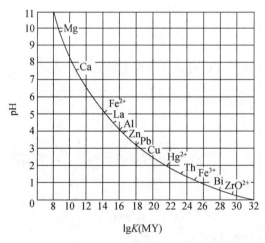

图 4.15　酸效应曲线

酸效应曲线表明了 pH 对络合物形成的影响。对很稳定的络合物 $\mathrm{BiY^-}$ [$\lg K(\mathrm{BiY})=27.9$],可以在高酸度(pH$\approx$1)下滴定;而对不稳定的络合物 $\mathrm{MgY^{2-}}$ [$\lg K(\mathrm{MgY})=8.7$],则必须在弱碱性(pH$\approx$10)溶液中滴定。

但若酸度过低,金属离子将发生水解甚至形成 $\mathrm{M(OH)}_n$ 沉淀。这不仅影响络合反应

的速率使终点难以确定,而且影响络合反应的计量关系。此"最低酸度"可由 $M(OH)_n$ 的溶度积求得。如例 4.11 中滴定 Zn^{2+} 时,为防止滴定开始时形成 $Zn(OH)_2$ 沉淀,必须使

$$[OH^-] \leqslant \sqrt{\frac{K_{sp}(Zn(OH)_2)}{[Zn^{2+}]}} = \sqrt{\frac{10^{-15.3}}{2 \times 10^{-2}}} \ mol \cdot L^{-1} = 10^{-6.8} \ mol \cdot L^{-1}$$

即最高 pH 为 7.2,故络合滴定 Zn^{2+} 的 pH 范围为 4.0～7.2。

若加入适当的辅助络合剂(如酒石酸或氨水)防止金属离子水解沉淀,就可以在更低酸度下滴定。但辅助络合剂与金属的副反应导致 $K'(MY)$ 降低,必须控制其用量,否则 $K'(MY)$ 太小,将无法准确滴定。

2. 用指示剂确定终点时滴定的最佳酸度

上述酸度范围是从滴定反应考虑的,也即为达到准确滴定的 $K(MY')$ 而又不致生成沉淀所需。如前所述,滴定的终点误差不仅取决于 $lg(cK')$,还与 ΔpM 有关。酸度会影响指示剂的 $(pM)_t$,从而影响 ΔpM。因此,采用指示剂确定终点,在上述最高与最低酸度范围内还有最佳酸度。为使滴定准确度高,选择最佳酸度应当使 $(pM)_t$ 与 $(pM)_{sp}$ 尽可能一致。现仍以上述 EDTA 滴定 Zn^{2+} 为例,若选二甲酚橙为指示剂,最佳酸度是多少?

在上述酸度范围内(pH 4.0～7.2),取几个不同的 pH,分别查出相应的 $lg\alpha_{Y(H)}$(附录 C.5),并计算各 $lgK(ZnY')$ 和 $(pZn)_{sp}$。再由附录 C.7-3 查出在这些 pH 下二甲酚橙的 $(pZn)_t$[此即 $(pZn)_{ep}$]。最后由 $lg(cK')$ 和 ΔpM 从误差图上查出不同 pH 时的 E_t。表4-4列出这些数据。

表 4-4　不同 pH 下用 EDTA 滴定 Zn^{2+} 的误差

pH	4.0	5.0	6.0	7.0
$lg\alpha_{Y(H)}$	8.6	6.6	4.8	3.4
$lgK(ZnY')$	8.0	9.9	11.7	13.1
$(pZn)_{sp}$	5.0	6.0	6.9	7.6
$(pZn)_{ep}$,即 $(pZn)_t$	≈3.3	4.8	6.5	8.0
ΔpM	−1.7	−1.2	−0.4	+0.4
E_t	≈−5%	−0.2%	<−0.01%	<+0.01%

为清楚表明 pH 对各项数值的影响并找出最佳酸度,将这些数据对 pH 作图(图 4.16)。图 4.16(a) 表示 $lgK(ZnY')$、$(pZn)_{sp}$ 和 $(pZn)_{ep}$ 随 pH 变化情况;(b) 表示 E_t 随 pH 变化情况。为便于作图,纵坐标 E_t 以倍数方式表示。

由图 4.16 可见,$lgK(ZnY')$ 和 $(pZn)_{sp}$ 随 pH 增大而增大,表明酸度降低,络合反应越趋完全;$(pZn)_{ep}$ 随 pH 增大而增大,表明酸度越低,指示剂的灵敏度越高。$(pZn)_{sp}$ 与 $(pZn)_{ep}$ 两条线交于 pH 6.5。pH<6.5 时,$(pZn)_{ep}$<$(pZn)_{sp}$,终点在化学计量点前,终点误差为负值;pH>6.5 时,$(pZn)_{ep}$>$(pZn)_{sp}$,终点在化学计量点后,终点误差为正值。

从理论上考虑,pH 6.5 为最佳 pH。此时 $(pZn)_{ep}$=$(pZn)_{sp}$,终点误差最小。但实际上,二甲酚橙指示剂在 pH>6 时呈紫红色,与锌-二甲酚橙络合物的颜色相近,因此它仅能在pH<6 时使用。由 E_t-pH 曲线可见,为使终点误差<0.1%,pH 应当大于 5.1。因此采用二甲酚橙的酸度范围是 pH 5.1～6.0。pH 近于 6 时,$lgK(ZnY')$ 大,滴定突跃也大,终点变化最明显。实际滴定多在 pH 5.5～5.8,理论处理与实际情况是一致的。

若选择 pH=4.0 滴定,尽管 $lgK(ZnY')$ 达到8,但此酸度下二甲酚橙指示剂对锌很不

灵敏（pZn≈3.3），ΔpM 太大（为 1.7 个单位），结果误差高达 5%。这清楚地表明，用指示剂确定终点时，pH 的选择不仅要考虑 $K'(ML)$，还要顾及指示剂的变色点。

必须指出，由于络合物形成常数，特别是与金属指示剂有关的平衡常数目前还不齐全，有的可靠性还较差，理论处理结果必须由实验来检验。

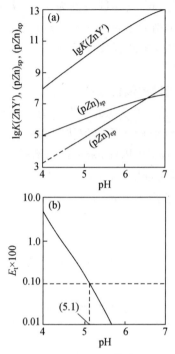

图 4.16　pH 对 E_t 等的影响

（a）$\lg K(ZnY')$、$(pZn)_{sp}$、$(pZn)_{ep}$ 与 pH 的关系；（b）E_t 与 pH 的关系

3. 络合滴定中缓冲剂的作用

络合滴定过程中会不断释放出 H^+，即

$$M^{n+} + H_2Y^{2-} \rightleftharpoons MY^{n-2} + 2H^+$$

溶液酸度增高会降低 $K(MY')$，影响到反应的完全程度，同时还减小 $K(MIn')$ 使指示剂灵敏度降低。因此络合滴定中常加入缓冲剂控制溶液的酸度。

在弱酸性溶液（pH 5～6）中滴定，常使用醋酸缓冲溶液或六次甲基四胺缓冲溶液；在弱碱性溶液（pH 8～10）中滴定，常采用氨性缓冲溶液。在强酸中滴定（如 pH 1 时滴定 Bi^{3+}）或强碱中滴定（如 pH 13 时滴定 Ca^{2+}），强酸或强碱本身就是缓冲溶液。缓冲剂的选择不仅要考虑缓冲剂所能缓冲的 pH 范围，还要考虑缓冲剂是否会引起金属离子的副反应而影响反应的完全度。例如在 pH＝5 时用 EDTA 滴定 Pb^{2+}，通常不用醋酸缓冲溶液，因为 Ac^- 会与 Pb^{2+} 络合，降低 PbY 的条件形成常数。此外，缓冲溶液还必须有足够的缓冲容量，才能控制溶液 pH 基本不变。

【例 4.12】　用 0.02 mol·L^{-1} EDTA 溶液滴定 25 mL 0.02 mol·L^{-1} 的 Pb^{2+} 溶液，设 Pb^{2+} 溶液的 pH 为 5.0。如何控制溶液的 pH 在整个滴定过程中的变化不超过 0.2 pH 单位？

解　EDTA（H_2Y^{2-}）滴定 Pb^{2+} 的反应为

$$Pb^{2+} + H_2Y^{2-} \rightleftharpoons PbY^{2-} + 2H^+$$

在 Pb^{2+} 与 EDTA 的络合反应中,产生 2 倍量的 H^+,即浓度为 0.04 mol·L^{-1}。按缓冲容量的定义,有

$$\beta = \frac{\mathrm{d}a}{-\mathrm{dpH}} = \frac{0.04}{0.2} \text{ mol·L}^{-1} = 0.2 \text{ mol·L}^{-1}$$

又

$$\beta = 2.3c \frac{K_a[H^+]}{(K_a+[H^+])^2}$$

将 $[H^+] = 10^{-5.0}$ mol·L^{-1} 及 $K_a((CH_2)_6N_4H^+) = 10^{-5.3}$ 代入上式,解得

$$c((CH_2)_6N_4) = 0.39 \text{ mol·L}^{-1}$$

$$m((CH_2)_6N_4) = 0.39 \times 0.025 \times 140 \text{ g} = 1.4 \text{ g}$$

$$n(HNO_3) = 0.39 \times \frac{[H^+]}{[H^+]+K_a} \times 0.025 \text{ mmol} = 6.5 \text{ mmol}$$

取 25 mL Pb^{2+} 溶液,加入 1.4 g 六次甲基四胺及 6.5 mmol HNO_3 即可。

4.4 混合离子的选择性滴定

以上讨论的是单一离子的滴定。由于 EDTA 等氨羧络合剂具有广泛的络合作用,而实际的分析对象常常比较复杂,含有多种元素,它们在滴定时往往相互干扰。因此,在混合离子中进行选择性的滴定就成为络合滴定中需要解决的重要问题。

4.4.1 控制酸度进行分步滴定

若溶液中含有金属离子 M 和 N,它们均与 EDTA 形成络合物,且 $K(MY) > K(NY)$。当用 EDTA 滴定时,首先被滴定的是 M。如若 $K(MY)$ 与 $K(NY)$ 相差足够大,则 M 被定量滴定后才滴定 N,也就是说能在 N 存在下准确滴定 M,这就是分步滴定的问题。至于 N 能否继续被滴定,这是单一离子滴定,前面已经解决。这里需要讨论的是,$K(MY)$ 与 $K(NY)$ 相差多大才能分步滴定?应当在什么酸度下滴定?

若将离子 N 的影响与 H^+ 同样地都作为对滴定剂 Y 的副反应来处理,求得在干扰离子存在下的条件常数 $K(MY')$,则能否准确滴定 M 的问题也就得到了解决。

1. 条件常数 $K(MY')$ 与酸度的关系

若 M 未发生副反应,溶液中的平衡关系是

$$
\begin{array}{ccc}
M & + & Y & \rightleftharpoons & MY \\
 & & {}^{H}\diagdown \quad \diagup^{N} & & \\
 & & HY \quad NY & & \\
 & & \vdots & &
\end{array}
$$

$\alpha_{Y(H)}$ 随酸度降低而减小。而 $\alpha_{Y(N)}$ 为

$$\alpha_{Y(N)} = \frac{[Y]+[NY]}{[Y]} = 1 + [N] \cdot K(NY)$$

为了能准确地分步滴定 M,化学计量点时 $[NY]$ 应当很小。若又没有其他络合剂与 N 反应,则

$$[N] = c(N) - [NY] \approx c(N)$$

故

$$\alpha_{Y(N)} \approx 1 + c(N) \cdot K(NY) \approx c(N) \cdot K(NY) \tag{4-21}$$

可见,$\alpha_{Y(N)}$ 仅取决于 $c(N)$ 与 $K(NY)$,只要酸度不太低,N 不水解,$\alpha_{Y(N)}$ 为定值。Y 的总副反应系数

$$\alpha_Y = \alpha_{Y(H)} + \alpha_{Y(N)} - 1$$

(1) 若在较高的酸度下滴定:$\alpha_{Y(H)} > \alpha_{Y(N)}$,此时 $\alpha_Y \approx \alpha_{Y(H)}$,则有

$$K(MY') = K(MY)/\alpha_{Y(H)}$$

此时 N 的影响可以忽略,与单独滴定 M 的情况相同,$K(MY')$ 随酸度减小而增大。

(2) 若在较低的酸度下滴定:$\alpha_{Y(N)} > \alpha_{Y(H)}$,此时 $\alpha_Y \approx \alpha_{Y(N)}$,则有

$$K(MY') = \frac{K(MY)}{\alpha_{Y(N)}} = \frac{K(MY)}{c(N) \cdot K(NY)} \tag{4-22a}$$

或写作

$$\lg K(MY') = \lg K(MY) - \lg K(NY) + pc(N) = \Delta \lg K + pc(N) \tag{4-22b}$$

此时忽略的是 Y 与 H^+ 的副反应。只要 M、N 不水解,也不发生其他副反应,$K(MY')$ 就不随酸度变化,并保持最大值。

为了说明分步滴定中酸度对条件常数 $K(MY')$ 的影响,特作出 $\lg \alpha_{Y(H)}$、$\lg \alpha_{Y(N)}$ 和 $\lg \alpha_Y$ 与 pH 的关系示意图[图 4.17(a)]以及 $\lg K(MY')$ 与 pH 关系的示意图[图 4.17(b)]。由图可见,在有干扰离子 N 存在时,$\lg \alpha_Y$ 先是随 pH 增加而减小,而后恒定不变;$\lg K(MY')$ 则是先随 pH 增加而增大,而后达恒定的最大值。显然,在 $\lg K(MY')$ 达到最大的区域进行分步滴定是有利的。

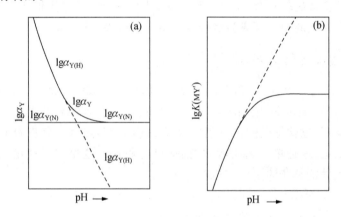

图 4.17　酸度对条件常数的影响

(a) $\lg \alpha_Y$ 与 pH 关系的示意图;(b) $\lg K(MY')$ 与 pH 关系的示意图

(实线:M 与 N 共存;虚线:仅有 M)

2. 分步滴定可能性的判断

分步滴定中 $K(MY')$ 能达到的最大值由式(4-22a)计算

$$K(MY') = \frac{K(MY)}{c(N) \cdot K(NY)}$$

两边同乘以 $c(M)$,并取对数,得

$$\lg[c(M) \cdot K(MY')] = \lg K(MY) - \lg K(NY) + \lg[c(M)/c(N)]$$
$$= \Delta \lg K + \lg[c(M)/c(N)] \tag{4-23}$$

即两种金属络合物的稳定常数相差越大(即 $\Delta \lg K$ 越大),被测金属离子浓度 $c(M)$ 越大,共存离子浓度 $c(N)$ 越小,则 $\lg[c(M) \cdot K(MY')]$ 越大,滴定 M 的反应的完全度就越高。

$\Delta \lg K$ 要相差多大,才能分步滴定? 这取决于所要求的准确度(允许的 E_t)和条件[ΔpM 和 $c(M)/c(N)$]。若 $\Delta pM = \pm 0.2$,$E_t = \pm 0.1\%$,由误差图查得 $\lg(cK') = 6$。又若 $c(M) = c(N)$,则

$$\Delta \lg K = \lg[c(M) \cdot K(MY')] - \lg[c(M)/c(N)] = 6$$

故一般常以 $\Delta\lg K\geqslant 6$ 作为判断能否准确分步滴定的条件。若是 $c(M)=10c(N)$,则
$$\Delta\lg K=6-1=5$$
若要求准确度低一些,则 $\Delta\lg K$ 还可小一些。

3. 分步滴定酸度的控制

在大多数情况下,分步滴定在 $\lg K(MY')$ 达到最大值时进行是有利的,此最低 pH 可认为是在 $\alpha_{Y(H)}=\alpha_{Y(N)}$ 时[①]的 pH。由 $c(N)$ 和 $K(NY)$ 求出 $\alpha_{Y(N)}$,查 $\alpha_{Y(H)}$ 等于此值时所相应的 pH 即为最低 pH。而 pH 的高限则与单独滴定 M 时相同,即是 $M(OH)_n$ 开始沉淀的 pH。

为使终点误差小,$(pM)_{ep}$ 应当与 $(pM)_{sp}$ 尽可能一致。在上述酸度范围,$\lg K(MY')$ 恒定,故 $(pM)_{sp}$ 也为一定值,仅指示剂变色点 $(pM)_t$ 随酸度变化。因此,直接查指示剂的 $(pM)_t$-pH 曲线,找出 $(pM)_t=(pM)_{sp}$ 所相应的 pH,即得最佳 pH。

【例 4.13】 某含 Pb^{2+}、Ca^{2+} 的溶液,浓度均为 2×10^{-2} mol·L⁻¹,今欲以同浓度的 EDTA 溶液分步滴定 Pb^{2+},问:

(1) 有无可能分步滴定?

(2) 求滴定的酸度范围。

(3) 求二甲酚橙为指示剂的最佳 pH。若在此 pH 滴定,由于确定终点有 ±0.2 单位的出入,所造成的终点误差是多少? 若在 pH 5 滴定,终点误差又是多少?

解 (1) $\Delta(\lg K)=18.0-10.7=7.3$,有可能在 Ca^{2+} 存在下分步滴定 Pb^{2+}。

(2) 可能滴定的酸度范围

pH 低限
$$\alpha_{Y(H)}=\alpha_{Y(Ca)}\approx c(Ca)\cdot K(CaY)=10^{-2.0+10.7}=10^{8.7}$$
查 $\lg\alpha_{Y(H)}$-pH 曲线,$\lg\alpha_{Y(H)}=8.7$ 时所相应的 pH 为 4.0,此即 pH 低限。

pH 高限
$$[OH^-]=\sqrt{\frac{K_{sp}(Pb(OH)_2)}{[Pb^{2+}]}}\,mol\cdot L^{-1}$$
$$=\frac{10^{-15.7}}{2\times10^{-2}}\,mol\cdot L^{-1}$$
$$=10^{-7.0}\,mol\cdot L^{-1}$$
即
$$pH=7.0$$

故可能滴定的 pH 范围是 4.0～7.0。在此酸度范围内,$\lg K(PbY')$、$(pPb)_{sp}$ 为定值。
$$\lg K(PbY')=\lg K(PbY)-\lg\alpha_{Y(Ca)}=18.0-8.7=9.3$$
$$(pPb)_{sp}=\frac{1}{2}[\lg K(PbY')+pc_{sp}(Pb)]=\frac{1}{2}(9.3+2.0)=5.7$$

(3) 采用二甲酚橙为指示剂的最佳 pH 应当在 $(pPb)_{ep}=(pPb)_{sp}$ 处。查二甲酚橙的 $(pPb)_t$-pH 曲线(图 4.14),当 $(pPb)_t=5.7$ 时,pH$=4.3$。

在 pH 4.3 滴定,若检测终点有 $0.2\Delta pM$ 出入,查误差图,$\lg(cK')=7.3$,$\Delta pM=\pm0.2$ 时,$E_t\approx\pm0.02\%$;若选在 pH 5 滴定,$(pPb)_t=7.0$,$\Delta pM=7.0-5.7=+1.3$,查误差图,$\lg(cK')=7.3$,$\Delta pM=+1.3$ 时,$E_t=+0.4\%$。

想一想:在相同条件下(酸度、浓度、指示剂相同)滴定纯 Pb^{2+}(例 4.9),为什么准确度比这高?

---

① 实际上此时 $\alpha_Y=2\alpha_{Y(N)}$,$\lg K(MY')$ 比最大值还小 0.3 单位,但作为近似值是可以的。

少数高价离子极易水解,然而其络合物相当稳定,往往选在酸度稍高的情况下滴定。Bi^{3+}、Pb^{2+} 混合液中 Bi^{3+} 的滴定即是一例。若化学计量点时 $c_{sp}(Pb)=10^{-2}\ mol \cdot L^{-1}$,则

$$\alpha_{Y(H)}=\alpha_{Y(Pb)}=10^{-2+18}=10^{16}$$

相应的 pH 是 1.4。若从条件常数考虑,应当选择 pH>1.4 滴定,但 pH 1.4 时,Bi^{3+} 已生成沉淀,会影响终点的确定。一般选择在 pH=1 时滴定,尽管此时 $\lg K(BiY')=9.6$,虽未到最大值,已经可能准确滴定了。Pb^{2+} 可以在 pH 4~6 间滴定。二甲酚橙既能和 Bi^{3+} 又能和 Pb^{2+} 生成红色络合物,前者更为稳定,可在 pH 1 时指示滴定 Bi^{3+} 的终点,在 pH 5~6 时指示滴定 Pb^{2+} 的终点。为此,在 pH 1 滴定 Bi^{3+} 后,加入六次甲基四胺提高 pH 至 5~6,继续滴定 Pb^{2+}。这样,就在同一溶液中连续滴定了 Bi^{3+} 和 Pb^{2+}。

4.4.2　使用掩蔽剂的选择性滴定

若被测金属的络合物与干扰离子的络合物的稳定性相差不够大,甚至 $\lg K(MY)$ 还比 $\lg K(NY)$ 小,就不能用控制酸度的方法分步滴定 M。若加入一种试剂与干扰离子 N 起反应,则溶液中的 [N] 降低,N 对 M 的干扰作用也就减小以至消除。这种方法叫作掩蔽法。按所用反应类型的不同,可分为络合掩蔽法、沉淀掩蔽法和氧化还原掩蔽法,其中以络合掩蔽法用得最多。

1. 络合掩蔽法

使用络合掩蔽剂(A)时溶液中的平衡关系是

$$M\ +\ \underset{\underset{\vdots}{\overset{\displaystyle HY\quad NY}{\diagup\ \diagdown}}}{Y}\ \xrightarrow{\ \ A\ \ }N\xrightarrow{A}NA\cdots\ \Longleftrightarrow\ MY$$

A 与 N 的反应实际上是 N 与 Y 反应的副反应。

若掩蔽效果很好,[N] 已经降得很低,以致 $\alpha_{Y(N)}\ll\alpha_{Y(H)}$,此时 $\alpha_Y\approx\alpha_{Y(H)}$,则有

$$\lg K(MY')=\lg K(MY)-\lg\alpha_{Y(H)}$$

这时 N 已不构成干扰,$\lg K(MY')$ 仅与酸度有关,此时与滴定纯 M 相同。

若加入掩蔽剂后,$\alpha_{Y(N)}>\alpha_{Y(H)}$,这时 $\alpha_Y\approx\alpha_{Y(N)}$,而

$$\alpha_{Y(N)}=1+[N]\cdot K(NY)\approx\frac{c(N)}{\alpha_{N(A)}}K(NY)$$

故

$$\lg K(MY')=\lg K(MY)-\lg\alpha_{Y(N)}=\Delta\lg K+pc(N)+\lg\alpha_{N(A)} \qquad (4\text{-}24)$$

将此式与式(4-22b)相比较,可见当 $\alpha_{Y(N)}>\alpha_{Y(H)}$ 时,掩蔽剂的作用是使得 $\lg K(MY')$ 增大了 $\lg\alpha_{N(A)}$ 单位。$\lg\alpha_{N(A)}$ 越大,掩蔽效率越高,故又称为掩蔽指数。有了 $\lg K(MY')$,就可以计算终点误差,判断能否准确滴定。

【例 4.14】 用 $2\times10^{-2}\ mol \cdot L^{-1}$ EDTA 滴定同浓度的 Zn^{2+}、Al^{3+} 混合液中的 Zn^{2+},若以 KF 掩蔽 Al^{3+},终点时未与 Al^{3+} 络合的 F 总浓度 $c(F)$ 为 $1\times10^{-2}\ mol \cdot L^{-1}$,pH=5.5,采用二甲酚橙为指示剂,计算终点误差。

解　AlF_6^{3-} 的 $\lg\beta_1\sim\lg\beta_6$ 分别是:6.1,11.2,15.0,17.7,19.4,19.7。

$$pK_a(HF)=3.1$$

pH=5.5 时,$[F^-]=c(F)=1\times10^{-2}\ mol \cdot L^{-1}$,则

$$\alpha_{Al(F)}=1+[F]\beta_1+[F]^2\beta_2+\cdots+[F]^6\beta_6$$
$$=1+10^{-2.0+6.1}+10^{-4.0+11.2}+10^{-6.0+15.0}+10^{-8.0+17.7}$$
$$+10^{-10.0+19.4}+10^{-12.0+19.7}$$
$$=10^{10.0}$$
$$[Al]=\frac{[Al']}{\alpha_{Al(F)}}\approx\frac{c(Al)}{\alpha_{Al(F)}}=\frac{10^{-2.0}}{10^{10.0}}\,mol\cdot L^{-1}=10^{-12.0}\,mol\cdot L^{-1}$$
$$\alpha_{Y(Al)}=1+[Al]\cdot K(AlY)=1+10^{-12.0+16.1}=10^{4.1}$$

pH=5.7 时,$\alpha_{Y(H)}=10^{5.7}$,此时 $\alpha_Y\approx\alpha_{Y(H)}$,则
$$lgK(ZnY')=lgK(ZnY)-lg\alpha_{Y(H)}=16.5-5.7=10.8$$
pH=5.5 时,$(pZn)_{ep}=5.7$(二甲酚橙),故
$$E_t=\frac{1}{[Zn]_{ep}\cdot K(ZnY')}-\frac{[Zn]_{ep}}{c_{sp}(Zn)}$$
$$=\left(\frac{1}{10^{-5.7+10.8}}-\frac{10^{-5.7}}{10^{-2.0}}\right)\times100\%$$
$$=-0.02\%$$

由此例可见,F^-对 Al^{3+} 的掩蔽效果很好。$[Al^{3+}]$ 已降至 $10^{-12.0}\,mol\cdot L^{-1}$,它的影响可完全忽略,如同滴定纯 Zn^{2+} 一样。

【例 4.15】 某溶液含有 Zn^{2+}、Cd^{2+},浓度均为 $2\times10^{-2}\,mol\cdot L^{-1}$。今以 KI 掩蔽 Cd^{2+},终点时 $[I^-]=0.5\,mol\cdot L^{-1}$,pH=5.5,采用二甲酚橙为指示剂。试问:(1) 若以同浓度的 EDTA 滴定 Zn^{2+},终点误差是多少?(2) 若换用同浓度的 HEDTA(X)为滴定剂,情况又如何?

解 CdI_4^{2-} 的 $lg\beta_1\sim lg\beta_4$ 分别为 2.4,3.4,5.0,6.2;$[I^-]=0.5\,mol\cdot L^{-1}=10^{-0.3}\,mol\cdot L^{-1}$
$$\alpha_{Cd(I)}=1+10^{-0.3+2.4}+10^{-0.6+3.4}+10^{-0.9+5.0}+10^{-1.2+6.2}=10^{5.1}$$
游离 Cd^{2+} 的浓度为
$$[Cd]=\frac{[Cd']}{\alpha_{Cd(I)}}\approx\frac{c(Cd)}{\alpha_{Cd(I)}}=\frac{10^{-2.0}}{10^{5.1}}\,mol\cdot L^{-1}=10^{-7.1}\,mol\cdot L^{-1}$$
(1) 用 EDTA 为滴定剂,$lgK(ZnY)=lgK(CdY)=16.5$,pH=5.5 时,$\alpha_{Y(H)}=10^{5.5}$
$$\alpha_{Y(Cd)}=1+[Cd]\cdot K(CdY)=10^{-7.1+16.5}=10^{9.4}\gg\alpha_{Y(H)}$$
$$lgK(ZnY')=lgK(ZnY)-lg\alpha_{Y(Cd)}=16.5-9.4=7.1$$
pH=5.5 时,$(pZn)_{ep}=5.7$,故
$$E_t=\left(\frac{1}{10^{-5.7+7.1}}-\frac{10^{-5.7}}{10^{-2.0}}\right)\times100\%=+4\%$$
(2) 若用 HEDTA(X)为滴定剂,$lgK(ZnX)=14.5$,$lgK(CdX)=13.0$,pH=5.5 时,$\alpha_{X(H)}=10^{4.6}$
$$\alpha_{X(Cd)}=1+[Cd]\cdot K(CdX)\approx10^{-7.1+13.0}=10^{5.9}\gg\alpha_{X(H)}$$
$$lgK(ZnX')=lgK(ZnX)-lg\alpha_{X(Cd)}=14.5-5.9=8.6$$
$$E_t=\left(\frac{1}{10^{-5.7+8.6}}-\frac{10^{-5.7}}{10^{-2.0}}\right)\times100\%=0.13\%-0.02\%\approx0.1\%$$

可见,采用 HEDTA 滴定的准确度高。此例也是使用掩蔽剂与选择滴定剂相结合进行选择性滴定的例子。

为提高掩蔽效率,必须有较大的 $lg\alpha_{N(A)}$。选择能与干扰离子 N 生成稳定络合物的试剂为掩蔽剂,并注意控制溶液的 pH,可以得到好的效果。所加掩蔽剂的量要适当,既要充分掩蔽干扰离子 N,使 $\alpha_{Y(N)}$ 小到满足 $K(MY')$ 的需要,又不会因浓度过大引起其他副反

应或造成浪费。表 4-5 列出了一些常用的掩蔽剂。

表 4-5　一些常用的掩蔽剂

掩蔽剂	被掩蔽的金属离子						pH
三乙醇胺[a]	Al^{3+}	Fe^{3+}	Sn^{4+}	TiO_2^{2+}			10
氟化物	Al^{3+}	Sn^{4+}	TiO_2^{2+}	Zr^{4+}			>4
乙酰丙酮	Al^{3+}	Fe^{3+}					5～6
邻二氮菲	Zn^{2+}	Cu^{2+}	Co^{2+}	Ni^{2+}	Cd^{2+}	Hg^{2+}	5～6
氰化物[b]	Zn^{2+}	Cu^{2+}	Co^{2+}	Ni^{2+}	Cd^{2+}	Hg^{2+}　Fe^{2+}	10
2,3-二巯基丙醇	Zn^{2+}	Pb^{2+}	Bi^{3+}	Sb^{3+}	Sn^{4+}	Cd^{2+}　Cu^{2+}	10
硫脲	Hg^{2+}	Cu^{2+}					弱酸
碘化物	Hg^{2+}						

[a] 三乙醇胺作掩蔽剂时,应当在酸性溶液中加入,然后调节 pH 至 10。否则,金属离子易水解,掩蔽效果不好。

[b] KCN 必须在碱性溶液中使用,否则生成剧毒 HCN 气体。滴定后的溶液,应当加入过量 $FeSO_4$,使之生成稳定的 $Fe(CN)_6^{4-}$,以防止污染环境。

以上是将干扰离子 N 掩蔽起来滴定 M 离子。如同时还需要测定 N,可以在滴定 M 以后,加入一种试剂破坏 N 与掩蔽剂的络合物,使 N 释放出来,继续滴定 N,这种方法称为解蔽法。

例如,欲测定溶液中 Pb^{2+}、Zn^{2+} 含量。这两种离子的 EDTA 络合物的稳定常数相近,无法控制酸度分步滴定。可先在氨性酒石酸溶液中用 KCN 掩蔽 Zn^{2+},以铬黑 T 为指示剂,用 EDTA 滴定 Pb^{2+};然后加入甲醛,$Zn(CN)_4^{2-}$ 被破坏,释放出 Zn^{2+},即

$$4HCHO + Zn(CN)_4^{2-} + 4H_2O = Zn^{2+} + 4H_2C \begin{smallmatrix} CN \\ \\ OH \end{smallmatrix} + 4OH^-$$
（乙醇腈）

继续用 EDTA 滴定 Zn^{2+}。这里是利用两种试剂——掩蔽剂与解蔽剂进行连续滴定的。能被甲醛解蔽的还有 $Cd(CN)_4^{2-}$。Cu^{2+}、Co^{2+}、Ni^{2+}、Hg^{2+} 与 CN^- 生成更稳定的络合物,不易被甲醛解蔽,但若甲醛浓度较大时会发生部分解蔽。

2. 氧化还原掩蔽法

加入一种氧化还原剂,使之与干扰离子发生氧化还原反应以消除干扰,这样的方法就是氧化还原掩蔽法。例如锆铁中锆的测定。由于锆和铁（Ⅲ）的 EDTA 络合物的 $\Delta(\lg K)$ 不够大 $[\lg K(ZrOY^{2-}) = 29.9, \lg K(FeY^-) = 25.1]$,$Fe^{3+}$ 会干扰锆的测定。若加入抗坏血酸或盐酸羟氨将 Fe^{3+} 还原为 Fe^{2+},由于 FeY^{2-} 的稳定性较 FeY^- 差 $[\lg K(FeY^{2-}) = 14.3]$,Fe^{2+} 不干扰锆的测定。其他,如滴定 Th^{4+}、Bi^{3+}、In^{3+}、Hg^{2+} 时,也可用同样方法消除 Fe^{3+} 的干扰。

3. 沉淀掩蔽法

加入能与干扰离子生成沉淀的沉淀剂,并在沉淀存在下直接进行络合滴定,这种消除干扰的方法就是沉淀掩蔽法。例如,钙、镁的 EDTA 络合物稳定常数相近 $[\lg K(CaY) = 10.7, \lg K(MgY) = 8.7]$,不能用控制酸度的方法分步滴定;$Ca^{2+}$、$Mg^{2+}$ 的其他性质也相似,找不到合适的络合掩蔽剂,在溶液中也无价态变化。但它们的氢氧化物的溶解度

相差较大(镁、钙的氢氧化物的溶度积分别是 $10^{-10.4}$、$10^{-4.9}$),若在 pH>12 时滴定 Ca^{2+},镁形成 $Mg(OH)_2$ 沉淀不干扰 Ca^{2+} 的测定。

表 4-6 列出一些常用的沉淀掩蔽剂。

表 4-6　一些常用的沉淀掩蔽剂

掩蔽剂	被掩蔽离子	被滴定离子	pH	指示剂
氢氧化物	Mg^{2+}	Ca^{2+}	12	钙指示剂
KI	Cu^{2+}	Zn^{2+}	5~6	PAN
氟化物	Ba^{2+},Sr^{2+}	Zn^{2+},Cd^{2+}	10	铬黑 T
	Ca^{2+},Mg^{2+}	Mn^{2+}		
硫酸盐	Ba^{2+},Sr^{2+}	Ca^{2+},Mg^{2+}	10	铬黑 T
硫化钠或铜试剂	Hg^{2+},Pb^{2+}			
	Bi^{3+},Cu^{2+}	Ca^{2+},Mg^{2+}	10	铬黑 T
	Cd^{2+}			

由于一些沉淀反应不够完全,特别是过饱和现象使沉淀效率不高;沉淀会吸附被测离子而影响测定的准确度;一些沉淀颜色深、体积庞大妨碍终点观察,因此在实际工作中沉淀掩蔽法应用不多。

4.4.3　其他滴定剂的应用

除 EDTA 外,还有不少氨羧络合剂,它们与金属形成络合物的稳定性有差别。选用不同的氨羧络合剂作为滴定剂,可以选择性地滴定某些离子。

(1)乙二醇二乙醚二胺四乙酸(EGTA),结构式为

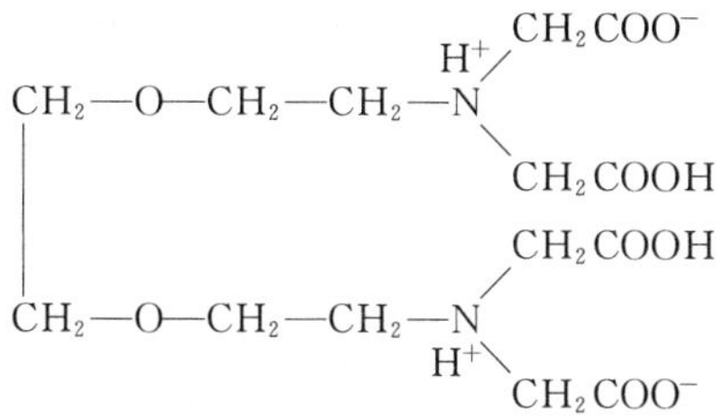

EGTA 与 EDTA 和 Mg^{2+}、Ca^{2+}、Sr^{2+}、Ba^{2+} 络合物的 lgK 比较见下表:

	Mg^{2+}	Ca^{2+}	Sr^{2+}	Ba^{2+}
lgK(M-EGTA)	5.2	11.0	8.5	8.4
lgK(M-EDTA)	8.7	10.7	8.6	7.8

可见 EGTA 镁络合物是很不稳定的,而 EGTA 钙络合物仍很稳定。因此,如在 Mg^{2+} 存在下滴定 Ca^{2+},选用 EGTA 作滴定剂有利于提高选择性。

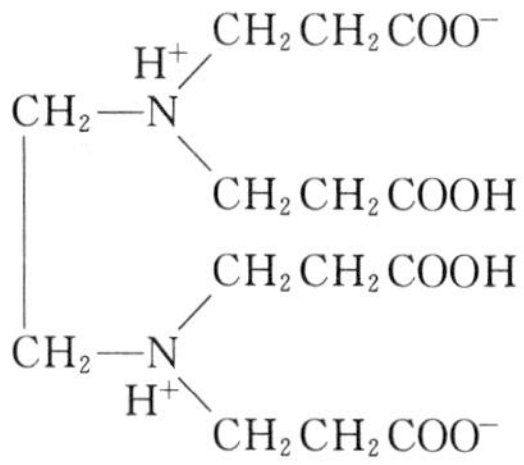

(2)乙二胺四丙酸(EDTP),结构式见右图。它与金属离子形成的络合物的稳定性普遍比相应的 EDTA 络合物差,但 Cu-EDTP 例外,其稳定性仍较高(见下表)。

	Cu^{2+}	Zn^{2+}	Cd^{2+}	Mn^{2+}	Mg^{2+}
$\lg K$(M-EDTP)	15.4	7.8	6.0	4.7	1.8
$\lg K$(M-EDTA)	18.8	16.5	16.5	14.0	8.7

因此在一定 pH 下,用 EDTP 滴定 Cu^{2+},则 Zn^{2+}、Cd^{2+}、Mn^{2+}、Mg^{2+} 均不干扰。

（3）三乙四胺六乙酸(TTHA),结构式为

$$\begin{array}{c} ^-OOCH_2C \\ \\ HOOCH_2C \end{array} N-(CH_2)_2-\overset{|}{\underset{H^+}{N}}-(CH_2)_2-\overset{|}{\underset{}{N}}-(CH_2)_2-N \begin{array}{c} CH_2COO^- \\ \\ CH_2COOH \end{array}$$

它含有 4 个氨氮和 6 个羧氧,共有 10 个配位原子。它与一些金属形成 1∶1(ML)型络合物,与另一些金属则形成 2∶1(M_2L)型络合物。例如镓和铟分别与 TTHA 形成 2∶1(Ga_2L)和 1∶1(InL)络合物,而它们与 EDTA 的络合物则均为 1∶1 型。基于此,可用 TTHA 和 EDTA 两种滴定剂联合测定镓和铟。可取等量试液两份,分别用 TTHA 和 EDTA 滴定,因为

$$c(EDTA) \cdot V(EDTA) = n(Ga) + n(In)$$

$$c(TTHA) \cdot V(TTHA) = \frac{1}{2}n(Ga) + n(In)$$

故

$$n(Ga) = 2[c(EDTA) \cdot V(EDTA) - c(TTHA) \cdot V(TTHA)]$$

$$n(In) = 2c(TTHA) \cdot V(TTHA) - c(EDTA) \cdot V(EDTA)$$

若采用以上方法均不能消除干扰离子的影响,就需要采用分离方法除去干扰离子。尽管分离方法比掩蔽法麻烦,但在某些情况下还是不可避免地要采用。

4.5　络合滴定的方式和应用

络合滴定可以采用直接滴定、返滴定、置换滴定和间接滴定等方式进行。实际上周期表中大多数元素都能用络合滴定法测定。改变滴定方式,在一些情况下还能提高络合滴定的选择性。

4.5.1　滴定方式

1. 直接滴定法

若金属与 EDTA 的反应满足滴定的要求,就可直接进行滴定。直接滴定法具有方便、快速的优点,可能引入的误差也较少。因此只要条件允许,应尽可能采用直接滴定法。

实际上大多数金属离子都可以采用 EDTA 直接滴定。表 4-7 列出一些元素常用的 EDTA 直接滴定的方法。

表 4-7　直接滴定法示例

金属离子	pH	指示剂	其他主要条件
Bi^{3+}	1	二甲酚橙	HNO_3 介质
Fe^{3+}	2	磺基水杨酸	加热至 50~60℃
Th^{4+}	2.5~3.5	二甲酚橙	
Cu^{2+}	2.5~10	PAN	加酒精或加热

金属离子	pH	指示剂	其他主要条件
Zn^{2+},Cd^{2+},Pb^{2+},稀土	8	紫脲酸铵	
	≈5.5	二甲酚橙	
	9～10	铬黑 T	氨性缓冲液,滴定 Pb^{2+} 时还需加酒石酸为辅助络合剂
Ni^{2+}	9～10	紫脲酸铵	氨性缓冲液,加热至 50～60℃
Mg^{2+}	10	铬黑 T	
Ca^{2+}	12～13	钙指示剂或紫脲酸铵	

下面仅就钙镁联合测定作一介绍:钙与镁经常共存,常需要测定两者含量。钙、镁的各种测定方法中以络合滴定最为简便。测定方法是:先在 pH 10 的氨性溶液中,以铬黑 T 为指示剂,用 EDTA 溶液滴定。由于 CaY 比 MgY 稳定,故先滴定的是 Ca^{2+}。但它们与铬黑 T 络合物的稳定性则相反[lg$K$(CaIn)＝5.4,lg$K$(MgIn)＝7.0],因此溶液由紫红变为蓝色,表示 Mg^{2+} 已定量滴定,而此时 Ca^{2+} 早已定量反应,故由此测得的是 Ca^{2+}、Mg^{2+} 总量。另取同量试液,加入 NaOH 溶液至 pH＞12,此时镁以 Mg(OH)$_2$ 沉淀形式掩蔽,选用钙指示剂为指示剂,用 EDTA 溶液滴定 Ca^{2+}。由前后两次测定之差,即得到镁含量。

2. 返滴定法

在如下一些情况下采用返滴定:① 被测离子与 EDTA 反应缓慢。② 被测离子在滴定的 pH 下会发生水解,又找不到合适的辅助络合剂。③ 被测离子对指示剂有封闭作用,又找不到合适的指示剂。用 EDTA 滴定 Al^{3+} 正是如此:Al^{3+} 与 EDTA 络合缓慢;特别是酸性不高时,Al^{3+} 水解成多核羟络合物,使之与 EDTA 络合更慢;Al^{3+} 又封闭二甲酚橙等指示剂,因此不能用直接法滴定。

采用返滴定法并控制溶液的 pH,即可解决上述问题。方法是:先加入过量的 EDTA 标准溶液于酸性溶液中,调 pH≈3.5,煮沸溶液。此时溶液的酸度较高,又有过量的 EDTA 存在,Al^{3+} 不会形成多核羟络合物,煮沸则又加速了 Al^{3+} 与 EDTA 的络合反应。然后将溶液冷却,并调 pH 为 5～6,以保证 Al^{3+} 与 EDTA 络合反应定量进行。最后再加入二甲酚橙指示剂,此时 Al^{3+} 已形成 AlY 络合物,就不封闭指示剂了。过量的 EDTA 用 Zn^{2+} 标准溶液进行返滴定。这样测定的准确度比较高。

作为返滴定的金属离子(N),它与 EDTA 络合物 NY 必须有足够的稳定性,以保证测定的准确度。但若 NY 比 MY 更稳定,则会发生以下置换反应

$$N+MY \Longrightarrow NY+M$$

对测定结果的影响有三种可能:① 若 M、N 都与指示剂反应,溶液的颜色在终点得到突变。② M 不与指示剂反应,且置换反应进行得快,测定 M 的结果将偏低。③ M 封闭指示剂,且置换反应进行快,终点将难以判断;若置换反应进行慢,则不影响结果。例如,ZnY 比 AlY 稳定[lg$K$(ZnY)＝16.5,lg$K$(AlY)＝16.1],但 Zn^{2+} 可作返滴定剂测定 Al^{3+},这是反应速率在起作用。Al^{3+} 不仅与 EDTA 络合缓慢,一旦形成 AlY 络合物后离解也慢,尽管 ZnY 比 AlY 稳定,在滴定条件下,Zn^{2+} 并不能将 AlY 中的 Al^{3+} 置换出来。但是,如果返滴定时温度较高,AlY 活性增大,就有可能发生置换反应,使终点难于确定。

表 4-8 列出一些常用作返滴定剂的金属离子。

表 4-8 常用作返滴定剂的金属离子

pH	返滴定剂	指示剂	测定金属离子
1～2	Bi^{3+}	二甲酚橙	ZrO^{2+}，Sn^{4+}
5～6	Zn^{2+}，Pb^{2+}	二甲酚橙	Al^{3+}，Cu^{2+}，Co^{2+}，Ni^{2+}
5～6	Cu^{2+}	PAN	Al^{3+}
10	Mg^{2+}，Zn^{2+}	铬黑 T	Ni^{2+}，稀土
12～13	Ca^{2+}	钙指示剂	Co^{2+}，Ni^{2+}

3. 析出法

在有多种组分存在的试液中欲测定其中一种组分,采用析出法不仅选择性高而且简便。以复杂铝试样中测定 Al^{3+} 为例。若其中还有 Pb^{2+}、Zn^{2+}、Cd^{2+} 等金属离子,采用返滴定法测定的是 Al^{3+} 与这些离子的总量。若要掩蔽这些干扰离子,必须首先弄清含有哪些组分,并加入多种掩蔽剂,这不仅麻烦,且有时难以办到。而若在返滴定至终点后,再加入能与 Al^{3+} 形成更稳定络合物的选择性试剂 NaF,在加热情况下发生如下析出反应

$$AlY^- + 6F^- + 2H^+ \rightleftharpoons AlF_6^{3-} + H_2Y^{2-}$$

析出与铝等物质的量的 EDTA。溶液冷却后再以 Zn^{2+} 标准溶液滴定析出的 EDTA,即得 Al^{3+} 的含量。此法测 Al^{3+} 的选择性较高,仅 Zr^{4+}、Ti^{4+}、Sn^{4+} 干扰测定。实际上,也可用此法测定锡青铜(含 Sn^{4+}、Cu^{2+}、Pb^{2+}、Zn^{2+})中的锡。此外,还可用 KI 析出法测 Hg^{2+},硫脲析出法测 Cu^{2+},KCN 析出法(或邻二氮菲析出法)测定 Zn^{2+}、Cd^{2+}、Cu^{2+}、Co^{2+}、Ni^{2+}、Hg^{2+} 等。

析出法实质上是利用掩蔽剂,不过它所掩蔽的不是干扰离子而是被测离子,而且是在被测离子与干扰离子均定量地与 EDTA 络合后再加入的。其结果是析出与被测组分等物质的量的 EDTA。

4. 置换滴定法

Ag^+ 与 EDTA 的络合物不稳定[$\lg K(AgY)=7.8$],不能用 EDTA 直接滴定 Ag^+。若加过量的 $Ni(CN)_4^{2-}$ 于含 Ag^+ 试液中,则发生如下置换反应

$$2Ag^+ + Ni(CN)_4^{2-} \rightleftharpoons 2Ag(CN)_2^- + Ni^{2+}$$

此反应的平衡常数较大

$$K = \frac{[K(Ag(CN)_2^-)]^2}{K(Ni(CN)_4^{2-})} = \frac{(10^{21.1})^2}{10^{31.3}} = 10^{10.9}$$

反应进行较完全。置换出的 Ni^{2+} 可用 EDTA 标准溶液滴定。例如,银币中 Ag 与 Cu 的测定:试样溶于硝酸后,加氨调 pH≈8,先以紫脲酸铵为指示剂,用 EDTA 滴定 Cu^{2+};然后调 pH≈10,加入过量 $Ni(CN)_4^{2-}$,再以 EDTA 滴定置换出的 Ni^{2+},即得 Ag 的含量。紫脲酸铵是络合滴定 Ca^{2+}、Ni^{2+}、Co^{2+} 和 Cu^{2+} 的一个经典指示剂。强氨性溶液中滴定 Ni^{2+} 时,溶液由络合物的紫色变为指示剂的黄色,变色敏锐。由于 Cu^{2+} 与指示剂的稳定性差,只能在弱氨性溶液中滴定。

有时还将间接金属指示剂用于置换滴定。例如铬黑 T 与 Ca^{2+} 显色不灵敏,但对 Mg^{2+} 较灵敏。在 pH 10 滴定 Ca^{2+} 时加入少量 MgY,则发生如下置换反应

$$Ca^{2+} + MgY \rightleftharpoons CaY + Mg^{2+}$$

置换出的 Mg^{2+} 与铬黑 T 呈深红色。EDTA 滴定溶液中 Ca^{2+} 后,再夺取 Mg-铬黑 T 络合物中的 Mg^{2+},溶液变蓝即为终点。在此,加入的 MgY 与生成的 MgY 的量是相等的。铬黑 T 通过 Mg^{2+} 指示终点,前述 Cu-PAN 间接指示剂也是同样的原理。

5. 间接滴定法

有些金属离子与 EDTA 络合物不稳定,而非金属离子则不与 EDTA 形成络合物,利用间接法可以测定它们。若被测离子能定量地沉淀为有固定组成的沉淀,而沉淀中另一种离子能用 EDTA 滴定,就可通过滴定后者间接求出被测离子的含量。

例如,K^+ 可沉淀为 $K_2NaCo(NO_2)_6 \cdot 6H_2O$,沉淀过滤溶解后,用 EDTA 标准溶液滴定其中的 Co^{2+},以间接测定 K^+ 含量。此法可用于测定血清、红血球和尿中的 K^+。又如,PO_4^{3-} 可沉淀为 $MgNH_4PO_4 \cdot 6H_2O$,沉淀过滤溶解于 HCl,加入过量的 EDTA 标准溶液,并调至氨性,用 Mg^{2+} 标准溶液返滴过量的 EDTA,通过测定 Mg^{2+} 即间接求得磷的含量。再如 SO_4^{2-} 的测定,则可定量地加入过量的 Ba^{2+} 标准溶液,将其沉淀为 $BaSO_4$,而后以 MgY 和铬黑 T 为指示剂,用 EDTA 标准溶液滴定过量的 Ba^{2+},从而计算出 SO_4^{2-} 的含量。

4.5.2 EDTA 标准溶液的配制和标定

常用 EDTA 标准溶液的浓度是 $0.01 \sim 0.05$ $mol \cdot L^{-1}$。一般采用 EDTA 二钠盐 $(Na_2H_2Y \cdot 2H_2O)$ 配制。试剂中常含有 0.3% 的吸附水,若要直接配制标准溶液,必须将试剂在 80℃ 干燥过夜,或在 120℃ 下烘至恒重。由于水与其他试剂中常含有金属离子,EDTA 标准溶液常采用标定法配制。

去离子水的质量是否符合要求,是络合滴定应用中十分重要的问题:① 若配制溶液的水中含有 Al^{3+}、Cu^{2+} 等,就会使指示剂受到封闭,致使终点难以判断。② 若水中含有 Ca^{2+}、Mg^{2+}、Pb^{2+}、Sn^{2+} 等,则会消耗 EDTA,在不同的情况下会对结果产生不同的影响。因此,在络合滴定中,为保证质量,必须对所用的去离子水的质量进行检查。EDTA 溶液应当贮存在聚乙烯塑料瓶或硬质玻璃瓶中。若贮存于软质玻璃瓶中,会不断溶解玻璃中的 Ca^{2+} 形成 CaY^{2-},使 EDTA 的浓度不断降低。

标定 EDTA 溶液的基准物质很多,如金属锌、铜、铋,以及 ZnO、$CaCO_3$、$MgSO_4 \cdot 7H_2O$ 等。金属锌的纯度高(纯度可达 99.99%),在空气中又稳定,Zn^{2+} 与 ZnY^{2-} 均无色,既能在 pH $5 \sim 6$ 以二甲酚橙为指示剂标定,又可在 pH $9 \sim 10$ 的氨性溶液中以铬黑 T 为指示剂标定,终点均很敏锐,因此一般多采用金属锌为基准物质。

为使测定的准确度高,标定的条件应与测定条件尽可能接近。例如,由试剂或水中引入的杂质(假定为 Ca^{2+}、Pb^{2+})在不同条件下有不同的影响:① 在碱性中滴定时,两者均与 EDTA 络合。② 在弱酸性溶液中滴定,只有 Pb^{2+} 与 EDTA 络合。③ 在强酸性溶液中滴定,则两者均不与 EDTA 络合。因此若在相同酸度下标定和测定,这种影响就可以抵消。在可能的情况下,最好选用被测元素的纯金属或化合物为基准物质。

思 考 题

1. 为什么在处理酸碱滴定体系中的平衡关系时,采用活度常数作近似计算;而在络合滴定体系中,络合平衡常数和酸碱平衡常数却采用浓度常数或混合常数?

2. 已知络合物 ML_n 的各级累积稳定常数和游离配位体的平衡浓度[L],是否可不经计算即知哪 1～2 种形态为主要存在形态？

3. 为什么用 EDTA 标准溶液滴定 M 至化学计量点时，未与 M 络合的辅助络合剂的浓度 $[A']$ 约等于其分析浓度 $c(A)$？

4. 使络合物稳定性降低的因素有哪些？

5. 用 EDTA 滴定同浓度的 M，若 $K'(MY)$ 增大 10 倍，滴定突跃范围改变多少？若 $K'(MY)$ 一定，浓度增加 10 倍，滴定突跃增大多少？

6. 络合滴定至何点时，$c(M)=c(Y)$？什么情况下，$[M]_{sp}=[Y]_{sp}$？

7. 以同浓度的 EDTA 溶液滴定某金属离子，若保持其他条件不变，仅将 EDTA 和金属离子浓度增大 10 倍，则两种滴定中哪一段滴定曲线会重合？

8. 在 pH 10 左右，$\lg K'(ZnY)\approx 13.5$。能否用硼砂缓冲溶液控制 pH 进行滴定？

9. 已知 $K(ZnY)\gg K(MgY)$，为什么在 pH＝10 的氨性缓冲溶液中用 EDTA 滴定 Mg^{2+} 时可以用 Zn^{2+} 标准溶液标定 EDTA？

10. 在使用掩蔽剂(B)进行选择性滴定时，若溶液存在下列平衡

请写出 $\lg K'(MY)$ 的计算式。在该溶液中，$c(M)$、$c(N_1)$、$c(N_2)$、$c(Y)$、$c(A)$、$c(B)$，以及 $[M']$、$[Y']$、$[A']$、$[B']$、$[N_1']$、$[N_2']$ 各是什么含义？

11. 已知乙酰丙酮(L)与 Al^{3+} 络合物的 $\lg\beta_1\sim\lg\beta_3$ 分别是 8.6，15.5 和 21.3，则 AlL_3 为主要形态时的 pL 范围是什么？$[AlL]$ 与 $[AlL_2]$ 相等时的 pL 为多少？pL 为 10.0 时铝的主要形态是什么？

12. 用 EDTA 滴定 Ca^{2+}、Mg^{2+}，采用 EBT 为指示剂。此时，存在少量的 Fe^{3+} 和 Al^{3+} 对体系将有何影响？如何消除它们的影响？

13. 如何检验水中是否有少量金属离子？如何确定它们是 Ca^{2+}、Mg^{2+}，还是 Al^{3+}、Fe^{3+}、Cu^{2+}？

14. 用 NaOH 标准溶液滴定 HCl 时，若溶液中存在 Al^{3+}、Fe^{3+} 等易水解的高价金属离子，如何消除其干扰？

15. 若配制 EDTA 溶液的水中含有 Ca^{2+}，判断下列情况下对测定结果的影响：

(1) 以 $CaCO_3$ 为基准物质标定 EDTA，用以滴定试液中的 Zn^{2+}，二甲酚橙为指示剂；

(2) 以金属锌为基准物质，二甲酚橙为指示剂标定 EDTA，用以测定试液中 Ca^{2+} 的含量；

(3) 以金属锌为基准物质，铬黑 T 为指示剂标定 EDTA，用以测定试液中 Ca^{2+} 的含量。

16. 拟定分析方案，指出滴定剂、酸度、指示剂及所需其他试剂，并说明滴定的方式：

(1) 含有 Fe^{3+} 的试液中测定 Bi^{3+}；

(2) Zn^{2+}、Mg^{2+} 混合液中两者的测定(举出三种方案)；

(3) 铜合金中 Pb^{2+}、Zn^{2+} 的测定；

(4) Ca^{2+} 与 EDTA 混合液中两者的测定；

(5) 水泥中 Fe^{3+}、Al^{3+}、Ca^{2+}、Mg^{2+} 的测定；

(6) Al^{3+}、Zn^{2+}、Mg^{2+} 混合液中 Zn^{2+} 的测定；

(7) Bi^{3+}、Al^{3+}、Pb^{2+} 混合液中三组分的测定。

习　题

4.1　已知铜氨络合物各级不稳定常数为

$K_{不稳1}=7.8\times10^{-3}$，$K_{不稳2}=1.4\times10^{-3}$，$K_{不稳3}=3.3\times10^{-4}$，$K_{不稳4}=7.4\times10^{-5}$

（1）计算各级稳定常数 $K_1\sim K_4$ 和各级累积稳定常数 $\beta_1\sim\beta_4$；

（2）若铜氨络合物水溶液中 $Cu(NH_3)_4^{2+}$ 的浓度为 $Cu(NH_3)_3^{2+}$ 的 10 倍，问溶液中 $[NH_3]$ 是多少？

（3）若铜氨络合物溶液中 $c(NH_3)=1.0\times10^{-2}$ mol·L^{-1}，$c(Cu)=1.0\times10^{-4}$ mol·L^{-1}（忽略 Cu^{2+}、NH_3 的副反应），计算 Cu^{2+} 与各级铜氨络合物的浓度。此时溶液中 $Cu(II)$ 的主要存在形态是什么？

4.2　乙酰丙酮(L)与 Fe^{3+} 络合物的 $\lg\beta_1\sim\lg\beta_3$ 分别为 11.4，22.1，26.7。请指出在下面不同 pL 时 $Fe(III)$ 的主要存在形态。

pL=22.1	pL=11.4	pL=7.7	pL=3.0

4.3　已知 NH_3 的 $K_b=10^{-4.63}$，请计算 $K_a(NH_4^+)$、$K^H(NH_4^+)$、$K^{OH}(NH_4OH)$ 及 pH=9.0 时的 $\alpha_{NH_3(H)}$。

4.4　（1）计算 pH 5.5 时 EDTA 溶液的 $\lg\alpha_{Y(H)}$；

（2）查出 pH 1，2，…，10 时 EDTA 的 $\lg\alpha_{Y(H)}$，并在坐标纸上作出 $\lg\alpha_{Y(H)}$-pH 曲线。由图查出 pH 5.5 时的 $\lg\alpha_{Y(H)}$，与计算值相比较。

4.5　计算下面两种情况下的 $\lg\alpha_{Cd(NH_3)}$、$\lg\alpha_{Cd(OH)}$ 和 $\lg\alpha_{Cd}$（Cd^{2+}-OH^- 络合物的 $\lg\beta_1\sim\lg\beta_4$ 分别为 4.3，7.7，10.3，12.0）。

（1）含镉溶液中 $[NH_3]=[NH_4^+]=0.1$；

（2）加入少量 NaOH 于(1)液中至 pH 为 10.0。

4.6　计算下面两种情况下的 $\lg K'(NiY)$。

（1）pH=9.0，$c(NH_3)=0.2$ mol·L^{-1}；

（2）pH=9.0，$c(NH_3)=0.2$ mol·L^{-1}，$[CN^-]=0.01$ mol·L^{-1}。

4.7　今欲配制 pH=5.0、pCa=3.8 的溶液，所需 EDTA 与 Ca^{2+} 物质的量之比，即 $n(EDTA):n(Ca)$ 为多少？

4.8　在 pH 为 10.0 的氨性缓冲溶液中，以 2×10^{-2} mol·L^{-1} EDTA 标准溶液滴定同浓度的 Pb^{2+} 溶液。若滴定开始时酒石酸的分析浓度为 0.2 mol·L^{-1}，计算化学计量点时的 $\lg K'(PbY)$、$[Pb']$ 和酒石酸铅络合物的浓度。（酒石酸铅络合物的 $\lg K$ 为 3.8）

4.9　15 mL 0.020 mol·L^{-1} EDTA 与 10 mL 0.020 mol·L^{-1} Zn^{2+} 溶液相混合，若 pH 为 4.0，计算 $[Zn^{2+}]$；若欲控制 $[Zn^{2+}]$ 为 $10^{-7.0}$ mol·L^{-1}，问溶液 pH 应控制在多大？

4.10　以 2×10^{-2} mol·L^{-1} EDTA 标准溶液滴定同浓度的 Cd^{2+} 溶液，若 pH 为 5.5，计算化学计量点及前后 0.1% 的 pCd。选二甲酚橙为指示剂是否合适？

4.11　在 pH=13.0 时，用 EDTA 标准溶液滴定 Ca^{2+}。请根据下表中数据，完成填空：

浓度 c	pCa		
	化学计量点前 0.1%	化学计量点	化学计量点后 0.1%
0.01 mol·L^{-1} 0.1 mol·L^{-1}	5.3	6.5	

4.12　在一定条件下,用 $0.010\ \text{mol·L}^{-1}$ EDTA 标准溶液滴定 20.00 mL 同浓度金属离子 M。已知该条件下反应是完全的,在加入 $19.98\sim20.02$ mL EDTA 时 pM 改变 1 单位,计算 $K'(\text{MY})$。

4.13　铬蓝黑 R 的酸离解常数 $K_{a_1}=10^{-7.3}$,$K_{a_2}=10^{-13.5}$,它与镁的络合物稳定常数 $K(\text{MgIn})=10^{7.6}$。计算 pH 10.0 时的 $(\text{pMg})_t$;若以它为指示剂,在 pH 10.0 时以 $2\times10^{-2}\ \text{mol·L}^{-1}$ EDTA 标准溶液滴定同浓度的 Mg^{2+},终点误差多大?

4.14　以 $2\times10^{-2}\ \text{mol·L}^{-1}$ EDTA 标准溶液滴定浓度均为 $2\times10^{-2}\ \text{mol·L}^{-1}$ 的 Cu^{2+}、Ca^{2+} 混合液中的 Cu^{2+}。如溶液 pH 为 5.0,以 PAN 为指示剂,计算终点误差;并计算化学计量点和终点时 CaY 的平衡浓度各是多少?

4.15　用控制酸度的方法分步滴定浓度均为 $2\times10^{-2}\ \text{mol·L}^{-1}$ 的 Th^{4+} 和 La^{3+}。若 EDTA 浓度也为 $2\times10^{-2}\ \text{mol·L}^{-1}$,计算:

(1) 滴定 Th^{4+} 的合适酸度范围[$\lg K'(\text{ThY})$ 最大,Th(OH)_4 不沉淀];

(2) 以二甲酚橙为指示剂滴定 Th^{4+} 的最佳 pH;

(3) 以二甲酚橙为指示剂在 pH 5.5 继续滴定 La^{3+},终点误差多大?

4.16　用 $2\times10^{-2}\ \text{mol·L}^{-1}$ 的 EDTA 标准溶液滴定浓度均为 $2\times10^{-2}\ \text{mol·L}^{-1}$ 的 Pb^{2+}、Al^{3+} 混合液中的 Pb^{2+}。以乙酰丙酮掩蔽 Al^{3+},终点时未与铝络合的乙酰丙酮总浓度为 $0.1\ \text{mol·L}^{-1}$,pH 为 5.0,以二甲酚橙为指示剂,计算终点误差(乙酰丙酮的 $pK_a=8.8$,忽略乙酰丙酮与 Pb^{2+} 络合)。

4.17　在 pH$=5.5$ 时使用 $0.020\ \text{mol·L}^{-1}$ HEDTA(X)标准溶液滴定同浓度 Zn^{2+}、Cd^{2+} 试液中的 Zn^{2+},以 KI 掩蔽 Cd^{2+},XO 为指示剂。已知:$\lg K(\text{ZnX})=14.5$,$\lg K(\text{CdX})=13.0$,$\lg\alpha_{\text{X(H)}}=4.6$,$(\text{pZn})_t(\text{XO})=5.7$;已计算得:$\lg\alpha_{\text{Cd(I)}}=5.1$,$\lg\alpha_{\text{X(Cd)}}=5.9$,$\lg K(\text{ZnX}')=8.6$,$(\text{pZn})_{sp}=5.3$,$E_t=+0.1\%$。

请根据以上数据,完成下表(单位均为 mol·L^{-1}):

	$[\text{X}']$	$[\text{X}]$	$\sum\limits_{i=1\sim3}[\text{H}_i\text{X}]$	$[\text{Cd}^{2+}]$
化学计量点				
终　　点				

4.18　称取含 Fe_2O_3 和 Al_2O_3 的试样 0.2015 g。试样溶解后,在 pH 2.0 以磺基水杨酸为指示剂,加热至 $50\ ℃$ 左右,以 $0.02008\ \text{mol·L}^{-1}$ 的 EDTA 标准溶液滴定至红色消失,消耗 EDTA 15.20 mL;然后加入上述 EDTA 标准溶液 25.00 mL,加热煮沸,调 pH 为 4.5,以 PAN 为指示剂,趁热用 $0.02112\ \text{mol·L}^{-1}$ Cu^{2+} 标准溶液返滴,用去 8.16 mL。分别计算试样中 Fe_2O_3 与 Al_2O_3 的质量分数(以 % 表示)。

4.19　移取含 Bi^{3+}、Pb^{2+}、Cd^{2+} 的试液 25.00 mL,以二甲酚橙为指示剂,在 pH 1.0 用 $0.02015\ \text{mol·L}^{-1}$ EDTA 标准溶液滴定,用去 20.28 mL;调 pH 至 5.5,用 EDTA 滴定又用去 30.16 mL;再加入邻二氮菲,用 $0.02002\ \text{mol·L}^{-1}$ Pb^{2+} 标准溶液滴定,计用去 10.15 mL。分别计算溶液中 Bi^{3+}、Pb^{2+}、Cd^{2+} 的浓度。

4.20　移取 25.00 mL pH 为 1.0 的 Bi^{3+}、Pb^{2+} 试液,用 $0.02000\ \text{mol·L}^{-1}$ EDTA 标准溶液滴定 Bi^{3+},计耗去 15.00 mL EDTA。今欲在此溶液中继续滴定 Pb^{2+},需加入多少克六次甲基四胺,才能将 pH 调到 5.0?

第 5 章 氧化还原滴定法

5.1 氧化还原反应的方向和程度
    条件电极电位∥决定条件电极电位的因素∥氧化还原反应进行的程度
5.2 氧化还原反应的速率
    浓度对反应速率的影响∥温度对反应速率的影响∥催化剂与反应速率
    ∥诱导反应
5.3 氧化还原滴定
    氧化还原滴定曲线∥氧化还原滴定中的指示剂∥氧化还原滴定前的预
    处理
5.4 氧化还原滴定的计算
5.5 常用的氧化还原滴定法
    高锰酸钾法∥重铬酸钾法∥碘量法∥其他氧化还原滴定法

氧化还原滴定法(redox titration)是以氧化还原反应为基础的滴定方法。它的应用非常广泛,能直接或间接测定很多无机物和有机物。氧化还原反应比较复杂,有的反应的完全度很高但反应速率很慢,有时由于副反应的发生使反应物之间没有确定的计量关系,有的副反应可以改变主反应的方向。因此,控制反应的条件显得尤为重要。此外,在氧化还原滴定中有多种氧化(还原)滴定剂,据此分为多种滴定法。需要注意的是,各种方法都有其特点和应用范围。

5.1 氧化还原反应的方向和程度

5.1.1 条件电极电位

氧化剂和还原剂的强弱可以用有关电对的电极电位来衡量。电对的电极电位越高,其氧化态的氧化能力越强;电对的电极电位越低,其还原态的还原能力越强。因此,作为氧化剂,它可以氧化电位比它低的还原剂;作为还原剂,它可以还原电位比它高的氧化剂。由此可见,根据有关电对的电极电位,可以判断反应进行的方向。

对于可逆[①]氧化还原电对的电极电位,可用 Nernst(能斯特)方程式表示。例如,Ox-Red 电对

$$Ox + ne \rightleftharpoons Red$$

25 ℃时
$$\varphi = \varphi^{\ominus} + \frac{0.059}{n} \lg \frac{a(Ox)}{a(Red)} \tag{5-1}$$

式中:$a(Ox)$ 和 $a(Red)$ 分别为氧化态和还原态的活度;$\varphi^{\ominus}$ 是电对的标准电极电位(25℃),它仅随温度变化。

---

① 可逆电对能很快地建立氧化还原平衡,其实际电极电位遵从 Nernst 方程式。

实际上已知的是氧化剂或还原剂的浓度,而不是其活度。当溶液离子强度较大时,用浓度代替活度进行计算,将引起较大的误差。更严重的是氧化态、还原态还会发生副反应,如酸度的影响、沉淀与络合物的形成都使得电极电位发生更大的变化。

若以浓度代替活度,必须引入相应的活度系数 $\gamma(Ox)$、$\gamma(Red)$。考虑到副反应的发生,还必须引入相应的副反应系数 α_{Ox}、α_{Red}。此时

$$a(Ox) = [Ox] \cdot \gamma(Ox) = c(Ox) \cdot \gamma(Ox)/\alpha_{Ox}$$
$$a(Red) = [Red] \cdot \gamma(Red) = c(Red) \cdot \gamma(Red)/\alpha_{Red}$$

式中:$c(Ox)$ 和 $c(Red)$ 分别表示氧化态和还原态的分析浓度。将以上关系代入式(5-1),得

$$\varphi = \varphi^{\ominus} + \frac{0.059}{n} \lg \frac{\gamma(Ox) \cdot \alpha_{Red}}{\gamma(Red) \cdot \alpha_{Ox}} + \frac{0.059}{n} \lg \frac{c(Ox)}{c(Red)}$$

当 $c(Ox) = c(Red) = 1 \ mol \cdot L^{-1}$ 时,得到

$$\varphi^{\ominus\prime} = \varphi^{\ominus} + \frac{0.059}{n} \lg \frac{\gamma(Ox) \cdot \alpha_{Red}}{\gamma(Red) \cdot \alpha_{Ox}} \tag{5-2}$$

$\varphi^{\ominus\prime}$ 称为条件电极电位(以前称为克式电位)。它表示在一定介质条件下,氧化态和还原态的分析浓度都为 $1 \ mol \cdot L^{-1}$ 时的实际电极电位,在一定条件下为常数。$\varphi^{\ominus\prime}$ 和 $\varphi^{\ominus}$ 的关系与活度(稳定)常数 K 和条件(稳定)常数 K' 的关系相似。

条件电极电位反映了离子强度与各种副反应的影响的总的结果。用它来处理问题,才比较符合实际情况。

从理论上考虑,只要知道有关组分的活度系数和副反应系数,就可以由电对的标准电极电位 $\varphi^{\ominus}$ 计算条件电极电位 $\varphi^{\ominus\prime}$。实际上,可能同时有几种副反应发生,而有关常数不易齐全;溶液的离子强度较大,活度系数也难以求得。因此用式(5-2)计算 $\varphi^{\ominus\prime}$ 是困难的。

附录 C.8 中列出了一些氧化还原电对的条件电极电位,均为实验测得值。当缺乏相同条件下的条件电极电位时,可采用条件相近的条件电极电位值。

引入了条件电极电位后,Nernst 方程式表示成

$$\varphi = \varphi^{\ominus\prime} + \frac{0.059}{n} \lg \frac{c(Ox)}{c(Red)} \tag{5-3}$$

式中:氧化态、还原态均用其分析浓度 c 表示,以此进行氧化还原平衡处理既方便又准确。

但是,实际反应的条件各式各样,目前测得的条件电极电位有限,不能满足实际工作的需要。在某些情况下,可以根据有关常数估算条件电极电位,以便判断反应进行的可能性及反应进行的程度。

5.1.2 决定条件电极电位的因素

1. 离子强度

在氧化还原反应中,溶液的离子强度一般较大,氧化态、还原态的价态也常较高,其活度系数远小于 1,条件电极电位与标准电极电位有较大差异。例如,$Fe(CN)_6^{3-}/Fe(CN)_6^{4-}$ 电对在不同离子强度下的条件电极电位如下($\varphi^{\ominus} = 0.355 \ V$):

离子强度/$(mol \cdot kg^{-1})$	0.00064	0.0128	0.112	1.6
条件电极电位/V	0.3619	0.3814	0.4094	0.4584

可见,只有在极稀的溶液中,才有 $\varphi^{\ominus\prime}\approx\varphi^{\ominus}$。因此在离子强度较大时,若采用 Nernst 方程式作计算,引用标准电极电位 $\varphi^{\ominus}$ 而又用浓度代替活度,其结果必会与实际情况有差异。但是由于各种副反应对电位的影响远比离子强度为大,同时离子强度的影响又难以校正,因此在下面讨论各种副反应对电位的影响时,一般都忽略离子强度的影响,即利用下式作近似计算

$$\varphi\approx\varphi^{\ominus}+\frac{0.059}{n}\lg\frac{[\mathrm{Ox}]}{[\mathrm{Red}]} \tag{5-4}$$

2. 沉淀的生成

在氧化还原反应中,当加入一种可与氧化态或还原态生成沉淀的沉淀剂时,就会改变电对的电位。氧化态生成沉淀使电对的电位降低,而还原态生成沉淀则使电对的电位增高。例如,用碘量法测定 Cu^{2+} 的质量分数是基于如下反应

$$2Cu^{2+}+4I^-\Longleftrightarrow 2CuI\downarrow+I_2$$
$$\varphi^{\ominus}(Cu^{2+}/Cu^+)=0.17\ \mathrm{V},\quad \varphi^{\ominus}(I_2/I^-)=0.54\ \mathrm{V}$$

若从标准电极电位判断,应当是 I_2 氧化 Cu^+。事实上,Cu^{2+} 氧化 I^- 的反应进行得很完全。其原因在于生成了溶解度很小的 CuI 沉淀,溶液中 $[Cu^+]$ 极小,Cu^{2+}/Cu^+ 电对的电位显著增高,Cu^{2+} 成为较强的氧化剂了。

【例 5.1】 计算 25℃时 KI 浓度为 $1\ \mathrm{mol\cdot L^{-1}}$,$Cu^{2+}/Cu^+$ 电对的条件电极电位(忽略离子强度的影响)。

解 已知 $\varphi^{\ominus}(Cu^{2+}/Cu^+)=0.17\ \mathrm{V}$,$K_{sp}(CuI)=2\times10^{-12}$,按式(5-4)

$$\varphi\approx\varphi^{\ominus}(Cu^{2+}/Cu^+)+0.059\lg\frac{[Cu^{2+}]}{[Cu^+]}$$
$$=\varphi^{\ominus}(Cu^{2+}/Cu^+)+0.059\lg\frac{[Cu^{2+}]}{K_{sp}/[I^-]}$$
$$=\varphi^{\ominus}(Cu^{2+}/Cu^+)+0.059\lg\frac{[I^-]}{K_{sp}}+0.059\lg[Cu^{2+}]$$

若 Cu^{2+} 未发生副反应,$[Cu^{2+}]=c(Cu^{2+})$,今 $[I^-]=1\ \mathrm{mol\cdot L^{-1}}$,故

$$\varphi^{\ominus\prime}=\varphi^{\ominus}(Cu^{2+}/Cu^+)+0.059\lg\frac{[I^-]}{K_{sp}}$$
$$=[0.17-0.059\lg(2\times10^{-12})]\ \mathrm{V}=0.86\ \mathrm{V}$$

又如 Ag^+/Ag 电对($\varphi^{\ominus}=0.80\ \mathrm{V}$),在 $1\ \mathrm{mol\cdot L^{-1}}$ HCl 溶液中由于生成 AgCl 沉淀,极大地降低了 $[Ag^+]$,电对的电位显著降低(此时 $\varphi^{\ominus\prime}$ 为 0.23 V)。因此,在 HCl 溶液中,金属 Ag 是相当强的还原剂。据此制成的银还原器能还原多种物质。

3. 络合物的形成

络合反应在溶液中具有很大的普遍性。溶液中总有各种阴离子存在,它们常与金属离子的氧化态、还原态形成稳定性不同的络合物,从而改变了电对的电位。一般的规律是氧化态形成的络合物更稳定,其结果是电位降低。以 Fe^{3+}/Fe^{2+} 电对为例,它在不同介质中的条件电极电位如表 5-1 所示。

表 5-1 Fe^{3+}/Fe^{2+} 电对在不同介质中的条件电极电位($\varphi^{\ominus}=0.77\ \mathrm{V}$)

介质($1\ \mathrm{mol\cdot L^{-1}}$)	$HClO_4$	HCl	H_2SO_4	H_3PO_4	HF
$\varphi^{\ominus\prime}(Fe^{3+}/Fe^{2+})/V$	0.75	0.70	0.68	0.44	0.32

由条件电极电位可知，PO_4^{3-} 或 F^- 与 Fe^{3+} 的络合物最稳定，而 ClO_4^- 的络合能力最小，基本不形成络合物。

在定量分析中，常利用形成络合物的性质除去干扰。例如用碘量法测定 Cu^{2+} 时，Fe^{3+} 也能氧化 I^-，从而干扰 Cu^{2+} 的测定。如果加入 NaF，则 Fe^{3+} 与 F^- 形成很稳定的络合物，Fe^{3+}/Fe^{2+} 电对的电位显著降低，就不再氧化 I^- 了。

【例 5.2】　计算 25℃ 时 pH 3.0，$[F'] = 0.1\ mol \cdot L^{-1}$，$Fe^{3+}/Fe^{2+}$ 电对的条件电极电位（忽略离子强度的影响）。

解　已知铁（Ⅲ）氟络合物的 $lg\beta_1 \sim lg\beta_3$ 分别是 5.2，9.2 和 11.9，$lg\ K^H(HF) = 3.1$。按式(5-4)，则

$$\varphi \approx \varphi^{\ominus}(Fe^{3+}/Fe^{2+}) + 0.059\ lg\ \frac{[Fe^{3+}]}{[Fe^{2+}]}$$

$$= \varphi^{\ominus}(Fe^{3+}/Fe^{2+}) + 0.059\ lg\ \frac{c(Fe(Ⅲ))/\alpha_{Fe^{3+}(F)}}{c(Fe(Ⅱ))/\alpha_{Fe^{2+}(F)}}$$

$$= \varphi^{\ominus}(Fe^{3+}/Fe^{2+}) + 0.059\ lg\ \frac{\alpha_{Fe^{2+}(F)}}{\alpha_{Fe^{3+}(F)}} + 0.059\ lg\ \frac{c(Fe(Ⅲ))}{c(Fe(Ⅱ))}$$

即

$$\varphi^{\ominus'} = \varphi^{\ominus}(Fe^{3+}/Fe^{2+}) + 0.059\ lg\ \frac{\alpha_{Fe^{2+}(F)}}{\alpha_{Fe^{3+}(F)}}$$

当 pH = 3.0 时

$$\alpha_{F(H)} = 1 + [H^+]K^H(HF) = 1 + 10^{-3.0+3.1} = 10^{0.4}$$

则

$$[F^-] = [F']/\alpha_{F(H)} = (10^{-1.0}/10^{0.4})\ mol \cdot L^{-1} = 10^{-1.4}\ mol \cdot L^{-1}$$

故

$$\alpha_{Fe^{3+}(F^-)} = 1 + [F^-]\beta_1 + [F^-]^2\beta_2 + [F^-]^3\beta_3$$
$$= 1 + 10^{-1.4+5.2} + 10^{-2.8+9.2} + 10^{-4.2+11.9}$$
$$= 10^{7.7}$$

而

$$\alpha_{Fe^{2+}(F)} = 1$$

因此

$$\varphi^{\ominus'} = \left(0.77 + 0.059\ lg\ \frac{1}{10^{7.7}}\right)\ V = 0.32\ V$$

也有个别络合物，如邻二氮菲（简写作 ph）与 Fe^{2+} 形成的络合物比它与 Fe^{3+} 形成的络合物稳定[$lg\beta(Fe(ph)_3^{3+}) = 14.1$，$lg\beta(Fe(ph)_3^{2+}) = 21.3$]。因此，在有邻二氮菲存在时，$Fe^{3+}/Fe^{2+}$ 电对的电位显著增高，在 $1\ mol \cdot L^{-1}$ H_2SO_4 介质中，其条件电极电位为 1.06 V。

4. 溶液酸度

不少氧化还原反应有 H^+ 或 OH^- 参加，有关电对的 Nernst 方程式中将包括[H^+]或 [OH^-]项，酸度直接影响电位值。一些物质的氧化态或还原态是弱酸或弱碱，酸度的变化还会影响其存在形式，也会影响电位值。以 As(Ⅴ)/As(Ⅲ)电对为例，以上两方面的影响同时存在。在以下反应中

$$H_3AsO_4 + 2H^+ + 3I^- \Longrightarrow HAsO_2 + I_3^- + 2H_2O$$
$$\varphi^{\ominus}(H_3AsO_4/HAsO_2) = 0.56\ V, \quad \varphi^{\ominus}(I_3^-/I^-) = 0.545\ V$$

两电对的 $\varphi^{\ominus}$ 相近。但 I_3^-/I^- 电对的电位几乎与 pH 无关，而 $H_3AsO_4/HAsO_2$ 电对的电位则受酸度的影响很大。酸度高时反应向右进行，酸度低时反应则向左进行。

【例 5.3】　计算 25℃ 时 pH = 8.0，As(Ⅴ)/As(Ⅲ)电对的条件电极电位（忽略离子强度的影响）。

解　已知 H_3AsO_4 的 $pK_{a_1} \sim pK_{a_3}$ 分别是 2.2，7.0 和 11.5；$HAsO_2$ 的 $pK_a = 9.2$，半反应为

$$H_3AsO_4 + 2H^+ + 2e \Longrightarrow HAsO_2 + 2H_2O \qquad \varphi^{\ominus} = 0.56\ V$$

其 Nernst 方程式是

$$\varphi = \varphi^{\ominus}(H_3AsO_4/HAsO_2) + \frac{0.059}{2}\lg\frac{[H_3AsO_4][H^+]^2}{[HAsO_2]}$$

而 $[H_3AsO_4] = c(As(V)) \cdot x(H_3AsO_4)$，$[HAsO_2] = c(As(III)) \cdot x(HAsO_2)$，代入上式得

$$\varphi = 0.56 + \frac{0.059}{2}\lg\frac{x(H_3AsO_4)\cdot[H^+]^2}{x(HAsO_2)} + \frac{0.059}{2}\lg\frac{c(As(V))}{c(As(III))}$$

故

$$\varphi^{\ominus\prime} = 0.56 + \frac{0.059}{2}\lg\frac{x(H_3AsO_4)\cdot[H^+]^2}{x(HAsO_2)}$$

当 pH=8.0 时，$x(HAsO_2) \approx 1$

$$x(H_3AsO_4) = \frac{[H^+]^3}{[H^+]^3 + [H^+]^2 K_{a_1} + [H^+]K_{a_1}K_{a_2} + K_{a_1}K_{a_2}K_{a_3}}$$

$$= \frac{10^{-24.0}}{10^{-24.0} + 10^{-16.0-2.2} + 10^{-8.0-2.2-7.0} + 10^{-2.2-7.0-11.5}}$$

$$= 10^{-6.8}$$

所以

$$\varphi^{\ominus\prime} = \left(0.56 + \frac{0.059}{2}\lg 10^{-6.8-16.0}\right) V = -0.11 \text{ V}$$

根据 H_3AsO_4 和 $HAsO_2$ 的酸度常数式，可以导出不同 pH 范围 As(V)/As(III)电对的条件电极电位与 pH 的关系。例如：在 7.0＜pH＜9.2 范围内，As(V)主要以 $HAsO_4^{2-}$ 形态存在

$$[H_3AsO_4] = \frac{[H^+]^2[HAsO_4^{2-}]}{K_{a_1}K_{a_2}} \approx \left(\frac{[H^+]^2}{K_{a_1}K_{a_2}}\right)c(As(V))$$

而

$$[HAsO_2] \approx c(As(III))$$

故

$$\varphi^{\ominus\prime} = 0.56 + \frac{0.059}{2}\lg\left(\frac{[H^+]^4}{K_{a_1}K_{a_2}}\right) = 0.84 - 0.12 \text{ pH}$$

同样可得

$$\begin{cases} pH<2.2 \text{ 时}, & \varphi^{\ominus\prime} = 0.56 - 0.06 \text{ pH} \\ 2.2<pH<7.0 \text{ 时}, & \varphi^{\ominus\prime} = 0.63 - 0.09 \text{ pH} \\ 9.2<pH<11.5 \text{ 时}, & \varphi^{\ominus\prime} = 0.56 - 0.09 \text{ pH} \\ 11.5<pH \text{ 时}, & \varphi^{\ominus\prime} = 0.91 - 0.12 \text{ pH} \end{cases} \tag{5-5}$$

As(V)/As(III)电对的 $\varphi^{\ominus\prime}$ 与 pH 的关系如图 5.1 所示。由图 5.1 可见，As(V)/As(III)电对的电位随溶液酸度改变。为了表明酸度对氧化还原反应方向的影响，图中亦画出 I_3^-/I^- 电对的电位（虚线）：当 pH＜8 时，其电位不随 pH 变化；pH≈0.3 时，$\varphi^{\ominus\prime}(As(V)/As(III)) = \varphi^{\ominus\prime}(I_3^-/I^-)$。酸度增大时，As(V)/As(III)电对电位高于 I_3^-/I^- 电对的电位，如在 4 mol·L^{-1} HCl 中，As(V)可定量氧化 I$^-$，采用间接碘量法，用 Na$_2$S$_2$O$_3$ 滴定析出的 I_3^-，即可测定 As(V)；酸度减小时，As(V)/As(III)电对的电位低于 I_3^-/I^- 电对的电位。pH≈8 时两电对电位相差很大，I_3^- 滴定 As(III)的反应可定量进行。由此可见，酸度不仅会影响反应进行的程度，甚至可能影响反应进行的方向。

图 5.1 也是 As(V)-As(III)体系的优势区域图。图中折线表示 As(V)和 As(III)浓度相等，线的上部是 As(V)占优势的区域，线的下部是 As(III)占优势的区域。而以 pK_{a_i} 为界，则划分出各种酸碱形态占优势的区域。

利用各种因素改变电对的电位，可以提高反应的选择性，在进行混合物中复杂成分的分析时是十分必要的。

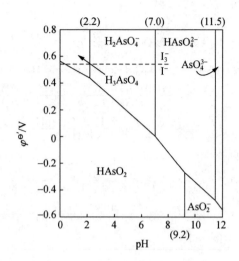

图 5.1 As(Ⅴ)/As(Ⅲ)电对的 $\varphi^{\ominus\prime}$ 与 pH 的关系

【**例 5.4**】 巴黎绿 $[3CuO \cdot 3As_2O_3 \cdot Cu(C_2H_3O_2)_2]$ 是一种含砷的杀虫剂,主要成分为 Cu^{2+}、As(Ⅲ)。为测定其中 Cu^{2+} 和 As(Ⅲ)的质量分数,可先在近中性溶液中用焦磷酸钠掩蔽 Cu^{2+},以 I_3^- 标准溶液滴定 As(Ⅲ);而后提高酸度使 Cu^{2+} 解蔽,加入过量的 KI,用 $Na_2S_2O_3$ 标准溶液滴定析出的 I_3^- 以测定 Cu^{2+}。用计算说明:

(1) 若 pH 为8.0,未与 Cu^{2+} 络合的焦磷酸钠浓度(c_A)为 0.3 $mol \cdot L^{-1}$,$[I^-]$ 为 0.1 $mol \cdot L^{-1}$ 时,Cu^{2+} 不会干扰 As(Ⅲ)测定;

(2) 提高酸度至 pH 为 4.0,若 $[I^-]$ 为 0.2 $mol \cdot L^{-1}$,能定量测定 Cu^{2+} 而 As(Ⅴ)不干扰。(以淀粉为指示剂,蓝色出现与消失时 $[I_3^-]=1.0 \times 10^{-5}$ $mol \cdot L^{-1}$)

解 (1) 查得焦磷酸铜络合物的 $\lg\beta_1 \sim \lg\beta_2$ 分别是 6.7 和 9.0,$K_{sp}(CuI)=10^{-11.96}$,计算知 pH 为 8.0 时 $\lg\alpha_{A(H)}=1.3$。

$$[A]=\frac{c_A}{\alpha_{A(H)}}=\frac{0.3}{10^{1.3}} \text{ mol} \cdot L^{-1}=10^{-1.8} \text{ mol} \cdot L^{-1}$$

$$\alpha_{Cu(A)}=1+10^{-1.8+6.7}+10^{-3.6+9.0}=10^{5.5}$$

故 $$\varphi(Cu^{2+}/Cu^+)=0.17+0.059 \lg \frac{[I^-] \cdot c(Cu^{2+})}{K_{sp} \cdot \alpha_{Cu(A)}}$$

$$=0.17+0.059 \lg \frac{0.1\ c(Cu^{2+})}{10^{-11.96} \times 10^{5.5}}=0.49+0.059 \lg c(Cu^{2+})$$

终点时 $$\varphi(I_3^-/I^-)=\varphi^{\ominus}+\frac{0.059}{2} \lg \frac{[I_3^-]}{[I^-]^3}$$

$$=\left[0.537+\frac{0.059}{2} \lg \frac{10^{-5.0}}{(0.1)^3}\right] \text{V}=0.48 \text{ V}$$

达到平衡时两电对电位相等,故

$$\lg c(Cu^{2+})=\frac{0.48-0.49}{0.059}=-0.17$$

即 $$c(Cu^{2+})=0.68 \text{ mol} \cdot L^{-1}$$

Cu^{2+} 浓度较大,即 Cu^{2+} 不会氧化 I^-,将不干扰 As(Ⅲ)测定。

(2) pH=4.0 时,计算得 $\lg\alpha_{A(H)}=7.9$。

$$[A]=\frac{0.3}{10^{7.9}} \text{ mol} \cdot L^{-1}=10^{-8.4} \text{ mol} \cdot L^{-1}$$

$$\alpha_{Cu(A)}=1+10^{-8.4+6.7}+10^{-16.8+9.0}=1$$

即 Cu^{2+} 完全解蔽。

故
$$\varphi(Cu^{2+}/Cu^+)=0.17+0.059\lg\frac{0.2}{10^{-11.96}}+0.059\lg c(Cu^{2+})$$
$$=0.83+0.059\lg c(Cu^{2+})$$

终点时
$$\varphi(I_3^-/I^-)=\left[0.537+\frac{0.059}{2}\lg\frac{10^{-5.0}}{(0.2)^3}\right]V=0.45\ V$$

此时
$$\lg c(Cu^{2+})=\frac{0.45-0.83}{0.059}=-6.4$$

Cu^{2+} 浓度很低，表明 Cu^{2+} 已定量测定。

pH=4.0 时
$$\varphi^{\ominus}(As(V)/As(\rm{III}))=(0.63-4\times0.09)V=0.27\ V \qquad (见式5-5)$$

故
$$\varphi(As(V)/As(\rm{III}))=\left[0.27+\frac{0.059}{2}\lg\frac{c(As(V))}{c(As(\rm{III}))}\right]V=0.45\ V$$

求得
$$\lg\frac{c(As(V))}{c(As(\rm{III}))}=\frac{2(0.45-0.27)}{0.059}=6.10$$

可见 $As(V)$ 不干扰 Cu^{2+} 的测定。

5.1.3 氧化还原反应进行的程度

氧化还原反应进行的程度可用反应的平衡常数来衡量，而平衡常数 K 可以从有关电对的标准电极电位求得。若引用条件电极电位，求得的是条件常数 K'，它更能说明反应实际进行的程度。

若氧化还原反应为
$$p_2Ox_1+p_1Red_2\rightleftharpoons p_2Red_1+p_1Ox_2$$

25℃时，两电对的半反应及相应的 Nernst 方程式是
$$Ox_1+n_1e\rightleftharpoons Red_1 \qquad \varphi_1=\varphi_1^{\ominus\prime}+\frac{0.059}{n_1}\lg\frac{c(Ox_1)}{c(Red_1)}$$
$$Ox_2+n_2e\rightleftharpoons Red_2 \qquad \varphi_2=\varphi_2^{\ominus\prime}+\frac{0.059}{n_2}\lg\frac{c(Ox_2)}{c(Red_2)}$$

当反应达平衡时，$\varphi_1=\varphi_2$，则
$$\varphi_1^{\ominus\prime}+\frac{0.059}{n_1}\lg\frac{c(Ox_1)}{c(Red_1)}=\varphi_2^{\ominus\prime}+\frac{0.059}{n_2}\lg\frac{c(Ox_2)}{c(Red_2)}$$

整理后，得到
$$\lg K'=\lg\left[\left(\frac{c(Red_1)}{c(Ox_1)}\right)^{p_2}\left(\frac{c(Ox_2)}{c(Red_2)}\right)^{p_1}\right]=\frac{(\varphi_1^{\ominus\prime}-\varphi_2^{\ominus\prime})p}{0.059} \qquad (5-6)$$

式中：p 是两电对的得失电子数的最小公倍数，$p=n_2p_1=n_1p_2$。当 $n_1=n_2$ 时，$p_1=p_2=1$。

【例5.5】 计算在 $1\ mol\cdot L^{-1}$ HCl 溶液中以下反应的平衡常数。
$$2Fe^{3+}+Sn^{2+}\rightleftharpoons 2Fe^{2+}+Sn^{4+}$$

解 已知 $\varphi^{\ominus\prime}(Fe^{3+}/Fe^{2+})=0.70\ V$，$\varphi^{\ominus\prime}(Sn^{4+}/Sn^{2+})=0.14\ V$。按式(5-6)，有
$$\lg K'=\lg\left[\frac{c^2(Fe^{2+})}{c^2(Fe^{3+})}\times\frac{c(Sn^{4+})}{c(Sn^{2+})}\right]=\frac{(0.70-0.14)\times2}{0.059}=19.00$$

所以
$$K'=10^{19.00}$$

当用 Fe^{3+} 滴定 Sn^{2+} 至化学计量点时

$$\frac{c(\mathrm{Fe}^{2+})}{c(\mathrm{Fe}^{3+})} = \frac{c(\mathrm{Sn}^{4+})}{c(\mathrm{Sn}^{2+})}$$

$$K' = \frac{c^2(\mathrm{Fe}^{2+})}{c^2(\mathrm{Fe}^{3+})} \times \frac{c(\mathrm{Sn}^{4+})}{c(\mathrm{Sn}^{2+})} = 10^{19.00}$$

求得 $\dfrac{c(\mathrm{Fe}^{2+})}{c(\mathrm{Fe}^{3+})} = \dfrac{c(\mathrm{Sn}^{4+})}{c(\mathrm{Sn}^{2+})} = 10^{6.3}$，由该比值即可求得反应的完全程度。此时未反应的 Fe^{3+}（Sn^{2+}）仅占

$$\frac{c(\mathrm{Fe}^{3+})}{c(\mathrm{Fe}^{3+}) + c(\mathrm{Fe}^{2+})} = 10^{-6.3} = 10^{-4.3}\%$$

两电对的条件电极电位相差越大，氧化还原反应的平衡常数 K' 就越大，反应进行也越完全。对于滴定反应来说，反应的完全度应当在 99.9% 以上。基于式(5-6)，可以得到氧化还原滴定反应定量进行的条件。

若 $n_1 = n_2 = 1$，在化学计量点时，如 $\dfrac{c(\mathrm{Red}_1)}{c(\mathrm{Ox}_1)} \geqslant 10^3$，$\dfrac{c(\mathrm{Ox}_2)}{c(\mathrm{Red}_2)} \geqslant 10^3$，则

$$K' = \frac{c(\mathrm{Red}_1)}{c(\mathrm{Ox}_1)} \times \frac{c(\mathrm{Ox}_2)}{c(\mathrm{Red}_2)} \geqslant 10^6$$

所以　　　　　　　$\varphi_1^{\ominus\prime} - \varphi_2^{\ominus\prime} = \dfrac{0.059}{p} \lg K' \geqslant 0.059 \times 6 \ \mathrm{V} = 0.36 \ \mathrm{V}$

如若 $n_1 = n_2 = 2$，此时

$$K' = \frac{c(\mathrm{Red}_1)}{c(\mathrm{Ox}_1)} \times \frac{c(\mathrm{Ox}_2)}{c(\mathrm{Red}_2)} \geqslant 10^6$$

所以　　　　　　　$\varphi_1^{\ominus\prime} - \varphi_2^{\ominus\prime} \geqslant \dfrac{0.059}{2} \times 6 \ \mathrm{V} = 0.18 \ \mathrm{V}$

因此，一般认为若两电对的条件电极电位差大于 0.4 V，反应就能定量地进行。在氧化还原滴定中，有很多强的氧化剂可作滴定剂，还可以控制介质条件来改变电对的电位。要达到这个要求，一般是不难做到的。所以在氧化还原反应中，反应完全度的问题不像酸碱反应那样突出。

5.2　氧化还原反应的速率

根据有关电对的条件电极电位，可以判断氧化还原反应的方向和完全程度。但这只说明反应发生的可能性。如水溶液中溶解氧的半反应

$$\mathrm{O}_2 + 4\mathrm{H}^+ + 4\mathrm{e} \Longrightarrow 2\mathrm{H}_2\mathrm{O} \qquad \varphi^{\ominus} = 1.23 \ \mathrm{V}$$

若仅从平衡考虑，强氧化剂在水溶液中会氧化 $\mathrm{H}_2\mathrm{O}$ 产生 O_2，强还原剂则会被水中 O_2 所氧化。实际上 Ce^{4+} 等强氧化剂在溶液中相当稳定，而强还原剂 Sn^{2+} 等在水溶液中也能存在。这里，反应速率慢起了积极作用。当然，在滴定分析中，总是希望滴定反应能快速进行。若反应速率极慢，该反应就不能直接用于滴定。例如反应

$$2\mathrm{Ce}^{4+} + \mathrm{HAsO}_2 + 2\mathrm{H}_2\mathrm{O} \xrightarrow{0.5 \ \mathrm{mol\cdot L^{-1}} \ \mathrm{H}_2\mathrm{SO}_4} 2\mathrm{Ce}^{3+} + \mathrm{H}_3\mathrm{AsO}_4 + 2\mathrm{H}^+$$

$$\varphi^{\ominus\prime}(\mathrm{Ce}^{4+}/\mathrm{Ce}^{3+}) = 1.44 \ \mathrm{V}, \quad \varphi^{\ominus\prime}(\mathrm{As(V)/As(III)}) = 0.56 \ \mathrm{V}$$

计算得该反应的平衡常数 $K' \approx 10^{30.0}$。若仅从平衡考虑，此常数很大，反应可以进行得很完全。实际上此反应极慢，若不加催化剂，反应无法实现。

氧化还原反应的速率与物质的结构有关，一般说来，仅涉及电子转移的氧化还原反应是快的。例如

$$\mathrm{Fe}^{3+} + \mathrm{e} \Longrightarrow \mathrm{Fe}^{2+}, \quad \mathrm{Ce}^{4+} + \mathrm{e} \Longrightarrow \mathrm{Ce}^{3+}$$

而涉及打开共价键的体系，反应常常是慢的。例如

$$\mathrm{NO}_3^- + 2\mathrm{H}^+ + 2\mathrm{e} \Longrightarrow \mathrm{NO}_2^- + \mathrm{H}_2\mathrm{O}$$

$$SO_4^{2-} + 2H^+ + 2e \Longleftrightarrow SO_3^{2-} + H_2O$$

对某一元素来说,氧化数越高,反应越慢。以氯的化合物为例:次氯酸 HClO 作氧化剂,无论在酸性或碱性中反应均快;氯酸 HClO$_3$ 仅在强酸中才有氧化性;而高氯酸 HClO$_4$ 不仅在高的酸度下,而且必须加热才具有氧化性。一些氧化还原反应速率较慢,是由于电子转移受到各种因素的阻力,如溶液中溶剂分子和各种配位体的阻碍、物质之间的静电作用力等等。氧化还原反应大多经历了一系列的中间步骤,即反应是分步进行的。在这一系列反应中,只要有一步反应是慢的,就影响了总的反应速率。总的反应方程式表示的是一系列反应的总的结果。

下面分别讨论影响氧化还原反应速率的诸因素,即反应物的浓度、温度、催化剂以及诱导反应等。

5.2.1　浓度对反应速率的影响

根据质量作用定律,反应速率与反应物浓度的乘积成正比。但是许多氧化还原反应是分步进行的,整个反应的速率是由最慢的一步决定的,所以不能笼统地按总的氧化还原方程式中各反应物的系数来判断其浓度对速率的影响程度。但一般来说,增加反应物浓度都能加快反应速率。对于有 H^+ 参加的反应,提高酸度也能加速反应。例如,$K_2Cr_2O_7$ 在酸性溶液中与 KI 的反应

$$Cr_2O_7^{2-} + 6I^- + 14H^+ \Longleftrightarrow 2Cr^{3+} + 3I_2 + 7H_2O$$

此反应速率较慢,提高 I^- 和 H^+ 浓度可加速反应。实验证明,在 H^+ 浓度为 $0.4 \ mol \cdot L^{-1}$ 时,KI 过量约 5 倍,放置 5 min,反应即进行完全。

5.2.2　温度对反应速率的影响

对大多数反应来说,升高温度可以提高反应的速率。通常溶液的温度每增高 10℃,反应速率约增大 2~3 倍。例如,MnO_4^- 与 $C_2O_4^{2-}$ 的反应,在室温下反应速率很慢;如将溶液加热,反应速率将显著提高。通常用 $KMnO_4$ 溶液滴定 $H_2C_2O_4$ 溶液时,温度控制在 70~80℃之间。

但是对某些易挥发的物质(如 I_2),加热溶液会引起挥发损失;有些还原性物质(如 Sn^{2+},Fe^{2+})很容易被空气中的氧所氧化,加热溶液会促进它们的氧化,从而引起误差。

5.2.3　催化剂与反应速率

使用催化剂是提高反应速率的有效方法。例如前面提到的 Ce^{4+} 氧化 As(Ⅲ)的反应,实际上是分两步进行的。

$$As(Ⅲ) \xrightarrow[慢]{Ce^{4+}} As(Ⅳ) \xrightarrow[快]{Ce^{4+}} As(Ⅴ)$$

由于前一步反应的影响,总的反应速率很慢。如果加入少量 I^-,则发生下述反应

$$Ce^{4+} + I^- \longrightarrow I^0 + Ce^{3+}$$

$$2I^0 \longrightarrow I_2$$

$$I_2 + H_2O \Longleftrightarrow HOI + H^+ + I^-$$

$$H_3AsO_3 + HOI \longrightarrow H_3AsO_4 + H^+ + I^-$$

因为所有涉及碘的反应都是快速的,少量 I^- 作催化剂就加速了 Ce^{4+} 和 As(Ⅲ)的反应。

基于此,可用 As_2O_3 标定 Ce^{4+} 溶液的浓度。

以分析上很重要的另一反应——高锰酸钾在酸性溶液中氧化草酸为例

$$2MnO_4^- + 5C_2O_4^{2-} + 16H^+ \rightleftharpoons 2Mn^{2+} + 10CO_2 + 8H_2O$$

此反应即使在强酸溶液中,温度升高到 80℃,在滴定的最初阶段,反应仍相当慢。若加入 Mn^{2+},反应即加速。MnO_4^- 与 $C_2O_4^{2-}$ 的反应过程可能经过如下几步

增加 $Mn(Ⅱ)$ 的浓度,加速了 $Mn(Ⅲ)$ 的形成,从而加速了整个反应。若不加 Mn^{2+},则开始时反应很慢。随着反应进行,不断地产生 Mn^{2+},反应将越来越快。这种由于生成物本身引起催化作用的反应称作自动催化反应。

5.2.4　诱导反应

有些氧化还原反应在通常情况下并不发生或进行极慢,但在另一反应进行时会促进这一反应的发生。例如,在酸性溶液中 $KMnO_4$ 氧化 Cl^- 的反应速率极慢;当溶液中同时存在 Fe^{2+} 时,$KMnO_4$ 氧化 Fe^{2+} 的反应加速了 $KMnO_4$ 氧化 Cl^- 的反应。这种由于一个氧化还原反应的发生促进了另一氧化还原反应的进行,称为诱导反应。上例中 Fe^{2+} 称为诱导体,MnO_4^- 称为作用体,Cl^- 称为受诱体。

诱导反应与催化反应不同。在催化反应中,催化剂参加反应后恢复其原来的状态。而在诱导反应中,诱导体参加反应后变成了其他物质。诱导反应增加了作用体的消耗量而使结果产生误差。因此在氧化还原滴定中防止诱导反应的发生具有重要的意义。实验结果表明,$K_2Cr_2O_7$ 氧化 Sn^{2+} 时发生了严重的诱导空气氧化 Sn^{2+} 的反应,有 90% 以上的 Sn^{2+} 是被空气氧化的。为要得到准确结果,$K_2Cr_2O_7$ 滴定 Sn^{2+} 必须在惰性气氛中进行;或加入过量的 Fe^{3+},再以 $K_2Cr_2O_7$ 滴定置换出来的 Fe^{2+}。

诱导反应的发生,据认为是反应过程中形成的不稳定的中间产物具有更强的氧化能力所致。例如,$KMnO_4$ 氧化 Fe^{2+} 诱导了 Cl^- 的氧化,据认为是由于 MnO_4^- 氧化 Fe^{2+} 的过程中形成了一系列的锰的中间产物——$Mn(Ⅵ)$、$Mn(Ⅴ)$、$Mn(Ⅳ)$、$Mn(Ⅲ)$,它们均能氧化 Cl^-,因而出现了诱导反应。若加入大量 Mn^{2+},可使这些中间体迅速变成 $Mn(Ⅲ)$。在大量 Mn^{2+} 存在下,若又有磷酸络合 $Mn(Ⅲ)$,则 $Mn(Ⅲ)/Mn(Ⅱ)$ 电对的电位降低,$Mn(Ⅲ)$ 就不能氧化 Cl^- 了。因此在 HCl 介质中用 $KMnO_4$ 法测定 Fe^{2+},常加入 $MnSO_4$-H_3PO_4-H_2SO_4 混合溶液。此混合溶液称为防止溶液。

5.3　氧化还原滴定

5.3.1　氧化还原滴定曲线

在氧化还原滴定中,随着滴定剂的加入,物质的氧化态和还原态的浓度逐渐改变,有关电对的电位也随之不断变化,这种变化可用滴定曲线来描述。若反应中两电对都是可

逆的,就可以根据 Nernst 方程式,由两电对的条件电极电位计算得到滴定曲线。

以 25℃时 0.1000 mol·L^{-1} Ce(SO$_4$)$_2$ 溶液滴定 0.1000 mol·L^{-1} FeSO$_4$ 溶液为例:

$$Ce^{4+} + Fe^{2+} \underset{}{\overset{1 \text{ mol·L}^{-1} \text{ H}_2\text{SO}_4}{\rightleftharpoons}} Ce^{3+} + Fe^{3+}$$

$$\varphi^{\ominus\prime}(Ce^{4+}/Ce^{3+}) = 1.44 \text{ V}, \quad \varphi^{\ominus\prime}(Fe^{3+}/Fe^{2+}) = 0.68 \text{ V}$$

滴定开始,体系中就同时存在两个电对。在滴定过程中任何一点,达到平衡时,两电对的电位相等。即

$$\varphi = \varphi^{\ominus\prime}(Fe^{3+}/Fe^{2+}) + 0.059 \lg \frac{c(Fe^{3+})}{c(Fe^{2+})}$$

$$= \varphi^{\ominus\prime}(Ce^{4+}/Ce^{3+}) + 0.059 \lg \frac{c(Ce^{4+})}{c(Ce^{3+})}$$

因此,在滴定的不同阶段,可选用便于计算的电对,按 Nernst 方程式计算滴定过程中体系的电位值。各滴定点电位的计算方法如下:

(1) 滴定开始到化学计量点前

化学计量点前,加入的 Ce^{4+} 几乎全部被还原成 Ce^{3+},Ce^{4+} 的浓度极小,不易直接求得。相反,知道了滴定百分数,$c(Fe^{3+})/c(Fe^{2+})$ 就确定了,这时可以利用 Fe^{3+}/Fe^{2+} 电对来计算 φ。例如,当滴定了 99.9% 的 Fe^{2+} 时

$$c(Fe^{3+})/c(Fe^{2+}) = 999/1 \approx 10^3$$

故

$$\varphi = \varphi^{\ominus\prime}(Fe^{3+}/Fe^{2+}) + 0.059 \lg \frac{c(Fe^{3+})}{c(Fe^{2+})}$$

$$= (0.68 + 0.059 \lg 10^3) \text{V}$$

$$= 0.86 \text{ V}$$

(2) 化学计量点时

化学计量点时,Ce^{4+} 和 Fe^{2+} 都定量地转变成 Ce^{3+} 和 Fe^{3+}。此时知道的是 $c(Ce^{3+})$ 和 $c(Fe^{3+})$,但未反应的 $c(Ce^{4+})$ 和 $c(Fe^{2+})$ 是不能直接知道的。故不能单独按某一电对计算 φ,而要由两电对的 Nernst 方程式联立求得。

化学计量点时的电位 φ_{sp} 分别表示成

$$\varphi_{sp} = 0.68 + 0.059 \lg \frac{c(Fe^{3+})}{c(Fe^{2+})}$$

$$\varphi_{sp} = 1.44 + 0.059 \lg \frac{c(Ce^{4+})}{c(Ce^{3+})}$$

两式相加,得

$$2\varphi_{sp} = 0.68 + 1.44 + 0.059 \lg \frac{c(Fe^{3+}) \cdot c(Ce^{4+})}{c(Fe^{2+}) \cdot c(Ce^{3+})}$$

在化学计量点时,$c(Fe^{3+}) = c(Ce^{3+})$,$c(Fe^{2+}) = c(Ce^{4+})$,故

$$\lg \frac{c(Fe^{3+}) \cdot c(Ce^{4+})}{c(Fe^{2+}) \cdot c(Ce^{3+})} = 0$$

所以

$$\varphi_{sp} = \left(\frac{0.68 + 1.44}{2} \right) \text{V} = 1.06 \text{ V}$$

(3) 化学计量点后

化学计量点后,Fe^{2+} 几乎全部被氧化成 Fe^{3+},$c(Fe^{2+})$ 不易直接求得。但由加入过量 Ce^{4+} 的百分数就可知道 $c(Ce^{4+})/c(Ce^{3+})$,此时可利用 Ce^{4+}/Ce^{3+} 电对计算 φ。

例如,当加入过量 0.1% 的 Ce^{4+} 时,$c(Ce^{4+})/c(Ce^{3+}) = 1/10^3$,故

$$\varphi = \varphi^{\ominus}(Ce^{4+}/Ce^{3+}) + 0.059 \lg \frac{c(Ce^{4+})}{c(Ce^{3+})}$$

$$= (1.44 + 0.059 \lg 10^{-3}) \text{ V}$$

$$= 1.26 \text{ V}$$

不同滴定点所计算的 φ 列于表 5-2,并绘成滴定曲线(见图 5.2)。滴定过程中体系的电位值与浓度无关。

表 5-2　0.1000 mol·L^{-1} Ce(SO$_4$)$_2$ 溶液滴定 0.1000 mol·L^{-1} FeSO$_4$ 溶液

(1 mol·L^{-1} H$_2$SO$_4$ 介质)

滴定百分数/(%)		φ/V
	$c(Fe^{3+})/c(Fe^{2+})$	
9	10^{-1}	$0.68 - 1 \times 0.059 = 0.62$
50	10^{0}	$0.68 + 0 \quad = 0.68$
91	10^{1}	$0.68 + 1 \times 0.059 = 0.74$
99	10^{2}	$0.68 + 2 \times 0.059 = 0.80$
99.9	10^{3}	$0.68 + 3 \times 0.059 = 0.86$
100		1.06
	$c(Ce^{4+})/c(Ce^{3+})$	
100.1	10^{-3}	$1.44 - 3 \times 0.059 = 1.26$
101	10^{-2}	$1.44 - 2 \times 0.059 = 1.32$
110	10^{-1}	$1.44 - 1 \times 0.059 = 1.38$
200	10^{0}	$1.44 + 0 \quad = 1.44$

(99.9~100.1 行右侧标注:突跃范围)

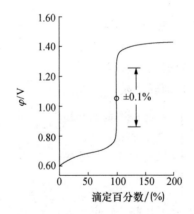

图 5.2　0.1000 mol·L^{-1} Ce^{4+} 溶液滴定 0.1000 mol·L^{-1} Fe^{2+} 溶液的滴定曲线

(1 mol·L^{-1} H$_2$SO$_4$ 介质)

从表 5-2 可以看出,用氧化剂滴定还原剂时,滴定百分数为 50% 处的电位是还原剂电对的条件电极电位,滴定百分数为 200% 处的电位是氧化剂电对的条件电极电位。这两个条件电极电位值相差越大,化学计量点附近电位的突跃也越大,越容易准确滴定。

上述 Ce^{4+} 滴定 Fe^{2+} 的反应中,两电对电子转移数都是 1,化学计量点电位(1.06 V)正好处于滴定突跃(0.86~1.26 V)的中间,化学计量点前后的曲线基本对称。

对于电子转移数不同的、对称的[①]氧化还原反应：

$$p_2 Ox_1 + p_1 Red_2 \rightleftharpoons p_2 Red_1 + p_1 Ox_2$$

对应的两个半反应和条件电极电位分别是

$$Ox_1 + n_1 e \rightleftharpoons Red_1 \qquad \varphi_1^{\ominus\prime}$$
$$Ox_2 + n_2 e \rightleftharpoons Red_2 \qquad \varphi_2^{\ominus\prime}$$

$$\varphi_{sp} = \varphi_1^{\ominus\prime} + \frac{0.059}{n_1} \lg \frac{c(Ox_1)}{c(Red_1)}$$

又

$$\varphi_{sp} = \varphi_2^{\ominus\prime} + \frac{0.059}{n_2} \lg \frac{c(Ox_2)}{c(Red_2)}$$

两式相加，并整理成

$$(n_1 + n_2)\varphi_{sp} = n_1 \varphi_1^{\ominus\prime} + n_2 \varphi_2^{\ominus\prime} + 0.059\lg \left[\frac{c(Ox_1)}{c(Red_1)} \times \frac{c(Ox_2)}{c(Red_2)} \right]$$

化学计量点时

$$\frac{c(Ox_1)}{c(Red_2)} = \frac{c(Red_1)}{c(Ox_2)} = \frac{p_2}{p_1}$$

故

$$\lg \left[\frac{c(Ox_1)}{c(Red_1)} \times \frac{c(Ox_2)}{c(Red_2)} \right] = 0$$

因此化学计量点电位（φ_{sp}）的计算通式为

$$\varphi_{sp} = \frac{n_1 \varphi_1^{\ominus\prime} + n_2 \varphi_2^{\ominus\prime}}{n_1 + n_2} \qquad (5\text{-}7)$$

滴定突跃范围为

$$\varphi_2^{\ominus\prime} + \frac{3 \times 0.059}{n_2} \longrightarrow \varphi_1^{\ominus\prime} - \frac{3 \times 0.059}{n_1}$$

此处，$n_1 \neq n_2$，滴定曲线在化学计量点前后是不对称的，化学计量点电位不在滴定突跃的中心，而是偏向电子得失数较多的电对一方。例如，以 Fe^{3+} 滴定 Sn^{2+} 的反应

$$2Fe^{3+} + Sn^{2+} \xrightarrow{1\ mol\cdot L^{-1}\ HCl} 2Fe^{2+} + Sn^{4+}$$

$$\varphi^{\ominus\prime}(Fe^{3+}/Fe^{2+}) = 0.70\ V, \qquad \varphi^{\ominus\prime}(Sn^{4+}/Sn^{2+}) = 0.14\ V$$

按式(5-7)，则

$$\varphi_{sp} = \frac{(1 \times 0.70 + 2 \times 0.14)V}{1+2} = 0.33\ V$$

其滴定突跃为 $0.23 \sim 0.52$ V。

必须指出，对不可逆电对(如 MnO_4^-/Mn^{2+}、$Cr_2O_7^{2-}/Cr^{3+}$、$S_4O_6^{2-}/S_2O_3^{2-}$ 等)，它们的电位计算不遵从 Nernst 方程式，因此计算的滴定曲线与实际滴定曲线有较大差异。不可逆氧化还原体系的滴定曲线都是由实验测定的。

5.3.2 氧化还原滴定中的指示剂

在氧化还原滴定中，可以用电位法确定终点，但更经常地还是用指示剂来指示终点。

---

① 对称电对指氧化态与还原态的系数相同，而不对称电对则是氧化态与还原态的系数不同，后者例如 $Cr_2O_7^{2-}/Cr^{3+}$、I_2/I^- 等。对于不对称电对来说，化学计量点电位与浓度有关。由于这种电对多系不可逆电对，不遵从 Nernst 方程式，因此不必详加讨论。

应用于氧化还原滴定中的指示剂有以下三类。

1. 自身指示剂

有些标准溶液或被滴定物质本身有颜色,而滴定产物无色或颜色很浅,则滴定时就无需另加指示剂。本身的颜色变化起着指示剂作用的物质叫作自身指示剂。例如,MnO_4^- 本身显紫红色,而被还原的产物 Mn^{2+} 则几乎无色,所以用 $KMnO_4$ 来滴定无色或浅色还原剂时,一般不必另加指示剂,化学计量点后稍过量的 MnO_4^- 即使溶液显粉红色。实验证明,MnO_4^- 浓度为 2×10^{-6} mol·L^{-1}(相当于 100 mL 溶液中有 0.01 mL 0.02 mol·L^{-1} $KMnO_4$),就能观察到粉红色。

2. 特殊指示剂

有些物质本身并不具有氧化还原性,但它能与滴定剂或被测物产生特殊的颜色,因而可指示滴定终点。例如,可溶性淀粉与 I_3^- 生成深蓝色吸附化合物,反应特效而灵敏,蓝色的出现与消失指示终点。酸度过高,淀粉会水解,遇 I_3^- 呈红色,与 $S_2O_3^{2-}$ 作用不易褪色。滴定碘法常在较高酸度下进行,应当临近终点再加淀粉。又如,以 Fe^{3+} 滴定 Sn^{2+} 时,可用 KSCN 为指示剂,当溶液出现 Fe(Ⅲ)-硫氰酸络合物的红色时即为终点。

3. 氧化还原指示剂

这类指示剂本身是氧化剂或还原剂,其氧化态和还原态具有不同的颜色。在滴定中,因被氧化或还原而发生颜色变化从而指示终点。

若以 In(Ox)和 In(Red)分别表示指示剂的氧化态和还原态,则其氧化还原半反应和相应的 Nernst 方程式是

$$In(Ox) + ne \rightleftharpoons In(Red)$$

$$\varphi = \varphi^{\ominus\prime}(In) + \frac{0.059}{n} \lg \frac{c(In(Ox))}{c(In(Red))}$$

式中:$\varphi^{\ominus\prime}(In)$ 表示指示剂的条件电极电位。随着滴定体系电位的改变,指示剂的 $c(In(Ox))/c(In(Red))$ 随之变化,溶液的颜色也发生改变。若 In(Ox)与 In(Red)的颜色强度相差不大,当 $c(In(Ox))/c(In(Red))$ 从 10/1 变到 1/10 时,指示剂从氧化态颜色变为还原态颜色。相应的指示剂变色的电位范围(V)是

$$\varphi^{\ominus\prime}(In) \pm \frac{0.059}{n}$$

一些常用的氧化还原指示剂列于附录 B.3 中。这类指示剂不只对某种离子特效,而是对氧化还原反应普遍适用,因而是一种通用的指示剂,应用比前两类指示剂广泛。

下面重点介绍二苯胺磺酸钠和邻二氮菲亚铁指示剂。

(1) 二苯胺磺酸钠

试剂以无色的还原态存在,与氧化剂作用时,先不可逆地被氧化成无色的二苯联苯胺磺酸,再进一步被可逆地氧化成紫色的二苯联苯胺磺酸紫,即

二苯胺磺酸盐(无色)　　二苯联苯胺磺酸(无色)

氧化 ‖ 还原

二苯联苯胺磺酸紫(紫色)

二苯胺磺酸钠是 $K_2Cr_2O_7$ 滴定 Fe^{2+} 的常用指示剂,由于指示剂氧化时会消耗少量滴定剂,若溶液浓度较低,准确度要求较高,必须作指示剂校正。实际 $K_2Cr_2O_7$ 氧化指示剂的速率很慢,因受到 $K_2Cr_2O_7$ 氧化 Fe^{2+} 反应的诱导而加快,而指示剂消耗 $K_2Cr_2O_7$ 的量还随实验条件而变,因此指示剂空白的校正必须在 Fe^{2+} 存在下进行。可以采用含量与试样相近的标准试样在相同条件下标定 $K_2Cr_2O_7$,以消除空白值的影响;或与电位滴定相比较,测得指示剂消耗的 $K_2Cr_2O_7$ 的量后予以扣除。另一简单易行的办法是:取一定体积的 Fe^{2+} 溶液,按测定样品相同的条件(酸度、指示剂用量等)进行滴定;溶液呈稳定的紫红色时,立即迅速加入同样体积的该 Fe^{2+} 溶液,再滴定至紫红色。两次滴定消耗 $K_2Cr_2O_7$ 的量之差,即为空白值。

二苯联苯胺磺酸紫在过量 $K_2Cr_2O_7$ 存在时可被进一步不可逆氧化为无色或浅色,因此用 Fe^{2+} 滴定 $K_2Cr_2O_7$ 时不宜以二苯胺磺酸钠为指示剂。

(2) 邻二氮菲亚铁

其氧化还原半反应是

$$Fe(C_{12}H_8N_2)_3^{3+} + e \Longrightarrow Fe(C_{12}H_8N_2)_3^{2+} \qquad \varphi^{\ominus\prime} = 1.06 \text{ V}$$

此指示剂可逆性好,终点变化敏锐。由于变色点电位高,多用于以强氧化剂(如 Ce^{4+})为滴定剂的情况。在强酸中或有能与邻二氮菲生成稳定络合物的离子(如 Cu^{2+}、Co^{2+}、Ni^{2+}、Cd^{2+}、Zn^{2+} 等)时,指示剂会缓慢分解。

滴定 Fe^{2+} 时采用邻二氮菲不能指示终点。其原因是,邻二氮菲是碱,在酸中质子化后就不易与 Fe^{2+} 络合。而邻二氮菲亚铁络合物具惰性,在酸中离解较慢,可作为酸性介质中氧化还原滴定的指示剂。

选择氧化还原指示剂的原则是,指示剂变色点的电位应当处在滴定体系的电位突跃范围内。例如,在 1 mol·L^{-1} H_2SO_4 溶液中,用 Ce^{4+} 滴定 Fe^{2+},前已计算出化学计量点前后0.1%的电位突跃范围是 $0.86\sim1.26$ V,显然,选择邻苯氨基苯甲酸($\varphi^{\ominus\prime}=0.89$ V)和邻二氮菲亚铁($\varphi^{\ominus\prime}=1.06$ V)为指示剂是适宜的。若选二苯胺磺酸钠($\varphi^{\ominus\prime}=0.85$ V)为指示剂,终点将提前到达,终点误差大于 0.1%。但若在 1 mol·L^{-1} H_2SO_4 + 0.5 mol·L^{-1} H_3PO_4 介质中滴定,此时 $\varphi^{\ominus\prime}(Fe^{3+}/Fe^{2+})=0.61$ V,化学计量点前 0.1%体系的电位是

$$\varphi = (0.61 + 0.059 \times 3) \text{ V} = 0.79 \text{ V}$$

则二苯胺磺酸钠也是适宜的了。

如前所述,氧化还原滴定反应的完全程度一般来说是比较高的,因而化学计量点附近的突跃范围较大,又有多种不同的指示剂可供选择。因此,终点误差一般并不大,在此不作介绍。

5.3.3 氧化还原滴定前的预处理

1. 进行预氧化或预还原处理的必要性

在氧化还原滴定前,经常要对待测组分进行预先处理,使其处于一定的价态。下面,以几例说明。

(1) 测定某试样中 Mn^{2+}、Cr^{3+} 的含量。由于 $\varphi^{\ominus}(MnO_4^-/Mn^{2+})$(1.51 V)和 $\varphi^{\ominus}(Cr_2O_7^{2-}/Cr^{3+})$(1.33 V)都很高,比它们电位高的只有 $(NH_4)_2S_2O_8$ 等少数强氧化剂,要找一个电位比它们高的氧化剂进行直接滴定是不可能的。然而 $(NH_4)_2S_2O_8$ 稳定性差,反应速率

又慢,不能用作滴定剂。但是,若将它作为预氧化剂,将 Mn^{2+}、Cr^{3+} 分别氧化成 MnO_4^- 和 $Cr_2O_7^{2-}$,就可以用还原剂标准溶液(如 Fe^{2+})进行滴定。

(2) Sn^{4+} 的测定。要找一个强还原剂来直接滴定它也是不可能的,也需进行预处理。将 Sn^{4+} 预还原成 Sn^{2+},就可选用合适的氧化剂(如碘溶液)来滴定。

(3) 测定铁矿中总铁量。铁是以两种价态(Fe^{3+},Fe^{2+})存在的。若分别测定 Fe^{3+} 和 Fe^{2+} 就需要两种标准溶液。如果将 Fe^{3+} 预还原成 Fe^{2+},然后用 $K_2Cr_2O_7$ 滴定,则只需滴定一次即求得总铁量。

由于还原滴定剂不稳定,易被空气氧化,所以在氧化还原滴定法中,滴定剂大多是氧化剂,故常对被测组分作预还原处理。

2. 预氧化剂或预还原剂的选择

所选用的预氧化剂或预还原剂必须符合以下条件:

(1) 必须将欲测组分定量地氧化或还原。

(2) 反应应具有一定的选择性。例如,钛铁矿中铁的测定。若用金属锌($\varphi^\ominus = -0.76$ V)为预还原剂,则不仅还原 Fe^{3+},而且也还原 Ti^{4+} [$\varphi^{\ominus\prime}(Ti^{4+}/Ti^{3+}) = +0.10$ V],用 $K_2Cr_2O_7$ 滴定的是两者合量。如若选 $SnCl_2$ [$\varphi^{\ominus\prime}(Sn^{4+}/Sn^{2+}) = +0.14$ V] 为预还原剂,则仅还原 Fe^{3+},这就提高了滴定的选择性。

(3) 过量的氧化剂或还原剂要易于除去。除去的方法有:

① 加热分解。例如 $(NH_4)_2S_2O_8$、H_2O_2 可借加热煮沸分解除去。

② 过滤。如 $NaBiO_3$ 不溶于水,可借过滤除去。

③ 利用化学反应。如用 $HgCl_2$ 除去过量 $SnCl_2$。

$$SnCl_2 + 2HgCl_2 \Longrightarrow SnCl_4 + Hg_2Cl_2 \downarrow$$

Hg_2Cl_2 沉淀不被一般滴定剂氧化,不必过滤除去。

常用的预氧化剂与预还原剂列于附录 B.4。

5.4　氧化还原滴定的计算

氧化还原滴定中涉及的化学反应比较复杂,必须弄清楚滴定剂与待测物之间的计量关系。通常根据反应前后某物质得失电子数确定基本单元,按等物质的量规则进行计算较为方便。

【例 5.6】　称取含甲酸(HCOOH)的试样 0.2040 g,溶解于碱性溶液中后加入 0.02010 mol·L^{-1} $KMnO_4$ 溶液 25.00 mL,待反应完成后,酸化,加入过量的 KI 溶液还原过剩的 MnO_4^- 以及 MnO_4^{2-} 歧化生成的 MnO_4^- 和 MnO_2,最后用 0.1002 mol·L^{-1} $Na_2S_2O_3$ 标准溶液滴定析出的 I_2,计消耗 $Na_2S_2O_3$ 溶液 21.02 mL。计算试样中甲酸的含量。

解　此测定涉及一系列化学反应:

MnO_4^- 氧化 HCOOH,即

$$HCOOH + 2MnO_4^- + 4OH^- \Longrightarrow CO_3^{2-} + 2MnO_4^{2-} + 3H_2O$$

酸化后,MnO_4^{2-} 发生歧化反应

$$3MnO_4^{2-} + 4H^+ \Longrightarrow 2MnO_4^- + MnO_2 \downarrow + 2H_2O$$

然后是 I^- 将 MnO_4^- 和 MnO_2 全部还原为 Mn^{2+}。

该测定中氧化剂为 $KMnO_4$,还原剂为 $Na_2S_2O_3$ 和待测物 HCOOH。尽管 $KMnO_4$ 还原经过多步,

但最终被还原为 Mn^{2+}，因此，以 $\frac{1}{5}KMnO_4$ 为基本单元。HCOOH 根据碳的氧化数变化确定以 $\frac{1}{2}HCOOH$ 为基本单元。而 $Na_2S_2O_3$ 的基本单元即为其分子。

按等物质的量规则

$$n\left(\frac{1}{5}KMnO_4\right)=n(Na_2S_2O_3)+n\left(\frac{1}{2}HCOOH\right)$$

故

$$w(HCOOH)=\frac{n\left(\frac{1}{2}HCOOH\right)\cdot M\left(\frac{1}{2}HCOOH\right)}{m_s}$$

$$=\frac{\left[5c(KMnO_4)\cdot V(KMnO_4)-c(Na_2S_2O_3)\cdot V(Na_2S_2O_3)\right]\cdot M\left(\frac{1}{2}HCOOH\right)}{m_s}$$

$$=\frac{(5\times0.02010\times25.00-0.1002\times21.02)\times23.02}{0.2040\times1000}\times100\%$$

$$=4.58\%$$

有的测定过程中，同一物质在不同条件下反应产物不同，按得失电子数确定基本单元比较困难，而按物质的量之比关系较为清楚。

【例 5.7】 称含 KI 之试样 1.000 g，溶于水，加 10.00 mL 0.05000 mol·L^{-1} KIO$_3$ 溶液，反应后煮沸驱尽所生成的 I$_2$；冷却，加过量 KI 溶液与剩余的 KIO$_3$ 反应，析出 I$_2$，用 0.1008 mol·L^{-1} Na$_2$S$_2$O$_3$ 溶液滴定，消耗21.14 mL。求试样中 KI 含量。

解 此测定中 KIO$_3$ 为氧化剂，在与试样中 KI 反应时

$$IO_3^-+5I^-+6H^+===3I_2+3H_2O$$

$$n(KIO_3)=\frac{1}{5}n(KI)$$

加热赶尽生成的 I$_2$ 后，加入过量的 KI，与剩余的 KIO$_3$ 完全反应，生成的 I$_2$ 用 Na$_2$S$_2$O$_3$ 滴定。此时 KIO$_3$ 被还原为 I$^-$，加入的 KI 未发生变化，Na$_2$S$_2$O$_3$ 为还原剂，其反应为

$$IO_3^-+5I^-+6H^+===3I_2+3H_2O$$

$$I_2+2S_2O_3^{2-}===2I^-+S_4O_6^{2-}$$

$$1KIO_3\triangleq3I_2\triangleq6Na_2S_2O_3$$

即

$$n(KIO_3)=\frac{1}{6}n(Na_2S_2O_3)$$

故

$$w(KI)=\frac{\left[c(KIO_3)\cdot V(KIO_3)-\frac{1}{6}c(Na_2S_2O_3)\cdot V(Na_2S_2O_3)\right]\times5\times M(KI)}{m_s}$$

$$=\frac{\left(0.05000\times10.00-\frac{1}{6}\times0.1008\times21.14\right)\times5\times166.0}{1.000\times1000}\times100\%$$

$$=12.02\%$$

5.5 常用的氧化还原滴定法

根据所用滴定剂的名称，可将氧化还原滴定法分为多种方法，如高锰酸钾法、重铬酸钾法、溴酸钾法、碘量法等。由于还原剂易被空气氧化而改变浓度，因此，氧化滴定剂远

比还原滴定剂用得多。多种强度不同的滴定剂为选择性滴定提供了有利的条件。各种方法都有其特点和应用范围,应根据实际测定情况选用。

5.5.1　高锰酸钾法

1. 概述

高锰酸钾是一种强氧化剂,它的氧化能力和还原产物与溶液的酸度有很大关系。图 5.3 是不同价态的锰的优势区域图,它清楚地表明了不同价态锰的氧化还原作用。

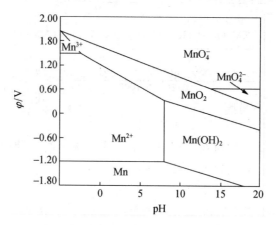

图 5.3　不同价态锰的优势区域图

由图 5.3 可见,Mn(Ⅲ)仅存在于极强的酸性溶液中,如此高的酸度实际是达不到的,因此易歧化成 MnO_2 和 Mn^{2+}。只有在强的络合剂(如焦磷酸盐或氟化物)存在时,MnO_4^- 才能被还原成 Mn(Ⅲ)的络合物

$$MnO_4^- + 3H_2P_2O_7^{2-} + 8H^+ + 4e \Longleftrightarrow Mn(H_2P_2O_7)_3^{3-} + 4H_2O \qquad \varphi^{\ominus} \approx 1.7\ V$$

在焦磷酸盐溶液中,控制 pH 为 4~7,可用 $KMnO_4$ 滴定 Mn^{2+},以测定钢中的锰。由于 $Mn(H_2P_2O_7)_3^{3-}$ 有色,必须用电位法测定终点。

MnO_4^{2-} 则存在于强碱性溶液中(pH>14)

$$MnO_4^- + e \Longleftrightarrow MnO_4^{2-} \qquad \varphi^{\ominus} = 0.56\ V$$

碱性减弱时 MnO_4^{2-} 易歧化成 MnO_4^- 和 MnO_2。若有 Ba^{2+} 存在,由于生成 $BaMnO_4$ 沉淀,可稳定在 Mn(Ⅵ)状态。

在中性或弱碱性溶液中,MnO_4^- 被还原成 MnO_2

$$MnO_4^- + 2H_2O + 3e \Longleftrightarrow MnO_2\downarrow + 4OH^- \qquad \varphi^{\ominus} = 0.59\ V$$

利用此反应可测定 S^{2-}、SO_3^{2-}、$S_2O_3^{2-}$ 等,也可测定甲醇、甲酸、甲醛、苯酚等有机物。采用此反应直接滴定的缺点是棕色絮状 MnO_2 沉淀的生成妨碍终点的观察。

在强酸性溶液中,MnO_4^- 被还原成 Mn^{2+}

$$MnO_4^- + 8H^+ + 5e \Longleftrightarrow Mn^{2+} + 4H_2O \qquad \varphi^{\ominus} = 1.51\ V$$

MnO_4^- 与多数还原剂反应较快,氧化能力强,这是高锰酸钾法中应用最广的一类反应。在强酸性溶液中能用 $KMnO_4$ 直接滴定 As(Ⅲ)、Sb(Ⅲ)、Fe^{2+}、H_2O_2、NO_2^-、$C_2O_4^{2-}$ 等。从平衡考虑,MnO_4^- 与 Mn^{2+} 在溶液中不能共存。但在用 $KMnO_4$ 作滴定剂时,一则酸性溶液中二者反应速率较慢,二则终点前 MnO_4^- 浓度极低,因此该滴定得以定量进行。反之,若是以还原剂(如 Fe^{2+})滴定 MnO_4^-,滴定一旦开始,MnO_4^-(剩余)与 Mn^{2+}(产物)都是大量的,它们会反应产生 MnO_2。而 MnO_2 沉淀与还原剂反应慢,且终点不易观察,因此不能用还原剂滴定 MnO_4^-。实际测定 MnO_4^- 时是采用返滴定法,即先加过量还原剂,将 MnO_4^- 还原成 Mn^{2+},再以 $KMnO_4$ 标准溶液滴定过量的还原剂。

高锰酸钾法的优点是氧化能力强,可以直接、间接地测定多种无机物和有机物;MnO_4^- 本身有颜色,一般滴定无需另加指示剂。其缺点是,标准溶液不太稳定;反应历程比较复杂,易发生副反应;滴定的选择性也较差。但若标准溶液配制、保存得当,滴定时严格控制条件,这些缺点大多可以克服。

2. 标准溶液的配制与标定

市售 $KMnO_4$ 试剂纯度一般约 99%～99.5%,其中含少量 MnO_2 及其他杂质。同时,去离子水中常含有少量的有机物,$KMnO_4$ 与有机物会发生缓慢的反应,生成的 $MnO(OH)_2$ 又会促进 $KMnO_4$ 进一步分解。因此,$KMnO_4$ 标准溶液不能直接配制。为了获得稳定的 $KMnO_4$ 溶液,必须按下述方法配制:

(1) 称取稍多于计算用量的 $KMnO_4$,溶解于一定体积的去离子水中。

(2) 将溶液加热至沸,保持微沸约 1 h,使还原性物质完全氧化。

(3) 用微孔玻璃漏斗过滤除去 $MnO(OH)_2$ 沉淀(滤纸有还原性,不能用滤纸过滤)。

(4) 将过滤后的 $KMnO_4$ 溶液贮存于棕色瓶中,置于暗处以避免光对 $KMnO_4$ 的催化分解。

若需用浓度较稀的 $KMnO_4$ 溶液,通常用去离子水临时稀释并立即标定使用,不宜长期贮存。

标定 $KMnO_4$ 溶液的基准物质很多,如 $H_2C_2O_4 \cdot 2H_2O$、$Na_2C_2O_4$、$(NH_4)_2Fe(SO_4)_2 \cdot 6H_2O$、$As_2O_3$ 和纯铁丝等。其中最常用的是 $Na_2C_2O_4$,它易于提纯、稳定、无结晶水,在 105～110℃ 烘 2 h 即可使用。

在 H_2SO_4 溶液中,MnO_4^- 和 $C_2O_4^{2-}$ 发生如下反应

$$2MnO_4^- + 5C_2O_4^{2-} + 16H^+ = 2Mn^{2+} + 10CO_2 + 8H_2O$$

为使反应定量进行,应注意以下滴定条件:

(1) 温度。此反应在室温下速率极慢,需加热至 70～80℃ 左右滴定。但若温度超过 90℃,则 $H_2C_2O_4$ 部分分解

$$H_2C_2O_4 = CO_2 + CO + H_2O$$

导致标定结果偏高。

(2) 酸度。酸度过低,MnO_4^- 会被部分地还原成 MnO_2;酸度过高,会促进 $H_2C_2O_4$ 分解。一般滴定开始的最宜酸度约为 1 $mol \cdot L^{-1}$。为防止诱导氧化 Cl^- 的反应发生,应当尽量避免在 HCl 介质中滴定,通常在 H_2SO_4 介质中进行。

(3) 滴定速度。开始滴定时,MnO_4^- 与 $C_2O_4^{2-}$ 的反应速率很慢,滴入的 $KMnO_4$ 褪色较慢。因此,滴定开始阶段滴定速度不宜太快。否则,滴入的 $KMnO_4$ 来不及和 $C_2O_4^{2-}$ 反应,就在热的酸性溶液中分解

$$4MnO_4^- + 12H^+ = 4Mn^{2+} + 5O_2 + 6H_2O$$

导致标定结果偏低。若滴定前加入少量 $MnSO_4$ 为催化剂,则在滴定的最初阶段就可以较快的速度进行。

标定好的 $KMnO_4$ 溶液在放置一段时间后,如果发现有 $MnO(OH)_2$ 沉淀析出,应重新过滤并标定。

3. 滴定方法和测定示例

(1) 直接滴定法——H_2O_2 的测定

在酸性溶液中,H_2O_2 被 MnO_4^- 定量氧化

$$2MnO_4^- + 5H_2O_2 + 6H^+ \Longrightarrow 2Mn^{2+} + 5O_2 + 8H_2O$$

此反应在室温下即可顺利进行。滴定开始时反应较慢,随着 Mn^{2+} 生成而加速,也可先加入少量 Mn^{2+} 为催化剂。

若 H_2O_2 中含有有机物质,后者也消耗 $KMnO_4$,会使测定结果偏高。这时,应当改用碘量法或铈量法测定 H_2O_2。

(2) 间接滴定法——Ca^{2+} 的测定

Ca^{2+}、Th^{4+} 等在溶液中没有可变价态,基于生成草酸盐沉淀,可用高锰酸钾法间接测定。

以 Ca^{2+} 的测定为例,先沉淀为 CaC_2O_4,再经过滤、洗涤后将沉淀溶于热的稀 H_2SO_4 溶液中,最后用 $KMnO_4$ 标准溶液滴定 $H_2C_2O_4$。根据所消耗的 $KMnO_4$ 的量,间接求得 Ca^{2+} 的含量。

为了保证 Ca^{2+} 与 $C_2O_4^{2-}$ 间 1∶1 的计量关系,以及获得颗粒较大的 CaC_2O_4 沉淀以便于过滤和洗涤,必须采取相应的措施:在酸性试液中先加入过量 $(NH_4)_2C_2O_4$,然后用稀氨水慢慢中和试液至甲基橙显黄色,以使沉淀缓慢地生成;沉淀完全后需放置陈化一段时间;用去离子水洗去沉淀表面吸附的 $C_2O_4^{2-}$。若在中性或弱碱性溶液中沉淀,会有部分 $Ca(OH)_2$ 或碱式草酸钙生成,将使测定结果偏低。为减少沉淀溶解损失,应当用尽可能少的冷水洗涤沉淀。

(3) 返滴定法——MnO_2 和有机物的测定

一些不能直接用 $KMnO_4$ 溶液滴定的物质,如 MnO_2、PbO_2 和一些有机物等,可以用返滴定法测定。例如,软锰矿中 MnO_2 含量的测定,利用 MnO_2 和 $C_2O_4^{2-}$ 在酸性溶液中的反应

$$MnO_2 + C_2O_4^{2-} + 4H^+ \Longrightarrow Mn^{2+} + CO_2 + 2H_2O$$

加入一定量过量的 $Na_2C_2O_4$ 于磨细的矿样中,加 H_2SO_4 溶液并加热,当样品中无棕黑色颗粒存在时,表示试样分解完全。用 $KMnO_4$ 标准溶液趁热返滴定剩余的草酸。由 $Na_2C_2O_4$ 的加入量和 $KMnO_4$ 溶液消耗量之差,求出 MnO_2 的含量。

一些有机物可用高锰酸钾法测定。$KMnO_4$ 氧化有机物的反应在碱性溶液中比在酸性溶液中快,采用加入过量 $KMnO_4$ 并加热的方法可进一步加速反应。以甘油测定为例,加入一定量过量的 $KMnO_4$ 到含有试样的 $2\ mol \cdot L^{-1}$ NaOH 溶液中,放置,待反应

$$\begin{array}{l} HO\!-\!CH_2 \\ \quad\quad | \\ HO\!-\!CH \\ \quad\quad | \\ HO\!-\!CH_2 \end{array} + 14MnO_4^- + 20OH^- \Longrightarrow 3CO_3^{2-} + 14MnO_4^{2-} + 14H_2O$$

完成后,将溶液酸化,MnO_4^{2-} 歧化成 MnO_4^- 和 MnO_2,加入过量的 $FeSO_4$ 标准溶液还原所有高价锰为 Mn^{2+}。最后再以 $KMnO_4$ 标准溶液滴定剩余的 $FeSO_4$。由两次加入 $KMnO_4$ 量和 $FeSO_4$ 的量,计算甘油的质量分数。甲醛、甲酸、酒石酸、柠檬酸、苯酚、葡萄

糖等都可按此法测定。

5.5.2 重铬酸钾法

1. 概述

重铬酸钾是常用氧化剂之一,在酸性溶液中被还原成 Cr^{3+}

$$Cr_2O_7^{2-} + 14H^+ + 6e \Longrightarrow 2Cr^{3+} + 7H_2O \qquad \varphi^\ominus = 1.33 \text{ V}$$

实际上,在酸性溶液中 $Cr_2O_7^{2-}/Cr^{3+}$ 电对的条件电极电位较标准电极电位小得多。例如:在 1 mol·L^{-1} HClO$_4$ 溶液中,$\varphi^{\ominus\prime} = 1.03$ V;0.5 mol·L^{-1} H$_2$SO$_4$ 溶液中,$\varphi^{\ominus\prime} = 1.08$ V;在 1 mol·L^{-1} HCl 溶液中,$\varphi^{\ominus\prime} = 1.00$ V。

重铬酸钾用作滴定剂有如下优点:首先,它可以制得很纯(质量分数为 99.99%),在 150~180℃ 干燥 2 h 就可以直接称量配制标准溶液;再者,K$_2$Cr$_2$O$_7$ 溶液非常稳定(据文献记载,一瓶 0.017 mol·L^{-1} 的 K$_2$Cr$_2$O$_7$ 溶液,放置 24 年后其浓度并无明显改变);K$_2$Cr$_2$O$_7$ 氧化性较 KMnO$_4$ 弱,选择性比较高;在 HCl 溶液浓度低于 3 mol·L^{-1} 时,$Cr_2O_7^{2-}$ 不氧化 Cl$^-$。因此,用 K$_2$Cr$_2$O$_7$ 滴定 Fe^{2+} 可以在 HCl 介质中进行。这些都优于高锰酸钾法。

$Cr_2O_7^{2-}$ 的还原产物 Cr^{3+} 呈绿色,滴定中须用指示剂确定终点。常用指示剂是二苯胺磺酸钠。

2. 测定示例

(1) 铁矿石中全铁量的测定

重铬酸钾法是测定矿石中全铁量的标准方法。其方法是:试样用热浓 HCl 溶液溶解,用 SnCl$_2$ 趁热还原 Fe^{3+} 为 Fe^{2+},冷却后,过量的 SnCl$_2$ 用 HgCl$_2$ 氧化,再用水稀释,并加入 H$_2$SO$_4$-H$_3$PO$_4$ 混合酸和二苯胺磺酸钠指示剂,立即用 K$_2$Cr$_2$O$_7$ 标准溶液滴定至溶液由浅绿(Cr^{3+} 色)变为紫红色。

加入 H$_3$PO$_4$ 的目的为:① 降低 Fe^{3+}/Fe^{2+} 电对的电位,使二苯胺磺酸钠变色点的电位落在滴定的电位突跃范围内;② 生成无色的 Fe(HPO$_4$)$_2^-$,消除了 Fe^{3+} 的黄色,有利于终点的观察。

此法简便、快速而准确,生产上广泛采用。但因预还原用的汞盐有毒,引起环境污染,近年来出现了一些"无汞定铁法"。以 SnCl$_2$-TiCl$_3$ 法为例,试样分解后,先用 SnCl$_2$ 溶液还原大部分的 Fe^{3+},再以钨酸钠作指示剂,滴加 TiCl$_3$ 溶液还原剩余的 Fe^{3+} 后,稍过量的 TiCl$_3$ 还原 W(Ⅵ)为W(Ⅴ)。出现蓝色的钨蓝表示 Fe^{3+} 已定量还原;然后用水稀释溶液,并在 Cu^{2+} 催化下,利用空气或滴加 K$_2$Cr$_2$O$_7$ 溶液至蓝色褪去;其后的滴定测定步骤与单独使用 SnCl$_2$ 还原相同。

(2) 利用 $Cr_2O_7^{2-}$-Fe^{2+} 反应测定其他物质

$Cr_2O_7^{2-}$ 与 Fe^{2+} 的反应可逆性强,速率快,计量关系好,无副反应发生,指示剂变色明显。此反应不仅用于测铁,还可利用它间接地测定多种物质。

① 测定氧化剂。如 NO$_3^-$(或 ClO$_3^-$)等被还原的反应速率较慢,可加入过量的 Fe^{2+} 标准溶液

$$NO_3^- + 3Fe^{2+} + 4H^+ \Longrightarrow 3Fe^{3+} + NO + 2H_2O$$

待反应完全后,用 K$_2$Cr$_2$O$_7$ 标准溶液返滴定剩余的 Fe^{2+},即求得 NO$_3^-$ 含量。

② 测定还原剂。一些强还原剂,如 Ti^{3+}(或 Cr^{2+})等极不稳定,易被空气中氧所氧化。为使测定准确,可将 $Ti(\text{IV})$ 流经还原柱后,用盛有 Fe^{3+} 溶液的锥形瓶接收,发生如下反应

$$Ti(\text{III}) + Fe^{3+} = Ti(\text{IV}) + Fe^{2+}$$

置换出的 Fe^{2+},再用 $K_2Cr_2O_7$ 标准溶液滴定。

利用此法还可以测定水的污染程度。水中的还原性无机物和低分子的直链化合物大部分都能被 $K_2Cr_2O_7$ 氧化,称为水的化学需氧量的测定。其方法是:在酸性溶液中,以硫酸银为催化剂,加入过量 $K_2Cr_2O_7$ 溶液,反应后以邻二氮菲亚铁为指示剂,用 Fe^{2+} 标准溶液滴定之。

③ 测定非氧化还原性物质。如 Pb^{2+}(或 Ba^{2+})等,先沉淀为 $PbCrO_4$,沉淀过滤、洗涤后溶解于酸中,以 Fe^{2+} 标准溶液滴定 $Cr_2O_7^{2-}$,从而间接求出 Pb^{2+} 的含量。

5.5.3　碘量法

1. 概述

碘量法是基于 I_2 的氧化性及 I^- 的还原性进行测定的。由于固体 I_2 在水中的溶解度很小且易于挥发,通常将 I_2 溶解于 KI 溶液中,此时它以 I_3^- 络离子形式存在,其半反应是

$$I_3^- + 2e \rightleftharpoons 3I^- \qquad \varphi^\ominus = 0.545 \text{ V}$$

为简化并强调化学计量关系,一般 I_3^- 仍简写为 I_2。这个电对的电位在标准电位表中居于中间,可见 I_2 是较弱的氧化剂,I^- 则是中等强度的还原剂。可用 I_2 标准溶液直接滴定 $S_2O_3^{2-}$、$As(\text{III})$、SO_3^{2-}、$Sn(\text{II})$、维生素 C 等强还原剂。这称为直接碘量法(或碘滴定法)。利用 I^- 的还原作用,可与许多氧化性物质(如 MnO_4^-、$Cr_2O_7^{2-}$、H_2O_2、Cu^{2+}、Fe^{3+} 等)反应,定量地析出 I_2。然后用 $Na_2S_2O_3$ 标准溶液滴定 I_2,从而间接地测定这些氧化性物质。这就是间接碘量法(或称滴定碘法)。间接碘量法应用最广。

I_3^-/I^- 电对可逆性好,其电位在很大的 pH 范围内(pH<9)不受酸度和其他络合剂的影响,所以在选择测定条件时,只要考虑被测物质的性质就可以了。

碘量法采用淀粉为指示剂,其灵敏度甚高,I_2 浓度为 1×10^{-5} mol·L^{-1} 即显蓝色。当溶液呈现蓝色(直接碘量法)或蓝色消失(间接碘量法)即为终点。

综上所述,碘量法测定对象广泛,既可测定氧化剂,又可测定还原剂;I_3^-/I^- 电对可逆性好,副反应少;与很多氧化还原法不同,碘量法不仅在酸性中滴定,而且可在中性或弱碱性介质中滴定;同时又有此法通用的指示剂——淀粉。因此,碘量法是一个应用十分广泛的滴定方法。

碘量法中两个主要误差来源是 I_2 的挥发与 I^- 被空气氧化。克服的办法是:

(1) 防止 I_2 挥发:应加入过量 KI 使之形成 I_3^- 络离子;溶液温度勿过高;析出碘的反应最好在带塞的碘瓶中进行;反应完全后立即滴定;滴定时勿剧烈摇动。

(2) 光及 Cu^{2+}、NO_2^- 等杂质催化空气氧化 I^-,酸度越高反应越快,因此,应将析出 I_2 的反应瓶置于暗处并事先除去以上杂质,必须在高酸度下进行的反应滴定前最好稀释一下。

采取以上措施后,碘量法是可以得到很准确的结果的。

2. 碘与硫代硫酸钠的反应

I_2 与 $S_2O_3^{2-}$ 的反应是碘量法中最重要的反应。酸度控制不当会影响它们的计量关

系,造成误差,因此有必要着重讨论。I_2 与 $S_2O_3^{2-}$ 的反应是

$$I_2 + 2S_2O_3^{2-} = 2I^- + S_4O_6^{2-}$$

I_2 与 $S_2O_3^{2-}$ 的物质的量之比为 1:2。在滴定碘法中,氧化剂氧化 I^- 的反应大都在酸度较高的条件下进行,用 $Na_2S_2O_3$ 滴定时易发生如下反应

$$S_2O_3^{2-} + 2H^+ = H_2SO_3 + S \downarrow$$

而 H_2SO_3 与 I_2 的反应是

$$I_2 + H_2SO_3 + H_2O = SO_4^{2-} + 4H^+ + 2I^-$$

这时,I_2 与 $S_2O_3^{2-}$ 反应的物质的量之比是 1:1,因而造成误差。但由于 I_2 与 $S_2O_3^{2-}$ 反应较快,只要滴加 $Na_2S_2O_3$ 溶液速度不太快,并充分搅拌,勿使 $S_2O_3^{2-}$ 局部过浓,即使酸度高达 3~4 $mol \cdot L^{-1}$,也可以得到满意的结果。

但相反的滴定,即用 I_2 溶液滴定 $S_2O_3^{2-}$,则不能在酸性溶液中进行。若溶液 pH 过高,I_2 会部分歧化生成 HOI 和 IO_3^-,它们将部分地氧化 $S_2O_3^{2-}$ 为 SO_4^{2-},其反应为

$$4I_2 + S_2O_3^{2-} + 10OH^- = 2SO_4^{2-} + 8I^- + 5H_2O$$

即部分的 I_2 和 $S_2O_3^{2-}$ 按 4:1 物质的量之比起反应,这也会造成误差。

若是用 $S_2O_3^{2-}$ 滴定 I_2,溶液的 pH 应小于 9。而若用 I_2 滴定 $S_2O_3^{2-}$,pH 则可高达 11。

3. 标准溶液的配制与标定

碘量法中常使用的标准溶液是硫代硫酸钠和碘。

(1) 硫代硫酸钠溶液的配制与标定

结晶的 $Na_2S_2O_3 \cdot 5H_2O$ 容易风化,并含有少量杂质,因此不能直接称量配制标准溶液。$Na_2S_2O_3$ 溶液不稳定,其原因是:

① 被酸分解。即使水中溶解的 CO_2 也能使它发生分解

$$Na_2S_2O_3 + CO_2 + H_2O = NaHSO_3 + NaHCO_3 + S \downarrow$$

② 微生物的作用。水中存在的微生物会消耗 $Na_2S_2O_3$ 中的硫,使它变成 Na_2SO_3,这是 $Na_2S_2O_3$ 浓度变化的主要原因。

③ 空气的氧化作用

$$2Na_2S_2O_3 + O_2 = 2Na_2SO_4 + 2S \downarrow$$

此反应速率较慢,少量 Cu^{2+} 等杂质加速此反应。

因此,配制 $Na_2S_2O_3$ 溶液时,应当用新煮沸并冷却的去离子水,其目的在于除去水中溶解的 CO_2 和 O_2 并杀死细菌;加入少量 Na_2CO_3,使溶液呈弱碱性,以抑制细菌生长;溶液贮于棕色瓶并置于暗处,以防止光照分解。经过一段时间后应重新标定溶液,如发现溶液变混浊,表示有硫析出,应弃去重配。

标定 $Na_2S_2O_3$ 可用 $K_2Cr_2O_7$、KIO_3 等基准物质,都采用间接法标定(想一想,为什么?)。以 $K_2Cr_2O_7$ 为例,它在酸性溶液中与 KI 作用

$$Cr_2O_7^{2-} + 6I^- + 14H^+ = 2Cr^{3+} + 3I_2 + 7H_2O$$

析出的 I_2,以淀粉为指示剂,用 $Na_2S_2O_3$ 溶液滴定。

$Cr_2O_7^{2-}$ 与 I^- 反应较慢。为加速反应,需加入过量的 KI 溶液并提高酸度。然而酸度过高又加速空气氧化 I^-。一般控制酸度为 0.4 $mol \cdot L^{-1}$ 左右,并在暗处放置 5 min,以使反应完成。用 $Na_2S_2O_3$ 溶液滴定前最好先用去离子水稀释以降低酸度,可减少空气对

167

I^- 的氧化,同时使 Cr^{3+} 的绿色减弱,便于观察终点。淀粉应在近终点时加入,否则碘-淀粉吸附化合物会吸留部分 I_2,致使终点提前且不明显。溶液呈现稻草黄色[I_3^-(黄色)＋Cr^{3+}(绿色)]时,预示 I_2 已不多,临近终点。若滴定至终点后,溶液迅速变蓝,表示 $Cr_2O_7^{2-}$ 与 I^- 的反应未定量完成,遇此情况,实验应重做。

若是用 KIO_3 溶液标定,只需稍过量的酸,反应即迅速进行,不必放置,空气氧化 I^- 的机会也很少。

(2) 碘溶液的配制与标定

I_2 的挥发性强,准确称量较困难,一般是配成大致浓度的溶液再标定。先将一定量的 I_2 溶于 KI 的浓溶液中,然后稀释至一定体积。碘溶液贮于棕色瓶中,防止遇热和与橡皮等有机物接触,否则浓度将发生变化。

碘溶液常用 As_2O_3 基准物质标定,也可用已标定好的 $Na_2S_2O_3$ 溶液标定。As_2O_3 难溶于水,可用 NaOH 溶液溶解。在 pH 8～9 时,I_2 快速而定量地氧化 $HAsO_2$

$$HAsO_2 + I_2 + 2H_2O \Longrightarrow HAsO_4^{2-} + 2I^- + 4H^+$$

标定时先酸化溶液,再加 $NaHCO_3$ 溶液调节 pH≈8。

4. 碘量法应用示例

(1) 钢铁中硫的测定——直接碘量法

将钢样与金属锡(作助熔剂)置于瓷舟中,放入 1300℃的管式炉中,并通空气,使硫氧化成 SO_2;用水吸收 SO_2,以淀粉为指示剂,用稀碘标准溶液滴定之。其反应如下

$$S + O_2 \xrightarrow{\approx 1300℃} SO_2$$

$$SO_2 + H_2O \Longrightarrow H_2SO_3$$

$$H_2SO_3 + I_2 + H_2O \Longrightarrow SO_4^{2-} + 4H^+ + 2I^-$$

(2) 铜的测定——间接碘量法

碘量法测定铜是基于 Cu^{2+} 与过量 KI 反应定量地析出 I_2,然后用 $Na_2S_2O_3$ 标准溶液滴定,反应为

$$2Cu^{2+} + 4I^- \Longrightarrow 2CuI\downarrow + I_2$$

$$I_2 + 2S_2O_3^{2-} \Longrightarrow 2I^- + S_4O_6^{2-}$$

CuI 沉淀表面会吸附一些 I_2 导致结果偏低。为此,常加入 KSCN,使 CuI 沉淀转化为溶解度更小的 CuSCN

$$CuI + SCN^- \Longrightarrow CuSCN + I^-$$

CuSCN 沉淀吸附 I_2 的倾向较小,就提高了测定的准确度。KSCN 应当在接近终点时加入,否则 SCN^- 会还原 I_2 使结果偏低。

如果测定铜矿中的铜,试样用 HNO_3 溶液溶解后,其中所含铁、砷、锑等元素都以高价形态转入溶液。Fe(Ⅲ)、As(Ⅴ)、Sb(Ⅴ)及过量 HNO_3 均能氧化 I^-,从而干扰 Cu^{2+} 的测定。因此,试样溶解后要加浓 H_2SO_4 溶液并加热至冒白烟,以逐尽 HNO_3 及氮的氧化物。中和掉过量 H_2SO_4 后,加入 NH_4HF_2(即 $NH_4F + HF$)缓冲溶液,其作用是:控制溶液的 pH 在 3～4 间,As(Ⅴ)和 Sb(Ⅴ)都不再氧化 I^-;此 pH 下 F^- 能有效地络合 Fe^{3+} 从而消除其干扰;由于 pH<4,Cu^{2+} 不致水解,就保证了 Cu^{2+} 与 I^- 的反应定量进行。

很多具有氧化性的物质都可以用间接碘量法测定,如多种含氧酸(MnO_4^-、ClO^-、IO_4^- 等)、过氧化物、O_3、PbO_2、Cl_2、Br_2、Ce^{4+}。还可以滴定由 $BaCrO_4$、$PbCrO_4$ 沉淀溶解

释放的 CrO_4^{2-} 来间接测定 Ba^{2+} 和 Pb^{2+}。因此间接碘量法得到广泛应用。

（3）葡萄糖含量的测定——返滴定法

葡萄糖分子中所含醛基，能在碱性条件下用过量 I_2 氧化成羧基，其反应过程为

$$I_2 + 2OH^- \Longrightarrow OI^- + I^- + H_2O$$

$$CH_2OH(CHOH)_4CHO + OI^- + OH^- \longrightarrow CH_2OH(CHOH)_4COO^- + I^- + H_2O$$

剩余的 OI^- 在碱性溶液中歧化成 IO_3^- 和 I^-

$$3OI^- \Longrightarrow IO_3^- + 2I^-$$

溶液经酸化后又析出 I_2

$$IO_3^- + 5I^- + 6H^+ \Longrightarrow 3I_2 + 3H_2O$$

最后以 $Na_2S_2O_3$ 标准溶液滴定析出的 I_2。

在这一系列的反应中，1 mol 葡萄糖与 1 mol NaOI 作用，而 1 mol I_2 产生 1 mol NaOI。因此，1 mol 葡萄糖与 1 mol I_2 相当。

（4）Karl-Fischer（卡尔-费歇尔）法测定水

方法的基本原理是 I_2 氧化 SO_2 时需要定量的 H_2O，即

$$I_2 + SO_2 + 2H_2O \Longrightarrow H_2SO_4 + 2HI$$

在有吡啶（C_5H_5N）存在时，它与反应生成的酸结合，以上反应才能定量地向右进行。其总反应是

$$C_5H_5N \cdot I_2 + C_5H_5N \cdot SO_2 + C_5H_5N + H_2O \longrightarrow 2C_5H_5N \cdot HI + C_5H_5N \cdot SO_3$$

但生成的 $C_5H_5N \cdot SO_3$ 也能与水反应。为此加入甲醇，以防止发生副反应

$$C_5H_5N \cdot SO_3 + CH_3OH \longrightarrow C_5H_5NHOSO_2OCH_3$$

综上所述，Karl-Fischer 法测定水的标准溶液是 I_2、SO_2、C_5H_5N 和 CH_3OH 的混合溶液，称为 Fischer 试剂。此试剂呈红棕色（I_2），与水反应后成浅黄色，溶液由浅黄色变成红棕色即为终点。测定中所用器皿都须干燥，否则会造成误差。试剂的标定可用水-甲醇标准溶液，或以稳定的结晶水合物为基准物质。

此法不仅可以测定水分含量，而且根据有关反应中生成水或消耗水的量，可以间接测定多种有机物的含量，如醇、酸酐、羧酸、腈类、羰基化合物、伯胺、仲胺以及过氧化物等。

（5）放大反应测定微量碘

放大反应又称为倍增反应，是利用化学反应将少量被测物倍增若干倍，使之能准确地用滴定法测定。最著名的是微量碘化物的碘量法测定。其方法是先用 Cl_2（或 Br_2）氧化 I^- 至 IO_3^-，即

$$I^- + 3Cl_2 + H_2O \Longrightarrow IO_3^- + 6Cl^- + 6H^+$$

煮沸除去过量 Cl_2 后，加入过量 KI 试剂并酸化，反应为

$$IO_3^- + 5I^- + 6H^+ \Longrightarrow 3I_2 + 3H_2O$$

然后以 $Na_2S_2O_3$ 标准溶液滴定析出的 I_2。此时 1 mol 的碘化物消耗 6 mol 的 $Na_2S_2O_3$。若析出的 I_2 先不用 $Na_2S_2O_3$ 溶液滴定，而是用 CCl_4 萃取至有机相与溶液分离，然后再反萃取至水相，继续用氯水氧化。这时 3 mol I_2 被氧化成 6 mol IO_3^-，继续用滴定碘法滴定，则原来 1 mol 碘化物就消耗 36 mol 的 $Na_2S_2O_3$。这样，微量的碘化物也可用滴定法较准确地测定了。

若是改用过碘酸盐氧化 I^-，则

$$I^- + 3IO_4^- \Longrightarrow 4IO_3^-$$

过量的 IO_4^- 用钼酸铵掩蔽，用滴定碘法测定 IO_3^-，则单级倍增就放大了 24 倍。

5.5.4　其他氧化还原滴定法

1. 溴酸钾法

溴酸钾是一种强氧化剂 $[\varphi^{\ominus}(BrO_3^-/Br_2) = 1.44\ V]$，容易制纯，在 $180℃$ 烘干后可直接称量配制标准溶液。在酸性溶液中，可以直接滴定一些还原性物质，如 $As(Ⅲ)$、$Sb(Ⅲ)$、$Sn(Ⅱ)$ 等。

溴酸钾主要用于测定有机物。在称量一定量的 $KBrO_3$ 配制标准溶液时，加入过量的 KBr 于其中。测定时将此标准溶液加到酸性试液中，这时发生如下反应

$$BrO_3^- + 5Br^- + 6H^+ \Longrightarrow 3Br_2 + 3H_2O$$

实际上相当于溴溶液 $[\varphi^{\ominus}(Br_2/Br^-) = 1.07\ V]$。溴水不稳定，不适于配成标准溶液作滴定剂；而 $KBrO_3$-KBr 标准溶液很稳定，只在酸化时才发生上述反应，这就像即时配制的溴标准溶液一样。借溴的取代作用，可以测定酚类及芳香胺有机化合物；借加成反应可以测定有机物的不饱和程度。溴与有机物反应的速率较慢，必须加入过量的试剂。反应完成后，过量的 Br_2 用碘量法测定，即

$$Br_2(过量) + 2I^- \Longrightarrow 2Br^- + I_2$$
$$I_2 + 2S_2O_3^{2-} \Longrightarrow 2I^- + S_4O_6^{2-}$$

因此，溴酸钾法一般是与碘量法配合使用的。下面就取代反应和加成反应分别举例说明。

(1) 取代反应测定苯酚含量

在苯酚的酸性试液中加入一定量过量的 $KBrO_3$-KBr 标准溶液，发生如下取代反应

待反应完成后，加入过量的 KI 与剩余的 Br_2 作用，析出的 I_2 用 $Na_2S_2O_3$ 标准溶液滴定。

根据化学反应选取有关物质的基本单元是 $\frac{1}{6}KBrO_3$、$\frac{1}{6}C_6H_5OH$、$S_2O_3^{2-}$，则

$$n\left(\frac{1}{6}C_6H_5OH\right) = c\left(\frac{1}{6}KBrO_3\right) \cdot V(KBrO_3) - c(S_2O_3^{2-}) \cdot V(S_2O_3^{2-})$$

利用取代反应可以测定苯酚、苯胺及其衍生物，还可以测定羟基喹啉及通过它测定金属。

(2) 加成反应测定丙烯磺酸钠含量

加入一定量过量的 $KBrO_3$-KBr 标准溶液于酸性试液中，在 $HgSO_4$ 催化下，发生如下加成反应

待反应完成后，先加入 $NaCl$ 络合 Hg^{2+}，再加入 KI 与过量 Br_2 作用，然后用 $Na_2S_2O_3$ 标

准溶液滴定析出的 I_2。这里,1 mol 丙烯磺酸钠与 1 mol Br_2 反应,与 2 mol 的 $Na_2S_2O_3$ 相当。

2. 铈量法

Ce^{4+} 是强氧化剂($1\ mol \cdot L^{-1}\ H_2SO_4$ 溶液中的 $\varphi^{\ominus\prime}=1.44\ V$),其氧化性与 $KMnO_4$ 差不多,凡 $KMnO_4$ 能测定的物质几乎都能用铈量法测定。Ce^{4+} 标准溶液比 $KMnO_4$ 稳定,又能在较浓的 HCl 溶液中滴定,且反应简单,副反应少,这些都较 $KMnO_4$ 优越。但铈盐价贵,实际应用不太多。还需注意,Ce^{4+} 与一些还原剂的反应速率不够快,如与 $C_2O_4^{2-}$ 的反应需加热,与 As(Ⅲ)反应需加催化剂。

铈标准溶液可以用纯的硫酸铈铵$[Ce(SO_4)_2 \cdot (NH_4)_2SO_4 \cdot 2H_2O]$直接称量配制,也可以用纯度较差的铈(Ⅳ)盐配成大致浓度而后用 As_2O_3 或 $Na_2C_2O_4$ 溶液标定。Ce^{4+} 极易水解,配制 Ce^{4+} 溶液必须加酸,滴定也必须在强酸溶液中进行,一般用邻二氮菲亚铁为指示剂。

思 考 题

1. 某 HCl 溶液中 $c(Fe(Ⅲ))=c(Fe(Ⅱ))=1\ mol \cdot L^{-1}$,则此溶液中的 $\varphi^{\ominus\prime}(Fe(Ⅲ)/Fe(Ⅱ))$ 与 $\varphi^{\ominus}(Fe(Ⅲ)/Fe(Ⅱ))$ 是否相等?请写出 $\varphi^{\ominus\prime}(Fe(Ⅲ)/Fe(Ⅱ))$ 的表达式。

2. $Fe(CN)_6^{3-}/Fe(CN)_6^{4-}$ 电对的条件电极电位为什么随离子强度增加而升高?Fe^{3+}/Fe^{2+} 电对的条件电极电位与离子强度有什么关系?

3. 按 As(Ⅴ)/As(Ⅲ)的 $\varphi^{\ominus\prime}$-pH 关系曲线,pH 为多大时,I_2 可定量氧化 As(Ⅲ)?

4. 若两电对的电子转移数 $n_1=1$,$n_2=2$,要使氧化还原反应定量进行,$\Delta\varphi^{\ominus\prime}$ 至少应多大?

5. 在用 $K_2Cr_2O_7$ 法测定 Fe 时,加入 S-P 混酸的目的是什么?在碘量法测定铜的过程中,KI、NH_4HF_2、KSCN 的作用各是什么?

6. Fe^{2+} 在酸性介质中较在中性和碱性介质中稳定,为什么?

7. 诱导反应与催化反应有何区别?举例说明何为催化剂、诱导体、防止溶液?

8. 请写出 Hg_2Cl_2/Hg 电对的 Nernst 方程式。

9. 用 Ce^{4+} 滴定 Fe^{2+} 时,可否用邻二氮菲为指示剂?

10. 以二苯胺磺酸钠为指示剂,用 $K_2Cr_2O_7$ 标准溶液滴定 Fe^{2+},若浓度较稀时为什么需扣除指示剂空白?如何实施?

11. 用 $KMnO_4$ 法测定有机物时,常用的方法是在碱性介质中加入过量的 $KMnO_4$ 溶液,反应完全后将溶液酸化,加过量还原剂将 MnO_4^- 和 MnO_2 还原为 Mn^{2+},再用 $KMnO_4$ 标准溶液滴定多余的还原剂。此处为什么不用还原剂标准溶液直接滴定 MnO_4^- 和 MnO_2?可否用 Fe^{2+} 标准溶液直接滴定 MnO_4^-?

12. $KMnO_4$ 标准溶液和 $Na_2S_2O_3$ 标准溶液在配制时都需将水煮沸。请比较二者在操作上的不同,并解释其原因。

13. 用 $KMnO_4$ 溶液滴定 Fe^{2+},理论计算的滴定曲线与实验滴定曲线是否会相同?为什么?化学计量点的电位是否在滴定突跃中点?

14. KI 在放置过程中被空气部分氧化呈现 I_2 的黄色后,可否直接在碘量法中应用?若不能,可否在作适当处理后应用?

15. 试设计用碘量法测定试液中 Ba^{2+} 浓度的方案。

16. 试设计测定以下混合液(或混合物)中各组分含量的方案,请用简单流程图表示分析过程,并指出滴定剂、指示剂、主要反应条件及计算式:

(1) $Sn^{2+}+Fe^{2+}$；(2) $Sn^{4+}+Fe^{3+}$；(3) $Cr^{3+}+Fe^{3+}$；(4) $H_2O_2+Fe^{3+}$；(5) $As_2O_3+As_2O_5$；(6) $H_2SO_4+H_2C_2O_4$；(7) $MnSO_4+MnO_2$。

17. 试计算在 4 mol·L^{-1} HCl 溶液中的 $\varphi^{\ominus\prime}(As(V)/As(\mathbb{II}))$(忽略离子强度影响)。为什么能用间接碘量法在 4 mol·L^{-1} HCl 溶液中定量测定 As(V)？

习 题

5.1 $K_3Fe(CN)_6$ 在强酸溶液中能定量地氧化 I^- 为 I_2,因此可用它为基准物质标定 $Na_2S_2O_3$ 溶液。试计算 2 mol·L^{-1} HCl 溶液中 $Fe(CN)_6^{3-}/Fe(CN)_6^{4-}$ 电对的条件电极电位。[已知 $\varphi^{\ominus}(Fe(CN)_6^{3-}/Fe(CN)_6^{4-})=0.36$ V；$H_3Fe(CN)_6$ 是强酸；$H_4Fe(CN)_6$ 的 $K_{a_3}=10^{-2.2}$,$K_{a_4}=10^{-4.2}$；计算中忽略离子强度影响]

5.2 银还原器(金属银浸于 1 mol·L^{-1} HCl 溶液中)只能还原 Fe^{3+} 而不能还原 Ti(IV)。计算此条件下 Ag^+/Ag 电对的条件电极电位,并加以说明。

5.3 计算在 pH 3.0,$c(EDTA)=0.01$ mol·L^{-1} 时 Fe^{3+}/Fe^{2+} 电对的条件电极电位。(忽略与 Fe 络合消耗的 EDTA)

5.4 将等体积的 0.40 mol·L^{-1} 的 Fe^{2+} 溶液和 0.10 mol·L^{-1} Ce^{4+} 溶液相混合。若溶液中 H_2SO_4 浓度为 0.5 mol·L^{-1},问反应达平衡后,Ce^{4+} 的浓度是多少？

5.5 在 1 mol·L^{-1} HCl 溶液中,用 Fe^{3+} 滴定 Sn^{2+}。计算下列滴定百分数(%)时的电位:9,50,91,99,99.9,100.0,100.1,101,110,200,并绘制滴定曲线。

5.6 用一定体积(毫升数)的 $KMnO_4$ 溶液恰能氧化一定质量的 $KHC_2O_4·H_2C_2O_4·2H_2O$。如用 0.2000 mol·L^{-1} NaOH 溶液中和同样质量的 $KHC_2O_4·H_2C_2O_4·2H_2O$,所需 NaOH 溶液的体积恰为 $KMnO_4$ 溶液的一半。试计算 $KMnO_4$ 溶液的浓度。

5.7 为测定试样中的 K^+,可将其沉淀为 $K_2NaCo(NO_2)_6$,溶解后用 $KMnO_4$ 溶液滴定($NO_2^-\rightarrow NO_3^-$,$Co^{3+}\rightarrow Co^{2+}$)。计算 K^+ 与 MnO_4^- 的物质的量之比,即 $n(K^+):n(KMnO_4)$。

5.8 称取软锰矿 0.3216 g、分析纯的 $Na_2C_2O_4$ 0.3685 g,共置于同一烧杯中,加入 H_2SO_4 溶液,并加热;待反应完全后,用 0.02400 mol·L^{-1} $KMnO_4$ 溶液滴定剩余的 $Na_2C_2O_4$,消耗 $KMnO_4$ 溶液 11.26 mL。计算软锰矿中 MnO_2 的质量分数。

5.9 称取含有苯酚的试样 0.5000 g。溶解后加入 0.1000 mol·L^{-1} $KBrO_3$ 溶液(其中含有过量 KBr)25.00 mL,并加 HCl 溶液酸化,放置。待反应完全后,加入 KI。滴定析出的 I_2 消耗了 0.1003 mol·L^{-1} $Na_2S_2O_3$ 溶液 29.91 mL。计算试样中苯酚的质量分数。

5.10 称取含有 KI 的试样 0.5000 g,溶于水后先用氯水氧化 I^- 为 IO_3^-,煮沸除去过量 Cl_2；再加入过量 KI 试剂,滴定 I_2 时消耗了 0.02082 mol·L^{-1} $Na_2S_2O_3$ 溶液 21.30 mL。计算试样中 KI 的质量分数。

5.11 称取 PbO-PbO_2 混合物试样 1.234 g,加入 20.00 mL 0.2500 mol·L^{-1} 草酸溶液将 PbO_2 还原为 Pb^{2+}；然后用氨水中和,这时 Pb^{2+} 以 PbC_2O_4 形式沉淀；过滤,滤液酸化后用 $KMnO_4$ 溶液滴定,消耗 0.0400 mol·L^{-1} $KMnO_4$ 溶液 10.00 mL；沉淀溶解于酸中,滴定时消耗 0.0400 mol·L^{-1} $KMnO_4$ 溶液 30.00 mL。计算试样中 PbO 和 PbO_2 的质量分数。

5.12 称取含 Mn_3O_4(即 $2MnO+MnO_2$)试样 0.4052 g,用 H_2SO_4-H_2O_2 溶液溶解,此时锰以 Mn^{2+} 形式存在；煮沸分解 H_2O_2 后,加入焦磷酸,用 $KMnO_4$ 溶液滴定 Mn^{2+} 至

Mn(Ⅲ),计消耗0.02012 mol·L^{-1} KMnO$_4$ 溶液 24.50 mL。计算试样中 Mn$_3$O$_4$ 的质量分数。

5.13　为测定某试样中锰和钒的含量,称取试样 1.000 g,溶解后还原成 Mn^{2+} 和 VO^{2+},用 0.0200 mol·L^{-1} KMnO$_4$ 溶液滴定,消耗 3.05 mL;加入焦磷酸,继续用上述 KMnO$_4$ 溶液滴定生成的 Mn^{2+} 和原有的 Mn^{2+},又用去 KMnO$_4$ 溶液 5.10 mL。计算试样中锰和钒的质量分数。

5.14　称取锰矿 1.000 g,用 Na$_2$O$_2$ 熔融后,得 Na$_2$MnO$_4$ 熔液。煮沸除去过氧化物后酸化,此时 MnO$_4^{2-}$ 歧化为 MnO$_4^-$ 和 MnO$_2$,滤去 MnO$_2$,滤液与 0.1000 mol·L^{-1} Fe^{2+} 标准溶液反应,消耗了 25.00 mL。计算试样中 MnO 的质量分数。

5.15　为分析硅酸岩中铁、铝、钛含量,称取试样 0.6050 g,除去 SiO$_2$ 后,用氨水沉淀铁、铝、钛为氢氧化物沉淀,沉淀灼烧为氧化物后重 0.4120 g;再将沉淀用 K$_2$S$_2$O$_7$ 熔融,浸取液定容于 100 mL 容量瓶,移取 25.00 mL 试液通过锌汞还原器,此时 Fe^{3+} → Fe^{2+},Ti^{4+} → Ti^{3+},还原液流入 Fe^{3+} 溶液中,滴定时消耗了 0.01388 mol·L^{-1} K$_2$Cr$_2$O$_7$ 溶液 10.05 mL;另移取 25.00 mL 试液,用 SnCl$_2$ 还原 Fe^{3+} 后,再用上述 K$_2$Cr$_2$O$_7$ 溶液滴定,消耗了 8.02 mL。计算试样中 Fe$_2$O$_3$、Al$_2$O$_3$、TiO$_2$ 的质量分数。

5.16　移取乙二醇试液 10.00 mL,加入 0.02610 mol·L^{-1} KMnO$_4$ 的碱性溶液 50.00 mL(反应式为:HOCH$_2$CH$_2$OH+10MnO$_4^-$+14OH$^-$ ══ 10MnO$_4^{2-}$+2CO$_3^{2-}$+10H$_2$O);反应完全后,酸化溶液,加入 0.2800 mol·L^{-1} Na$_2$C$_2$O$_4$ 溶液 10.00 mL,此时所有高价锰均还原至 Mn^{2+},以 0.02610 mol·L^{-1} KMnO$_4$ 溶液滴定过量 Na$_2$C$_2$O$_4$,消耗 2.30 mL。计算试液中乙二醇的浓度。

5.17　称取含 NaIO$_3$ 和 NaIO$_4$ 的混合试样 1.000 g,溶解后定容于 250 mL 容量瓶中;准确移取试液 50.00 mL,调至弱碱性,加入过量的 KI,此时 IO$_4^-$ 被还原为 IO$_3^-$(IO$_3^-$ 不氧化 I$^-$);释放出的 I$_2$ 用 0.04000 mol·L^{-1} Na$_2$S$_2$O$_3$ 溶液滴定至终点,消耗 10.00 mL。另移取试液 20.00 mL,用 HCl 溶液调节溶液至酸性,加入过量 KI;释放出的 I$_2$ 用 0.04000 mol·L^{-1} Na$_2$S$_2$O$_3$ 溶液滴定,消耗 30.00 mL。计算混合试样中的 w(NaIO$_3$)和 w(NaIO$_4$)。

第6章 沉淀重量法与沉淀滴定法

6.1 沉淀的溶解度及其影响因素
    溶解度与固有溶解度,活度积、溶度积与条件溶度积//影响沉淀溶解
    度的因素
6.2 沉淀重量法
    沉淀重量法的分析过程和对沉淀的要求//沉淀的形成//沉淀的纯度//
    沉淀的条件和称量形的获得//有机沉淀剂的应用
6.3 沉淀滴定法
    滴定曲线//Mohr(莫尔)法——铬酸钾作指示剂//Volhard(福尔哈德)
    法——铁铵矾作指示剂//Fajans(法扬斯)法——吸附指示剂

本章重点介绍沉淀溶解平衡及以其为基础的分析方法——沉淀重量法(precipitation gravimetry)与沉淀滴定法(precipitation titration)。重量分析法(gravimetry)通常使用适当的方法使被测组分与其他组分分离,然后称量,由称得的质量计算该组分在样品中的含量。重量分析法可分为挥发法、电解法和沉淀法。沉淀重量法是利用沉淀反应使待测组分以微溶化合物的形式沉淀出来,与溶液中的其他组分分离,再使之转化为称量形式称量。沉淀滴定法则是依据生成沉淀的反应建立的滴定分析法。这两种分析方法都涉及沉淀的溶解度、沉淀条件的控制等。

6.1 沉淀的溶解度及其影响因素

沉淀的溶解损失是沉淀重量法误差的重要来源之一,也影响到沉淀滴定法的准确度。为此,必须了解沉淀的溶解度及其影响因素,以便控制沉淀条件,降低溶解损失,达到定量分析的要求。

6.1.1 溶解度与固有溶解度,活度积、溶度积与条件溶度积

以难溶化合物 MA 为例,在水溶液中可达到如下的平衡关系

$$MA(固) \rightleftharpoons MA(水) \rightleftharpoons M^+ + A^-$$

其中:MA(水)可以是不带电荷的分子 MA,也可以是离子对 $M^+ A^-$。$[MA]_水$ 在一定温度下是常数,叫作固有溶解度(或分子溶解度),以 s^0 表示。若溶液中没有影响沉淀溶解平衡的其他反应存在,则固体 MA 的溶解度 s 为固有溶解度和离子 M^+(或 A^-)浓度之和,即

$$s = s^0 + [M^+] = s^0 + [A^-] \tag{6-1}$$

对于大多数电解质来说,s^0 都较小,而且大多未被测定,故一般计算中往往忽略 s^0 项。但有的化合物的固有溶解度相当大,例如 $HgCl_2$,若按溶度积($K_{sp} = 2 \times 10^{-14}$)计算,它在水中的溶解度约 1.7×10^{-5} mol·L^{-1},实际测得的溶解度约 0.25 mol·L^{-1}。这说明溶液中有大量 $HgCl_2$ 分子存在。

根据沉淀 MA 在水溶液中的平衡关系,得到

$$K = \frac{a(M^+) \cdot a(A^-)}{a(MA)_w} \quad (6\text{-}2)$$

中性分子的活度系数视为 1,即 $\gamma(MA)=1$,则 $a(MA)_w = s^0$,故

$$K_{sp}^{\ominus} = a(M^+) \cdot a(A^-) = Ks^0 \quad (6\text{-}3)$$

$K_{sp}^{\ominus}$ 是离子的活度积,称为活度积常数,它仅随温度变化。若引入活度系数 γ,就得到用浓度表示的溶度积常数 K_{sp}

$$K_{sp} = [M^+][A^-] = \frac{K_{sp}^{\ominus}}{\gamma(M^+) \cdot \gamma(A^-)} \quad (6\text{-}4)$$

溶度积常数 K_{sp} 与溶液中离子强度有关。在沉淀重量法测定中大多是加入过量沉淀剂,一般离子强度较大,引用溶度积作计算才符合实际情况。本书中引用的多是离子强度为 0.1 时的溶度积。仅在计算沉淀在纯水中的溶解度时,才采用活度积。部分难溶化合物的活度积和溶度积列于附录 C.9 中。

实际上除了形成沉淀的主反应外,还可能存在多种副反应。如组成沉淀的金属离子还会与多种络合剂络合,也可能发生水解作用;组成沉淀的阴离子还会与 H^+ 结合成弱酸。在这类复杂体系中,难溶电解质的 s 与 K_{sp} 关系较为复杂(为便于书写,忽略离子的电荷)

$$
\begin{array}{ccccc}
MA(s) & \rightleftharpoons & M & + & A \\
& {}_{OH}\swarrow & {}^{\diagdown L} & & \big| H \\
& MOH & ML & & HA \\
& \vdots & \vdots & & \vdots
\end{array}
$$

此时溶液中金属离子总浓度用 $[M']$ 表示

$$[M'] = [M] + [ML] + [ML_2] + \cdots + [M(OH)] + [M(OH)_2] + \cdots = [M] \cdot \alpha_M$$

沉淀剂总浓度用 $[A']$ 表示

$$[A'] = [A] + [HA] + [H_2A] + \cdots = [A] \cdot \alpha_A$$

则

$$K_{sp}' = [M'][A'] = [M] \cdot \alpha_M \cdot [A] \cdot \alpha_A = K_{sp} \cdot \alpha_M \cdot \alpha_A \quad (6\text{-}5)$$

K_{sp}' 称为条件溶度积,它表示沉淀溶解达到平衡时,组成沉淀的离子的各种形态总浓度的乘积。因副反应系数 $\alpha_M \geqslant 1$,$\alpha_A \geqslant 1$,所以 $K_{sp}' \geqslant K_{sp}$,即副反应的发生使溶度积常数增大,此时溶解度

$$s = [M'] = [A'] = \sqrt{K_{sp}'} \quad (6\text{-}6)$$

对于 MA_2 型化合物,则有

$$K_{sp}' = [M'][A']^2 = [M] \cdot \alpha_M \cdot [A]^2 \cdot \alpha_A^2 = K_{sp} \cdot \alpha_M \cdot \alpha_A^2 \quad (6\text{-}7)$$

溶解度

$$s = [M'] = \frac{1}{2}[A'] = \sqrt[3]{\frac{K_{sp}'}{4}} \quad (6\text{-}8)$$

6.1.2 影响沉淀溶解度的因素

1. 盐效应

当溶液中有强电解质存在时,根据 Debye-Hückel 公式计算出活度系数 $\gamma_{\pm}$,就能知道溶度积常数 K_{sp}。强电解质的浓度愈大,所带电荷数愈大,溶液中离子强度也就愈大,沉淀物的溶解度随之增大。例如,AgCl 和 $BaSO_4$ 的溶解度随溶液中 KNO_3 浓度的增加而

增大,如图 6.1 所示。

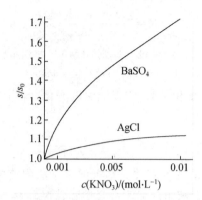

图 6.1　AgCl、BaSO$_4$ 的溶解度与 KNO$_3$ 浓度的关系

图中纵坐标是不同 KNO$_3$ 浓度时的溶解度 s 对纯水中溶解度 s_0 的比值。因为高价离子的活度系数受离子强度影响较大,盐效应对 Ⅱ-Ⅱ 型 BaSO$_4$ 比 Ⅰ-Ⅰ 型 AgCl 的影响要大。即使如此,0.01 mol·L^{-1} KNO$_3$ 使 BaSO$_4$ 的溶解度只增加了 70%。所以,除非电解质的浓度很大、离子价数较高,一般由盐效应引起沉淀溶解度的增加不是很大,同其他化学因素(如同离子效应、酸效应、络合效应等)相比,影响要小得多,常常可以忽略。

2. 同离子效应

在沉淀重量法分析中,常加入过量沉淀剂,利用同离子效应来降低沉淀的溶解度。以 BaSO$_4$ 沉淀重量法测定 SO$_4^{2-}$ 为例,若加入的 Ba^{2+} 的物质的量正好和 SO$_4^{2-}$ 的相等[即 $n(\text{Ba}^{2+})=n(\text{SO}_4^{2-})$],在 250 mL 溶液中 BaSO$_4$ 溶解损失为

$$m=\sqrt{6\times10^{-10}}\times250\times233.4 \text{ mg}\approx1.4 \text{ mg}$$

该损失质量大大超过重量分析要求。如果加入过量试剂,使沉淀后溶液中 Ba^{2+} 浓度为 0.01 mol·L^{-1},则 BaSO$_4$ 损失为

$$m=\frac{6\times10^{-10}}{0.01}\times250\times233.4 \text{ mg}\approx0.004 \text{ mg}$$

实际上沉淀是很完全的。但是若沉淀剂过多,反而由于盐效应或其他副反应使沉淀的溶解度增加。表 6-1 列出 PbSO$_4$ 在 Na$_2$SO$_4$ 溶液中溶解度变化的情况。

表 6-1　PbSO$_4$ 在不同浓度 Na$_2$SO$_4$ 溶液中的溶解度

$c(\text{Na}_2\text{SO}_4)/(\text{mol·L}^{-1})$	0	0.001	0.01	0.02	0.04	0.10	0.20	0.35
$c(\text{PbSO}_4)/(\mu\text{mol·L}^{-1})$	152	24	16	14	13	16	19	23

表 6-1 说明,溶液中有少量 Na$_2$SO$_4$ 时,同离子效应使 PbSO$_4$ 的溶解度大大降低;当 Na$_2$SO$_4$ 浓度增加时,盐效应等又使其溶解度有所增加。在分析工作中,很多沉淀剂都是强电解质,在进行沉淀反应时,沉淀剂不要过量太多,以防止盐效应及络合效应等能增大溶解度的副作用发生。一般沉淀剂以过量 50%～100% 为宜;对非挥发性沉淀剂,一般则以过量 20%～30% 为宜。

3. 酸效应

很多沉淀是弱酸盐,当酸度较高时,将使沉淀溶解平衡移向生成弱酸方向,从而增加沉淀的溶解度。以 CaC$_2$O$_4$ 为例,此平衡关系是

$$CaC_2O_4 \rightleftharpoons Ca^{2+} + C_2O_4^{2-}$$

$$\begin{array}{c} | H^+ \\ HC_2O_4^- \\ H_2C_2O_4 \end{array}$$

若知道平衡时溶液的 pH,就可以计算酸效应系数 $\alpha_{C_2O_4(H)}$,得到条件溶度积,从而计算溶解度。

【例 6.1】 计算 CaC_2O_4 在以下情况时的溶解度。[$K_{sp}^{\ominus}(CaC_2O_4)=10^{-8.6}$;$I=0$ 时,$K_{sp}(CaC_2O_4)=10^{-7.8}$;$H_2C_2O_4$ 的 $pK_{a_1}=1.1$,$pK_{a_2}=4.0$]

(1) 在纯水中;

(2) 在 pH=1.0 的 HCl 溶液中;

(3) 在 pH=4.0 的 0.10 mol·L^{-1} 草酸溶液中。

解

(1) 在纯水中

$$s=[Ca^{2+}]=[C_2O_4^{2-}]=\sqrt{K_{sp}^{\ominus}(CaC_2O_4)}\ mol·L^{-1}=10^{-4.3}\ mol·L^{-1}$$

(2) pH=1.0 时,酸效应影响溶解度

$$\alpha_{C_2O_4(H)}=1+[H^+]\beta_1+[H^+]^2\beta_2=1+10^{-1.0+4.0}+10^{-2.0+5.1}=10^{3.4}$$

$$K_{sp}'(CaC_2O_4)=K_{sp}(CaC_2O_4)·\alpha_{C_2O_4(H)}=10^{-7.8+3.4}=10^{-4.4}$$

$$s=[Ca^{2+}]=[C_2O_4']=\sqrt{K_{sp}'(CaC_2O_4)}\ mol·L^{-1}=10^{-2.2}\ mol·L^{-1}$$

(3) pH=4.0,$c(H_2C_2O_4)=0.10$ mol·L^{-1} 时,既要考虑酸效应,又要考虑同离子效应

$$\alpha_{C_2O_4(H)}=1+10^{-4.0+4.0}+10^{-8.0+5.1}=10^{0.3}$$

$$K_{sp}'(CaC_2O_4)=10^{-7.8+0.3}=10^{-7.5}$$

此时沉淀剂过量
$$[Ca^{2+}]=s$$
$$[C_2O_4']=(0.1+s)\approx 0.1\ mol·L^{-1}$$

$$s=[Ca^{2+}]=\frac{K_{sp}'(CaC_2O_4)}{[C_2O_4']}=\frac{10^{-7.5}}{10^{-1.0}}\ mol·L^{-1}=10^{-6.5}\ mol·L^{-1}$$

钙的沉淀是完全的。

弱酸盐(MA)的阴离子(A)碱性较强时,其在纯水中溶解度的计算也要考虑酸效应影响问题。若沉淀的溶解度很小,溶解的弱碱 A 与水中 H$^+$ 结合基本不影响溶液的 pH,可按 pH 为 7.0 计算;若溶解度较大,而 A 的碱性又较强,则可按 $[OH^-]=s$ 进行计算。

【例 6.2】 计算(1) CuS,(2) MnS 在纯水中的溶解度。[$K_{sp}^{\ominus}(CuS)=10^{-35.2}$,$K_{sp}^{\ominus}(MnS)=10^{-12.5}$;$I=0.1$ 时,H_2S 的 $pK_{a_1}=7.1$,$pK_{a_2}=12.9$]

解

(1) CuS 的溶解度很小,S^{2-} 与水中 H$^+$ 结合产生的 OH$^-$ 很少,溶液的 pH$\approx$7.0。

此时
$$\alpha_{S(H)}=1+10^{-7.0+12.9}+10^{-14.0+20.0}=10^{6.3}$$

此酸效应系数很大。溶液中 $[S^{2-}]$ 远小于溶解度 s,溶液中

$$s=[S^{2-}]+[HS^-]+[H_2S]=[S']=[Cu^{2+}]$$

而
$$[Cu^{2+}][S']=s^2=K_{sp}'(CuS)$$

故
$$s=\sqrt{K_{sp}'(CuS)}=\sqrt{K_{sp}(CuS)·\alpha_{S(H)}}=\sqrt{10^{-35.2+6.3}}\ mol·L^{-1}=10^{-14.5}\ mol·L^{-1}$$

（2）MnS 的溶解度较大，S^{2-} 定量地变成 HS^-，产生同量的 OH^-，可由沉淀溶于水的反应平衡常数求溶解度 s。

$$MnS + H_2O \Longrightarrow \underset{s}{Mn^{2+}} + \underset{s}{HS^-} + \underset{s}{OH^-}$$

$$K = [Mn^{2+}][HS^-][OH^-] = \frac{[Mn^{2+}][S^{2-}][H^+][OH^-]}{K_{a_2}} = \frac{K_{sp}^{\ominus}(MnS) \cdot K_w}{K_{a_2}}$$

$$= \frac{10^{-12.5} \times 10^{-14.0}}{10^{-12.9}} = 10^{-13.6}$$

所以
$$s = \sqrt[3]{10^{-13.6}}\ mol \cdot L^{-1} = 10^{-4.5}\ mol \cdot L^{-1}$$

此时溶液中 $[OH^-] = 10^{-4.5}\ mol \cdot L^{-1}$，即 $[H^+] = 10^{-9.5}\ mol \cdot L^{-1}$，则

$$\alpha_{S(H)} = 1 + 10^{-9.5+12.9} + 10^{-19.0+20.0} = 1 + 10^{3.4} + 10^{1.0}$$

故
$$[S^{2-}] : [HS^-] : [H_2S] = 1 : 10^{3.4} : 10^{1.0}$$

表明溶液中以 HS^- 形态占优势。可见，最初假设 $[HS^-]$ 等于沉淀的溶解度 s 是合理的。

【例 6.3】　计算 $BaCO_3$ 在水中的溶解度。（$K_{sp}^{\ominus} = 4.9 \times 10^{-9}$；$H_2CO_3$ 的 $pK_{a_1} = 6.38$，$pK_{a_2} = 10.25$）

解

$$[Ba^{2+}][CO_3^{2-}] = K_{sp} = 4.9 \times 10^{-9} \qquad ①$$

$$CO_3^{2-} + H_2O \Longrightarrow HCO_3^- + OH^-$$

$$\frac{[HCO_3^-][OH^-]}{[CO_3^{2-}]} = \frac{K_w}{K_{a_2}} = 10^{-3.75} \qquad ②$$

质子条件

$$[H^+] + [HCO_3^-] = [OH^-] \qquad ③$$

由于 K_{sp} 较大，CO_3^{2-} 浓度不太小，质子化后使溶液呈碱性，故 $[H^+]$ 可忽略。不考虑第二步质子化，③式可简化为

$$[HCO_3^-] = [OH^-] \qquad ④$$

又
$$s = [Ba^{2+}] = [CO_3^{2-}] + [HCO_3^-] \qquad ⑤$$

将式④和⑤代入式②，得

$$\frac{[OH^-]^2}{s - [OH^-]} = 10^{-3.75} \qquad ⑥$$

式⑥中有 2 个未知数，无法直接求解，可采用逼近法。先忽略 CO_3^{2-} 的质子化，求溶解度初值 s'

$$s' = \sqrt{K_{sp}} = 7.0 \times 10^{-5}\ mol \cdot L^{-1}$$

代入式⑥，得

$$[OH^-]' = 5.4 \times 10^{-5}\ mol \cdot L^{-1}, \quad 即\ [H^+]' = 1.85 \times 10^{-10}\ mol \cdot L^{-1}$$

据此 H^+ 浓度计算 K_{sp}' 及溶解度的近似值

$$s'' = \sqrt{K_{sp}'} = \sqrt{K_{sp} \cdot \alpha_{CO_3(H)}} = 1.45 \times 10^{-4}\ mol \cdot L^{-1}$$

再代入式⑥逼近，约 5 次后其值几乎不变，得

$$s = 1.23 \times 10^{-4}\ mol \cdot L^{-1}$$

此时
$$[OH^-] = [HCO_3^-] = 8.4 \times 10^{-5}\ mol \cdot L^{-1}, \quad pH = 9.93$$

$$[CO_3^{2-}] = 3.9 \times 10^{-5}\ mol \cdot L^{-1}$$

而 $[H_2CO_3] \approx 10^{-8}\ mol \cdot L^{-1}$，可以忽略。结果表明，计算中所作的近似处理是合理的。

对于 M_mA_n 型的多元弱酸盐，考虑到 M 与 OH^- 的副反应及 A 与 H^+ 的副反应，则

$$s = \frac{[M] \cdot \alpha_{M(OH)}}{m} = \frac{[A] \cdot \alpha_{A(H)}}{n}$$

$$K_{sp} = \left[\frac{m \cdot s}{\alpha_{M(OH)}} \right]^m \left[\frac{n \cdot s}{\alpha_{A(H)}} \right]^n$$

所以

$$s = \sqrt[m+n]{K_{sp} \frac{\alpha_{M(OH)}^m \cdot \alpha_{A(H)}^n}{m^m \cdot n^n}}$$

解此方程求溶解度,就需在设初值的基础上作反复逼近。这种较为繁琐的计算工作可以在计算机(或可编程序计算器)上很容易地完成[①]。

4. 络合效应

若溶液中存在的络合剂与沉淀中的金属离子形成络合物,也会促进沉淀溶解平衡向溶解方向移动,从而增加沉淀的溶解度,甚至使沉淀完全溶解。

【例6.4】 计算 PbC_2O_4 在如下情况时的溶解度:沉淀与溶液达平衡后 pH 为 4.0,溶液中总的草酸浓度为 $0.2\ mol \cdot L^{-1}$,未与 Pb^{2+} 络合的 EDTA 的总浓度为 $0.01\ mol \cdot L^{-1}$。$[K_{sp}(PbC_2O_4) = 10^{-9.7}$,$\lg K(PbY) = 18.0]$

解 此时溶液中的平衡关系是

$$PbC_2O_4 \rightleftharpoons Pb^{2+} + C_2O_4^{2-}$$

$$\cdots HY \xleftarrow{H^+} Y \begin{vmatrix} & & \end{vmatrix} \qquad \begin{vmatrix} H^+ \end{vmatrix}$$

$$PbY \qquad\qquad HC_2O_4^-$$
$$H_2C_2O_4$$

$$K'_{sp}(PbC_2O_4) = K_{sp}(PbC_2O_4) \cdot \alpha_{Pb(Y)} \cdot \alpha_{C_2O_4(H)}$$

pH = 4.0 时,$\alpha_{C_2O_4(H)} = 10^{0.3}$ (见例6.1), $\alpha_{Y(H)} = 10^{8.6}$ (附录 C.5)

$$[Y] = [Y']/\alpha_{Y(H)} = (10^{-2.0}/10^{8.6})mol \cdot L^{-1} = 10^{-10.6}\ mol \cdot L^{-1}$$

$$\alpha_{Pb(Y)} = 1 + [Y] \cdot K(PbY) = 1 + 10^{-10.6+18.0} = 10^{7.4}$$

$$K'_{sp}(PbC_2O_4) = 10^{-9.7+7.4+0.3} = 10^{-2.0}$$

$$s = [Pb'] = K'_{sp}(PbC_2O_4)/[C_2O_4'] = (10^{-2.0}/0.2)mol \cdot L^{-1} = 0.05\ mol \cdot L^{-1}$$

此溶解度很大,可以认为 PbC_2O_4 不会沉淀。

有些沉淀剂本身就是络合剂,沉淀剂过量时,既有同离子效应,又有络合效应。此时沉淀的溶解度是增加还是减少,视沉淀剂浓度而定。在过量的 Cl^- 存在下,沉淀 AgCl 就是这种情况。Cl^- 不仅与 Ag^+ 生成沉淀($K_{sp} = 10^{-9.5}$),而且还与它生成 AgCl、$AgCl_2^-$、$AgCl_3^{2-}$、$AgCl_4^{3-}$ 络合物($\lg \beta_1 \sim \lg \beta_4$ 分别是 2.9,4.7,5.0,5.9)。这时,沉淀的条件溶度积

$$K'_{sp} = [Ag'][Cl^-] = K_{sp}(AgCl) \cdot \alpha_{Ag(Cl)}$$
$$= K_{sp}(AgCl)(1 + \beta_1[Cl^-] + \beta_2[Cl^-]^2 + \beta_3[Cl^-]^3 + \beta_4[Cl^-]^4)$$

沉淀的溶解度

$$s = [Ag'] = \frac{K'_{sp}(AgCl)}{[Cl^-]} = K_{sp}(AgCl)\left(\frac{1}{[Cl^-]} + \beta_1 + \beta_2[Cl^-] + \beta_3[Cl^-]^2 + \beta_4[Cl^-]^3\right)$$

上式一级微商等于零时的 $[Cl^-] = 10^{-2.4}\ mol \cdot L^{-1}$,即为溶解度最小时的 $[Cl^-]$。

这时溶解度的最小值是

[①] 童沈阳,李克安.化学通报,1982,3:31.

$$s=10^{-9.5}\times\left(\frac{1}{10^{-2.4}}+10^{2.9}+10^{4.7-2.4}+\cdots\right)\mathrm{mol\cdot L^{-1}}=10^{-6.4}\ \mathrm{mol\cdot L^{-1}}$$

当$[\mathrm{Cl^-}]<10^{-2.4}\ \mathrm{mol\cdot L^{-1}}$时，以同离子效应为主，$[\mathrm{Cl^-}]$增大使沉淀的溶解度减小；而当$[\mathrm{Cl^-}]>10^{-2.4}\ \mathrm{mol\cdot L^{-1}}$时，则以络合效应为主，$[\mathrm{Cl^-}]$增大使沉淀的溶解度增大。

图 6.2 是按上式计算不同 Cl⁻ 浓度时的溶解度曲线,图中点($\otimes$)系由实验所测(引自 J. Am. Chem. Soc. ,1952,74;2052)。可见,理论计算与实验结果是比较接近的,在$[\mathrm{Cl^-}]$较大时两者的差异可能是由于常数不准确造成的。

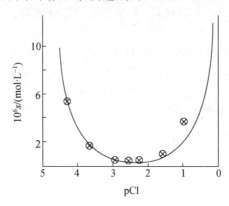

图 6.2　AgCl 沉淀的溶解度与 pCl 的关系

在过量的 $AgNO_3$ 溶液中,AgCl 也形成 Ag_2Cl^+ 、Ag_3Cl^{2+} 等多核络合物而使溶解度增大。所以在沉淀 AgCl 时不能使用过量太多的沉淀剂。不管是用 $AgNO_3$ 沉淀 Cl⁻ ,还是用 HCl 沉淀 Ag^+ ,过量沉淀剂的浓度最好都在 $10^{-3}\sim10^{-2}\ \mathrm{mol\cdot L^{-1}}$,使沉淀的溶解度在最低点附近。

5. 其他影响因素

(1) 温度。大多数无机盐沉淀的溶解度随温度升高而增大。通常沉淀是在热溶液中进行,沉淀完成后还要热陈化,因此在热溶液中溶解度较大的沉淀如 CaC_2O_4 和 $MgNH_4PO_4\cdot 6H_2O$ 等,必须冷却到室温后再进行过滤等操作。

(2) 溶剂。大多数无机盐在有机溶剂中的溶解度比在纯水中要小。若水溶液中加入一些与水能混溶的有机溶剂(如乙醇),可显著降低沉淀的溶解度。例如钾盐一般在水中易溶,用于沉淀重量法测定 K^+ 的 K_2PtCl_6 沉淀,在水中的溶解度仍较大,若加入乙醇则可使其定量沉淀。

(3) 沉淀颗粒大小。对同种沉淀来说,颗粒越小,溶解度越大。这是因为小晶体比大晶体有更多的角、边和表面。处于这些位置的离子受晶体内离子的吸引小,又受到溶剂分子的作用,易进入溶液中,其溶解度就较大。因此在沉淀形成后,常将沉淀和母液一起放置一段时间,使小结晶逐渐转化为大结晶,有利于沉淀的过滤与洗涤。但对不同沉淀,小颗粒沉淀的溶解度的增大程度是不同的。

6.2　沉淀重量法

沉淀重量法是利用沉淀反应使待测组分在适当的条件下沉淀析出,再转化为称量形式称量,通过称量形物质与待测组分之间的定量关系进行分析测定。

6.2.1 沉淀重量法的分析过程和对沉淀的要求

试样分解制成试液后,加入适当的沉淀剂,使被测组分沉淀析出(称为沉淀形)。沉淀经过滤、洗涤,在适当温度下烘干或灼烧,转化成称量形,然后称量。沉淀形与称量形可能相同,也可能不同,干燥条件不同还可以获得不同的称量形。例如:

$$SO_4^{2-} + \quad BaCl_2 \longrightarrow \quad BaSO_4 \downarrow \quad \xrightarrow[\text{洗涤}]{\text{过滤}} \quad \xrightarrow[\text{灼烧}]{800℃} \quad \boxed{BaSO_4}$$

$$Mg^{2+} + (NH_4)_2HPO_4 \longrightarrow MgNH_4PO_4 \cdot 6H_2O \downarrow \quad \xrightarrow[\text{洗涤}]{\text{过滤}} \quad \xrightarrow[\text{灼烧}]{1100℃} \quad \boxed{Mg_2P_2O_7}$$

| 试液 | 沉淀剂 | 沉淀形 | | 称量形 |

为了保证测定有足够的准确度并便于操作,沉淀重量法对沉淀形和称量形有一定要求。

1. 对沉淀形的要求

(1)沉淀的溶解度要小,若沉淀溶解损失小于天平的称量误差,就不致因沉淀溶解的损失而影响测定的准确度。

(2)沉淀形要便于过滤和洗涤。

(3)沉淀的纯度要高,这样才能获得准确的结果。

以上要求分别涉及沉淀平衡、沉淀的形成过程和共沉淀理论,这些是本节讨论的重点,后面将分别介绍。

2. 对称量形的要求

(1)称量形必须有确定的化学组成,否则无法计算结果。

(2)称量形必须稳定,不受空气中水分、CO_2 和 O_2 等的影响。

(3)称量形的摩尔质量要大,这样可增大称量形的质量,减少称量误差,提高低含量组分测定的准确度。

沉淀重量分析结果的计算一般不难,此处略。

6.2.2 沉淀的形成

根据沉淀的物理性质,可粗略地将沉淀分为两类:一类是晶形沉淀,如 $BaSO_4$、CaC_2O_4、$MgNH_4PO_4$ 等;另一类是无定形沉淀,如 $Fe_2O_3 \cdot xH_2O$ 等。而介于两者之间的是凝乳状沉淀,如 $AgCl$。它们之间的主要差别是沉淀颗粒大小不同。如晶形沉淀的颗粒直径约为 $0.1 \sim 1~\mu m$,无定形沉淀的颗粒直径一般小于 $0.02~\mu m$,凝乳状沉淀的颗粒大小介于两者之间。

生成的沉淀属于哪种类型,首先取决于沉淀的性质,但与沉淀形成的条件以及沉淀后的处理也有密切关系。沉淀重量分析中总是希望能得到颗粒比较大的晶形沉淀,沉淀的纯度高,并便于过滤和洗涤。因此,对于沉淀重量分析而言,了解各种类型沉淀的沉淀过程并掌握控制沉淀条件的方法是很重要的。

沉淀的形成是一个复杂的过程,有关这方面的理论大都是定性的解释或经验公式的

描述,这里只作简单的介绍。下面的框图示意出沉淀形成的大致过程:

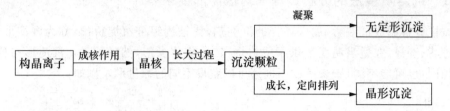

当溶液呈过饱和状态时,构晶离子由于静电作用而缔合起来形成晶核。一般认为晶核含有4~8个构晶离子或2~4个离子对。例如,$BaSO_4$的晶核由8个构晶离子(即4个离子对)所组成。这种过饱和的溶质从均匀液相中自发地产生晶核的过程叫作均相成核。与此同时,在进行沉淀的介质和容器中不可避免地存在大量肉眼看不见的固体微粒。例如,1 g化学试剂中含有不少于10^{10}个不溶微粒,烧杯壁上也附有许多5~10 nm长的"玻璃核"。这些外来杂质也可以起晶核的作用。这个过程称为异相成核。

溶液中有了晶核以后,过饱和的溶质就可以在晶核上沉积出来。晶核逐渐成长为沉淀颗粒。沉淀颗粒的大小是由晶核形成速度和晶粒成长速度的相对大小决定的。如果晶核形成的速度小于晶核成长的速度,则获得较大的沉淀颗粒,且能定向地排列成为晶形沉淀;如果晶核生成极快,势必形成大量微晶,使过剩溶质消耗殆尽而难于长大,只能聚集起来得到细小的胶状沉淀。von Weimarn(冯·韦曼)提出了一个经验公式,表明沉淀生成的初始速度(即晶核形成速度,也称分散度)与溶液的相对过饱和度成正比。

$$沉淀初始速度 = K\left(\frac{Q-s}{s}\right)$$

式中:Q为加入沉淀剂瞬间溶质的总浓度;s为晶核的溶解度;$Q-s$为过饱和度;$(Q-s)/s$为相对过饱和度;K为常数,它与沉淀的性质、温度、介质等有关。溶液的相对过饱和度越小,则晶核形成速度越慢,可望得到大颗粒的沉淀。

实验证明,各种沉淀都有一个能大量地自发产生晶核的相对过饱和极限值,称为临界(过饱和)值。控制相对过饱和度在临界值以下,沉淀就以异相成核为主,常常能得到大粒沉淀;若超过临界值后,均相成核就占优势,导致大量细小的微晶出现。不同的沉淀有不同的临界值,例如,$BaSO_4$为1000,$CaC_2O_4 \cdot H_2O$为31,$AgCl$仅为5.5。因此,在沉淀$BaSO_4$时,只要控制试液和沉淀剂不太浓,比较容易保持过饱和度不超过临界值,制备出的$BaSO_4$经常是细粒的晶形沉淀。而$CaC_2O_4 \cdot H_2O$在适当的沉淀条件下得到晶形沉淀也不困难。但沉淀$AgCl$时,因为其临界值很小,尽管用了稀释的溶液和加热的操作,每加一滴沉淀剂仍使溶质浓度大大地超过了临界值,从而产生大量均相晶核,而不能成长为晶形颗粒。

此外,对$BaSO_4$沉淀,其晶核(小颗粒)的溶解度比大颗粒的大得多;而对$AgCl$沉淀,小颗粒与大颗粒的溶解度差不太多,同样条件下,其相对过饱和度就大。所以,$AgCl$的溶度积虽然和$BaSO_4$的相近,但通常得到的$AgCl$沉淀都是凝乳状沉淀。至于溶解度极小的沉淀,如水合氧化铁和某些硫化物,其溶解度很小,即使小心控制溶质浓度Q,也会使其相对过饱和度很大,致使产生大量均相晶核,只能得到颗粒比$AgCl$更小的胶体沉淀。

6.2.3 沉淀的纯度

在沉淀重量分析中要求得到的沉淀是纯净的,但当沉淀从溶液中析出时,不可避免或多或少地夹带溶液中的其他组分。为此,必须了解沉淀形成过程中杂质混入的原因,从而找出减少杂质混入的方法。

1. 共沉淀

在一定操作条件下,某些物质本身并不能单独析出沉淀。当溶液中一种物质形成沉淀时,它便随同生成的沉淀一起析出,这种现象叫共沉淀。例如沉淀 $BaSO_4$ 时,可溶盐 Na_2SO_4 或 $BaCl_2$ 则会被 $BaSO_4$ 沉淀带下来。发生共沉淀现象大致有以下几种原因。

(1) 表面吸附

在沉淀的晶格中,构晶离子是按照同电荷相斥、异电荷相吸的原则排列的。例如 $AgCl$ 晶体中,每个 Ag^+ 周围被 6 个带相反电荷的 Cl^- 所包围,整个晶体内部处于静电平衡状态。但处在沉淀表面或边、角上的 Ag^+ 或 Cl^-,至少有一面未和带相反电荷的 Cl^- 或 Ag^+ 连接,使之受到的引力不均衡,因此表面上的离子就有吸附溶液中带相反电荷离子的能力。首先被沉淀表面吸附的离子是溶液中过量的构晶离子,组成吸附层。例如将 KCl 溶液加入到 $AgNO_3$ 中去,生成的 $AgCl$ 沉淀表面吸附过量的 Ag^+ 而带有正电荷。为了保持电中性,吸附层外面还需要吸引异电荷离子作为抗衡离子,这里就是 NO_3^-。这些处于较外层的离子结合得较松散,叫作扩散层。吸附层和扩散层共同组成包围着沉淀颗粒表面的电双层(电偶层)。处于电双层中的正、负离子总数相等,构成了被沉淀表面吸附的化合物——$AgNO_3$ 或其他银盐,也就是玷污沉淀的杂质。这种由于沉淀的表面吸附所引起的杂质共沉淀现象叫作吸附共沉淀。

沉淀对杂质离子的吸附是有选择性的。作为抗衡离子,如果各种离子的浓度相同,则优先吸附那些与构晶离子形成溶解度最小或离解度最小的化合物的离子;离子的价数越高,浓度越大,越易被吸附。这个规则称为吸附规则。

图 6.3 所示就是在过量 $AgNO_3$ 溶液中沉淀 $AgCl$ 的情况。如果溶液中除过量 $AgNO_3$ 外,还有 K^+、Na^+、Ac^- 等离子,按照吸附规则,$AgCl$ 沉淀表面首先吸附溶液中与构晶离子相同的离子 Ag^+,而不是 Na^+ 或 K^+;作为扩散层被吸附到沉淀表面附近的抗衡离子是 Ac^-,而不是 NO_3^-,因为 $AgAc$ 的溶解度远小于 $AgNO_3$ 的溶解度。结果是在 $AgCl$ 沉淀表面有一层 $AgAc$ 杂质共沉淀。

此外,沉淀表面吸附杂质量还与下列因素有关:

① 与沉淀的总表面积有关。对同质量的沉淀而言,沉淀的颗粒越小则比表面积越大,吸附杂质越多。晶形沉淀颗粒比较大,表面吸附现象不严重,而无定形沉淀颗粒很小,表面吸附严重。

② 与溶液中杂质的浓度有关。杂质的浓度越大,被沉淀吸附的量越多。

③ 与溶液的温度有关。吸附作用是放热过程,因此溶液的温度升高,可减少杂质的吸附。表面吸附是胶状沉淀玷污的主要原因,例如以氨水为沉淀剂沉淀 $Fe(OH)_3$ 或 $Al(OH)_3$ 时,此胶状沉淀吸附杂质的现象相当严重。以 Ca^{2+}、Mg^{2+}、Ni^{2+}、Zn^{2+} 这 4 种杂质离子为例,为减少沉淀对它们的吸附,必须控制好 NH_4^+ 和 NH_3 的浓度。图 6.4 和图 6.5 分别为 NH_4^+ 和 NH_3 的浓度对 $Fe(OH)_3$ 沉淀吸附上述离子的影响。若 NH_3 的浓度固定,随着 NH_4^+ 的浓度增大,OH^- 浓度就减小,此时 $Fe(OH)_3$ 沉淀所吸附的 OH^- 也减

少,这就减少了对抗衡离子——阳离子的吸附。另外,NH_4^+ 浓度大,也增强它与其他二价阳离子的竞争吸附。因此,上述 4 种离子的吸附量均随 NH_4^+ 浓度增大而减少。Zn^{2+}、Ni^{2+} 由于形成氨络离子,吸附量就比 Ca^{2+}、Mg^{2+} 少。而当 NH_4^+ 浓度固定时,随着 NH_3 浓度增大,OH^- 浓度也加大,沉淀吸附 Ca^{2+}、Mg^{2+} 也增多。此时 Zn^{2+}、Ni^{2+} 氨络离子更为稳定,其吸附量反而减少。因此,若要减少 Ca^{2+}、Mg^{2+} 的吸附,应当是 NH_4^+ 浓度大些,NH_3 浓度小些;而要减少 Zn^{2+}、Ni^{2+} 的吸附,则 NH_4^+ 和 NH_3 的浓度都应当大些。

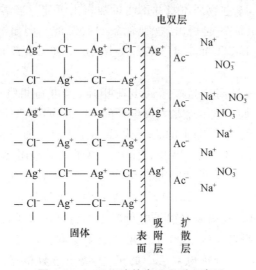

图 6.3 AgCl 沉淀的表面吸附示意图

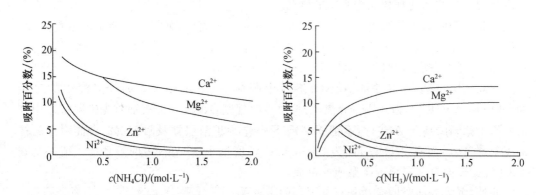

图 6.4 NH_4Cl 浓度对 $Fe(OH)_3$ 吸附杂质的影响　　图 6.5 NH_3 浓度对 $Fe(OH)_3$ 吸附杂质的影响

　　表面吸附现象既然发生在沉淀的表面,洗涤沉淀就是减少吸附杂质的有效方法。

（2）包藏

　　在沉淀过程中,如果沉淀生长太快,表面吸附的杂质还来不及离开沉淀表面就被随后生成的沉淀所覆盖,使杂质或母液被包藏在沉淀内部。这种因为吸附而留在沉淀内部的现象称作包藏共沉淀。包藏的程度也符合吸附规则。在把钡盐加到硫酸盐中去时,沉淀是在 SO_4^{2-} 过量的情况下进行的,所以 $BaSO_4$ 晶粒吸附 SO_4^{2-} 而荷负电,造成杂质阳离子优先被吸附,进而包藏在沉淀内部;反过来,当硫酸盐加到钡盐中去时,$BaSO_4$ 沉淀包藏阴离子杂质较为严重,而且 $Ba(NO_3)_2$ 被包藏的量要大于 $BaCl_2$,因为前者的溶解度较小而易于被吸附。根据这个原则可以拟订沉淀步骤,使溶液中主要杂质共沉淀的量减少。

包藏是造成晶形沉淀玷污的主要原因。由于杂质被包藏在结晶的内部,不能用洗涤方法除去,应当通过沉淀陈化或重结晶的方法予以减少。

(3) 生成混晶或固溶体

如果溶液中杂质离子与沉淀构晶离子的半径相近、晶体结构相似,则形成混晶共沉淀。例如 $BaSO_4$-$PbSO_4$、$AgCl$-$AgBr$ 等。像 $KMnO_4$ 这样的易溶盐也能和 $BaSO_4$ 共沉淀:把新沉淀出来的 $BaSO_4$ 与 $KMnO_4$ 溶液共摇,后者就通过再结晶过程而深入到 $BaSO_4$ 晶格内,使沉淀呈粉红色。用水洗涤不能褪色,说明虽然 $KMnO_4$ 与 $BaSO_4$ 的离子电荷不同,但半径相近,都有 ABO_4 型的化学组成,也能生成固溶体。生成混晶的过程是属于化学平衡过程,杂质在溶液中和进入沉淀中的比例取决于该化学反应的平衡常数。所以,只要有能参与形成混晶的杂质离子存在,在主沉淀的沉淀过程中必然混入这种杂质而造成混晶共沉淀。由于共沉淀的量只与杂质的含量及体系的平衡常数有关,改变沉淀条件、洗涤、陈化,甚至再沉淀都没有很大的效果。

减少或消除混晶生成的最好方法,是将杂质事先分离除去。例如将 Pb^{2+} 沉淀成 PbS 而与 Ba^{2+} 分离;将 Ce^{3+} 氧化为 Ce^{4+} 而不再与 La^{3+} 生成混晶;用加入络合剂、改变沉淀剂等方法也能防止或减少这类共沉淀。

2. 后沉淀

后沉淀现象是指一种本来难于析出沉淀的物质,或是形成稳定的过饱和溶液而不能单独沉淀的物质,在另一种组分沉淀之后被“诱导”而随后也沉淀下来的现象,而且它们沉淀的量随放置的时间延长而增多。例如,在 Mg^{2+} 存在下沉淀 CaC_2O_4 时,镁由于形成稳定的草酸盐过饱和溶液而不沉淀。如果把草酸钙沉淀立即过滤,只发现有少量镁被吸附;若是把含有镁的母液与草酸钙沉淀长时间共热,则草酸镁的后沉淀量会显著增多。类似的现象在金属硫化物的沉淀分离中也屡有发现。

后沉淀引入的杂质玷污量比共沉淀要多,且随着沉淀放置时间的延长而增多。避免或减少后沉淀的主要办法是缩短沉淀和母液共置的时间。

3. 共沉淀或后沉淀对分析结果的影响

在沉淀重量分析中,共沉淀或后沉淀现象对分析结果的影响程度,取决于玷污杂质的性质和量的多少。共沉淀或后沉淀可能引起正误差,也可能引起负误差,还可能不引入误差,不能一概而论。例如 $BaSO_4$ 沉淀中包藏了 $BaCl_2$,对于测定 SO_4^{2-} 来说,这部分 $BaCl_2$ 是外来的杂质,它使沉淀的质量增加,引入了正误差;对于测定 Ba^{2+} 来说,由于 $BaCl_2$ 的摩尔质量小于 $BaSO_4$ 的摩尔质量而使沉淀质量减少,引入了负误差。若 $BaSO_4$ 沉淀中包藏了 H_2SO_4,灼烧沉淀时 H_2SO_4 变成 SO_3 挥发了,对硫的测定产生负误差,而对钡的测定则没有影响。若是采用微波干燥法获得称量形,H_2SO_4 不被分解,则会对钡的测定造成正误差。

6.2.4　沉淀的条件和称量形的获得

1. 沉淀条件的选择和沉淀后的处理

为了满足沉淀重量法对沉淀形的要求,应当根据不同类型沉淀的特点,采用适宜的沉淀条件以及相应的后处理。

（1）晶形沉淀

为了获得易于过滤洗涤的大颗粒结晶沉淀，以及减少杂质的包藏，在沉淀过程中必须控制比较小的过饱和程度，沉淀后还需陈化。以 $BaSO_4$ 沉淀为例：

① 沉淀应在比较稀的热溶液中进行，并在不断搅拌下，缓缓地滴加稀沉淀剂。这样做是为了减小溶质的浓度 Q 以降低过饱和程度，并防止沉淀剂的局部过浓。稀释溶液还可以使杂质的浓度减小，因而共沉淀的量也可以减少。加热不仅可以增大溶解度，还可以增加离子扩散的速率，有助于沉淀颗粒的成长，同时也减少了杂质的吸附。

② 为了增大 $BaSO_4$ 的溶解度以减小相对过饱和度，应在沉淀之前往溶液中加入 HCl 溶液。因为 H^+ 能使 SO_4^{2-} 部分质子化，增加 $BaSO_4$ 的溶解度，并能防止钡的弱酸盐沉淀。至于增加溶解度所造成的损失，可以在沉淀后期加入过量沉淀剂来补偿。

③ 沉淀完成以后，常将沉淀与母液一起放置陈化一段时间，其作用是为获得完整、粗大而纯净的晶形沉淀。在陈化时，特别是在加热的情况下，晶体中不完整部分的离子容易重新进入溶液，而在溶液中的离子又不断回到晶体表面，这样使结晶趋于完整。同时释放出包藏在晶体中的杂质，使沉淀更为纯净。此外，由于小晶粒的溶解度比大晶粒大，同一溶液对小结晶是未饱和的而对大晶粒则是过饱和的，因此陈化过程中还会发生小结晶溶解、大结晶长大的现象。一般说来，在陈化过程中，晶体的完整化是主要的。陈化后应自然冷却至室温再过滤，以减少溶解损失。

④ 洗涤 $BaSO_4$ 沉淀时，若测定的是 Ba^{2+}，可用稀 H_2SO_4 为洗涤液，这样利用同离子效应减少了洗涤过程中沉淀溶解的损失，而 H_2SO_4 在灼烧时能除去。若是测定 SO_4^{2-}，则只能选水为洗涤液。

另一个晶形沉淀的例子是 CaC_2O_4。它也需要在稀的热溶液中进行沉淀，但是草酸钙沉淀溶解于酸，处理方法与 $BaSO_4$ 有所不同。一般是将草酸铵先加到含 Ca^{2+} 的酸性溶液中去，然后在加热与不断搅拌下滴加稀氨水，逐渐提高溶液的 pH，至甲基橙变黄为止。由于 $C_2O_4^{2-}$ 浓度缓慢地增大，CaC_2O_4 沉淀是在相对过饱和度很小的条件下逐渐生成的，所得沉淀的颗粒比较大。如果溶液中有 Mg^{2+} 共存，则沉淀陈化时间不能太长，以防止后沉淀量增加。如果能将 CaC_2O_4 沉淀滤出后溶解于 HCl 进行再沉淀，Mg^{2+} 的玷污可以大为减少。

（2）无定形沉淀

无定形沉淀一般含有大量水分子，体积庞大，是疏松的絮状沉淀。大都因为溶解度非常小，无法控制其过饱和度，以至生成大量微小胶粒而不能长成大粒沉淀。对于这种类型的沉淀，重要的是使其聚集紧密，便于过滤；同时尽量减少杂质的吸附，使沉淀纯净。以 $Fe_2O_3 \cdot xH_2O$ 沉淀为例：

① 沉淀一般在较浓的近沸溶液中进行，沉淀剂加入的速度不必太慢。在浓、热溶液中离子的水化程度较小，得到的沉淀结构紧密、含水量少，容易聚沉。热溶液还有利于防止胶体溶液的生成，减少杂质的吸附。但是在浓溶液中也提高了杂质的浓度。为此，在沉淀完毕后迅速加入大量热水稀释并搅拌，使吸附于沉淀上的过多的杂质解吸，达到稀溶液中的平衡，从而减少杂质的吸附。

② 沉淀要在大量电解质存在下进行，以使带电荷的胶体粒子相互凝聚、沉降。电解质通常是灼烧时容易挥发的铵盐，如 NH_4Cl、NH_4NO_3 等，这还有助于减少沉淀对其他杂质的吸附。已经凝聚好的 $Fe_2O_3 \cdot xH_2O$ 沉淀在过滤洗涤时，由于电解质浓度降低，胶体粒子又重获电荷而相互排斥，使无定形沉淀变成了胶体而穿透滤纸，这种现象叫作胶溶。

为了防止沉淀的胶溶,不能用纯水洗涤沉淀,应当用稀的、易挥发的电解质热溶液(如 NH_4NO_3)作洗涤液。

③ 无定形沉淀聚沉后应立即趁热过滤,不必陈化。因为陈化不仅不能改善沉淀的形状,反而使沉淀更趋黏结,杂质难以洗净。趁热过滤还能大大缩短过滤洗涤的时间。无定形沉淀吸附杂质严重,一次沉淀很难保证纯净。例如:要使铁与其他组分分离而共存阳离子又较多时,最好将过滤后的沉淀溶解于酸中进行第二次沉淀。

(3) 均匀沉淀法

在进行沉淀反应时,尽管沉淀剂是在搅拌下缓慢加入的,仍难避免沉淀剂在溶液中局部过浓现象。为此,提出了均匀沉淀法。这个方法的特点是通过缓慢的化学反应过程,逐步地、均匀地在溶液中产生沉淀剂,使沉淀在整个溶液中均匀、缓慢地形成,因而生成的沉淀颗粒较大。例如:

沉淀 CaC_2O_4。于酸性含 Ca^{2+} 试液中加入过量草酸,利用尿素水解产生的 NH_3 逐渐提高溶液的 pH,使 CaC_2O_4 均匀缓慢地形成,反应为

$$CO(NH_2)_2 + H_2O \xrightarrow{\triangle} 2NH_3 + CO_2$$

尿素水解的速率随温度增高而加快,因此通过控制温度可以控制溶液 pH 提高的速率。

沉淀 $BaSO_4$。加入硫酸甲酯于含 Ba^{2+} 的试液中,利用酯水解产生的 SO_4^{2-},均匀缓慢地生成 $BaSO_4$ 沉淀,反应为

$$(CH_3)_2SO_4 + 2H_2O \longrightarrow 2CH_3OH + SO_4^{2-} + 2H^+$$

根据化学反应机理的不同,均匀沉淀法可分为以下几种类型:

① 控制溶液 pH 的均匀沉淀。典型的应用是尿素水解法,如上例中 CaC_2O_4 沉淀所示,可用于草酸钙、铬酸钡等晶形沉淀,也可用于铝、铁、锆、钍等的碱式盐沉淀。

② 酯类或其他有机化合物的水解,产生沉淀剂阴离子。这一类型用得很多,例如:硫酸甲酯、氨基磺酸水解均匀沉淀钡,草酸甲酯水解均匀沉淀钍和稀土,硫代乙酰胺水解使多种金属离子均匀沉淀为硫化物,8-乙酰喹啉水解均匀沉淀铝、镁等。

③ 络合物的分解。这是一种控制金属离子释出速率的均匀沉淀法,例如:在浓硝酸介质中以 H_2O_2 络合钨,然后加热逐渐分解 H_2O_2,使钨酸均匀沉淀;也有用 EDTA 络合阳离子,然后以氧化剂分解 EDTA,使释出阳离子进行均匀沉淀。

④ 氧化还原反应产生所需的沉淀离子。例如:用过硫酸铵氧化 Ce(Ⅲ)为 Ce(Ⅳ),均匀沉淀成碘酸高铈。这种方法得到的沉淀紧密、纯净,与干扰元素的分离也比较好。

⑤ 合成试剂法。很多有机试剂可以在溶液中缓慢地合成,例如:丁二酮和羟氨在 Ni^{2+} 存在下反应,可以得到大粒的丁二酮肟镍晶形沉淀;用 β-萘酚和亚硝酸钠反应产生 α-亚硝基-β-萘酚,可以均匀沉淀钴。

均匀沉淀法是沉淀重量分析的一种改进方法,本身也有着繁琐费时的缺点。均匀沉淀法得到的沉淀纯度并不都是好的,它对生成混晶及后沉淀没有多大改善,有时反而加重。另外,长时间的煮沸溶液容易在容器壁上沉积一层致密的沉淀,不易取下,往往需要用溶剂溶解后再沉淀,这也是均匀沉淀法的缺点之一。

2. 称量形的获得——沉淀的过滤、洗涤、烘干或灼烧

沉淀定量生成后经过滤与母液中其他组分分离。准备烘干的沉淀应采用已恒重的玻璃坩埚(玻璃砂漏斗)减压抽滤。根据沉淀颗粒大小选择适当孔径(d)的玻璃坩埚,P16

和 P40 型(10 $\mu m < d < 40$ μm)坩埚在沉淀重量分析中常被使用。准备高温灼烧的沉淀则用定量滤纸,在玻璃漏斗中过滤。$BaSO_4$、CaC_2O_4 等细晶形沉淀用致密的慢速滤纸,以防穿滤;$Fe_2O_3 \cdot xH_2O$、$Al_2O_3 \cdot xH_2O$ 等无定形沉淀采用快速滤纸,否则速度太慢,难以过滤;而 $MgNH_4PO_4 \cdot 6H_2O$ 等粗晶形沉淀则可用中速滤纸。

为了得到纯净的沉淀,必须根据沉淀的性质选择适当的洗涤液,以除去吸留在沉淀表面的母液。如果沉淀在水中溶解度足够小,且不会形成胶体,用水洗最为方便。若水洗会形成胶体,发生胶溶,则需用稀的、易挥发的电解质水溶液,如 NH_4NO_3、NH_4Cl 洗涤。对于溶解度较大的沉淀,例如 $BaSO_4$、CaC_2O_4,可以先用稀沉淀剂[稀 H_2SO_4、$(NH_4)_2C_2O_4$]洗,再用少量水洗去沉淀剂。为提高洗涤效率,既除净杂质,又不致因溶解而损失沉淀,常采用倾泻法,少量多次地进行洗涤。

纯净的沉淀还需要除去吸留的水分和洗涤液中的可挥发性溶质,才能得到称量形。至于采取烘干还是灼烧的办法,温度和时间如何控制,则要根据沉淀的性质而定。有的沉淀形本身有固定的组成,只要低温烘去吸附的水分之后就可以获得称量形。例如氯化银、丁二酮肟镍、四苯硼酸钾等,很容易在 105～120℃ 烘干至恒重。有些有稳定结晶水的化合物,如 $CaC_2O_4 \cdot H_2O$、$Mg(C_9H_6ON)_2 \cdot 2H_2O$（8-羟基喹啉镁）也可以在 105～110℃ 烘干,以上述化学式作为称量形。对于有机沉淀剂生成的螯合物沉淀,烘干后的称量形摩尔质量大,有利于提高分析的准确度。

有的沉淀虽然有固定组成,但沉淀内部含有包藏水或固体表面有吸附水,这些水都不能烘干除去,而必须置于恒重的坩埚中高温灼烧至恒重。如硫酸钡含有以固溶体形式存在的包藏水,要灼烧至 850℃ 以上晶粒爆裂后才能除去;氯化银烘干后还残留有万分之一的吸附水,对于一般的分析来说可以忽略不计,但在精确的相对原子质量测定中,就要加热至熔融温度(455℃),以除净最后的痕量水分。

许多沉淀没有固定的组成,必须经过灼烧使之转变成适当的称量形。如铁、铝等金属的水合氧化物含有不固定的水合水;铜铁试剂、辛可宁等生物碱与金属离子所生成的沉淀,都必须高温(1100～1200℃)灼烧成相应的金属氧化物;$MgNH_4PO_4 \cdot 6H_2O$ 的结晶水不稳定,通常在 1100℃ 灼烧成焦磷酸镁($Mg_2P_2O_7$)形式称量。

沉淀在灼烧时组成会发生一系列变化。用热天平称量沉淀在不同温度下的质量,以沉淀质量对温度作图得到热降解曲线,即可确定适宜的灼烧温度及称量形。图 6.6 绘出了草酸钙和硫酸钡沉淀的热降解曲线。

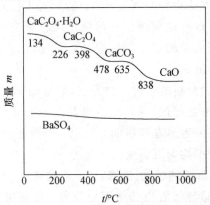

图 6.6　草酸钙和硫酸钡沉淀的热降解曲线

由图可见：草酸钙在 110℃以 $CaC_2O_4 \cdot H_2O$ 形式存在，是稳定的，但此时倾向于保留过多的水分，共沉淀的 $(NH_4)_2C_2O_4$ 也不能分解，因此不是可靠的称量形。无水草酸钙有强吸湿性，不宜于称量。$CaCO_3$ 是一个好的称量形，但它要求灼烧温度范围为 $500 \pm 25℃$，较难控制；若在 850℃灼烧至恒重，则以 CaO 的形式称量，但 CaO 会吸收空气中的水和 CO_2，操作中应注意。

在高温灼烧获得称量形的过程中，盛放沉淀的坩埚也必须以灼烧样品相同的时间和温度灼烧、冷却，直至恒重，因此耗时较长。近年来，采用微波炉干燥 $BaSO_4$ 获得理想的结果，大大缩短了沉淀重量分析的时间。

6.2.5　有机沉淀剂的应用

1. 有机沉淀剂的特点

有机沉淀剂与无机沉淀剂比较有如下优点：

（1）试剂种类多，性质各不相同，根据不同的分析要求，选择不同试剂，可以大大提高沉淀的选择性。

（2）沉淀的溶解度一般很小，有利于被测物质沉淀完全。

（3）沉淀对无机杂质吸附能力小，易于获得纯净的沉淀。

（4）有机沉淀物组成恒定，经烘干后就可称量，既简化了沉淀重量分析的操作，又可以得到摩尔质量大的称量形，有利于提高分析的准确度。

由于有机沉淀剂有上述特点，因此在分析化学中获得广泛的应用。

2. 有机沉淀剂的分类和应用示例

按其作用原理大致分为两类：

（1）生成盐类的有机沉淀剂

有些有机沉淀剂的官能团，如—COOH、—SO$_3$H、—OH 等在一定条件下能直接与金属离子反应，形成难溶盐。这类反应类似于无机沉淀剂，如苦杏仁酸沉淀锆的反应

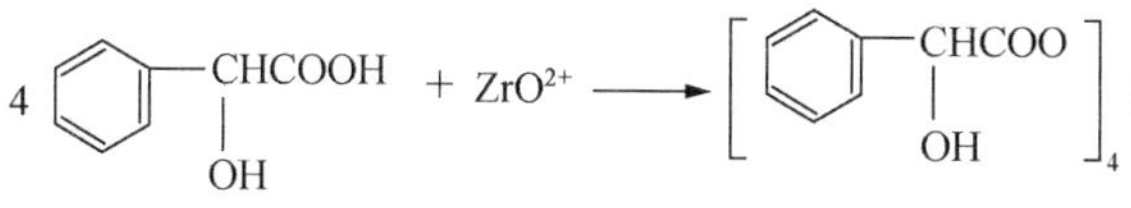

当锆含量少（约 10 mg）时，生成的沉淀有固定组成，不必灼烧，可直接烘干称量；当锆含量大于 23 mg 时，沉淀必须灼烧成 ZrO_2 后再称量。

四苯硼酸钠能与 K^+、NH_4^+、Tl^+、Ag^+ 等生成难溶盐。例如，与 K^+ 反应

$$K^+ + B(C_6H_5)_4^- \longrightarrow KB(C_6H_5)_4 \downarrow$$

四苯硼酸钠易溶于水，是测定 K^+ 的良好试剂。沉淀组成恒定，烘干后可直接称量。四苯硼酸钠法亦可用于有机胺类、含氮杂环类、生物碱、季铵盐等药物的测定。

（2）生成螯合物的有机沉淀剂

在沉淀剂的分子中除含有上述可反应的官能团外，还含有可形成金属离子配位体的官能团，如

能同金属离子形成螯合物。一般说来这类螯合物溶解度很小,具有固定的组成,有利于用沉淀重量法测定某些金属离子。例如,丁二酮肟与 Ni^{2+} 的反应

$$2 \begin{array}{c} CH_3-C=N-OH \\ | \\ CH_3-C=N-OH \end{array} + Ni^{2+} \rightleftharpoons \begin{array}{c} CH_3-C=N \quad N=C-CH_3 \\ | \quad Ni \quad | \\ CH_3-C=N \quad N=C-CH_3 \end{array} + 2H^+$$

上述反应在氨性溶液中能定量地沉淀镍,选择性高,组成固定,烘干后可直接称量。现在沉淀重量法测定镍,多采用这个方法。

能与金属离子生成螯合物的有机沉淀剂很多,如 8-羟基喹啉(能沉淀 Al^{3+}、Zn^{2+}、Mg^{2+} 等),α-亚硝基-β-萘酚(主要用于 Co^{2+} 的沉淀),N-苯甲酰苯胲(能沉淀锆、钛、铌、钽、铜、铁等多种离子)等。这些试剂的选择性较差,需要控制 pH 或加入掩蔽剂,以沉淀某种离子。有时,使用不同取代基的衍生物可以提高选择性。这方面的应用实例不胜枚举,可参考有关专著。

沉淀重量法直接通过称量得到分析结果,不用基准物质(或标准试液)作比较,测量准确度高,相对误差一般为 $0.1\% \sim 0.2\%$。缺点是程序长,费时多。但是,硅、硫、磷、镍及几种稀有元素的精确测定仍采用重量法。例如,煤中全硫的测定、水泥中 SO_4^{2-} 的测定都是应用硫酸钡重量法;水泥中 SiO_2 测定的基准法也是硅胶沉淀重量法。

6.3　沉淀滴定法

沉淀滴定法是依据沉淀反应建立的滴定方法。虽然形成沉淀的反应很多,但是能够用来做滴定分析的却很少。其原因是:很多沉淀没有固定的组成;对构晶离子的吸附现象及与其他离子共沉淀造成较大误差;有些沉淀的溶解度比较大,在化学计量点时反应不够完全;很多沉淀反应速率较慢,尤其是一些晶形沉淀,容易产生过饱和现象;缺少合适的指示剂等。应用最多的沉淀滴定法是银量法

$$Ag^+ + X^- \rightleftharpoons AgX \downarrow$$

本节重点介绍银量法的基本原理及应用。

6.3.1　滴定曲线

以 $0.1000\ mol \cdot L^{-1}$ $AgNO_3$ 溶液滴定 $20.00\ mL$ $0.1000\ mol \cdot L^{-1}$ NaCl 溶液为例,计算滴定过程中 Ag^+ 浓度的变化,并绘出滴定曲线。

化学计量点前,根据溶液中剩余的 Cl^- 浓度和 AgCl 的溶度积计算 $[Ag^+]$。例如,滴定百分数为 99.9%,即加入 $19.98\ mL$ 的 $AgNO_3$ 时,溶液中剩余的 $[Cl^-]$ 为

$$[Cl^-] = \left(0.1000 \times \frac{0.02}{20.00+19.98}\right) mol \cdot L^{-1} = 10^{-4.3}\ mol \cdot L^{-1}$$

故　$[Ag^+] = \dfrac{K_{sp}(AgCl)}{[Cl^-]} = \left(\dfrac{3.2 \times 10^{-10}}{10^{-4.3}}\right) mol \cdot L^{-1} = 10^{-5.2}\ mol \cdot L^{-1}$,　$pAg = 5.2$

化学计量点时

$$[Ag^+] = [Cl^-] = \sqrt{K_{sp}(AgCl)} = \sqrt{3.2 \times 10^{-10}}\ mol \cdot L^{-1} = 10^{-4.75}\ mol \cdot L^{-1},\quad pAg = 4.75$$

化学计量点后

根据过量 Ag^+ 计算。例如滴定百分数为 100.1％，即加入 20.02 mL 的 $AgNO_3$ 时

$$[Ag^+]=\left(0.1000\times\frac{0.02}{20.00+20.02}\right)mol\cdot L^{-1}=10^{-4.3}\ mol\cdot L^{-1}, \quad pAg=4.3$$

表 6-2 列出不同滴定百分数的 pAg，其滴定曲线如图 6.7 所示。图中亦同时作出 $0.1000\ mol\cdot L^{-1}$ $AgNO_3$ 滴定同浓度的 NaI 的滴定曲线。

表 6-2 $0.1000\ mol\cdot L^{-1}$ $AgNO_3$溶液滴定同浓度 NaCl 溶液时的离子浓度变化

滴定百分数/(％)	0.0	90.0	99.0	99.9	100.0	100.1	101.0	110.0	200.0
pCl	1.0	2.3	3.3	4.3	4.75	5.2	6.2	7.2	8.0
pAg		7.2	6.2	5.2	4.75	4.3	3.3	2.3	1.5

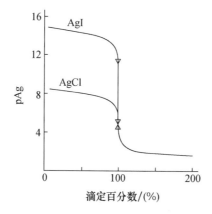

图 6.7 $0.1000\ mol\cdot L^{-1}$ $AgNO_3$ 溶液滴定 $0.1000\ mol\cdot L^{-1}$ NaCl、NaI 溶液的滴定曲线

由图可见，此滴定曲线与强酸强碱的滴定曲线极为相似，若忽略滴定过程中体积的变化，则滴定曲线在化学计量点前后是完全对称的。

滴定突跃的大小既与溶液的浓度有关，更取决于沉淀的溶解度。若浓度增大（减小）10 倍，滴定突跃的 pAg 范围增加（减小）2 个单位。在浓度均为 $0.10\ mol\cdot L^{-1}$ 时，$AgNO_3$ 滴定 NaCl $[K_{sp}(AgCl)=10^{-9.5}]$ 的滴定突跃为 0.9 单位（pAg 5.2 → 4.3）；而 $AgNO_3$ 滴定 NaI $[K_{sp}(AgI)=10^{-15.8}]$ 的滴定突跃则是 7.2 单位（pAg 11.5 → 4.3）。显然，后者滴定突跃大得多。

沉淀滴定法终点的确定按指示剂作用原理的不同分为三种情况：形成有色沉淀、形成有色络合物、指示剂被吸附而引起沉淀颜色的改变。根据所用指示剂的不同，按创立者的名字命名，银量法分为三种方法，分别介绍于下。

6.3.2   Mohr(莫尔)法——铬酸钾作指示剂

Mohr(莫尔)法是用 K_2CrO_4 为指示剂，在中性或弱碱性溶液中，用 $AgNO_3$ 标准溶液直接滴定 Cl^-（或 Br^-）。根据分步沉淀的原理，首先是生成 AgCl 沉淀，随着 $AgNO_3$ 不断加入，溶液中[Cl^-]越来越小，[Ag^+]则相应地增大，砖红色 Ag_2CrO_4 沉淀的出现指示滴定终点。

为准确地测定，必须控制 K_2CrO_4 的浓度：若 K_2CrO_4 浓度过高，终点将出现过早且溶液颜色过深，影响终点的观察；而若 K_2CrO_4 浓度过低，则终点出现过迟，也影响滴定的准

确度。实验证明，K_2CrO_4 的浓度以 $0.005\ mol \cdot L^{-1}$ 为宜。下面通过计算终点误差来说明方法的准确度。若以 $0.1000\ mol \cdot L^{-1}$ $AgNO_3$ 滴定 $0.1000\ mol \cdot L^{-1}$ NaCl 溶液，化学计量点时

$$[Ag^+]_{sp} = [Cl^-]_{sp} = \sqrt{K_{sp}(AgCl)} = \sqrt{3.2 \times 10^{-10}}\ mol \cdot L^{-1} = 1.8 \times 10^{-5}\ mol \cdot L^{-1}$$

Ag_2CrO_4 沉淀出现时

$$[Ag^+]_{ep} = \sqrt{\frac{K_{sp}(Ag_2CrO_4)}{[CrO_4^{2-}]}} = \sqrt{\frac{5.0 \times 10^{-12}}{5.0 \times 10^{-3}}}\ mol \cdot L^{-1} = 3.2 \times 10^{-5}\ mol \cdot L^{-1}$$

可见，终点时 Ag^+ 是过量的。真正过量的 $[Ag^+]$ 必须从总的 $[Ag^+]$ 中减去此时 AgCl 沉淀所离解的部分，后者在数值上等于 $[Cl^-]$，即

$$[Ag^+]_{过} = [Ag^+]_{ep} - [Cl^-]_{ep} = \left(3.2 \times 10^{-5} - \frac{3.2 \times 10^{-10}}{3.2 \times 10^{-5}} \right) mol \cdot L^{-1}$$

$$= 2.2 \times 10^{-5}\ mol \cdot L^{-1}$$

实际上，为能观察到明显的终点，必须有一定量的 Ag_2CrO_4 生成，还需 $2 \times 10^{-5}\ mol \cdot L^{-1}$ Ag^+。所以，实际上过量的 Ag^+ 浓度为 $4.2 \times 10^{-5}\ mol \cdot L^{-1}$，故终点误差为

$$E_t = +\frac{4.2 \times 10^{-5} \times 2}{0.10} \times 100\% = +0.08\% < 0.1\%$$

可见准确度是高的。但若浓度较小，例如 $0.01\ mol \cdot L^{-1}$ $AgNO_3$ 滴定 $0.01\ mol \cdot L^{-1}$ NaCl，同样浓度的指示剂将引起 $+0.8\%$ 的误差。若要求准确度较高，就必须进行指示剂的"空白校正"。方法是：取和滴定中 AgCl 沉淀的量大致相当的白色"惰性"沉淀（例如不含 Cl^- 的 $CaCO_3$），加入适量的水及相同量的 K_2CrO_4 指示剂，用 $AgNO_3$ 标准溶液滴定至同样的终点颜色，记下读数，然后从滴定试液所消耗的 $AgNO_3$ 体积中扣除此数。

应用 K_2CrO_4 作指示剂时，应注意以下几点：

(1) 滴定应当在中性或弱碱性介质中进行。若在酸性介质中，CrO_4^{2-} 将与 H^+ 作用生成 $Cr_2O_7^{2-}$ ($K = 4.3 \times 10^{14}$)，溶液中 $[CrO_4^{2-}]$ 将减小，Ag_2CrO_4 沉淀出现过迟，甚至不会沉淀；但若碱度过高，又将出现 Ag_2O 沉淀。Mohr 法测定的最适宜 pH 范围是 $6.5 \sim 10.5$。若溶液碱性太强，可先用稀 HNO_3 中和至甲基红变橙，再滴加稀 NaOH 至由橙变黄；若酸性太强，则用 $NaHCO_3$、$CaCO_3$ 或硼砂中和。

(2) 不能在含有氨或其他能与 Ag^+ 生成络合物的物质存在下滴定，否则会增大 AgCl 和 Ag_2CrO_4 的溶解度，影响测定结果。若试液中有 NH_3 存在，滴定的 pH 范围应控制在 $6.5 \sim 7.2$ 之间。

(3) Mohr 法能测定 Cl^-、Br^-，但不能测定 I^- 和 SCN^-。因为 AgI 或 AgSCN 沉淀强烈吸附 I^- 或 SCN^-，使终点过早出现，且终点变化不明显。

(4) Mohr 法的选择性较差，凡能与 CrO_4^{2-} 或 Ag^+ 生成沉淀的阳、阴离子均干扰滴定。前者，如 Ba^{2+}、Pb^{2+}、Hg^{2+} 等；后者，如 SO_3^{2-}、PO_4^{3-}、AsO_4^{3-}、S^{2-}、$C_2O_4^{2-}$ 等。

$AgNO_3$ 标准溶液可以用纯的 $AgNO_3$ 直接配制，更多的是采用标定的方法配制。若采用与测定相同的方法，用 NaCl 基准物标定，则可以消除方法的系统误差。NaCl 易吸潮，使用前要在 $500 \sim 600\ ℃$ 干燥除去吸附水。常用的方法是将 NaCl 置于洁净的瓷坩埚中，加热至不再有爆破声为止。$AgNO_3$ 溶液见光易分解，应保存于棕色试剂瓶中。

氯化物、溴化物试剂纯度的测定以及天然水中氯含量的测定都可采用 Mohr 法，方法简便、准确。

6.3.3 Volhard(福尔哈德)法——铁铵矾作指示剂

用铁铵矾[$NH_4Fe(SO_4)_2$]作指示剂的银量法称 Volhard(福尔哈德)法。本法包括直接滴定和返滴定两种方法。

1. 直接滴定法

在 HNO_3 介质中,以铁铵矾为指示剂,用 NH_4SCN 标准溶液滴定 Ag^+。当 AgSCN 定量沉淀后,稍过量的 SCN^- 与 Fe^{3+} 生成的红色络合物可指示终点的到达。其反应是

$$Ag^+ + SCN^- \rightleftharpoons AgSCN \downarrow (白) \qquad K_{sp}=2.0\times10^{-12}$$
$$Fe^{3+} + SCN^- \rightleftharpoons FeSCN^{2+} (红) \qquad K=200$$

实验证明,为能观察到红色,$FeSCN^{2+}$ 的最低浓度为 6.0×10^{-6} mol·L^{-1}。通常在终点时 $[Fe^{3+}]\approx0.015$ mol·L^{-1},故此时溶液中$[SCN^-]$为

$$[SCN^-]=\frac{[FeSCN^{2+}]}{[Fe^{3+}]K}=\frac{6.0\times10^{-6}}{0.015\times200} \text{ mol·}L^{-1}=2.0\times10^{-6} \text{ mol·}L^{-1}$$

若 NH_4SCN 和 $AgNO_3$ 的浓度均为 0.1 mol·L^{-1},且滴定体系的总体积为 40 mL。在化学计量点时

$$[SCN^-]_{sp}=\sqrt{K_{sp}(AgSCN)}=\sqrt{2.0\times10^{-12}} \text{ mol·}L^{-1}=1.4\times10^{-6} \text{ mol·}L^{-1}$$

化学计量点后 0.1% 时

$$[SCN^-]=\frac{0.02\times0.1}{40}\text{mol·}L^{-1}=5.0\times10^{-5} \text{ mol·}L^{-1}$$

可见,此情况下终点误差将小于 0.1%。

2. 返滴定法

在含有卤素离子的 HNO_3 溶液中,加入一定量过量的 $AgNO_3$,然后以铁铵矾为指示剂,用 NH_4SCN 标准溶液返滴过量的 $AgNO_3$。由于滴定是在 HNO_3 介质中进行的,许多弱酸盐如 PO_4^{3-}、AsO_4^{3-}、S^{2-} 等都不干扰卤素离子的测定,因此,此法选择性较高。

在用 Volhard 法测定 Cl^- 时,终点的判断会遇到困难。这是因为 AgCl 沉淀的溶解度比 AgSCN 的大。在临近化学计量点时,加入的 NH_4SCN 将与 AgCl 发生沉淀转化反应

$$AgCl + SCN^- \rightleftharpoons AgSCN + Cl^-$$

沉淀转化的速率较慢,滴加 NH_4SCN 形成的红色随着溶液的摇动而消失。当出现持久红色时,溶液中的$[Cl^-]$与$[SCN^-]$满足如下关系

$$\frac{[Cl^-]}{[SCN^-]}=\frac{K_{sp}(AgCl)}{K_{sp}(AgSCN)}=\frac{3.2\times10^{-10}}{2.0\times10^{-12}}=160$$

无疑多消耗了 NH_4SCN 标准溶液。前已述及,当 Fe^{3+} 浓度为 0.015 mol·L^{-1} 时,欲见到稳定的红色,溶液中的$[SCN^-]$为 2.0×10^{-6} mol·L^{-1}。故平衡时,溶液中的$[Cl^-]$为

$$[Cl^-]=160[SCN^-]=3.2\times10^{-4} \text{ mol·}L^{-1}$$

若终点时溶液体积为 70 mL,多消耗的 0.1 mol·L^{-1} NH_4SCN 的体积为 V,则

$$V=\frac{3.2\times10^{-4}\times70}{0.1}\text{mL}=0.22 \text{ mL}$$

这样就导致较大的误差。为避免上述现象的发生,通常采取下述措施:

(1) 试液中加入过量 $AgNO_3$ 后,将溶液加热煮沸,使 AgCl 沉淀凝聚,以减少 AgCl

沉淀对 Ag^+ 的吸附。滤去沉淀,并用稀 HNO_3 洗涤沉淀,洗涤液并入滤液中,然后用 NH_4SCN 标准溶液返滴滤液中过量的 $AgNO_3$。

(2)试液中加入过量 $AgNO_3$,再加入有机溶剂如硝基苯或 1,2-二氯乙烷 $1\sim2$ mL。用力摇动后,有机溶剂将 AgCl 沉淀包住,使它与溶液隔开,这就阻止了 SCN^- 与 AgCl 发生沉淀转化反应。此法方便,但硝基苯较毒。

(3)提高 Fe^{3+} 的浓度以减小终点时 SCN^- 的浓度,从而减小上述误差。经实验证明,若溶液中 $c(Fe^{3+})=0.2$ mol·L^{-1},终点误差将小于 0.1%。

Volhard 返滴定法测定 Br^-、I^-、SCN^- 时不会发生沉淀转化反应,不必采取上述措施。但在测定 PO_4^{3-}、S^{2-}、$C_2O_4^{2-}$、CN^-、CO_3^{2-}、CrO_4^{2-} 时,与测定 Cl^- 情况相似,须采用改进的 Volhard 法,在返滴过量 Ag^+ 之前,将银盐的沉淀除去。

应用 Volhard 法应注意以下几点:

(1)应当在酸性介质中进行。一般酸度大于 0.3 mol·L^{-1};若酸度过低,Fe^{3+} 将水解形成 $FeOH^{2+}$ 等深色络合物,影响终点观察。碱度再大,还会析出 $Fe(OH)_3$ 沉淀。

(2)测定碘化物时,必须先加 $AgNO_3$ 后加指示剂,否则会发生如下反应,影响结果的准确度

$$2Fe^{3+}+2I^- \rightleftharpoons 2Fe^{2+}+I_2$$

(3)强氧化剂和氮的氧化物以及铜盐、汞盐都与 SCN^- 作用,因而干扰测定,必须预先除去。

NH_4SCN 标准溶液不能用市售试剂纯的 NH_4SCN 直接配制,而是采用 Volhard 直接滴定法用 $AgNO_3$ 标准溶液标定。

可用 Volhard 直接滴定法测定银合金中银的含量。将银合金试样溶于硝酸,加尿素除去氮的氧化物,分解过量的尿素后,以铁铵矾为指示剂,用 NH_4SCN 标准溶液直接滴定。

有机卤化物中的卤素可采用 Volhard 返滴定法测定。以农药"666"($C_6H_6Cl_6$)为例,通常是将试样与 KOH 乙醇溶液一起加热回流煮沸,使有机氯以 Cl^- 形式转入溶液

$$C_6H_6Cl_6+3OH^- \rightleftharpoons C_6H_3Cl_3+3Cl^-+3H_2O$$

溶液冷却后,加 HNO_3 调至酸性,用 Volhard 法测定释放出的 Cl^-。

有机化合物中所含卤素多系共价键化合,须先经适当处理使其转化为卤离子。例如农药敌敌畏原油中敌百虫的测定:在碱性介质中分解试样,定量释放出氯离子,利用改进的 Volhard 法(加硝基苯包裹 AgCl 沉淀)测得敌百虫含量。处理方法除上述的碱水解脱卤法外,还有氧燃烧法、熔融法、金属钠还原法等,不再一一介绍。

6.3.4 Fajans(法扬斯)法——吸附指示剂

用吸附指示剂指示终点的银量法称为 Fajans(法扬斯)法。吸附指示剂是一些有机染料,它的阴(阳)离子在溶液中容易被带正(负)电荷的胶状沉淀所吸附,吸附后结构变形而引起沉淀颜色变化,从而指示滴定终点。

例如,用 $AgNO_3$ 滴定 Cl^- 时,用荧光黄作指示剂。后者是一种有机弱酸(用 HFl 表示),在溶液中离解为黄绿色的阴离子 Fl^-。在化学计量点前,溶液中 Cl^- 过量,这时 AgCl 沉淀胶粒吸附 Cl^- 而带负电荷,Fl^- 受排斥而不被吸附,溶液呈黄绿色;而在化学计量点后,加入稍过量的 $AgNO_3$,使得 AgCl 沉淀胶粒吸附 Ag^+ 而带正电荷。这时,溶液中

Fl⁻被吸附,由黄绿变为粉红色,指示终点到达。此过程可示意为

Cl⁻ 过量时:　　　$AgCl \mid Cl^- + Fl^-$（黄绿色）

Ag^+ 过量时:　　$AgCl \mid Ag^+ + Fl^- \longrightarrow AgCl \mid Ag^+ Fl^-$（粉红色）

为了使终点颜色变化明显,应用吸附指示剂时要注意以下几点:

(1) 由于颜色的变化发生在沉淀表面,欲使终点变色明显,应尽量使沉淀的比表面大一些。为此,常加入一些保护胶体(如糊精),阻止卤化银凝聚,使其保持胶体状态。溶液太稀时,生成的沉淀少,终点颜色变化不明显,此法不宜使用。

(2) 溶液的酸度要适当。常用的吸附指示剂大多是有机弱酸,其 K_a 各不相同。为使指示剂呈阴离子状态,必须控制适当的酸度。例如荧光黄($pK_a = 7$),只能在中性或弱碱性(pH 7~10)溶液中使用;若 pH<7,则主要以 HFl 形式存在,它不被沉淀吸附,无法指示终点。二氯荧光黄($pK_a = 4$)就可以在 pH 4~10 范围使用。曙红的酸性更强($pK_a \approx 2$),即使 pH 低至 2,也能指示终点。

(3) 滴定中应当避免强光照射。卤化银沉淀对光敏感,易分解析出金属银使沉淀变为灰黑色,影响终点观察。

(4) 胶体微粒对指示剂的吸附能力应略小于对被测离子的吸附能力,否则指示剂将在化学计量点前变色。但也不能太小,否则终点出现过迟。卤化银对卤化物和几种吸附指示剂的吸附能力的次序为 $I^- > SCN^- > Br^- >$ 曙红 $> Cl^- >$ 荧光黄。因此,滴定 Cl⁻ 不能选曙红,而应选荧光黄。

几种常用吸附指示剂列于表 6-3 中。

表 6-3　常用吸附指示剂

指示剂	被测离子	滴定剂	滴定条件
荧光黄	Cl^-, Br^-, I^-	$AgNO_3$	pH 7~10
二氯荧光黄	Cl^-, Br^-, I^-	$AgNO_3$	pH 4~10
曙红	SCN^-, Br^-, I^-	$AgNO_3$	pH 2~10
甲基紫	Ag^+	NaCl	酸性溶液

吸附指示剂除用于银量法外,在其他沉淀滴定中的应用列于表 6-4。

表 6-4　吸附指示剂在其他沉淀滴定分析中的应用

被测离子	滴定剂	反应产物	指示剂
Zn^{2+}	$K_4Fe(CN)_6$	$K_2Zn_3[Fe(CN)_6]_2$	二苯胺
SO_4^{2-}	$Ba(OH)_2$ 的水-甲醇溶液	$BaSO_4$	茜素红 S
MoO_4^{2-}	$Pb(NO_3)_2$	$PbMoO_4$	曙红 A
PO_4^{3-}	$Pb(OAc)_2$	$Pb_3(PO_4)_2$	二溴荧光黄
$C_2O_4^{2-}$	$Pb(OAc)_2$	PbC_2O_4	荧光黄
F^-	$Th(NO_3)_4$	ThF_4	茜素红 S
Cl^-, Br^-	$Hg_2(NO_3)_2$	Hg_2Cl_2, Hg_2Br_2	溴酚蓝

思　考　题

1.　为什么沉淀重量分析法对反应进行完全程度的要求不如滴定分析法高?

2.　称量形的摩尔质量是否越大越好?

3. 可使沉淀溶解度增大的主要因素有哪些？沉淀重量分析中如何控制条件减小溶解损失？

4. AgCl 和 BaSO$_4$ 的 K_{sp} 差不多，为什么可以控制条件得到 BaSO$_4$ 晶形沉淀，而 AgCl 只能得到无定形沉淀？

5. BaSO$_4$ 沉淀重量法中，为了得到较大结晶，需控制哪些条件？

6. 何谓恒重？坩埚和沉淀的恒重温度是如何确定的？

7. AgCl 沉淀为何要用稀 HNO$_3$ 洗，而不用 H$_2$O 或 NH$_4$NO$_3$ 洗？

8. 采用 BaSO$_4$ 沉淀重量法时，下列情况对分析结果有何影响？（表中误差栏填＋，－，0）

共沉淀物	BaCl$_2$	Na$_2$SO$_4$	H$_2$SO$_4$（灼烧法）	H$_2$SO$_4$（微波干燥法）
测定 S				
测定 Ba^{2+}				

9. 制备晶形沉淀时，陈化过程有何意义？制备无定形沉淀时，要不要陈化？为什么？

10. 均匀沉淀法有何优点？试举两个采用均匀沉淀法的实例。

11. 以 K$_2$CrO$_4$ 为指示剂，用 AgNO$_3$ 滴定 Cl$^-$、Br$^-$ 混合液时，能否测得二组分的含量？

12. 若要用 Mohr 法测定 Ag$^+$，应如何进行？

13. 设计 HCl-HAc 溶液中二组分含量的测定方案。

14. 用 Mohr 法测定 NH$_4$Cl 含量时，若滴定至 pH＝10，会对结果有何影响？

15. 欲用 Mohr 法测定 BaCl$_2$·2H$_2$O 中的 Cl$^-$，如何消除 Ba^{2+} 的干扰？

16. 说明以下测定中，分析结果是偏高还是偏低，还是没有影响，为什么？

（1）在 pH 4 或 11 时，以 Mohr 法测定 Cl$^-$。

（2）采用 Volhard 法测定 Cl$^-$ 或 Br$^-$，未加硝基苯。

（3）用 Fajans 法测定 Cl$^-$，选曙红为指示剂。

（4）用 Mohr 法测定 NaCl、Na$_2$SO$_4$ 混合液中的 NaCl。

17. 指出测定下列各试样中的氯的方法。

（1）NH$_4$Cl；（2）BaCl$_2$；（3）FeCl$_3$；（4）CaCl$_2$；（5）NaCl 和 Na$_3$AsO$_4$；（6）NaCl 和 Na$_2$SO$_3$。

习　题

6.1 称取某可溶性盐 0.3232 g，用硫酸钡沉淀重量法测定其中含硫量，得到 BaSO$_4$ 沉淀 0.2982 g，计算试样含 SO$_3$ 的质量分数。

6.2 用沉淀重量法测定莫尔盐（NH$_4$）$_2$SO$_4$·FeSO$_4$·6H$_2$O 的纯度，若天平称量误差为 0.2 mg，为了使灼烧后 Fe$_2$O$_3$ 的称量误差不大于 0.1％，应最少称取样品多少克？

6.3 计算下列微溶化合物在给定介质中的溶解度。［除(1)题外，均采用 $I=0.1$ 时的常数］

（1）ZnS 在纯水中；（ZnS 的 $pK_{sp}^{\ominus}=23.8$；H$_2$S 的 $pK_{a_1}=7.1$，$pK_{a_2}=12.9$）

（2）CaF$_2$ 在 0.01 mol·L^{-1} HCl 溶液中；（忽略沉淀溶解所消耗的酸）

（3）AgBr 在 0.01 mol·L^{-1} NH$_3$·H$_2$O 溶液中；

（4）BaSO$_4$ 在 EDTA 浓度为 0.01 mol·L^{-1} 的溶液（pH＝7.0）中；

（5）AgCl 在 0.10 mol·L^{-1} 的 HCl 溶液中。

6.4 MgNH$_4$PO$_4$ 的饱和溶液中，［H$^+$］＝2.0×10^{-10} mol·L^{-1}，［Mg^{2+}］＝5.6×10^{-4} mol·L^{-1}，计算其溶度积 K_{sp}。

6.5 称取含铝试样 0.5000 g,溶解后用 8-羟基喹啉沉淀,烘干后称得 $Al(C_9H_6NO)_3$ 质量为0.3280 g。

(1) 计算样品中铝的质量分数。

(2) 若将沉淀灼烧成 Al_2O_3 称量,可得称量形多少克?

(3) 从称量误差考虑应选哪种为称量形?

6.6 已知一定量 K_3PO_4 中 P_2O_5 的质量和 1.000 g $Ca_3(PO_4)_2$ 中 P_2O_5 的质量相同,则与该量 K_3PO_4 中含钾的质量相同的 K_2CO_3 的质量为多少克?

6.7 某石灰石试样中 CaO 的质量分数约 30%。用沉淀重量法测定 $w(CaO)$ 时,Fe^{3+} 将共沉淀。设 Fe^{3+} 共沉淀的量为溶液中 Fe^{3+} 含量的 3%,为使产生的误差小于 0.1%,试样中 Fe_2O_3 的质量分数应不超过多少?

6.8 测定硅酸盐中 SiO_2 的质量分数,称取 0.4817 g 试样,获得 0.2630 g 不纯的 SiO_2(主要含有 Fe_2O_3,Al_2O_3)。将不纯的 SiO_2 用 H_2SO_4-HF 处理,使 SiO_2 转化为 SiF_4 除去,残渣经灼烧后质量为 0.0013 g。

(1) 计算试样中纯 SiO_2 的质量分数;

(2) 若不经 H_2SO_4-HF 处理,杂质造成的误差有多大?

6.9 称取风干(空气干燥)的石膏试样 1.2030 g,经烘干后测得吸附水分为 0.0208 g。再经灼烧又测得结晶水为 0.2424 g,计算分析试样换算成干燥物质时的 $CaSO_4 \cdot 2H_2O$ 的质量分数。

6.10 采用 $BaSO_4$ 沉淀重量法测定试样中 $w(Ba)$,灼烧时因部分 $BaSO_4$ 还原为 BaS,致使 Ba 的测定值为标准结果的 99%,求称量形 $BaSO_4$ 中 BaS 的质量分数。

6.11 将某药物($C_{14}H_{18}Cl_6N_2$,$M_r = 427$)的试样 2.89 g 置于密封试管中加热分解,然后用水浸取游离出的氯化物,于水溶液中加入过量的 $AgNO_3$,得 AgCl 0.18 g。假定该药物是氯化物的唯一来源,计算试样中 $C_{14}H_{18}Cl_6N_2$ 的质量分数。

6.12 某沉淀物中含有 3.9% NaCl,9.6% AgCl,现欲用 1 L 氨水将该沉淀物 300 g 溶解,问氨水最低浓度应为多少?〔生成 $Ag(NH_3)_2^+$〕

6.13 今有一 KCl 与 KBr 的混合物。现称取 0.3028 g 试样,溶于水后用 $AgNO_3$ 标准溶液滴定,用去 0.1014 $mol \cdot L^{-1}$ $AgNO_3$ 30.20 mL。试计算混合物中 KCl 和 KBr 的质量分数。

6.14 称取氯化物试样 0.2266 g,加入 30.00 mL 0.1121 $mol \cdot L^{-1}$ $AgNO_3$ 溶液。过量的 $AgNO_3$ 消耗了 0.1158 $mol \cdot L^{-1}$ NH_4SCN 6.50 mL。计算试样中氯的质量分数。

6.15 一含银废液 2.075 g,加入适量 HNO_3,以铁铵矾为指示剂,消耗了 0.04634 $mol \cdot L^{-1}$ 的 NH_4SCN 溶液 25.50 mL。计算此废液中银的质量分数。

6.16 称取一纯盐 KIO_x 0.5000 g,经还原为碘化物后用 0.1000 $mol \cdot L^{-1}$ $AgNO_3$ 溶液滴定,用去 23.36 mL。求该盐的化学式。

6.17 称取某含砷农药 0.2000 g,溶于 HNO_3 后转化为 H_3AsO_4,调至中性,加 $AgNO_3$ 使其沉淀为 Ag_3AsO_4。沉淀经过滤、洗涤后,再溶解于稀 HNO_3 中,以铁铵矾为指示剂,滴定时消耗了 0.1180 $mol \cdot L^{-1}$ NH_4SCN 标准溶液 33.85 mL。计算该农药中 As_2O_3 的质量分数。

6.18 某试样含有 $KBrO_3$、KBr 及惰性物。今称取试样 1.000 g,溶解后配制到 100 mL 容量瓶中。吸取 25.00 mL,在 H_2SO_4 介质中用 Na_2SO_3 还原 BrO_3^- 为 Br^-,去除过量的 SO_3^{2-} 后调至中性,用 Mohr 法测定 Br^-,计消耗 0.1010 $mol \cdot L^{-1}$ $AgNO_3$ 10.51 mL;另吸取 25.00 mL 试液用 H_2SO_4 酸化后加热逐去 Br_2,再调至中性,滴定过剩 Br^- 时消耗了上述 $AgNO_3$ 溶液 3.25 mL。计算试样中 $KBrO_3$ 和 KBr 的质量分数。

第 7 章 分光光度法

7.1 分光光度法的基本原理
物质对光的吸收与分子吸收光谱∥溶液吸收光定律——Lambert-Beer(朗伯-比尔)定律∥吸光度的加和性与吸光度的测量
7.2 光度分析的方法和仪器
光度分析的方法∥分光光度计的基本部件∥分光光度计的类型
7.3 分光光度法的灵敏度与准确度
灵敏度的表示方法∥影响准确度的因素
7.4 显色反应与分析条件的选择
显色反应与显色剂∥显色反应条件的确定∥分光光度法测定中的干扰及消除办法
7.5 分光光度法的应用
单一组分测定∥多组分测定∥光度滴定∥络合物组成的测定∥酸碱离解常数的测定∥* 其他测定方法

与化学分析法相比,仪器分析法灵敏度更高,更适于微量和痕量组分的分析测定。基于物质与光的相互作用产生的光学性质所建立的分析方法叫光学分析法,分为光谱法和非光谱法。光谱分析法(spectrometry)是以分子和原子的光谱学为基础建立起来的,根据物质的光谱来鉴别物质及确定其化学组成和含量的光学分析方法,可分为原子光谱和分子光谱。原子光谱是由原子外层或内层电子的跃迁产生的吸收、发射,其表现方式为线状光谱,如原子发射光谱法、原子吸收光谱法、原子荧光光谱法和 X 射线荧光光谱法等。分子光谱与分子绕其质心的转动、分子中原子在平衡位置的振动和分子内电子的跃迁所吸收或发射的能量相对应,为带状光谱,如紫外-可见分光光度法、红外光谱法和分子发光光谱法等。不以光的波长为特征,仅通过测量光的某些物理性质(折射、散射、干涉、衍射和偏振等)的变化而进行分析的方法叫非光谱法。

本章介绍分子光谱法中的紫外-可见分光光度法[ultraviolet-visible (UV-Vis) spectrophotometry]的原理及测定方法。这种方法可简称分光光度法或吸光光度法。它具备如下几个主要特点:

(1) 方法灵敏度高,测定下限可达 $10^{-4}\% \sim 10^{-5}\%$,可直接用于微量组分的测定。

(2) 方法的准确度能满足微量组分测定的要求,测定的相对误差一般为 $2\% \sim 5\%$,使用精密度高的仪器误差可达 $1\% \sim 2\%$。很明显,这类方法不适合用于常量分析。

(3) 仪器简单,价格便宜,是一般分析实验室的必备仪器。

(4) 紫外-可见分光光度法既可用于测定无机物,也能测定具有生色团的有机物;既能进行定量分析,又能进行定性分析;既能用于含量很低的组分的测定,还能用于含量较高的组分的测定(示差光度法或光度滴定法);既能用于测定试样中的单一组分,又能进行试样中多组分的同时测定。还可测定络合物的组成、有机酸(碱)及络合物的平衡常数等等。在生物、医药、食品、化工和环境保护等领域有着广泛的应用。

7.1 分光光度法的基本原理

7.1.1 物质对光的吸收与分子吸收光谱

光是一种电磁波,具有波粒二象性。不同波长的光具有不同的能量,它们遵照以下关系

$$E = h\nu = h\frac{v}{\lambda} = h\frac{c}{n\lambda} \tag{7-1}$$

式中:E 为光量子具有的能量,单位为 J(焦)或 eV(电子伏特);h 为 Planck(普朗克)常数,其值为 6.626×10^{-34} J·s;ν 为频率,单位用 Hz(赫);v 为光的传播速率;λ 为光的波长,它的单位常用 m(米)、cm(厘米)、μm(微米)、nm(纳米)等表示;c 是真空中的光速,为 2.998×10^8 m·s^{-1};n 为折射率,真空中 $n=1$。当物质受到不同能量的电磁波照射时,它们能吸收或发射出不同波长的光。我们日常所见到的日光、电灯泡发出的光只是全部电磁波中一个很小的波段,称为可见光。而人眼看不见的光还有 γ 射线、X 射线、紫外光、红外光、微波等。如果按能量大小(频率高低)排列,可得图 7.1 所示的电磁波谱图。

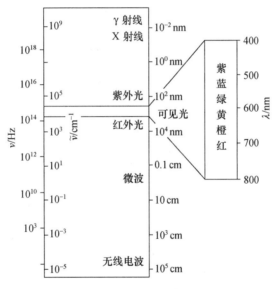

图 7.1 电磁波谱图

物质吸收或受激发出的这些电磁波均可用于分析测定,其中光学光谱区的电磁波在分析化学中应用最广泛。光学光谱区的电磁波名称及波长见表 7-1。

表 7-1 光学光谱区的电磁波名称及波长

名　称	波　长	波数[a]/cm^{-1}
远紫外	$10 \sim 200$ nm	
近紫外	$200 \sim 380$ nm	
可　见	$380 \sim 780$ nm	
近红外	$0.78 \sim 2.5$ μm	$1.3 \times 10^4 \sim 4000$
中红外	$2.5 \sim 50$ μm	$4000 \sim 200$
远红外	$50 \sim 300$ μm	$200 \sim 34$

[a] 每厘米长度内含有波长的数目叫波数,用 $\tilde{\nu}$ 表示,$\tilde{\nu} = 1/\lambda$,单位用厘米$^{-1}$(cm^{-1})表示。波数在红外光谱法中最常用。

图 7.2 是多原子分子的部分能级图,以及多原子分子吸收红外、可见和紫外光的过程。各能级的能量沿箭头方向由低向高增加,横向粗线表示电子能级,S_0 表示基态电子能级,S_1 和 S_2 表示激发态电子能级;分子的电子能级差最大,一般在 1～20 eV 之间。每一个电子能级上有数个振动能级,以细线表示;振动能级差比电子能级差小 10～100 倍,一般在 0.05～1 eV 之间。叠加于振动能级上的转动能级数量非常大,在图中没有给出,转动能级差比振动能级差小 10 倍,一般小于 0.05 eV。图中的系列垂直箭头表示对辐射的吸收而产生的跃迁,电子跃迁一般伴随有振动能级和转动能级的改变。例如,可见光激发可引起电子从 S_0 到 S_1 以及与 S_1 相关的各个振动能级的跃迁;同理,紫外或可见光激发可引起电子从 S_0 到 S_2 以及与 S_2 相关的各个振动能级的跃迁。而每一个振动能级上又叠加很大数量的转动能级。因此,分子吸收光谱由一系列的相隔很小的谱线组成,除非使用足够分辨率和检测时间精度足够高的光谱仪,与转动跃迁相关的谱线是无法检测的,光谱呈现为吸收带,称为带状光谱。

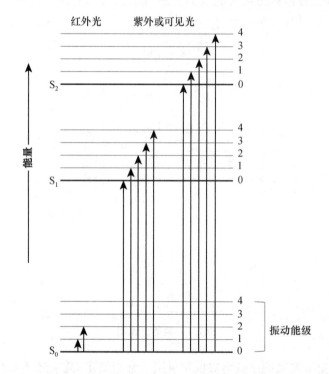

图 7.2　分子部分能级图以及相关的电子跃迁和振动跃迁(转动能级以及相关跃迁略)
S_0、S_1、S_2 分别表示电子基态、第一电子激发态、第二电子激发态能级

白光是可见光,它的波长范围为 380～780 nm,是各种不同颜色的可见光的混合光。日光、白炽灯光等可见光都是混合光,如果让一束白光通过分光元件,它将以波长由大到小的顺序分解成红、橙、黄、绿、青、蓝、紫等各种颜色的光。反之,这些颜色的光按一定强度比例混合便能形成白光。但白光并不一定需要这么多种颜色的光一起混合才能形成,若把两种适当颜色的光按一定强度比例混合,也能得到白光,这两种颜色的光称为互补色光。其实日光、白炽灯光等就是一对对互补色光按适当比例组合而成的。

当一束白炽灯光通过某溶液时,如果该溶液对可见光区各波段的光都不吸收,即入射光全部透过,则溶液透明无色。如果溶液选择性地吸收了可见光区域中某波段的光,而让其余波段的光都透过了,则溶液呈现出该波段光的互补色光的颜色。例如,硫酸铜溶液吸收了白光中的黄色光而呈现蓝色,因为黄色和蓝色是互补色。高锰酸钾溶液吸收了白光中的黄绿色光而呈现紫色,因为黄绿色和紫色是互补色。可见光中各颜色光的波长及其互补色见表 7-2。

表 7-2　不同颜色的可见光波长及其互补光

颜　色	λ/nm	互补色
紫	$400\sim450$	黄绿
蓝	$450\sim480$	黄
绿蓝	$480\sim490$	橙
蓝绿	$490\sim500$	红
绿	$500\sim560$	红紫
黄绿	$560\sim580$	紫
黄	$580\sim610$	蓝
橙	$610\sim650$	绿蓝
红	$650\sim760$	蓝绿

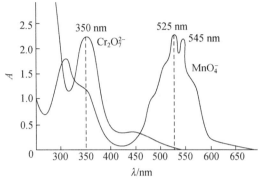

图 7.3　$KMnO_4$ 和 $K_2Cr_2O_7$ 溶液的吸收光谱

如果测量某溶液对不同波长单色光的吸收程度,以波长为横坐标,吸光度为纵坐标作图,可得一条曲线,称吸收曲线或吸收光谱。由于物质的分子结构不同,对不同波长的光产生选择性吸收,从而具有各自的特征吸收光谱。光谱峰值处称为最大吸收,它对应的波长就称为最大吸收波长,常用 λ_{max} 表示,如 $KMnO_4$ 溶液的 $\lambda_{max}=525$ nm。图 7.3 绘出了 $KMnO_4$ 和 $K_2Cr_2O_7$ 的吸收曲线。不同浓度的同一物质,它的吸收光谱形状和最大吸收波长是不变的,但吸光度随浓度增大而增大。显然在最大吸收波长处测量吸光度,其灵敏度最高,因此,吸收光谱是吸光光度法中选择测量波长的依据。

7.1.2　溶液吸收光定律——Lambert-Beer(朗伯-比尔)定律

早在 1729 年德国物理学家 Bougouer(布古厄)就发现了透光物质分级消光的现象。1760 年 Lambert(朗伯)用实验指出,当光通过透明介质时,光的减弱程度(即吸收程度)与光通过介质的光程成正比,即 Lambert 定律:$A=k_1l$。直到 1852 年,德国数学家 Beer(比尔)研究证明了,光的吸收程度与透明介质中光所遇到的吸光质点的数目成正比,在溶液中即为与吸光质点的浓度成正比,即 Beer 定律:$A=k_2c$。考虑到溶液浓度和液层厚度的共同影响,合并两式,即为著名的 Lambert-Beer 定律,简称比尔定律。其数学表达式为

$$A = kcl \tag{7-2}$$

式中:A 为吸光度;k 为吸光系数,它与吸光物质的性质、介质条件及测定波长等因素有关;l 为吸收介质的厚度,又称光程(实际测量中,即为吸收池厚度),单位是 cm;c 为吸光物质的浓度。Lambert-Beer 定律表明,当分析对象和测定条件确定时,吸光度与吸光物质的浓度成正比。Lambert-Beer 定律是光吸收的基本定律,也是分光光度法定量分析测定的依据。

吸光度 A 表示物质对光的吸收程度,定义为

$$A = \lg \frac{I_0}{I_t} \tag{7-3}$$

式中:I_0 为入射光强度,I_t 为透射光强度。透射光强度(I_t)与入射光强度(I_0)之比称为透

射比,用 T 表示

$$T = \frac{I_t}{I_0} \tag{7-4}$$

因此

$$A = \lg \frac{I_0}{I_t} = \lg \frac{1}{T} = -\lg T \tag{7-5}$$

溶液的透射比 T 越小,表明物质对光的吸收程度越大,即吸光度 A 越大。透射比与吸光物质的浓度成负指数关系。图 7.4 表示了吸光度和透射比与吸光物质浓度的关系。

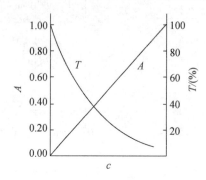

图 7.4　吸光度 A、透射比 T 与浓度 c 的关系

吸光系数 k 的大小及单位与 c 和 l 的单位有关。l 的单位通常以 cm 表示,当 c 的单位为 mol·L^{-1} 时,用符号 ε 代替 k,称为摩尔吸光系数,单位为 L·mol^{-1}·cm^{-1},它的物理意义是:当吸光物质浓度为 1 mol·L^{-1},光程为 1 cm,以一定波长的光通过时测得的吸光度;若式(7-2)中的浓度用 g·L^{-1} 表示,则用 a 代替 ε,a 称为吸光系数,单位为 L·g^{-1}·cm^{-1}。

$$\varepsilon = aM \tag{7-6}$$

式中:M 为待测物质的摩尔质量(g·mol^{-1})。若待测物的摩尔质量未知,常用 g·(100 mL)$^{-1}$ 表示,则用 $A_{1cm}^{1\%}$ 替 ε,$A_{1cm}^{1\%}$ 为比吸光系数,即物质的质量分数为 1% 时的吸光度。它与 a 和 ε 的关系为

$$A_{1cm}^{1\%} = a \times 10 = \varepsilon \times 10/M \tag{7-7}$$

在实际工作中 ε 用得最多,它是物质吸光能力的量度,表示分析方法的灵敏度。许多有色体系的 ε 已被测定,可从有关书籍上查得。

7.1.3　吸光度的加和性与吸光度的测量

在含有多组分体系的光度分析中,往往各组分都会对同一波长的光有吸收作用。如果各组分的吸光质点彼此不发生作用,当一束平行的该波长单色光通过此溶液时,无论从理论上和实验上都可证明,它的吸光度等于各组分的吸光度之和

$$A = A_1 + A_2 + \cdots + A_n \tag{7-8}$$

这一规律称为吸光度的加和性。根据这一规律,可以进行多组分的测定。

在光度分析中,总是将待测溶液盛入可透光的吸收池中测量吸光度。为了抵消吸收池对入射光的吸收、反射,以及溶剂、试剂等对入射光的吸收、散射等因素,在实际测量有色溶液吸光度时,应选取光学性质相同、厚度相等的吸收池,分别盛待测溶液和参比溶液(一般为不含待测组分的试剂溶液)。先调整仪器,使透过参比溶液吸收池的吸光度为零,从而消除了吸收池和试剂对光吸收的影响。这时再测量试液的吸光度,实际上便是把通过参比溶液吸收池的光强作为入射光的强度了。

$$A = \lg \frac{I_{\text{参比}}}{I_{\text{试液}}} \tag{7-9}$$

此时测得的吸光度仅与吸光物质的浓度成正比,在符合 Lambert-Beer 定律的范围内,A-c 为一条通过原点的直线。

用分光光度法进行定量分析时,通常是在一定条件下配制一系列已知浓度的标准溶液,在选定的波长下以空白溶液作参比分别测定标准系列的吸光度,以吸光度对浓度作图,绘制校准曲线。在同样的条件下配制待测溶液并测定其吸光度,就可以在校准曲线上查得待测溶液的浓度,并计算被测组分在试样中的含量。

7.2 光度分析的方法和仪器

7.2.1 光度分析的方法

1. 目视比色法

目视比色法是一种用眼睛辨别溶液颜色的深浅,以确定待测组分含量的方法。其中,最常用的是标准系列法。即在一套等体积的比色管中加入不同体积的标准溶液,取一定量的待测溶液置于另一比色管中,然后分别加入等量的显色剂及其他试剂,最后用水稀释至刻度;摇匀并放置一定时间,待反应达到平衡后,从管口垂直向下观察,比较未知试样与标准系列中哪一个标准溶液颜色相同,便表明二者浓度相等。如果未知试样的颜色介于某相邻两标准溶液之间,则未知试样的含量可取两标准溶液含量的平均值。

目视比色法操作简便,灵敏度也较高;显色反应如不遵从 Beer 定律,也能进行,常用于限界分析,但方法的准确度差。

用滤光片选择窄波段的入射光,用光电池接收光信号并经检流计显示吸光度或透射比,称为光电比色法,它的灵敏度和准确度要比目视比色法高。随着分光元件的发展和使用,分光光度法已成为广泛应用的仪器分析方法。

2. 分光光度法

用单色器将光源发出的复合光分解为单色光,使选定的单色光照射到比色皿的溶液中测定吸光度。由于使用了单色器分光,可以获得纯度较高的单色光,因而大大提高了测定的灵敏度和准确度。

7.2.2 分光光度计的基本部件

图 7.5 是一般分光光度计的基本部件及连接示意图。

图 7.5　分光光度计的基本部件

1. 光源

在可见光和近红外光区,常用钨灯或碘钨灯作光源,它们在 $320 \sim 2500$ nm 范围具有较强辐射。在近紫外区,常使用氢灯或氘灯作光源,它们在 $180 \sim 375$ nm 范围具有较强辐射。

2. 单色器

单色器由入射狭缝、准直镜、色散元件、聚焦镜和出射狭缝组成。色散元件是单色器的核心部分,最常用的色散元件是棱镜和光栅。

（1）棱镜单色器。棱镜一般是用光学玻璃或石英制造。玻璃棱镜用于 350～3200 nm 波长范围，它吸收紫外光，因而不能用于紫外光光度分析。石英棱镜适用于 185～4000 nm 波长范围，它可用于紫外-可见分光光度计中作色散元件。

玻璃或石英对不同波长的光折射率不同，因而当混合光通过棱镜时被分解为单色光系列（见图 7.6）。玻璃棱镜对波长长的光折射率小，对波长短的光折射率大，因此色散以后，短波长的光得到了更好的色散。

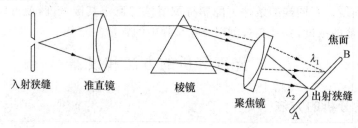

图 7.6　棱镜单色器分光示意图

（2）光栅单色器。它利用光通过光栅时发生衍射和干涉而分光，如图 7.7 所示。它又分透射光栅和反射光栅两类，其中反射光栅使用更为广泛。光栅是一种多狭缝部件，光栅光谱的产生是单狭缝衍射和多狭缝干涉联合作用的结果，其分辨率比棱镜高得多。光栅总刻线数越多，分辨率越高，分辨率不随波长改变。光栅分光所得的光谱按波长从短到长的顺序排列，如白光被分解成由紫到红顺序均匀排列的光谱。通过转动光栅，可使不同波长的光通过出射狭缝。狭缝愈小，出射谱带愈窄，单色光的纯度越高，但光强度减弱。某些光度计已固定了狭缝宽度，许多光度计的狭缝宽度则是可调的。

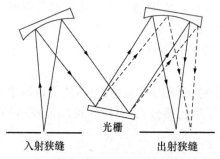

图 7.7　光栅单色器分光示意图

3. 吸收池
吸收池是用作盛待测溶液和参比溶液的容器。可见光区使用光学玻璃制的吸收池，紫外光区则须用石英制的吸收池。

4. 检测器
分光光度计主要采用光电子发射检测器（光电转换器），利用光电效应将光能转换为电能，检测产生的光电流，常用的光电转换器有光电管和光电倍增管。

（1）光电管。它是由一个半圆筒状的金属阴极和一个丝状阳极组成，并密封在透明的真空套管中的灯泡状物件。阴极内表面涂有受光辐射后容易释放电子的物质，如碱金属氧化物等。当光照射阴极时，阴极涂层发射出光电子并在外加电压下加速，收集到阳极而产生电流，该电流大小与辐射光的强度有关，此电流由放大电路放大后在记录设备上输出信号。

(2) 光电倍增管。光电倍增管是由多级倍增电极(又称打拿极)组成的光电管。当辐射光照射阴极时,释放出的光电子在外加电压作用下轰击第一个打拿极,每个光电子使打拿极释放几个二次电子,然后这些电子又轰击第二个打拿极,每个电子又使第二个打拿极释放几个二次电子……,以此类推,直到最后一个打拿极释放的电子被收集到阳极上。所以光电倍增管使光激发的电流得到放大。一个光子约产生 $10^6 \sim 10^7$ 个电子。光电倍增管适用的波长范围一般是 $160 \sim 700$ nm,有的在长波段可达约 850 nm。

7.2.3 分光光度计的类型

分光光度计按光路设计可分为单光束分光光度计、双光束分光光度计、光学多通道分光光度计和光纤探头式分光光度计。

1. 单光束分光光度计

在单光束分光光度计中,光源发出的光经单色器分光后取得一束单色光,通过参比池调整光度计,使吸光度为零,然后用样品池取代参比池,测定其吸光度。这种光度计结构简单,操作方便,适用于常规分析。

2. 双光束分光光度计

图 7.8 为双光束分光光度计示意图。在光栅与样品池(参比池)之间放置一个同步马达带动的扇形镜(右下方为扇形镜正面示意图),其中一个对角的两面扇形镜完全透光,从单色器出射的光通过透射扇形镜进入样品池,另外一个对角的两面扇形镜为反射镜,将单色器出射光反射,进入参比池。参比和样品光路的光交替进入检测器,通过同步马达的驱动,将 I_0 与 I_t 分别测定。

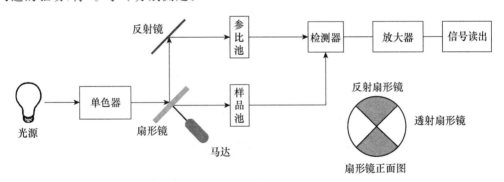

图 7.8 双光束分光光度计原理示意图

3. 光学多通道分光光度计

光学多通道分光光度计的光路示意图如图 7.9。由光源发射的复合光先通过吸收池,再经全息光栅色散,色散后的单色光由光二极管阵列中的光二极管同时接收,因此可在极短的时间内($\leqslant 1$ s)给出整个光谱的全部信息。特别适于进行快速反应动力学研究及多组分混合物的分析。

4. 光纤探头式分光光度计

光纤探头式分光光度计的光路设计如图 7.10。探头由两根相互隔离的光纤组成。光源发射的光由其中一根光纤传导至试样溶液,经反射镜反射后,进入另一根光纤,通过干涉滤光片,再经光敏器件接收转变为电信号。这类光度计可以直接将探头插入样品溶液中进行原位测定,非常适于环境和过程监测。

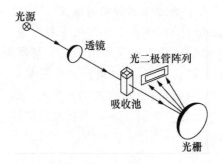

图 7.9　光学多通道分光光度计原理示意图

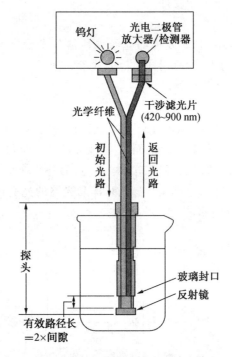

图 7.10　光纤探头式分光光度计光路图

由于计算机的应用,自动化程度很高的紫外-可见分光光度计已被普遍使用,这类光度计可完全在软件控制下完成检验、测试和数据处理及绘图等操作,使操作过程变得十分简单,效率大大提高。

7.3　分光光度法的灵敏度与准确度

7.3.1　灵敏度的表示方法

光度分析是测定微量或痕量组分的方法。因此,显色反应的灵敏度是人们选择、评价光度分析方法的重要依据。描述显色反应灵敏度常采用以下两种方式。

1. 摩尔吸光系数(ε)

根据 Beer 定律 $A=\varepsilon lc$ 可知,采用 1 cm 的吸收池时,摩尔吸光系数就是吸光度(A)对有色物质浓度作图的校准曲线斜率。

一般认为,若 $\varepsilon<10^4$,反应的灵敏度是低的;ε 介于 $10^4\sim5\times10^4$ 时,属于中等灵敏度;ε 在 $6\times10^4\sim10^5$ 时,属高灵敏度;$\varepsilon>10^5$ 时,属超高灵敏度。

2. Sandell(桑德尔)灵敏度(S)

Sandell 把显色反应的灵敏度定义为:截面积为 1 cm² 的液层,在一定波长或波段处测得的吸光度 A 为 0.001 时,所含待测物质的质量(μg),用符号 S 表示,其单位是 $\mu g\cdot cm^{-2}$。

微量或痕量分析的结果常用物质的质量(μg)而不用物质的量(mol)表示,因此使用 Sandell 灵敏度更方便。比较灵敏的显色反应,S 大多在 $0.01\sim0.001$ $\mu g\cdot cm^{-2}$ 范围。S 越小,方法越灵敏。

S 与 ε 的关系可推导如下

$$A=\varepsilon lc=0.001$$
$$cl=0.001/\varepsilon$$

式中:c 单位为 mol·L^{-1},或改写为 mol/1000 cm³;l 为吸收池厚度,单位为 cm。如果 cl 乘以待测物质的摩尔质量 M(g·mol^{-1}),就是单位截面积光程内待测物质的质量,则

$$cl\times M\times10^6/1000=clM\times10^3 \quad (\mu g\cdot cm^{-2})$$

将 cl 值代入上式,则得

$$S=(0.001/\varepsilon)\times M\times10^3=M/\varepsilon \quad (\mu g\cdot cm^{-2}) \tag{7-10}$$

【例 7.1】 已知含铁(Fe^{2+})浓度为 1.0 mg·L^{-1} 的溶液,用邻二氮菲光度法测定铁。吸收池厚度为 2.0 cm,在 510 nm 处测得吸光度 $A=0.380$,计算其摩尔吸光系数和 Sandell 灵敏度。

解 根据 Beer 定律,$\varepsilon=A/lc$

已知 $A=0.380$,$l=2.0$ cm,$c=(1.0\times10^{-3}/55.85)$mol·L$^{-1}=1.8\times10^{-5}$ mol·L^{-1}

$$\varepsilon=(0.380/2.0\times1.8\times10^{-5})\text{L·mol}^{-1}\text{·cm}^{-1}=1.1\times10^4 \text{ L·mol}^{-1}\text{·cm}^{-1}$$

$$S=M/\varepsilon=(55.85/1.1\times10^4)\mu g\text{·cm}^{-2}=0.005 \ \mu g\text{·cm}^{-2}$$

7.3.2 影响准确度的因素

1. 仪器测量误差

任何光度计都有一定的测量误差,这是由于光源不稳定、读数不准确等因素造成的。一般分光光度计透射比读数误差 ΔT 为 $0.2\%\sim2\%$,由于透射比 T 与待测溶液浓度 c 是负对数关系,因此相同的 ΔT 的测量误差是不一样的。由读数误差引起的被测组分浓度的相对误差可用 $\Delta c/c$ 表示

$$\frac{\Delta c}{c}=\frac{\Delta A}{A}\approx\frac{\mathrm{d}A}{A}=\frac{\mathrm{d}(-\lg T)}{-\lg T}=\frac{-0.434\mathrm{d}\ln T}{-\lg T}=\frac{0.434\mathrm{d}T}{T\lg T}$$

即

$$\frac{\Delta c}{c}\approx\frac{0.434\Delta T}{T\lg T} \tag{7-11}$$

式(7-11)即为由读数误差(ΔT)计算浓度相对误差的公式。为使读数误差所引起的浓度误差最小,应使式(7-11)分母 $T\lg T$ 取最大值,因此

$$(T\lg T)'=0, \quad \mathrm{d}T(\lg T)+T(\mathrm{d}\lg T)=0$$

因为

$$\mathrm{d}\lg T=\mathrm{d}\left(\frac{\ln T}{\ln10}\right)=\left(\frac{1}{\ln10}\right)\mathrm{d}\ln T=0.434\left(\frac{\mathrm{d}T}{T}\right)$$

故 $$dT(\lg T)+Td\lg T=dT(\lg T)+0.434T\left(\frac{dT}{T}\right)=0$$

则 $$\lg T=-0.434 \quad \text{或} \quad T=36.8\%$$

即溶液的吸光度为 0.434(或透射比为 36.8%)时,由读数误差引起的浓度相对误差最小。所以在配制试样溶液时应调整溶液的浓度或使用不同厚度的吸收池,使吸光度尽量靠近0.434。在实际工作中使溶液的吸光度落在 0.15~1.00(透射比为 70%~10%)范围就可以得到比较准确的结果。高档的分光光度计使用性能优良的检测器,减小了仪器测量误差,即使吸光度高达 2.0,甚至 3.0,也能保证测量的相对误差小于 5%。

2. 非单色光的影响

严格地说,Lambert-Beer 定律只适用于单色光,但实际上用各种分光方法得到的入射光都不是纯粹的单色光,而是一窄波段的复合光,由于吸光物质对不同波长的光吸收能力不同,就会引起对 Beer 定律的偏离。因此在工作中总是选取吸光物质的最大吸收波长的光为入射光,这不仅可取得最大的灵敏度,而且吸光物质的吸收光谱在此处有一个较小的平坦区,ε 变动很小,因此能够得到较好的线性关系。若有干扰物质存在,应根据干扰较小而吸光度尽可能大的原则选择测量波长。例如,测定 $KMnO_4$ 时,若有 $K_2Cr_2O_7$ 共存,测量波长则应选545 nm,而不选 $\lambda_{\max}$。

3. 化学反应的影响

溶液对光的吸收程度取决于吸光质点的性质和数目,若由于溶液中的化学反应使吸光质点发生了变化,必然会引起吸光度的改变,从而偏离 Beer 定律。这些化学反应主要有:

(1) 离解。大部分有机酸碱的酸型、碱型对光有不同的吸收性质,溶液的 pH 不同,酸(碱)离解程度不同,导致酸型与碱型的比例改变,使溶液的吸光度发生改变。

(2) 络合。某些络合物是逐级形成的,配位比不同的络合物形式对光的吸收性质不同,例如在 Fe(Ⅲ) 与 SCN^- 的络合物中,$FeSCN^{2+}$ 色最浅,$Fe(SCN)_3$ 色最深,所以 SCN^- 浓度越大,溶液颜色越深,即吸光度越大。

(3) 缔合。例如在酸性条件下,CrO_4^{2-} 会缔合生成 $Cr_2O_7^{2-}$,而这两种形式对光的吸收有很大的不同。

因此,在分析测定中要控制溶液条件,使被测组分只以一种形式存在,就可以克服化学因素所引起的对 Lambert-Beer 定律的偏离。

4. 吸光质点浓度以及溶液离子强度的影响

Lambert-Beer 定律只适用于稀溶液,当溶液浓度超过 $0.01\ mol\cdot L^{-1}$时,吸光分子或离子间的距离缩小,以至于影响分子或离子的电荷分布,进而影响对光的吸收程度。同样,当溶液中其他物种,特别是电解质浓度高时,静电作用也会导致吸光质点对光吸收的改变,从而引起对 Lambert-Beer 定律的偏离。

5. 其他因素的影响

温度改变会改变化学反应的平衡常数。另外,检测器对光信号的响应存在相应误差。

7.4　显色反应与分析条件的选择

7.4.1　显色反应与显色剂

在紫外-可见波段有吸收的物质才有可能用紫外-可见分光光度法测定。具有共轭双键的有机物或芳香族有机化合物都能吸收紫外光,因此可用紫外光度法直接测定。被测组分溶液有颜色是用可见光分光光度法测定的必要条件。许多水合金属离子呈现不同颜色,但对光的吸收强度较低,ε 很小,一般不能用分光光度法直接测定。为提高测定的灵敏度和选择性,选适当的试剂与被测离子反应生成有色化合物再进行测定,这是用分光光度法测定金属离子最常用的方法。此反应称为显色反应,所用的试剂称显色剂。

常用的显色剂是有机试剂,它们的分子中含有生色团和助色团。生色团是分子中能吸收紫外光和可见光的基团,常常是共轭双键体系,如

$$-N\!\!=\!\!N\!\!-, \qquad ; \qquad -N \overset{O}{\underset{O}{\Large\lessgtr}} \quad 等$$

助色团是指那些能使生色团的吸收波长变长(即红移)的基团,一般是具有未成键的电子对的基团,如$-\overset{..}{\underset{..}{N}}H_2$、$-\overset{..}{\underset{..}{O}}H$、$-\overset{..}{\underset{..}{X}}:$等。

附录 B.4 中列出了几种常用显色剂。显色剂能与金属离子形成稳定的、具有特征吸收的有色络合物,测定的灵敏度和选择性都较高。在分光光度法中对显色剂的选择有如下要求:

(1) 灵敏度要高,有色物质的 ε 应大于 10^4。

(2) 选择性要好,最好不与试样中的其他组分反应。

(3) 对照性要大,即显色剂对光的吸收与络合物的吸收有明显区别,一般要求两者的吸收峰波长之差 $\Delta\lambda > 60$ nm。

(4) 反应生成物组成恒定,颜色稳定,显色条件易于控制。

7.4.2　显色反应条件的确定

确定了显色反应之后,还要确定合适的反应条件,这一般是通过实验研究来得到的。这些实验条件包括显色剂的用量、显色反应时介质的酸度、显色反应所需温度、显色反应时间及有色络合物的稳定性等。

1. 显色剂用量

生成有色络合物的反应可用下式表示

$$M + nR \Longleftrightarrow MR_n$$

$$\frac{[MR_n]}{[M][R]^n} = \beta_n \qquad 或 \qquad \frac{[MR_n]}{[M]} = \beta_n [R]^n$$

由上式可以看出,当显色剂[R]固定时,金属离子 M 转化为络合物 MR_n 的转化率将不发生变化。为了使反应尽可能地进行完全,应加过量的显色剂。对稳定性较高的络合物,只要加入稍过量的试剂,显色反应即能定量进行。但对某些不稳定的或形成逐级络合物的反应,则必须严格控制试剂的用量。例如,以 SCN^- 作为显色剂测定钼含量时,要求生成红色的$Mo(SCN)_5$络合物,当 SCN^- 浓度过高时,因生成浅红色的 $Mo(SCN)_6^-$ 络合物,反而使其吸光度降低;而以 SCN^- 作显色剂测定 Fe^{3+} 时,随 SCN^- 浓度增大,逐步生成颜色更深的不同配位数的络合物,使吸光度值增大。对上述两种情况,就必须严格控制显色剂的用量,才能得到准确的结果。

2. 介质的酸度

许多显色剂都是有机弱酸(碱),介质的酸度变化,将直接影响显色剂的离解程度和

显色反应是否能进行完全。多数金属离子也会因介质酸度降低而发生水解,形成各种形态的羟基络合物,甚至析出沉淀。某些能形成逐级络合物的显色反应,产物的组成也会随介质酸度而改变,如磺基水杨酸与 Fe^{3+} 的显色反应,在 pH 2~3 时,生成红紫色 1:1 的络合物;在 pH 4~7 时,生成棕橙色 1:2 的络合物;在 pH 8~10 时,生成黄色 1:3 的络合物。可见,进行显色反应时控制介质酸度是非常重要的。

显色反应 $M+nR \rightleftharpoons MR_n$ 的最宜酸度可由下式计算

$$\beta'_n = \frac{[MR_n]}{[M'][R']^n} = \frac{\beta_n}{\alpha_M \alpha_R^n}$$

当上述反应定量进行时(即 99.9% 的 M 转化为 MR_n),则有

$$\frac{[MR_n]}{[M']} = \beta'_n[R']^n \geqslant 10^3 \tag{7-12}$$

即要求 $\lg\beta'_n + n\lg[R'] \geqslant 3$。

现以邻二氮菲(phen)与 Fe^{2+} 的显色反应为例。假定反应在 0.1 mol·L^{-1} 柠檬酸盐(A)缓冲溶液中进行,过量显色剂浓度 [phen'] 为 10^{-4} mol·L^{-1};铁-邻二氮菲络合物的 $\lg\beta_3$ 为21.3,不同 pH 时的 $\lg\alpha_{Fe(A)}$ 和 $\lg\alpha_{phen(H)}$ 列于表 7-3 中。

可按下式计算各 pH 下的 $[Fe(phen)_3]/[Fe']$,即

$$\lg\frac{[Fe(phen)_3]}{[Fe']} = \lg\beta_3 - \lg\alpha_{Fe(A)} - 3\lg\alpha_{phen(H)} + 3\lg[phen']$$
$$= \lg\beta'_3 + 3\lg[phen']$$

其结果列入表 7-3 中。

表 7-3　酸度对显色反应完全度的影响

pH	$\lg\alpha_{Fe(A)}$	$\lg\alpha_{phen(H)}$	$\lg\beta_3$	$\lg\dfrac{[Fe(phen)_3]}{[Fe']}$
1	—	3.9	9.6	−2.4
2	—	2.9	12.6	0.6
3	—	1.9	15.6	3.6
4	0.5	1.0	17.8	5.8
5	2.6	0.3	17.8	5.8
6	4.2	—	17.1	5.1
7	5.5	—	15.8	3.8
8	6.5	—	14.8	2.8
9	7.5	—	13.8	1.8
10	8.5	—	12.8	0.8

计算结果表明,在柠檬酸盐缓冲溶液中,邻二氮菲与 Fe^{2+} 显色反应的 pH 范围是 pH 3~8,这与实验结果基本一致。为使反应较快地完成,常在 pH 4~5 时显色。

实际工作中,显色反应的最宜酸度是由实验确定的,具体方法是固定溶液中待测组分与显色剂的浓度,改变溶液的酸度,测定溶液的吸光度,绘制 A-pH 曲线,从中找出最宜 pH 范围。邻二氮菲和 Fe^{2+} 在柠檬酸盐缓冲溶液中发生显色反应与酸度的关系见图 7.11。

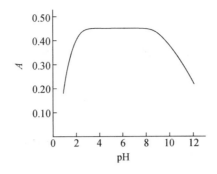

图 7.11 吸光度与酸度的关系

3. 显色温度、时间及生成物的稳定性

有些显色反应在室温下即可瞬时完成,而且反应完成后有色化合物能稳定较长时间;有的反应则进行较慢,需要提高温度以加速反应。例如,以硅钼蓝法测定硅时,生成硅钼黄的反应在室温下需几十分钟方能完成,而在沸水浴中半分钟即可完成。有的反应虽然很快完成,但产物又迅速分解,就应当在显色反应完成后立即测量其吸光度。因此,必须根据条件试验确定显色的适宜温度、时间及测量吸光度的时刻。

7.4.3 分光光度法测定中的干扰及消除办法

样品中存在的干扰物质会影响被测组分的测定。例如干扰物质本身有颜色或与显色剂反应生成有色化合物,在测量条件下也有吸收;干扰物质与被测组分反应或与显色剂反应,使显色反应不完全;干扰物质在测量条件下从溶液中析出,使溶液变混浊,无法准确测定溶液的吸光度;等等。通过控制显色条件、选择适当的参比溶液和测量波长可以消除以上原因引起的干扰。

1. 控制显色条件

控制显色酸度、显色剂浓度、显色反应的温度和时间以及试剂加入先后的次序等可以提高显色反应的选择性。例如,在 pH 5~6 时,二甲酚橙能与许多金属离子显色,而在 pH=1 时只能与锆、铋、铌等少数离子显色;测定钢铁中微量钴时,常用钴试剂为显色剂,钴试剂不仅与 Co^{2+} 有灵敏的反应,而且与 Ni^{2+}、Zn^{2+}、Mn^{2+}、Fe^{3+} 等都有反应。但它与 Co^{2+} 在弱酸性介质中一旦完成反应后,即使再用强酸酸化溶液,该络合物也不会分解。而 Ni^{2+}、Zn^{2+}、Mn^{2+}、Fe^{3+} 等与钴试剂形成的络合物在强酸介质中很快分解,从而消除了上述离子的干扰,提高了反应的选择性。

使用掩蔽剂消除干扰是常用的有效的方法,广泛用于吸光光度法。选取的条件是掩蔽剂不与待测离子作用,掩蔽剂以及它与干扰物质作用的产物的颜色应不干扰待测离子的测定。例如,以 PAR-H_2O_2 比色测定钒时,用 EDTA 掩蔽铁、铜等干扰元素;钢铁分析中硫氰酸盐比色测定钨时,用 $SnCl_2$、$TiCl_3$ 为还原剂,消除 Fe^{3+} 的干扰。

2. 选用适当的参比溶液

为了消除试剂以及操作过程中可能产生的测量误差,通常要选择合适的空白溶液作为参比。即除不加试样外,同样加入各种试剂,得到一份平行操作的空白溶液作为参比进行测定。根据具体情况选择不同组成的溶液作为参比,可以方便地消除某些因素引起的干扰:

（1）在测定波长下,只有被测定的化合物有吸收,显色剂等试剂无吸收,也不与共存的其他组分显色时,用溶剂(或水)为参比。

（2）如果显色剂或其他试剂对测量波长也有一些吸收时,可用同浓度的试剂溶液为参比。

（3）当未经显色的试样基体溶液有颜色,显色剂无色,也不与共存组分显色时,可用试样基体溶液作为参比。

（4）若试样基体溶液有颜色,显色剂也有颜色,可选合适的掩蔽剂加到试液中将待测组分掩蔽起来,再按相同的操作方法加显色剂和其他试剂,并以此作参比溶液。

（5）如果显色剂与试液中干扰组分的反应产物对选用波长也有吸收,那么当该组分的量是已知的,且干扰不严重时,可把等量的该组分加到参比溶液中。然后按相同的操作方法加显色剂和其他试剂,以此来作参比溶液消除干扰。

3. 选择适当的测量波长

前已述及,在 $K_2Cr_2O_7$ 存在下测定 $KMnO_4$ 时,不是选 λ_{max}(525 nm)而是选 $\lambda=545$ nm 为测量波长。这样测量 $KMnO_4$ 溶液的吸光度时,$K_2Cr_2O_7$ 就不干扰了。

利用导数光谱法、双波长光谱法等新技术也可以消除试样中干扰组分的影响,利用化学计量学方法还可以实现多组分的同时测定。若上述方法都不能有效地消除干扰影响,就只能采用预先分离的方法(参看第 9 章)除去干扰离子,然后再进行显色测定。

7.5　分光光度法的应用

分光光度法目前已为工农业各个部门和科学研究的各个领域所广泛采用,成为人们从事生产和科学研究的有力测试手段。因此,详尽地介绍它在各个方面的应用是不可能的。这里仅就分析化学方面的某些应用作简要的介绍。

7.5.1　单一组分测定

分光光度法常被用来对试样中指定组分进行测定,一般按 7.4 节所述,选择合适的显色反应并研究确定适宜的测定条件,用工作曲线法对被测组分进行定量测定。以下举几个典型例子。

1. 微量铁的测定

最常用的方法是以邻二氮菲法测定 Fe^{2+}。该法灵敏度与选择性较好,络合物稳定,条件易于控制,适于测定各类样品中的微量铁。

邻二氮菲与 Fe^{2+} 在柠檬酸盐介质中,在 pH 3～8 的范围内形成 1:3 的橙红色络合物,它的最大吸收波长 $\lambda_{max}=512$ nm,摩尔吸光系数(ε)为 1.1×10^4 L·mol^{-1}·cm^{-1}。

2. 磷的测定

磷是构成生物体的重要元素之一,也是土壤肥效三要素之一。试样中磷的测定常用光度法。该法测定磷是基于如下反应

$$H_3PO_4+3NH_4^++12MoO_4^{2-}+21H^+ \Longrightarrow (NH_4)_3PO_4 \cdot 12MoO_3 \cdot 6H_2O+6H_2O$$

反应产物为黄色,用光度法测定时灵敏度较低。用适当的还原剂将该杂多酸中的 Mo(Ⅵ)还原为 Mo(Ⅴ),便生成蓝色的磷钼蓝,它的最大吸收波长 $\lambda_{max}=660$ nm,适宜光度法测定。

3. 无机离子的紫外分光光度法测定

含有双键结构的无机离子或分子一般都有紫外吸收,如 NO_3^-、NO_2^-、NO_2、SO_4^{2-}、SO_3^{2-}、CO_3^{2-}、SCN^-、MnO_4^-、CrO_4^{2-} 等离子均能吸收紫外光,因此可用紫外分光光度法对它们进行定量测定。其中 NO_3^- 在 203 nm 有最大吸收($\varepsilon = 1 \times 10^4 \, L \cdot mol^{-1} \cdot cm^{-1}$),实际测量波长为 220 nm。在此波长下,$ClO_4^-$、$NH_4^+$、$Na^+$、$Cl^-$ 均不干扰测定。

4. 有机物的紫外分光光度法测定

含有共轭双键的有机物一般都有紫外吸收,均可用紫外分光光度法测定。在药物分析中,常用比吸光系数 $A_{1\,cm}^{1\%}$ 定量。某些有机物也可以通过化学反应使它们变成有色物质,再用可见光分光光度法测定。例如:氨基酸与茚三酮反应生成蓝紫色物质,可用于氨基酸的定量测定;考马斯亮蓝 G250 与蛋白质反应使试剂颜色发生变化,可用于蛋白质的定量测定。紫外分光光度法常用于对有机物进行定性分析,由于有机物的结构不同,导致不同的吸收性质,所以根据测定的吸收光谱可以判断有机物的结构。

7.5.2 多组分测定

根据吸光度的加和性原理,在同一试样中可以测定两个以上的组分。例如试样中含有 x、y 两种组分,在一定条件下将它们转化为有色化合物,分别绘制其吸收光谱,会出现三种情况,如图 7.12 所示。图 7.12(a)表明,两组分互不干扰,可分别在 λ_1 与 λ_2 处测量溶液的吸光度;图 7.12(b)表明,组分 x 对组分 y 的吸光度测定有干扰,但组分 y 对 x 无干扰,这时可依据吸光度的加和性求得两组分的吸光度;图 7.12(c)表明,两组分彼此相互干扰,这时

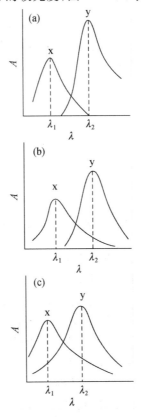

图 7.12 多组分的吸收光谱

首先在 λ_1 处测定混合物的吸光度 $A_{\lambda_1}^{x+y}$ 和纯组分 x 及 y 的 $\varepsilon_{\lambda_1}^{x}$ 及 $\varepsilon_{\lambda_1}^{y}$,然后在 λ_2 处测定混合物的吸光度 $A_{\lambda_2}^{x+y}$ 和纯组分的 $\varepsilon_{\lambda_2}^{x}$ 及 $\varepsilon_{\lambda_2}^{y}$。根据吸光度的加和性原理,可列出方程

$$A_{\lambda_1}^{x+y}=\varepsilon_{\lambda_1}^{x}lc^{x}+\varepsilon_{\lambda_1}^{y}lc^{y} \tag{7-13a}$$

$$A_{\lambda_2}^{x+y}=\varepsilon_{\lambda_2}^{x}lc^{x}+\varepsilon_{\lambda_2}^{y}lc^{y} \tag{7-13b}$$

式中:$\varepsilon_{\lambda_1}^{x}$、$\varepsilon_{\lambda_1}^{y}$、$\varepsilon_{\lambda_2}^{x}$ 和 $\varepsilon_{\lambda_2}^{y}$ 均由已知浓度 x 及 y 的纯溶液测得。试液的 $A_{\lambda_1}^{x+y}$ 与 $A_{\lambda_2}^{x+y}$ 由实验测得,于是 c^{x} 与 c^{y} 便可通过解联立方程求得了。

对于更复杂的体系(多组分)可用计算机处理测定的结果。由于化学计量学在仪器技术中得到应用,可对仪器测得的吸收光谱用各种化学计量学方法处理,由仪器直接给出测定结果。

7.5.3　光度滴定

光度滴定法是依据滴定过程中溶液吸光度的变化来确定终点的滴定分析方法。随着滴定剂的加入,溶液中吸光物质(待测物质或反应产物)的浓度不断发生变化,因而溶液的吸光度也随之变化。以吸光度 A 对滴定剂加入量 V 作图,就得到光度滴定曲线。这是一条折线,两直线段的交点或延长线的交点即为化学计量点。由于在选定波长下被滴定的溶液中各组分的吸光情况不同,滴定曲线形状的类型也不一样,一些典型的滴定曲线如图 7.13 所示。图 7.13 中:曲线(a)是滴定剂对选用波长的光有很大的吸收,待测物质与产物均不吸收,例如以 $KMnO_4$ 溶液滴定 Fe^{2+} 的酸性溶液;曲线(b)是滴定剂与产物对选用波长的光均无吸收,而待测物质有强吸收,例如以 EDTA 溶液滴定水杨酸铁溶液;曲线(c)是滴定剂与待测物质均有吸收,产物无吸收,例如用标准 $KBrO_3$-KBr 溶液在 326 nm 波长处滴定 Sb^{3+} 的 HCl 溶液;曲线(d)是滴定剂与待测物质无吸收,而产物有吸收,例如以 NaOH 溶液滴定对溴苯酚。

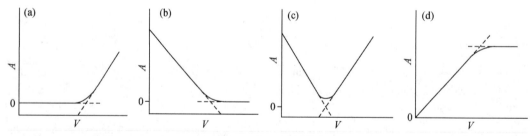

图 7.13　光度滴定曲线举例

光度滴定与利用指示剂颜色变化进行目视确定终点的滴定法相比,有如下优点:

(1) 指示剂法确定终点是根据化学计量点附近被测物质浓度的突然变化(滴定突跃)来实现的,对于滴定反应不完全的体系,准确滴定难以实现。例如,只有 $cK_a\geqslant10^{-8}$ 的弱酸和 $cK_b\geqslant10^{-8}$ 的弱碱才能被准确测定;$\Delta pK_a\geqslant5$ 的多元酸碱才可分步滴定。而光度滴定法是线性滴定法,它是根据滴定曲线的线性部分的延长线的交点来确定终点的,所以滴定反应不够完全的体系也可以用光度滴定法来测定。例如,对硝基酚的 $pK_a=7.15$,间硝基酚的 $pK_a=8.39$,用指示剂法既不可以滴定总量,也不可以分步滴定。但它们可用光度滴定法测定。图 7.14 是用 NaOH 标准溶液滴定对硝基酚和间硝基酚混合溶液的光度滴定曲线。

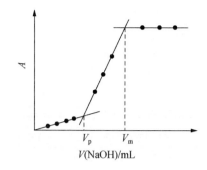

图 7.14 用 NaOH 标准溶液滴定对硝基酚和间硝基酚混合液的光度滴定曲线

（测量波长为 545 nm）

（2）对溶解度不大的有机酸碱，很难用指示剂法确定终点，由于分光光度法的高灵敏度，有可能用光度滴定法测定。

（3）被测物质本身有颜色或被测溶液的底色较深，用指示剂法目测终点将相当困难，但选用合适的测量波长，有可能用光度滴定法测定。

只有在滴定过程中溶液吸光度发生变化的体系才能使用光度滴定法。另外，为了保证测定的准确度，必须对滴定过程中溶液的体积变化加以校正，为此，只需将测得的吸光度值乘以 $(V_0+V)/V_0$ 就可以了。V_0 是被测溶液的起始体积，V 是加入滴定剂的体积。

7.5.4 络合物组成的测定

应用光度法测定络合物组成有多种方法，这里介绍常用的两种方法。

1. 摩尔比法

摩尔比法又称饱和法，它是根据在络合反应中金属离子 M 被显色剂 R（或相反）所饱和的原则来测定络合物组成的。

设络合反应为 $M+nR \rightleftharpoons MR_n$，若 M 与 R 均不干扰 MR_n 的吸收，且其分析浓度分别是 c_M、c_R。那么固定金属离子 M 的浓度，改变显色剂 R 的浓度，可得到一系列 c_R/c_M 不同的溶液。在适宜波长下测量各溶液的吸光度，然后以吸光度 A 对 c_R/c_M 作图（图 7.15）。当加入的试剂 R 还没有使 M 定量转化为 MR_n 时，曲线处于直线阶段；当加入的试剂 R 已使 M 定量转化为 MR_n 并稍过量时，曲线便出现转折；加入的 R 继续过量，曲线又是水平直线。转折点所对应的物质的量之比即是络合物的组成比。若络合物较稳定，转折点明显，反之，则不明显。这时可用外推法求得两直线的交点，交点对应的 c_R/c_M 即是配位比 n。

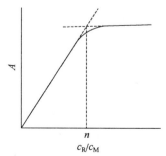

图 7.15 摩尔比法测定络合物的组成

该法简便,适于离解度小、组成比高的络合物组成的测定。

2. 等摩尔连续变化法(又称 Job 法)

络合反应为 $M+nR \rightleftharpoons MR_n$,设 c_M 与 c_R 分别为溶液中 M 与 R 的浓度($mol \cdot L^{-1}$),配制一系列溶液,保持 $c_M+c_R=c$(常数)。改变 c_M 与 c_R 的相对比值,在 MR_n 的最大吸收波长下测定各溶液的吸光度 A,当 A 达到最大时,即 MR_n 浓度最大,该溶液中 c_R/c_M 比值即为络合物的组成比。若以吸光度 A 为纵坐标,c_M/c 比值为横坐标作图,即绘出等摩尔连续变化法曲线(见图 7.16)。由两曲线外推的交点所对应的 c_M/c,即可得到络合物的组成 R 与 M 之比(n)。

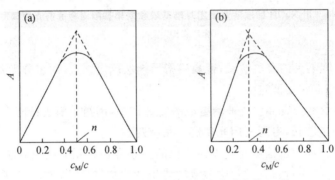

图 7.16　等摩尔连续变化法测定络合物的组成

图 7.16(a)最大吸光度所对应的 c_M/c 为 0.5,即 $c_M/c_R=1$,表明络合物组成为 $n_M:n_R=1:1$;图 7.16(b)最大吸光度所对应的 c_M/c 为 0.33,即 $c_M/c_R=0.33/0.67$,表明络合物组成为 $n_M:n_R=1:2$。

本法适用于溶液中只形成一种离解度小的、配位比低的络合物组成的测定。

利用图 7.15 和图 7.16,可以计算络合物的形成常数。图中两直线延长线的交点的吸光度指金属离子全部被转变成它的络合物的吸光度,交点向横轴的垂线与曲线的交点的吸光度是金属络合物的实际吸光度。两者之差是络合物离解所造成的,根据这一点即可计算络合物的表观形成常数。

7.5.5　酸碱离解常数的测定

在分析化学中所用的指示剂或显色剂大多是有机弱酸或弱碱。若它的酸色形和碱色形有不同的颜色(即吸收曲线不重叠),就可能用分光光度法测定其离解常数。该法特别适用于溶解度较小的弱酸或弱碱。

现以一元弱酸 HL 为例,在溶液中有如下关系:$HL \rightleftharpoons H^+ + L^-$,则有

$$K_a = \frac{[H^+][L^-]}{[HL]} \tag{7-14a}$$

或

$$pK_a = pH + \lg \frac{[HL]}{[L^-]} \tag{7-14b}$$

从上式知,在某一确定的 pH 下,只要知道[HL]与[L⁻]的比值,就可以计算 pK_a。HL 与 L^- 互为共轭酸碱,它们的平衡浓度之和等于弱酸 HL 的分析浓度 c。只要两者都遵从 Beer 定律,就可以通过测量溶液的吸光度求得[HL]和[L⁻]的比值。首先配制 n 个浓度 c 相等而 pH 不同的 HL 溶液,在某一确定的波长下,用 1.0 cm 吸收池测量各溶液的吸

光度,并用酸度计测量各溶液的 pH。各溶液的吸光度

$$A = \varepsilon_{HL}[HL] + \varepsilon_{L^-}[L^-] = \varepsilon_{HL}\left(\frac{[H^+]c}{K_a + [H^+]}\right) + \varepsilon_{L^-}\left(\frac{K_a c}{K_a + [H^+]}\right) \quad (7\text{-}15)$$

$$c = [HL] + [L^-]$$

在高酸度时,可以认为溶液中该酸只以 HL 形式存在,仍在以上确定的波长下测量吸光度,则

$$A_{HL} = \varepsilon_{HL}[HL] \approx \varepsilon_{HL}c \qquad \varepsilon_{HL} = A_{HL}/c \quad (7\text{-}16)$$

而在碱性介质中,可认为该酸主要以 L^- 形式存在,这时在以上波长下测量吸光度,则

$$A_{L^-} = \varepsilon_{L^-}[L^-] \approx \varepsilon_{L^-}c \qquad \varepsilon_{L^-} = A_{L^-}/c \quad (7\text{-}17)$$

将式(7-16)、式(7-17)代入式(7-15),整理成

$$K_a = \frac{[H^+][L^-]}{[HL]} = \left(\frac{A_{HL} - A}{A - A_{L^-}}\right)[H^+] \qquad 或 \qquad pK_a = pH + lg\left(\frac{A - A_{L^-}}{A_{HL} - A}\right) \quad (7\text{-}18)$$

上式是用吸光光度法测定一元弱酸离解常数的基本公式。式中 A_{HL}、A_{L^-} 分别为弱酸完全以 HL、L^- 形式存在时溶液的吸光度,该两值是不变的。A 为某一确定的 pH 时溶液的吸光度。上述各值均由实验测得。将测量的数据代入式(7-18),则可算出 pK_a。每利用一个溶液,测定其 A 和 pH 后,即可计算一次 pK_a。从 n 个 pH 不同的溶液,就可测得 n 个 pK_a,最后可取其平均值。

也可将式(7-18)改写成

$$lg\left(\frac{A - A_{L^-}}{A_{HL} - A}\right) = pK_a - pH \quad (7\text{-}19)$$

式(7-19)是一个线性方程,可用线性拟合法或作图法求出 pK_a,如图 7.17。

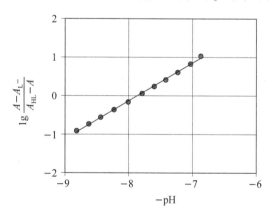

图 7.17　某有机酸的 $lg\dfrac{A-A_{L^-}}{A_{HL}-A}$ - $(-pH)$ 图

*7.5.6　其他测定方法

1. 双波长分光光度法

用不同波长的两束光(λ_1 和 λ_2)交替照射同一吸收池,测量两波长下的吸光度之差 ΔA

$$\Delta A = A_{\lambda_1} - A_{\lambda_2} = (\varepsilon_{\lambda_1} - \varepsilon_{\lambda_2})cl \quad (7\text{-}20)$$

因此 ΔA 与被测组分的浓度成正比。双波长分光光度法可用于双组分体系中某一组分的分析。此处介绍等吸收波长法。

两组分(A+B)混合体系中,各组分的吸收曲线如图 7.18 所示,被测组分 A 在 λ_1 处有最大吸收,一般选 λ_1 为测量波长,于 λ_1 处作垂线与 B 的吸收曲线相交,由此交点作 λ 轴的平行线与 B 的吸收曲线交

于另一点(或几点)，选此点(等吸光点)的波长作参比波长 λ_2。因为 $A_{\lambda_1} = A_{\lambda_1}^{A} + A_{\lambda_1}^{B}$，$A_{\lambda_2} = A_{\lambda_2}^{A} + A_{\lambda_2}^{B}$，故

$$\Delta A = A_{\lambda_1} - A_{\lambda_2} = A_{\lambda_1}^{A} + A_{\lambda_1}^{B} - A_{\lambda_2}^{A} - A_{\lambda_2}^{B}$$

因 $A_{\lambda_1}^{B} = A_{\lambda_2}^{B}$，故

$$\Delta A = A_{\lambda_1}^{A} - A_{\lambda_2}^{A} = (\varepsilon_{\lambda_1}^{A} - \varepsilon_{\lambda_2}^{A})cl$$

该式表明，双波长法测得的 ΔA 与干扰组分无关，因此可在干扰组分存在下准确测定被测组分。

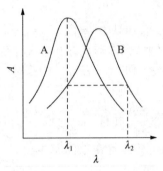

图 7.18　双波长分光光度法选择波长 λ_1，λ_2 示意图

(A 为被测组分，B 为干扰物质)

双波长分光光度法不仅可以消除共存组分的干扰，还可以测定混浊试液中的被测组分，以及被强的背景吸收掩盖的痕量组分。

2．导数分光光度法

将 $A = \varepsilon lc$ 对波长 λ 求导，得一阶导数光谱

$$\frac{\mathrm{d}A}{\mathrm{d}\lambda} = \left(\frac{\mathrm{d}\varepsilon}{\mathrm{d}\lambda}\right)lc \tag{7-21}$$

它与被测组分的浓度仍是线性关系。若对 A 求 n 阶导数，即

$$\frac{\mathrm{d}^n A}{\mathrm{d}\lambda^n} = \left(\frac{\mathrm{d}^n \varepsilon}{\mathrm{d}\lambda^n}\right)lc \tag{7-22}$$

与浓度仍是线性关系。因此借导数与 c 的正比关系，可对被测组分进行定量分析。图 7.19 是某组分的

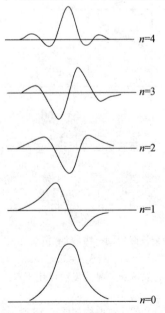

图 7.19　某物质的吸收光谱及其一阶～四阶导数光谱

吸收光谱及其一阶~四阶导数光谱。采用双波长分光光度法、电子微分法及数值微分法等实验方法可获得各阶导数光谱。现代分光光度计可根据实验要求自动绘出各阶导数光谱曲线,使用起来非常方便。

　　测量导数光谱峰值的方法有基线法、峰谷法和峰零法(见图 7.20)。基线法又称切线法,在相邻两峰的极大或极小处画一公切线,从峰谷处画一平行于纵轴的直线与切线相交,峰谷到交点之间的距离(图 7.20 中的 p_1)作为峰值。峰谷法是指取相邻两峰的极大和极小之间的距离(图 7.20 中的 p_2)作为峰值。峰零法是指取峰至基线之间的距离作为峰值(图 7.20 中的 p_3)。

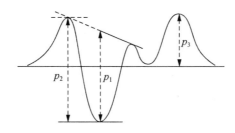

图 7.20　导数光谱峰值

p_1—基线法　　p_2—峰谷法　　p_3—峰零法

　　导数分光光度法可以解决干扰物质与被测物质的吸收光谱严重重叠的测定问题。它可以消除胶体和悬浮物的散射影响和背景吸收。它对吸光度随波长的变化很敏感,分辨率和灵敏度都很高。导数分光光度法可用于稀土元素、药物、氨基酸、蛋白质等物质的测定。例如废水中的痕量苯胺和苯酚、常效降压片中的氢氯噻嗪以及肝脏中茚满二酮类抗凝血杀鼠剂等都可以用导数分光光度法测定。

思　考　题

1. 分子光谱是如何产生的?

2. 光学光谱区的电磁波都有哪些? 指出它们的波长范围。

3. 溶液有颜色是因为它吸收了可见光中特定波长范围的光。若某溶液呈绿色,它吸收的是什么颜色的光? 若溶液为无色透明的,是否表示它不吸收光?

4. 在分光光度法测定时,为什么尽可能选择最大吸收波长为测量波长?

5. 单光束、双光束、双波长分光光度计的光路设计上有什么不同,仪器分别由哪几个部件组成?

6. 试说明分光元件棱镜和光栅的分光原理,它们各有什么特点?

7. 常用 ε 和 S 表示分光光度法的灵敏度,它们都是如何定义的,分别在什么情况下使用? 是不是 ε 大,S 一定小呢?

8. 在分光光度法测定中,引起对 Lambert-Beer 定律偏离的主要因素有哪些? 如何克服这些因素对测量的影响?

9. 简述双波长分光光度法、导数分光光度法的原理,这些方法分别有什么优点?

10. 用摩尔比法和等摩尔连续变化法确定络合物组成时,可同时测定络合物的形成常数。请给出根据实验结果计算络合物形成常数的处理方法。

习　题

7.1 已知 $KMnO_4$ 的 $\varepsilon_{545} = 2.2 \times 10^3$ L·mol^{-1}·cm^{-1},计算此波长下 0.002% $KMnO_4$ 溶液在 3.0 cm 吸收池中的透射比;若溶液稀释一倍后,透射比是多少?

7.2 以丁二酮肟光度法测定镍,若络合物 $NiDx_2$ 的浓度为 $1.7×10^{-5}$ mol·L^{-1},用 2.0 cm 吸收池在 470 nm 波长下测得的透射比为 30.0%。计算络合物在该波长的摩尔吸光系数。

7.3 以邻二氮菲光度法测定 Fe(Ⅱ),称取试样 0.500 g,经处理后,加入显色剂,最后定容为 50.0 mL,用 1.0 cm 吸收池在 510 nm 波长下测得吸光度 $A=0.430$,计算试样中铁的质量分数 $w(Fe)$(以百分数表示);溶液稀释一倍后,透射比是多少?($\varepsilon_{510}=1.1×10^4$ L·mol^{-1}·cm^{-1})

7.4 根据下列数据绘制磺基水杨酸光度法测定 Fe(Ⅲ) 的工作曲线。标准溶液是由 0.432 g 铁铵矾$[NH_4Fe(SO_4)_2·12H_2O]$溶于水定容到 500.0 mL 配制成的。取下列不同量标准溶液于 50.0 mL 容量瓶中,加显色剂后定容,测量其吸光度。

$V(Fe(Ⅲ))$/mL	1.00	2.00	3.00	4.00	5.00	6.00
A	0.097	0.200	0.304	0.408	0.510	0.618

测定某试液含铁量时,吸取试液 5.00 mL,稀释至 250.0 mL,再取此稀释溶液 2.00 mL 置于 50.0 mL 容量瓶中,与上述工作曲线相同条件下显色后定容,测得的吸光度为 0.450,计算试液中 Fe(Ⅲ) 含量。(以 g·L^{-1} 表示)

7.5 称取维生素 C 样品 0.050 g 溶于 100 mL 的 0.005 mol·L^{-1} H_2SO_4 溶液中,再准确移取此溶液 2.0 mL 用水稀释至 100 mL。用 1 cm 吸收池在 $\lambda_{max}=245$ nm 处测得 A 为 0.551。计算样品中维生素 C 的质量分数。(已知在 245 nm,$A_{1\,cm}^{1\%}=560$)

7.6 强心药托巴丁胺($M_r=270$)在 260 nm 处有最大吸收,$\varepsilon=7.0×10^2$ L·mol^{-1}·cm^{-1}。取一片该药溶于水并稀释至 2.0 L,静置后取上层清液用 1.0 cm 吸收池于 260 nm 波长处测得吸光度为 0.687,计算药片中含托巴丁胺多少克?

7.7 有两份不同浓度的某一有色络合物溶液(设待测物质的摩尔质量为 47.9 g·mol^{-1}),当液层厚度均为 1.0 cm 时,对某一波长的透射比分别为:(a) 65.0%;(b) 41.8%。求:

(1) 该两份溶液的吸光度 A_1,A_2。

(2) 如果溶液(a)的浓度为 $6.5×10^{-4}$ mol·L^{-1},求溶液(b)的浓度。

(3) 计算在该波长下有色络合物的摩尔吸光系数和 Sandell 灵敏度。

7.8 以 PAR 光度法测定 Nb,其络合物最大吸收波长为 550 nm,且 ε 为 $3.6×10^4$ L·mol^{-1}·cm^{-1};以 PAR 光度法测定 Pb,其络合物最大吸收波长为 520 nm,且 ε 为 $4.0×10^4$ L·mol^{-1}·cm^{-1}。计算并比较两者的 Sandell 灵敏度。

7.9 当光度计透射比测量的读数误差 $\Delta T=0.010$ 时,测得不同浓度的某吸光溶液的吸光度为:0.010,0.100,0.200,0.434,0.800,1.200。利用吸光度与浓度成正比以及吸光度与透射比的关系,计算由仪器读数误差引起的浓度测量的相对误差。

7.10 以联吡啶(bipy)为显色剂,光度法测定 Fe(Ⅱ),欲在浓度为 0.2 mol·L^{-1}、pH=5.0 时的醋酸缓冲溶液中进行显色反应。已知过量联吡啶的浓度为 $1×10^{-3}$ mol·L^{-1},$\lg K^H(bipy)=4.4$,$\lg K(FeAc)=1.4$,$\lg\beta_3=17.6$。试问反应能否定量进行?

7.11 有一含氧化态辅酶(NAD^+)和还原态辅酶(NADH)的溶液,用 1.0 cm 吸收池在 260 nm 处测得该溶液的吸光度为 1.20,在 340 nm 处吸光度为 0.311。已知摩尔吸光系数(L·mol^{-1}·cm^{-1})在 260 nm 处 $\varepsilon(NAD^+)=1.8×10^4$,$\varepsilon(NADH)=1.5×10^4$;在 340 nm 处 $\varepsilon(NAD^+)=0$,$\varepsilon(NADH)=6.2×10^3$。请计算 NAD^+ 和 NADH 的浓度。

7.12 用分光光度法测定含有两种络合物 x 与 y 的溶液的吸光度($l=1.0$ cm),获得下表中的数据。请据此计算未知溶液中 x 和 y 的浓度。

溶　液	$c/(\text{mol} \cdot \text{L}^{-1})$	$A_1(285 \text{ nm})$	$A_2(365 \text{ nm})$
x	5.0×10^{-4}	0.053	0.430
y	1.0×10^{-3}	0.950	0.050
x+y	未知	0.640	0.370

7.13　用示差光度法测量某含铁试液,用 5.4×10^{-4} mol·L^{-1} Fe^{3+} 溶液作参比,在相同条件下显色,用 1 cm 吸收池测得样品溶液和参比溶液吸光度之差为 0.300。已知 $\varepsilon = 2.8 \times 10^3$ L·mol^{-1}·cm^{-1},则样品溶液中 Fe^{3+} 的浓度有多大?

7.14　准确称取 1.00 mmol 的指示剂溶于水后转移到 100 mL 容量瓶中并定容。取该溶液 2.50 mL 五份分别调至不同 pH 并定容至 25.0 mL,用 1.0 cm 吸收池在 650 nm 波长下测得如下数据:

pH	1.00	2.00	7.00	10.00	11.00
A	0.00	0.00	0.588	0.840	0.840

计算在该波长下 In$^-$ 的摩尔吸光系数和该指示剂的 pK_a。

第8章 其他常用仪器分析方法

8.1 分子荧光和磷光分析法
　　光致发光的基本原理∥分子光致发光与结构间的关系∥荧光强度的影响因素及测定步骤∥荧光(磷光)光谱仪∥荧光和磷光分析法的应用
8.2 原子吸收光谱法
　　基本原理∥原子吸收分光光度计∥干扰及其抑制∥定量分析方法、灵敏度、检出限及测定条件选择∥应用
8.3 电位分析法
　　概述∥参比电极与指示电极∥直接电位法∥电位滴定法
8.4 色谱法
　　气相色谱法∥高效液相色谱法∥毛细管电泳法
8.5 质谱法
　　质谱仪的工作原理∥质谱仪的主要性能指标∥质谱仪的基本结构∥质谱图及其应用∥质谱定性分析∥质谱定量分析

8.1 分子荧光和磷光分析法

8.1.1 光致发光的基本原理

　　当分子吸收适当的辐射,从电子基态跃迁到激发态后,会以辐射(发光)的形式释放出部分能量回到基态,这种发光称为光致发光。最常见的光致发光是荧光和磷光。图8.1 表示一个分子的部分能级以及分子从激发态(S_1,S_2)回到基态(S_0)释放能量的过程。

　　(1)荧光。处于电子基态的分子绝大多数为单重态(价电子对自旋相反),当其中一个电子被激发跃迁至单重激发态,处于较高能级激发态的电子以振动弛豫(电子由高振动能级转移至低振动能级)、内转换(电子由高电子能级转移至低电子能级)的形式发生无辐射跃迁,释放部分能量,到达第一电子激发态的最低振动能级。处于第一激发单重态最低振动能级的电子跃回基态时,若以辐射的方式释放能量,则产生荧光。荧光寿命为 $10^{-9} \sim 10^{-7}$ s。基于分子荧光光谱和荧光强度的分析方法称为分子荧光分析法(molecular fluorescence analysis)。

　　(2)磷光。若电子由第一激发单重态的最低振动能级以系间跨越方式转至第一激发三重态(两个电子平行自旋),再经振动弛豫,转至其最低振动能级后,以辐射的方式释放能量回到基态,则产生磷光。磷光寿命较长,约为 $10^{-4} \sim 10$ s,因此在光照停止后仍可持续一段时间。

1. 激发光谱

　　分子选择性地吸收某一波段的光产生的光谱称荧光激发光谱,激发光谱为荧光强度

与激发光波长的关系曲线。绘制激发光谱曲线时需固定测量波长为荧光（或磷光）的最大发射波长，连续改变激发光波长，以激发光的波长为横坐标，荧光强度为纵坐标作图。

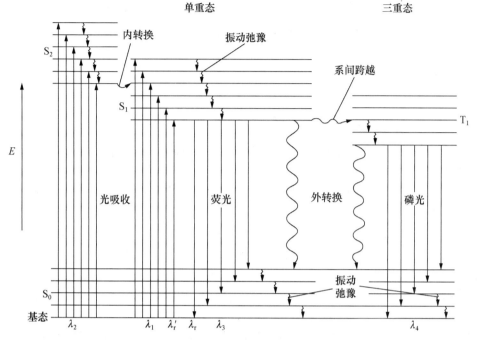

图 8.1 荧光和磷光体系的能级示意图以及激发和去活化过程

直线箭头表示光子的吸收或发射，波浪箭头表示无辐射过程

2. 发射光谱

受激发光照射时，荧光（磷光）物质发射的光谱，也称荧光（磷光）光谱。如果固定激发光波长为激发光谱峰值所对应的波长，然后测定不同波长所发射的荧光（或磷光）强度，即得荧光（磷光）光谱曲线。图 8.2 为蒽的激发光谱和发射（荧光）光谱。

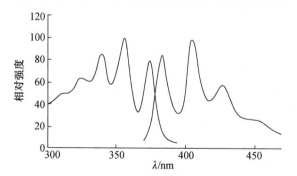

图 8.2 蒽的荧光激发（左）和发射（右）光谱

荧光发射光谱显示了若干普遍的特性。① 在溶液中，分子荧光的发射峰相对于吸收峰位移到较长的波长，称为 Stokes 位移。这是由于荧光通常由 S_1 的最低振动能级跃迁至 S_0 的高振动能级。此外，由于激发态荧光分子与溶剂的相互作用，使激发态能量降低，Stokes 位移加大。磷光比荧光的波长更长，强度也相对较弱。② 荧光发射光谱的形状通常与激发波长无关。不论用哪一个波长的光辐射激发，电子都从第一电子激发态的

223

最低振动能级返回到基态的各个振动能级。③分子的荧光发射光谱和它的 $S_0 \rightarrow S_1$ 吸收光谱呈镜像对称关系。

在稀溶液中,荧光(磷光)强度(I_F)正比于吸光度(A)、发光的量子效率(φ,发射荧光的量子数/吸收激发光的量子数)和激发光的强度(I_0),即

$$I_F = KA\varphi I_0 \tag{8-1}$$

式中:K 为比例系数,与仪器检测的灵敏度有关;$A = \varepsilon l c$,当仪器和操作条件一定时,$I_F \propto c$,这是定量测定的依据;ε 和 φ 都与物质的分子结构有关。

8.1.2　分子光致发光与结构间的关系

$\pi \rightarrow \pi^*$ 跃迁是产生荧光(磷光)的主要跃迁类型,因此,$\pi \rightarrow \pi^*$ 激发的芳香族化合物容易发生光致发光。增加体系的共轭度,荧光效率一般也会增大。例如,化合物 ph(CH=CH)$_2$ph 和 ph(CH=CH)$_3$ph 在苯中的荧光效率分别为 0.28 和 0.68。

一般说来,强荧光物质的分子多是平面型的并具有一定的刚性,这种结构可以减少分子的内转换,以及外转换非辐射跃迁。例如芴与联二苯的荧光效率分别约为 1.0 和 0.2,这主要是由于亚甲基的存在使芴的刚性和共平面性增大了。又如 8-羟基喹啉与 Mg^{2+} 生成的螯合物比 8-羟基喹啉本身荧光强度大得多。

取代基对分子发光有显著影响。给电子基团(—OH、—NH$_2$、—OCH$_3$、—NR$_2$、—C≡N)常常使荧光增强,因为它们在某种强度上增加了 π 电子共轭程度;吸电子基团(—NO$_2$、—COOH、—C=O、—X)会减弱甚至破坏荧光;卤素取代基随原子序数增加而使荧光强度下降。例如,苯胺和苯酚的荧光比苯强,而硝基苯和碘代苯则是非荧光物质。

取代基之间如果能形成氢键并从而增加分子的平面性,则荧光加强。例如,水杨酸(邻羟基苯甲酸)的水溶液由于能形成氢键,其荧光强度比对或间羟基苯甲酸大。

8.1.3　荧光强度的影响因素及测定步骤

荧光强度除与物质的分子结构有关外,还受很多因素影响,主要因素有以下几种:

(1)光源强度。荧光强度与光源强度成正比。荧光光谱仪在工作一段时间后光源强度会逐渐减弱,使荧光强度下降。

(2)样品浓度。样品浓度过大时,激发态分子发射的荧光被周围基态分子吸收,发生内滤光效应,浓度增加时荧光强度反而下降。

(3)溶剂。由于溶质分子与溶剂分子间的作用,溶剂极性的改变会引起荧光光谱波长以及荧光强度的变化。

(4)pH。对于弱酸(碱)性物质,pH 影响其存在形式。例如苯酚在酸性溶液中以分子形式存在时有荧光,在碱性溶液中以苯酚阴离子形式存在时无荧光;而 α-萘酚则表现出相反的性能,分子形式无荧光,质子解离后有荧光。

(5)温度与溶液黏度。温度升高使荧光分子与周围溶剂分子碰撞概率增加,非辐射损失能量增多,荧光强度减弱。降低溶液黏度也会增加外转换概率,从而减弱荧光。

由于影响荧光强度的因素很多,在实际操作中应当严格控制条件。

荧光定量分析的步骤为:

(1)绘制激发光谱和发射光谱,根据光谱曲线确定最大激发波长(λ_{ex})和最大发射波长(λ_{em})作为工作波长。如果溶液中有干扰物质存在,则可通过选择合适的激发和发射波长提高测定的选择性。

（2）确定适宜的分析条件：溶剂、试剂浓度、pH、温度等。

（3）荧光（磷光）法一般采取校准曲线法或比率荧光法定量。

8.1.4 荧光（磷光）光谱仪

荧光（磷光）测定仪器基本上由下列部件组成（图 8.3）：

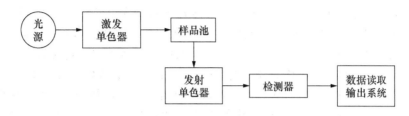

图 8.3　荧光（磷光）光谱仪基本部件

（1）光源。光源应强度大、稳定、适用波长范围宽。常用光源有氙灯或高压汞灯。氙灯在 200～800 nm 波长范围强度较大，寿命约 500 h；高压汞灯在荧光分析中常用的是 365、405、436 nm 三条谱线，通过滤光片选择波长。

（2）单色器。在荧光光谱仪中多采用光栅作色散元件。与分光光度法不同的是，在荧光光度法中需要两个单色器，分别用以选择激发波长和发射波长。

（3）样品池。通常是四面透光的石英液池，低温荧光或磷光的测定则在石英池的外面套上一个盛放液氮的透明石英容器。

（4）检测器。荧光和磷光的强度通常比较弱，因此要求检测器有较高的灵敏度，一般用光电倍增管作检测器。需要指出的是，检测器置于与光源发射光的方向呈 90°角的位置，以避开透射光，检测发射光。

测量磷光的仪器同荧光仪器基本相同，但需附加一个机械切光器，用于把磷光同迅速衰变的荧光分开。

8.1.5 荧光和磷光分析法的应用

与分光光度法比较，荧光法的灵敏度要高 2～4 个数量级。这是由于在吸光光度法中，被检测的信号 $A=\lg(I_0/I)$，当试样浓度很低时难以准确测量。在荧光光度法中，在与激发光垂直的角度检测发射光，黑背景下检测，试剂背景低，此外增加激发光强度和提高荧光检测器灵敏性均可提高灵敏度，检出限可达 $10^{-7}\sim10^{-9}$ mol·L^{-1}。由于荧光分析法具有高灵敏度、高选择性的特点，已被广泛地应用于生物化学分析、生理医学研究和临床检验等。

（1）直接测定能产生荧光的物质。如带苯环的氨基酸（如色氨酸、酪氨酸和苯基丙氨酸）、某些含有荧光辅酶的蛋白质、镇静剂利血平、维生素 B_2、致癌物 3,4-苯并芘等。

（2）衍生化后测定能与荧光试剂反应生成荧光化合物的物质。如用荧光生色团标记蛋白质；某些金属或非金属无机离子可以同一些有机化合物形成有荧光的化合物（如 Al、Be、Mg 等金属离子与 8-羟基喹啉生成强荧光螯合物）。

（3）荧光猝灭法测定荧光猝灭剂（如氟、氧、硫、铁、银、钴、镍等）。

（4）固体表面室温磷光分析法已作为稠环芳烃和杂环化合物的快速灵敏分析手段。低温磷光法已用于分析 DDT 等农药、生物碱、植物生长激素等。生物体液中痕量药物的分析及致幻剂、维生素 B_1、维生素 E 的测定等都可用磷光分析法。

8.2　原子吸收光谱法

8.2.1　基本原理

1. 共振线与原子吸收光谱法

原子吸收光谱法(atomic absorption spectrometry，AAS)也称原子吸收分光光度法，是以测量气态基态原子外层电子对特征电磁辐射的吸收为基础的分析方法。

当基态原子受外界能量激发时，其外层电子会吸收特定能量的电磁辐射跃迁到不同的激发态，各种元素的原子结构和外层电子排布不同，所能吸收的光量子不同，因而具有一系列特定波长的吸收谱线(线状光谱)称为共振吸收线，简称共振线。而外层电子从激发态跃迁回基态时所辐射的谱线称为共振发射线，也简称为共振线。电子在基态与最低激发态(第一激发态)之间跃迁产生的谱线称为第一共振线，为元素的特征谱线，对大多数元素来说也是最灵敏的谱线。在原子吸收光谱法中，就是利用处于基态的待测原子蒸气对从光源发出的共振发射线的吸收来进行定量分析的。

2. 原子吸收光谱法的定量基础

1955 年澳大利亚物理学家 Walsh A(沃尔什)提出：在温度不太高的条件下，峰值吸收与被测原子浓度成线性关系。如果用一个锐线光源代替连续光源，并且其发射线半宽度比吸收线半宽度小得多，则可认为原子吸收系数近似为常数。在实际工作中，用一个与待测元素相同的纯金属或纯化合物制成的空心阴极灯(或蒸气放电灯、高频无极放电灯等)作光源。

在使用锐线光源的情况下，吸光度(A)与原子蒸气的厚度和蒸气中原子浓度成正比。在确定的实验条件下，试样中被测元素的浓度与原子蒸气中原子的浓度保持一定的比例关系。因此，吸光度与待测元素的浓度 c 成正比，可表示为

$$A = \lg(I_0/I) = Kc \tag{8-2}$$

式中：K 为比例常数。这是原子吸收光谱法定量分析的基本关系式。

8.2.2　原子吸收分光光度计

原子吸收分光光度计由光源、原子化系统、分光系统、检测系统 4 个主要部分组成，分单光束型和双光束型两类，如图 8.4。

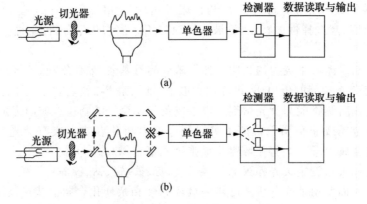

图 8.4　原子吸收分光光度计示意图

(a) 单光束型　(b) 双光束型

光源发出的待测元素的特征电磁辐射经过火焰时,被火焰中待测元素的原子蒸气吸收一部分,未被吸收的部分则进入单色器经分光后被检测器检测,获得吸光度值。单光束型仪器结构较简单,但如果光源电压不稳,则会影响测定结果。双光束型从光源发出的辐射被旋转斩光器分为两束,试样光束通过火焰,参比光束不通过火焰,然后用半透半反射镜将两光束交替通过单色器分光后被检测器检测。因此可以消除光源辐射光强度变化及检测器灵敏度变动的影响。单光束型仪器检出限比双光束型仪器高。

1. 光源

光源的作用是发射待测元素的特征光谱,最常用的是空心阴极灯(见图 8.5)。普通空心阴极灯是一种气体放电管,它包括一个阳极(钨棒)和一个空心圆筒形阴极(衬有待测元素的金属或合金),两电极密封于充有低压惰性气体的带有石英窗(或玻璃窗)的玻璃管中。用不同元素作阴极材料,可制成相应的空心阴极灯。若只含一种元素,为单元素灯;含多种元素,则为多元素灯。为了避免发生光谱干扰,阴极材料要纯,并选择适当的内充气体(常用高纯惰性气体氖或氩)。

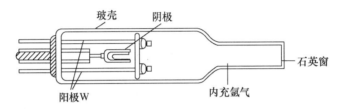

图 8.5 空心阴极灯结构示意图

空心阴极灯的辐射光强度与灯的工作电流有关,增大灯的工作电流可以增加辐射光强度。但若电流过大,会使放电不正常,灯光强度不稳定,且缩短灯的寿命,因此必须选择适当的灯电流。为使灯电流稳定,空心阴极灯在使用前应预热 $10\sim20$ min。

2. 原子化系统

原子化系统的作用是将试样中的待测元素转变成原子蒸气。原子化系统要有尽可能高的原子化效率,不受浓度影响,稳定,重现性好,背景和噪声小,装置简单易行。应用最多的是火焰原子化器,分预混合型和全消耗型两种。预混合型(见图 8.6)应用更为普遍,由雾化器、预混合室、燃烧器三部分组成。其主要优点是产生的原子蒸气多,火焰稳定,背景较小且比较安全,缺点是雾化效率低。需根据试样的具体情况选择火焰的类型和组成,以控制适当的温度。应用最多的为空气-乙炔火焰,能测 35 种以上元素。

根据燃气与助燃气的比例不同,火焰可分为化学计量性的、富燃的、贫燃的三种状态:富燃焰具有较强的还原性气氛,适于测定较易形成难熔氧化物的元素,如 Mo、Cr、稀土元素等;贫燃焰温度较低,还原性气氛最低,适于碱金属元素测定;其他大多数常见元素惯用化学计量性的。N_2O-乙炔焰也是应用较多的一种,温度高,且 N_2O 的分解产物 N_2 包围了基态原子,减少其被氧化的可能性而提高分析的灵敏度。它用于测难解离元素,如 Al、Be、Ti、V、W、Si 等。

非火焰原子化器为电热原子化装置,如石墨炉(见图 8.7)、石墨管等。测定时分干燥、灰化、原子化和净化 4 个程序升温,最后升温到 3000℃净化。只要电流稳定,石墨炉的温度就是稳定的,并且浓度分布均匀。由于试样是在容积很小的石墨炉内直接原子化,大大提高了原子化效率(90%以上),使灵敏度增加 $2\sim3$ 个数量级(检出限可达

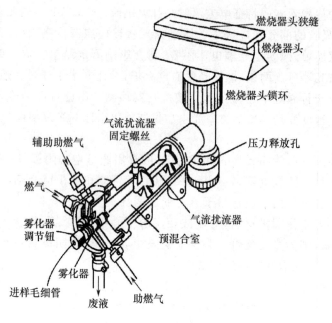

图 8.6 预混合型原子化器

$10^{-12} \sim 10^{-14}$ g);取样量少(5～50 μL);固体试样、黏稠试样也可测定,生物样品甚至可不经前处理直接进行分析。但基体影响比火焰法大,测定的重现性比较差。

常用的还有氢化物原子化法。As、Sb、Bi、Ge、Sn、Pb、Se、Te 等元素在盐酸介质中用强还原剂(如 KBH_4 或 $NaBH_4$)还原生成易原子化的气态氢化物,易原子化,灵敏度高,基体干扰和化学干扰都少。但一些氢化物毒性较大,需在良好的通风条件下操作。

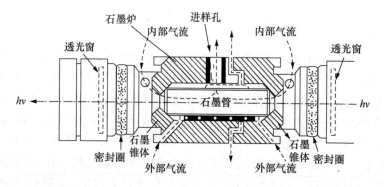

图 8.7 石墨炉结构示意图

在室温即可形成原子蒸气的元素如汞的测定,称"冷原子吸收法"。在常温下用还原剂(如 $SnCl_2$)将无机汞和有机汞还原为金属汞,由载气送入吸收池测定(测汞仪)。通常的原子吸收分光光度计具有冷原子吸收的功能。

3. 分光系统

原子吸收分光光度计中分光系统的作用是将待测元素的共振线与邻近谱线分开。由于采用锐线光源,它的谱线比较简单,因此对仪器的色散能力、分辨能力要求较低。单色器的色散元件可用衍射光栅。为了能得到一定的出射光强度以便测定,又能将谱线分开,需选择适当的狭缝宽度,也称"单色器通带"。单色器置于原子化器之后,以防止来自原子化器的发射辐射干扰进入检测器。

4. 检测系统

检测系统主要由检测器(光电倍增管)、交流放大器、对数变换器、指示仪表(表头、记录仪、数字显示或打印等)所组成。一些档次较高的仪器还设有自动调零、自动校准、标尺扩展、浓度直读、自动取样及自动处理数据等装置。

发展连续光源原子吸收光谱仪无疑是首选之举,但早期由于单色器分辨率以及光源功率的限制,只能采用如前所述的锐线光源进行原子吸收光谱分析。近年来,出现了连续光源原子吸收光谱仪,在 280 nm 可获得 2 pm 分辨率。仪器采用如高聚焦短弧氙灯连续光源、石英棱镜和高分辨率大面积中阶梯光栅双单色器,以及高性能线阵 CCD 检测器可进行多元素顺序测定,可测定元素周期表中 70 余种元素。

8.2.3 干扰及其抑制

1. 光谱干扰

由于光源、试样或仪器的原因使得某些不需要的辐射被检测器测量所引起。

(1)光源中待测元素的分析线与干扰元素的邻近线不能被单色器分开。应选用纯度高的元素灯,注意多元素灯的元素组合或减小狭缝宽度。

(2)样品中干扰元素的吸收线与分析线重叠,使吸收增大,分析结果偏高。应另选待测元素的其他分析线或分离干扰元素。

(3)背景吸收。包括原子化过程中产生的气体分子、氧化物、盐类等分子对辐射的吸收,火焰气体的吸收,固体微粒对入射光产生的散射。可通过零点扣除、采用氘灯背景校正或 Zeeman(塞曼)效应背景校正。

2. 化学干扰

由于待测元素与试样中其他组分或火焰成分发生反应,或因原子的电离而影响了待测元素的原子化。为了防止待测元素形成稳定或难熔的化合物,可以加入阳离子"释放剂",使其与干扰阴离子(如 PO_4^{3-}、SO_4^{2-} 等)形成更稳定或更难挥发的化合物而释放出待测元素。也可以加入"保护剂"(如 EDTA、8-羟基喹啉等络合剂),同待测元素形成稳定的,但易于挥发和原子化的络合物。为了克服电离干扰,可加入一定量的"消电离剂"(也称光谱缓冲剂),电离能顺序为:Cs<Rb<K<Na≤Li≥Ba<Sr<Ca<Mg<Be。

3. 物理干扰

由于试样在转移、蒸发过程中某些物理因素变化而影响试样喷入火焰的速度、雾化效率、雾滴大小及分布、溶剂与固体微粒的蒸发等。可采用标准加入法消除这类干扰,或尽量使样品与标样有相同的组成。

8.2.4 定量分析方法、灵敏度、检出限及测定条件选择

1. 定量分析方法

原子吸收光谱定量分析方法中,常采用校准曲线法与标准加入法,方法详见 2.4 节。

为保证一定准确度,需注意以下几点:

(1)标准溶液的浓度应在 Beer 定律允许范围内。

(2)需预先测定空白溶液的吸收,或将空白溶液用于仪器调零,以扣除本底吸收。

(3)光源、原子化、单色器通带、检测器等仪器条件在整个分析过程中要保持一致。

2. 灵敏度与检出限

除了用校准曲线的斜率表示灵敏度,在原子吸收光谱法中通常用能产生 1‰ 吸收(即吸光度为 0.0044)时溶液中待测元素的浓度 c_x 或质量 m_x 作为特征灵敏度。在火焰原子吸收法中以特征浓度 c_0(单位为 $\mu g \cdot mL^{-1}$)表示,在非火焰原子吸收法中以特征质量 m_0(单位为 ng 或 pg)表示。

$$c_0 = \frac{0.0044 c_x}{A} \quad 或 \quad m_0 = \frac{0.0044 m_x}{A} \tag{8-3}$$

检出限为空白标准差的 3 倍除以校准曲线的斜率,比灵敏度具有更明确的意义,指出了测定的可靠程度。检出限不仅与影响灵敏度的各种因素有关,还与仪器的噪声有关。为了改善检出限,提高测定的灵敏度,需要选择最佳测试条件,其中包括:① 仪器条件,包括灯电流、测定波长、单色器光谱通带、原子化条件和检测系统的工作条件等;② 确定有无干扰;③ 确定分析方法的灵敏度、准确度和精密度。

根据测定灵敏度确定取样量及试液配制的大致浓度,若试样浓度较高时,则可选不太灵敏的分析线,以便减少测量误差。

8.2.5　应用

由于原子吸收光谱法灵敏度高,选择性好,适用范围广,已广泛应用于地质、冶金、化工、农业、环保、医药卫生、食品检验和科研等各个领域,涉及周期表中 70 多种元素。

(1)直接法。碱金属测定灵敏度很高,碱土金属的测定更有特效性,其中 Mg 是最灵敏的元素之一,有色金属 Cu、Ag、Zn、Cd、Hg、Sn、Pb、Sb、Bi 等都能有效地测定。

(2)间接法。如氯化物和硝酸银反应生成沉淀,原子吸收光谱法测定银,间接定量氯。许多有机化合物、药物等可用间接法测定。

8.3　电位分析法

8.3.1　概述

利用物质在溶液中的电学及电化学性质进行分析的方法称为电化学分析法。通常是使待分析的试样溶液构成一化学电池,然后根据所组成电池的某些物理量(如电位、电导、电量和电流等)与被测物质含量之间的关系进行分析测定。

电位分析法(potentiometry)测定的是两电极间的电位差(即电池电动势)。电位随着溶液中被测物质的浓(活)度改变而改变的电极称指示电极,其电极电位与相应离子的活度之间的关系可以用 Nernst 方程式表示

$$\varphi = \varphi^{\ominus} + \frac{RT}{nF} \ln a \tag{8-4a}$$

当温度为 25℃时,该式表示为

$$\varphi = \varphi^{\ominus} + \frac{0.059}{n} \lg a \tag{8-4b}$$

单一电极的电位是无法直接测量的,需要将另一支电位恒定的电极(参比电极)与指示电极一起浸入试液中组成工作电池,在零电流条件下测定两电极间的电位差。

根据指示电极的电位值,依据 Nernst 方程式计算被测物质的浓度的方法称直接电位法。通过测量滴定过程中电池电动势的变化来确定滴定终点的方法称电位滴定法。

8.3.2 参比电极与指示电极

1. 参比电极

指电位已知而且恒定的电极,在测量过程中电极电位值保持不变。

(1) 氢电极。标准氢电极(standard hydrogen electrode,SHE)是参比电极的一级标准,其电位值在任何温度下都规定为零。以标准氢电极为参比电极可测定另一电极的电极电位值,结果准确,但使用不方便。

(2) 甘汞电极。由金属汞、Hg_2Cl_2 和 KCl 溶液组成的电极(见图 8.8),可写成:Hg,Hg_2Cl_2 | KCl。

电极反应为 $$Hg_2Cl_2 + 2e \Longrightarrow 2Hg + 2Cl^-$$

电极电位(25℃)为 $$\varphi(Hg_2Cl_2/Hg) = \varphi^{\ominus}(Hg_2Cl_2/Hg) - 0.059 \lg a(Cl^-)$$

当 Cl^- 活度一定时,其电极电位是一定值。不同浓度的 KCl 溶液可使甘汞电极的电位具有不同的恒定值,如表 8-1 所示。

表 8-1 25℃时甘汞电极的电极电位(对 SHE)

名 称	KCl 溶液浓度	电极电位
0.10 mol·L^{-1} 甘汞电极	0.10 mol·L^{-1}	0.3356 V
摩尔甘汞电极	1.0 mol·L^{-1}	0.2830 V
饱和甘汞电极(SCE)	饱和溶液	0.24453 V

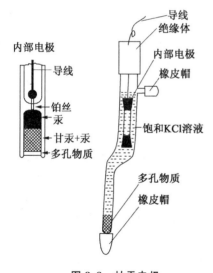

图 8.8 甘汞电极

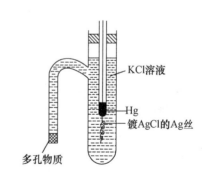

图 8.9 银-氯化银电极

(3) 银-氯化银电极。纯银丝的表面镀上一层 AgCl 膜,浸在一定浓度的 KCl 溶液中,即构成 Ag-AgCl 电极(见图 8.9),可写成:Ag,AgCl | KCl。

电极反应为 $$AgCl + e \Longrightarrow Ag + Cl^-$$

电极电位(25℃)为 $$\varphi(AgCl/Ag) = \varphi^{\ominus}(AgCl/Ag) - 0.059 \lg a(Cl^-)$$

温度一定时,电极电位也由 KCl 的浓度决定,如表 8-2 所示。

表 8-2　25℃ 时 Ag-AgCl 电极的电极电位（对 SHE）

名　称	KCl 溶液浓度	电极电位
0.10 mol·L^{-1} Ag-AgCl 电极	0.10 mol·L^{-1}	0.288 V
摩尔 Ag-AgCl 电极	1.0 mol·L^{-1}	0.22234 V
饱和 Ag-AgCl 电极	饱和溶液	0.198 V

Ag-AgCl 电极比较稳定，可以在较高温度下使用，其温度系数比甘汞电极的温度系数小。

2. 指示电极

主要是一些金属基电极及离子选择性电极。

（1）活性金属电极（第一类电极）。由某些金属插入该金属离子的溶液中组成，例如银电极：

$$\varphi(Ag^+/Ag) = \varphi^{\ominus}(Ag^+/Ag) + 0.059 \lg a(Ag^+) \quad (25℃)$$

其电极电位仅与 $a(Ag^+)$ 有关。常用的还有铅、铜、锌及汞电极等。

（2）金属-金属难溶盐电极（第二类电极）。由金属表面带有该金属难溶盐的涂层，浸入与其难溶盐有相同阴离子的溶液中组成，如甘汞电极、Ag-AgCl 电极等。这类电极可用于测定难溶盐阴离子活度及其变化，现已逐渐为离子选择性电极所代替。

（3）第三类电极。由两个含有相同离子的难溶盐（或难电离化合物）以及相应的金属和被测离子构成。例如汞电极就是由金属汞（或汞齐丝）浸入含少量 Hg^{2+}-EDTA 络合物（约 1×10^{-6} mol·L^{-1}）及被测金属离子 M^{n+} 的溶液中组成的，它的电位能反映溶液中 M^{n+} 离子的活度，常在 EDTA 络合滴定中用作指示电极。

（4）惰性金属电极（零类电极或氧化还原电极）。一般由惰性材料如铂（Pt）、金（Au）或石墨制成片状或棒状，浸入含有均相并可逆的同一元素的两种不同氧化态的离子溶液中组成。这类电极的电极电位与两种氧化态离子活度的比率有关，电极本身不参与氧化还原反应，只是协助电子的转移。如将铂片插入 Fe^{3+} 和 Fe^{2+} 溶液中，其电极反应是

$$Fe^{3+} + e \rightleftharpoons Fe^{2+}$$

$$\varphi = \varphi^{\ominus}(Fe^{3+}/Fe^{2+}) + 0.059 \lg \frac{a(Fe^{3+})}{a(Fe^{2+})}$$

（5）离子选择性电极（ion-selective electrode，ISE）。离子选择性电极也称膜电极，由内参比电极、内参比溶液和与某种离子响应的敏感膜构成。膜电极与上述金属基电极的区别在于薄膜并不给出或得到电子，而是选择性地让一些离子渗透（包含着离子交换过程）。由于离子扩散，破坏了界面附近电荷分布的均匀性，在膜与溶液两相的界面上产生相间电位。膜的外表面与内表面相间电位之差即为膜电位。

膜电位与溶液中与之响应的离子活度之间的关系符合 Nernst 方程，25℃ 时为

$$\varphi_m = K \pm \frac{0.059}{n} \lg a_i \tag{8-5}$$

当响应离子为阳离子时取"＋"号，为阴离子时取"－"号。

离子选择性电极的电位为内参比电极的电位与膜电位之和

$$\varphi_{ISE} = \varphi_{in} + \varphi_m = K' \pm \frac{0.059}{n} \lg a_i \tag{8-6}$$

离子选择性电极有时对共存的其他离子也有不同程度的响应，此时膜电位的表达式为

$$\varphi_m = K \pm \frac{0.059}{n} \lg \left[a_i + K_{i,j}(a_j)^{z_i/z_j} \right] \tag{8-7}$$

式中：i 为测定离子，j 为干扰离子，$K_{i,j}$ 称为电位选择性系数，z_i 与 z_j 分别为 i 离子与 j 离子的电荷数。$K_{i,j}$ 表示在实验条件相同时，产生相同电位的欲测离子活度 a_i 和干扰离子活度 a_j 的比值

$$K_{i,j} = a_i/(a_j)^{z_i/z_j} \tag{8-8}$$

例如 $K_{i,j} = 10^{-2}(z_i=z_j=1)$ 就意味着 a_j 为 a_i 的 100 倍时，j 离子与 i 离子响应的电位相同，即此电极对 i 离子比对 j 离子敏感 100 倍。若 $K_{i,j} = 10^2$，则此电极对 j 离子更敏感。显然，$K_{i,j}$ 越小越好，表明 j 离子对 i 离子的干扰越小，亦即此电极对欲测离子的选择性越好。利用选择性系数可以估算某种离子在测定中所造成的误差。

【例 8.1】 已知某离子选择性电极的 $K(NO_3^-, SO_4^{2-}) = 4.1 \times 10^{-5}$，现在于 $1.0\ mol \cdot L^{-1}$ 的硫酸盐溶液中测得 NO_3^- 的活度为 $6 \times 10^{-4}\ mol \cdot L^{-1}$，试估算测定误差有多大？

解

$$a(NO_3^-) + 4.1 \times 10^{-5} \times 1.0^{\frac{1}{2}} = 6 \times 10^{-4}$$

$$E_r = \frac{4.1 \times 10^{-5} \times 1.0^{\frac{1}{2}}}{a(NO_3^-)} \times 100\% = \frac{4.1 \times 10^{-5}}{6 \times 10^{-4} - 4.1 \times 10^{-5}} \times 100\% = 7\%$$

虽然 $K_{i,j}$ 数据可以从某些手册中查到，但该值与具体的实验条件有关，常需通过实验测定。

离子选择性电极的种类繁多，且发展迅速。按照薄膜的构成可分为非晶体膜电极（如玻璃膜电极）、晶体膜电极（如氟离子选择性电极）、流动载体电极及敏化电极等。

（1）玻璃膜电极。电极薄膜由特殊玻璃制成。含有不同成分的玻璃膜可分别用于 H^+、Na^+、K^+、Li^+、NH_4^+、Ag^+ 等离子的测定，其中应用最广的是对 H^+ 有选择性响应的 pH 玻璃电极（见图 8.10）。pH 玻璃电极在使用前必须在水中浸泡一定时间，在玻璃膜表面形成一层水合硅胶层。浸入待测溶液时，水合硅胶层的碱金属离子为 H^+ 所交换，可用下图表示。

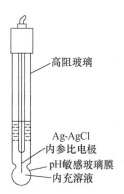

图 8.10 pH 玻璃电极

外部溶液	外水合硅胶层 H^+、Na^+	干玻璃层 Na^+	内水合硅胶层 H^+、Na^+	内部溶液
$a(H^+)=a_1$	$\leftarrow 10^{-4}$ mm $\rightarrow$	$\leftarrow 10^{-1}$ mm $\rightarrow$	$\leftarrow 10^{-4}$ mm $\rightarrow$	$a(H^+)=a_2$
试液	$a(H^+)=a_{m_1}$		$a(H^+)=a_{m_2}$	pH=7.00

$$K_1 + 0.059 \lg \frac{a_1}{a_{m_1}} = \varphi_{外} \longleftarrow \varphi_m \longrightarrow \varphi_{内} = K_2 + 0.059 \lg \frac{a_2}{a_{m_2}}$$

$$\varphi_m = \varphi_{外} - \varphi_{内} + \varphi_a = K + 0.059 \lg a_1 = K - 0.059 \, \text{pH}_{试}$$

由于玻璃膜的内、外水合硅胶层结构不会完全相同,当内部溶液和外部溶液的 H^+ 活度相同时膜电位不一定为零,此电位称膜不对称电位,用 φ_a 表示。

玻璃膜电极具有内参比电极,如 Ag-AgCl 电极,以一定 pH(如 pH=7.00)的缓冲溶液为内参比溶液,因此整个玻璃膜电极的电位为

$$\varphi_{玻} = \varphi(\text{Ag-AgCl}) + \varphi_{膜} = K' - 0.059 \, \text{pH}_{试}$$

pH 玻璃电极一般只适用于测量 pH $1\sim10$ 的溶液。当试液的 pH 大于 10 时,由于电极对 Na^+ 的响应而产生"钠差",测得的 pH 比实际数值低。当试液的酸性强时,测得的 pH 偏高,与水的活度减小有关。

玻璃膜电极不受氧化剂、还原剂存在的影响,不易因杂质作用而中毒失效,并且能在胶体或有色溶液中应用。

(2) 难溶盐晶体膜电极。电极薄膜由固态膜(如难溶盐的单晶膜、多晶膜)制成,厚约 $1\sim2$ mm。如氟离子选择性电极(见图 8.11)的敏感膜为 LaF_3 的单晶薄片(掺入微量 EuF_2 和 CaF_2 以增加导电性),Ag-AgCl 为内参比电极,通常以 0.01 mol·L^{-1} $\sim$ 0.001 mol·L^{-1} NaF 和 0.1 mol·L^{-1} NaCl 为内充液。膜电位为

$$\varphi_m = K - 0.059 \lg a(F^-)$$

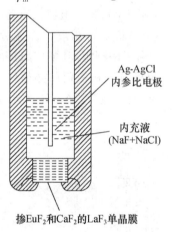

图 8.11　氟离子选择电极

氟浓度一般在 $10^{-1} \sim 10^{-6}$ mol·L^{-1} 范围内符合 Nernst 方程。测定时需控制试液 pH 在 $5\sim7$ 之间。可用于测定天然水中的 F^-(约 10^{-5} mol·L^{-1})。

将难溶盐晶体(如 AgX)与 Ag_2S 压成膜片,可制成混晶或多晶膜电极,膜电位由 K_{sp} 控制,对相应的 X^-、S^{2-} 及 Ag^+ 有选择性响应。

(3) 流动载体电极。电极薄膜由待测离子的盐类、螯合物等溶解在不与水混溶的有机溶剂中,再使这种有机溶剂渗入惰性多孔物质制成。如 Ca^{2+} 电极,25℃时其膜电位为

$$\varphi_m = K + \frac{0.059}{2} \lg a(Ca^{2+})$$

测定 Ca^{2+} 的最低浓度是 10^{-5} mol·L^{-1},pH $5\sim11$ 适用。

（4）敏化电极。包括气敏电极和酶电极等。气敏电极是离子选择性电极与参比电极组成的复合电极（见图 8.12），在敏感膜上覆盖一层透气膜，如氨电极

$$\varphi_{m}=K+0.059\lg a(H^{+})$$

$$a(H^{+})=K_{a}\frac{a(NH_{4}^{+})}{a(NH_{3})}$$

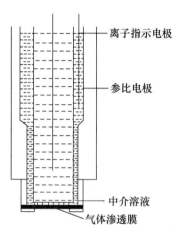

图 8.12 气敏电极

由于中介溶液中有大量 NH_4^+ 存在，$a(NH_4^+)$ 可视为常数，故

$$\varphi_{m}=K'-0.059\lg a(NH_{3})$$

可测定氨的浓度范围为 $10^{-6}\sim 1\ mol \cdot L^{-1}$。

酶电极是一种生物膜电极，是利用酶的界面催化作用，将被测物转变为适宜于电极测定的物质。如把尿素酶固定在氨电极上制成的尿素酶电极，尿素在尿素酶作用下分解

$$CO(NH_{2})_{2}+H^{+}+2H_{2}O \longrightarrow 2NH_{4}^{+}+HCO_{3}^{-}$$

反应产物 NH_4^+ 可用玻璃膜氨电极测定。

用于测定葡萄糖的酶传感器所基于的生化反应是

$$葡萄糖+O_2 \xrightarrow{葡萄糖氧化酶} 葡萄糖酸+H_2O_2$$

采用电极法测得 H_2O_2 的生成量或 O_2 的消耗量，就可测得体液中葡萄糖（血糖、尿糖）的含量。可在 30 s 内得到结果。

8.3.3 直接电位法

直接电位法应用最多的是 pH 的测定及用离子选择性电极测定离子活度。

1. 电位法测定溶液的 pH

测定溶液的 pH 常用玻璃电极作指示电极，甘汞电极作参比电极，与待测溶液组成工作电池。此电池可表示为

$$pH\ 玻璃电极\ \bigg|\ \begin{matrix}标准缓冲溶液\\或\quad 被测试液\end{matrix}\ \bigg\|\ 饱和甘汞电极$$

$$E_{池}=\varphi_{SCE}-\varphi_{玻}+\varphi_{j}=\varphi(Hg_{2}Cl_{2}/Hg)-\varphi(AgCl/Ag)-(K-0.059\ pH)+\varphi_{j}+\varphi_{a}$$

式中：φ_j 是液接电位，它存在于两种组成不同或浓度不同的溶液接触界面上，是由于溶液中离子扩散通过界面的迁移率（可用淌度描述）不同而产生的。在实际测试中，一般用

235

KCl 溶液做盐桥,可使液接电位减到很小。在上述工作电池中,可将常数合并为 K',则

$$E_\text{池} = K' + 0.059\ \text{pH}$$

电池电动势与试液的 pH 成线性关系。通过比较包含待测溶液(x)和包含标准缓冲溶液(s)的两个工作电池的电动势就可确定待测溶液的 pH

$$E_\text{x} = K'_\text{x} + 0.059\ \text{pH}_\text{x}$$

$$E_\text{s} = K'_\text{s} + 0.059\ \text{pH}_\text{s}$$

若测定 E_x 和 E_s 的条件完全相同(φ_j 和 φ_a 相同),则 $K'_\text{x} = K'_\text{s}$。两式相减,则

$$E_\text{x} - E_\text{s} = 0.059(\text{pH}_\text{x} - \text{pH}_\text{s})$$

或

$$\text{pH}_\text{x} = \text{pH}_\text{s} + \frac{E_\text{x} - E_\text{s}}{0.059} \quad (25\,^\circ\text{C}) \tag{8-9}$$

该式也称 pH 标度,pH 计就是根据这一原理设计的。

为使测定 E_x 和 E_s 的条件尽可能相同,应该选用 pH 与待测溶液 pH 相近的标准缓冲溶液定位(校准 pH 计),在实验过程中尽可能使溶液的温度恒定。一般测定 pH 可准确到 0.02 pH 单位,相当于 $\pm5\%$ 的 $a(\text{H}^+)$ 不确定性。

2. 离子活(浓)度的测定

用离子选择性电极测定离子活度时是把电极浸入待测溶液,与参比电极组成电池,测量其电动势。该类电池的电动势为离子选择性电极电位与参比电极电位之差

$$E_\text{池} = E_\text{ISE} - E_\text{参}$$

例如使用氟离子选择性电极测定 F^- 活(浓)度时,组成如下电池

$$\text{Hg, Hg}_2\text{Cl}_2 \mid \text{KCl(饱和)} \parallel \text{试液} \mid \text{LaF}_3 \mid \text{NaF, NaCl} \mid \text{AgCl, Ag}$$

$$E_\text{池} = \varphi_\text{ISE} - \varphi_\text{SCE} + \varphi_j = \varphi(\text{AgCl/Ag}) + \varphi_\text{m} - \varphi_\text{SCE} + \varphi_j$$

$$\varphi_\text{m} = K - 0.059\ \lg a(\text{F}^-)$$

则

$$E_\text{池} = K' - 0.059\ \lg a(\text{F}^-)$$

上式表明,工作电池的电动势在一定条件下与待测离子活度的负对数值成线性关系。若测定中活度系数和 pH 不变,则与离子浓度的负对数值成线性关系。

测量方法可分为校准曲线法和标准加入法。

(1) 校准曲线法。在标准溶液和待测试液中加入相同量的总离子强度调节缓冲液(TISAB),以控制离子强度、pH 为定值,并掩蔽干扰离子。例如测定水中氟离子浓度时,加入 TISAB 的组成为:$\text{HAc}(0.25\ \text{mol}\cdot\text{L}^{-1})$-$\text{NaAc}(0.75\ \text{mol}\cdot\text{L}^{-1})$、$\text{NaCl}(1.0\ \text{mol}\cdot\text{L}^{-1})$、柠檬酸钠$(0.001\ \text{mol}\cdot\text{L}^{-1})$,总离子强度 $I = 1.75$,pH $= 5.0$。用同一对电极(氟离子选择性电极为指示电极,甘汞电极为参比电极)测定标准溶液和待测水样的 E 值。以标准溶液的浓度对数值($\lg c$)为横坐标,$E(\text{mV})$ 为纵坐标绘制校准曲线,根据水样的 E 值,可在校准曲线上查出 F^- 的浓度。

(2) 标准加入法。当待测溶液的成分比较复杂,离子强度比较大时适于用此法。设某一试液待测离子浓度为 c_x,体积为 V_0,测得工作电池电动势为 E_1

$$E_1 = K' + \frac{0.059}{n}\ \lg(x_1 \gamma_1 c_\text{x})$$

式中:x_1 是游离离子的分数,γ_1 是活度系数。然后在试液中准确加入一小体积 V_s(约为试液体积的 1%)的待测离子的标准溶液(浓度为 c_s,约为 c_x 的 100 倍),测得工作电池的

电动势为 E_2

$$E_2 = K' + \frac{0.059}{n} \lg(x_2 \gamma_2 c')$$

$$c' = \frac{c_x V_0 + c_s V_s}{V_0 + V_s} \approx c_x + \Delta c$$

式中：x_2 和 γ_2 分别为加入标准溶液后的游离离子分数和活度系数。

由于 $V_s \ll V_0$，因而 $x_2 \approx x_1$，$\gamma_2 \approx \gamma_1$，则

$$E_2 - E_1 = \Delta E = \frac{0.059}{n} \lg\left(1 + \frac{\Delta c}{c_x}\right)$$

令 $S = \frac{0.059}{n}$，则

$$\Delta E = S \lg\left(1 + \frac{\Delta c}{c_x}\right), \quad c_x = \Delta c/(10^{\Delta E/S} - 1)$$

式中：S 为电极的响应斜率，理论值为 0.059 V/n，实际工作中电极的响应斜率略有出入。

在直接电位法中有许多因素影响测定的准确度，如温度、pH、待测离子浓度和电位平衡时间等。应用校准曲线法或标准加入法虽然可以大部分抵消由于液接界电位(E_j)、膜不对称电位(E_a)和活度系数等所带来的不确定性，但不能完全抵消，因此测定的准确度不高。当 $\Delta E = 1$ mV 时，相当于一价离子活度的误差为 ±4%，二价离子则为 ±8%。

8.3.4 电位滴定法

电位滴定法是根据指示电极电位在滴定过程中的变化来确定滴定终点的，电位滴定基本仪器装置如图 8.13。在化学计量点附近，由于被滴定物质浓度发生突变而引起指示电极的电位产生突跃。以测量的电池电动势 E 对滴定剂体积 V 作图，得到滴定曲线，曲线突跃线段的中点所对应的 V 即为滴定终点时消耗滴定剂的体积。若滴定曲线的突跃不明显，则可作 $\partial E/\partial V$ 对 V 的一级微商曲线，曲线上极大值所对应的 V 即为滴定终点时消耗滴定剂的体积。也可作 $\partial^2 E/(\partial V)^2$ 对 V 的二级微商曲线，当 $\partial^2 E/(\partial V)^2 = 0$ 时即为滴定终点。电位滴定中判断终点的方法比用指示剂指示终点的方法更为客观，因此更为准确。电位滴定法可以用于有色的或混浊的溶液以及非水溶液中的滴定，应用非常广泛，只要选择好指示电极和参比电极，就可以进行各类滴定分析。

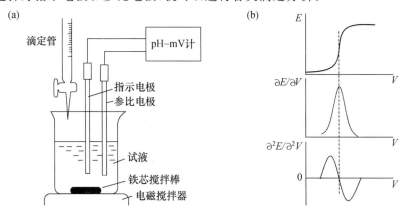

图 8.13　电位滴定基本仪器装置(a)；滴定曲线与导数曲线(b)

1. 酸碱滴定

水溶液中的弱酸或弱碱 cK_a(或 cK_b)$\geqslant 10^{-10}$ 即可用滴定曲线的拐点确定滴定终点。常用 pH 玻璃电极或锑电极等作指示电极,用甘汞电极作参比电极。

2. 沉淀滴定

银电极为指示电极,甘汞电极为参比电极。滴定 Ag^+ 或卤素离子时应用双盐桥甘汞电极,选用 NH_4NO_3 或 KNO_3 作外盐桥溶液。当滴定剂与数种待测离子生成沉淀的溶度积差别相当大时(如 Cl^-、Br^- 和 I^- 的混合物),可以进行连续滴定。

3. 氧化还原滴定

一般以铂(金)电极为指示电极,电极本身不参与氧化还原反应,只起传递电子作用,电极电位取决于溶液中的电对。进行氧化还原滴定的体系中至少要有一个电对是可逆的,MnO_4^-/Mn^{2+}、BrO_3^-/Br^- 电对虽然反应历程较为复杂,属于不可逆电对,但它们用作滴定剂时能得到明显的电位突跃,也看作可逆电对。参比电极常用饱和甘汞电极或钨电极。

4. 络合滴定

以 EDTA 为滴定剂的络合滴定法应用最广泛,只要求 $\lg(cK)\geqslant 3.7$。一般用汞电极作指示电极可测多种金属离子,但使用不太方便,且污染环境。现在可用已经商品化的各种离子选择性电极,如 Ca^{2+} 电极、Cu^{2+} 电极等。

电位滴定法还可用以测定一些化学常数,如酸(碱)的离解常数、络合物的稳定常数和溶度积等。电位分析法在环境监测、生化分析、临床检验等领域有着广泛的应用。

8.4　色　谱　法

色谱法广泛用于复杂混合物的分离和分析,在医药卫生、环境保护、生物化学等领域中已成为经常使用的高效的分离分析方法。如果与有关仪器结合,可组成各种自动的分离分析并进行结构鉴定的仪器。色谱法按照流动相的不同可分为气相色谱法和液相色谱法。

8.4.1　气相色谱法

气相色谱法(gas chromatography,GC)是一种以气体为流动相的柱色谱分离分析方法。气相色谱法的特点可以概括为高分离效能、高选择性、高灵敏度、快速,而且还可用于制备高纯物质。气相色谱法能分离性质极相近的物质如同位素和同分异构体,以及组成极复杂的混合物如石油等;所需试样量很少,灵敏度极高,其检测下限可达 $10^{-12}\sim 10^{-14}$ g;完成一个分析周期只需几分钟到几十分钟,操作非常方便。在仪器允许的气化条件下($<450℃$),能够气化且热稳定性好、相对分子质量在 1000 以下的气体或液体、无机物或有机物,都可用气相色谱法分析。

1. 气相色谱仪

气相色谱仪的种类和型号较多,但都是由气路系统、进样系统、色谱柱、温度控制系统、检测器和记录仪等部分组成,见图 8.14。

(1)气路系统

气相色谱仪主要有两种气路形式:单柱单气路适用于恒温分析;双柱双气路适用于程序升温,并能补偿固定液的流失和使基线稳定,目前多数气相色谱仪属于这种类型。气相色谱常用的载气为氮气、氢气、氦气和氩气,载气的选择主要由检测器及分离要求所

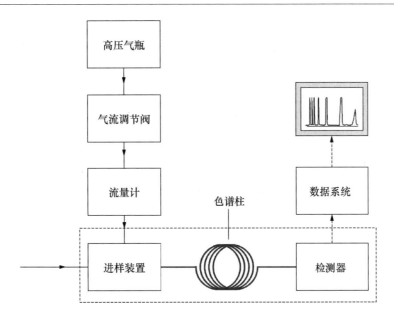

图 8.14 气相色谱流程示意图

决定。载气进入色谱柱前必须经过净化处理以除去烃类杂质、水分、氧气。净化剂主要有活性炭、硅胶和分子筛等。由于载气流速的变化会引起检测灵敏度的变化及影响分析的结果,因此,一般采用稳压阀、稳流阀或自动流量控制装置,以确保流量恒定。

（2）进样系统

进样系统包括进样装置和气化室。液体样品的进样通常采用微量注射器,气体样品的进样通常采用医用注射器或六通阀(图 8.15),进样在 1 s 内完成。气化室由绕有加热丝的金属块制成,热容量要大,温度要足够高,以保证样品能够瞬间全部气化。进样量和进样速度会影响色谱柱效率。进样量过大造成色谱柱超负荷,进样速度慢会使色谱峰加宽,影响分离效果。

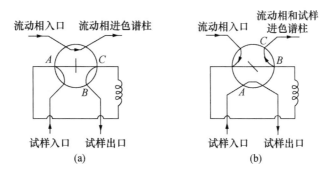

图 8.15 旋转式六通阀

（3）色谱柱

色谱柱是色谱仪的心脏,安装在温控的柱室内。色谱柱有填充柱和毛细管柱两大类。填充柱用不锈钢或玻璃等材料制成,根据分析要求填充合适的固定相。毛细管柱用玻璃或石英制成,其固定相涂布在毛细管内壁,或使某些固定相通过化学反应键合在管壁的,称开管柱;将固定相先装入玻璃或石英管,再拉制成毛细管的,称毛细管填充柱。

色谱柱的分离效果除与柱长、柱径和柱形有关外,还受到所选用的固定相和柱填料的制备技术以及操作条件等许多因素的影响。

(4) 温度控制系统

温度控制系统用于设置、控制和测量气化室、柱室和检测室三处的温度。气化室温度应使试样瞬间气化但又不分解;柱室温控方式有恒温和程序升温两种,对于沸点范围很宽的混合物,采用程序升温法可改善分离效果,缩短分析时间;检测室温度的波动影响检测器(火焰离子化检测器除外)的灵敏度和稳定性,温控精度要求优于 $\pm 0.1℃$。通常检测室的温度应比柱温高几十度。

(5) 检测器

检测器是一种将载气中被测组分的浓度或质量转换为测量信号的装置。气相色谱检测器约有十几种,其中常用的通用性检测器有热导检测器和火焰离子化检测器,选择性检测器有电子捕获检测器和火焰光度检测器等。

① 热导检测器。热导检测器是一种浓度型检测器,其结构简单,灵敏度适中,稳定性好,线性范围宽,对可挥发的无机物和有机物均有响应,是应用最广泛的检测器之一。

热导池由池体和热敏元件组成,基于不同的气体具有不同的热导系数而产生信号差别并输出。目前普遍采用以四根热丝作热敏元件的四臂热导池。如图 8.16 所示,将参比臂和测量臂接入 Wheatstone(惠斯通)电桥,由恒定的电流加热,组成热导池测量电路。R_2、R_3 为参比臂电阻,R_1、R_4 为测量臂电阻,其中 $R_1 = R_2$,$R_3 = R_4$。当载气以恒定速率通入时,池内产生的热量与被载气带走的热量建立热的动态平衡,即 $R_1 R_4 = R_2 R_3$。根据电桥原理,此时 A、B 两点间电位差为零,无信号输出。进样后,载气和式样的混合气体进入测量臂,由于混合气体的热导系数与载气不同,改变了测量臂中的热传导条件,使测量臂温度发生变化,测量臂热丝的电阻值随之发生变化,于是参比臂热丝与测量臂热丝的电阻值不相等,电桥不平衡,输出一定信号。在检测器的线性范围内,热导池检测器的响应信号与被测组分浓度成正比。

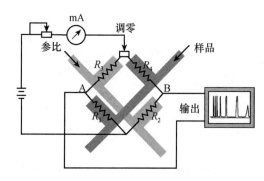

图 8.16　热导池测量原理

载气与试样的热导系数相差越大,检测的灵敏度越高。有机物蒸气的热导系数一般都较小,所以应选择热导系数大的 H_2(或 He)作载气。

② 火焰离子化检测器。火焰离子化检测器一般较热导检测器的灵敏度高 3 个数量级,检出限低,可达 10^{-12} $g \cdot s^{-1}$。火焰离子化检测器由离子室、离子头及气体供应三部分组成。离子室为一金属圆筒,一般用不锈钢制成。离子头包括喷嘴、发射极(极化极)和收集极,两极间施以恒定的电压,使离子在发射极和收集极之间作定向流动而形成电流。

在一定范围内响应信号与单位时间内进入火焰组分的质量成正比,所以火焰离子化检测器是质量型检测器。火焰离子化检测器只对电离能低于 H_2 的有机物(占有机物的绝大多数)产生响应,而对无机化合物、永久性气体和水基本上都无响应,所以它很适合于水和大气中痕量有机物的分析。

③ 电子捕获检测器。电子捕获检测器是一种只对具有电负性的物质(如含有卤素、硫、磷、硝基的物质)有响应的浓度型检测器。电负性越强,灵敏度越高,检出限约 10^{-14} g·mL^{-1}。

检测器内腔有两个电极和筒状的 β 放射源。在 β 射线的轰击下,载气(N_2 或 Ar)发生电离,产生大量电子,可获得 nA 级的基流,而当含有电负性基团的有机化合物进入检测器时,即捕获池内电子,使基流下降,产生负峰。载气中组分浓度越大,倒峰越大。

电子捕获检测器已广泛应用于农药残留量、大气及水质污染分析,以及生物化学、医学、药物学和环境监测等领域中。

④ 火焰光度检测器。火焰光度检测器对硫、磷化合物有高选择性和高灵敏度,因此也叫硫磷检测器,检测器主要由火焰喷嘴、滤光片和光电倍增管三部分组成。当硫、磷化合物在富氢-空气焰中燃烧时,将发射出不同波长的特征光。硫化物的最大发射波长为 394 nm,磷化物为 526 nm。发射光经相应的滤光片后由光电倍增管检测。

2. 气相色谱分离操作条件的选择

一台色谱仪能够分析多种性质不同的样品,关键问题在于正确地选择固定相、载气和色谱柱操作条件。

(1) 载气及流速。载气的选择首先应根据所用的检测器类型,如热导检测器要用氢气或氦气,火焰离子化检测器需用氮气和氢气。在最佳线速时柱效最高,但分析速度较慢,为了缩短分析时间,可适当提高载气流量,一般流量选在 20~80 mL·min^{-1}。

(2) 进样量的控制。进样量与柱容量、固定液配比及仪器的线性响应范围有关。柱径越粗,固定液配比越高,允许进样量越大。最大允许进样量应在半峰宽不变的前提下,峰高与进样量呈线性关系的范围之内。

(3) 温度控制。柱温的选择受试样沸点的限制。例如气体或气态烃,柱温可选在室温;简单的样品最好用恒温分析,以缩短分析周期;对于沸点范围较宽的试样,则宜采用程序升温。柱温的选择应使难分离的两组分达到预期的分离效果,峰形正常而又不太延长分析时间。气化室的温度一般较柱温高 30~70℃,达到试样沸点或稍高于试样沸点。但热稳定性较差的试样,气化温度不宜过高,以防试样分解。

(4) 色谱柱的选择。色谱柱主要有两种,一种是内装固定相的填充柱,另一种是内壁涂固定液的毛细管柱。毛细管柱因阻力小,可做得很长,一般为 20~100 m。分析速度较快,分离效能很高,因而对内涂固定液的选择较简单,只要有几根不同极性固定液的毛细管柱,就可解决一般的分析问题。但毛细管柱的制备和分析操作较复杂。

填充柱可分为气固色谱柱和气液色谱柱两类。气固色谱柱中的固定相是多孔性的固体吸附剂,基于固体吸附剂对试样中各组分的吸附能力不同而进行分离;气液色谱柱的固定相是由载体(支持固定液的惰性多孔固体物质)表面涂渍或键合固定液(高沸点的有机物)所组成,基于固定液对试样中各组分的溶解度不同而实现分离。

组分在固定相和流动相间发生的吸附、脱附,或溶解、挥发过程叫作分配过程。在一定温度下,组分在两相间分配达到平衡的浓度(g·mL^{-1})之比称为分配系数。试样中各组分在两相中经过反复多次的分配,使分配系数仅有微小差异的各组分能够彼此分离。

当试样一定时,组分的分配系数主要取决于固定相的性质。

① 固体吸附剂。固体吸附剂适于分离永久性气体和低沸点烃类。对固体吸附剂的要求是吸附容量大、热稳定性好、在使用温度下不产生催化活性。常用的固体吸附剂有活性炭、氧化铝、硅胶、分子筛、高分子多孔微球等。所有固体吸附剂使用前均需进行活化处理。

② 载体。载体是一种化学惰性的、多孔性的固体微粒。能提供较大的惰性表面,使固定液以液膜状态均匀地分布在其表面。载体应热稳定性好,无催化活性、孔径均匀适当、比表面积大以及有一定的机械强度,不易破碎。常用载体有硅藻土(红色载体和白色载体)和非硅藻土(玻璃微球载体、聚四氟乙烯载体和高分子多孔微球)两类,硅藻土型应用较广泛。

③ 固定液。理想的固定液应该沸点高、挥发性小、热稳定性和化学稳定性好、对试样中各组分有适当的溶解能力、选择性好。可供选择的固定液已有几百种,以相对极性表示各种固定液的极性大小。规定 β,β'-氧二丙腈的相对极性为 100,角鲨烷的相对极性为零,其他各种固定液的相对极性在 $0\sim100$ 之间。选择固定液的原则是"相似相溶"。

分离非极性组分时一般选用非极性固定液,试样中各组分按沸点从低到高的次序流出色谱柱;分离极性组分时选用极性固定液,各组分按极性从小到大的顺序流出色谱柱;分离非极性和极性的混合物一般选用极性固定液,非极性组分先出峰,极性组分后出峰;对于能形成氢键的组分,如醇、胺和水等的分离,一般选择极性或氢键型的固定液,这时试样中各组分根据与固定液形成氢键能力大小先后流出,不易形成氢键的先流出;对于复杂的难分离组分,常采用特殊的固定液或两种以上的固定液配成的混合固定液,将极性调整到分离所需要的范围。原则是使样品中难分离的物质对得到较好分离。

固定液用量应以能均匀覆盖载体表面形成薄的液膜为宜。各种载体表面积大小不同,固定液配比也不同,一般在 $5\%\sim25\%$ 之间。低的固定液配比,柱效能高,分析速度快,但允许的进样量小。

3. 色谱流出曲线

色谱洗脱分离后,各组分的浓度(质量)经检测器转换成电信号输出,得到一条信号随时间变化的曲线,也即组分浓度(质量)随时间变化的曲线,称为色谱图或色谱流出曲线。在一定的进样量范围内,色谱峰遵循正态分布,它是色谱定性、定量和评价色谱分离情况的基本依据。典型的色谱图如图 8.17 所示。

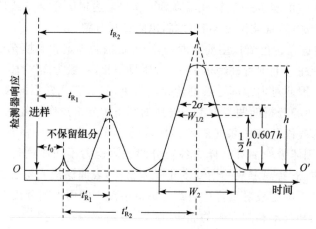

图 8.17　色谱流出曲线图

(1) 基线

只有载气通过检测器时响应信号的记录即为基线。在实验条件稳定时,基线是一条水平直线,如图中 $O—O'$ 线。

(2) 保留值

表示试样中各组分在色谱柱内停留的情况。通常用时间或相应的载气体积来表示。下面给出常见保留值的定义及符号。

① 保留时间 t_R,试样中某组分从进样到出现峰值所经过的时间;保留体积 $V_R = t_R F_c$(F_c 为扣除饱和水蒸气压并经温度校正后的色谱柱出口处载气流速)。

② 死时间 t_0,不与固定相作用的物质从进样到出现峰值所需的时间;死体积 $V_0 = t_0 F_c$。

③ 调整保留时间 $t'_R = t_R - t_0$,调整保留体积 $V'_R = V_R - V_0 = t'_R F_c$。

④ 相对保留值 $r_{21} = t'_{R_2} / t'_{R_1} = V'_{R_2} / V'_{R_1}$。相对保留值只与柱温及固定液性质有关,与其他色谱操作条件无关,它表示了色谱柱对这两种组分的选择性,又称选择因子,广泛用作定性的依据。

(3) 区域宽度

即色谱峰宽度,有下面 3 种表示方法。

① 标准差 σ:当色谱的峰形对称且符合正态分布时,在 0.607 倍峰高处的色谱峰宽度的一半。

② 半峰宽 $W_{1/2}$:1/2 色谱峰高处的宽度。半峰宽和标准差的关系为 $W_{1/2} = 2.354\sigma$。

③ 峰底宽 W:从色谱峰两侧拐点所作的切线与基线交点之间的距离 $W = 4\sigma$。

4. 色谱柱效能

色谱柱的分离效能常根据一对难分离组分的分离情况来判断,用分离度 R(也称分辨率)作为柱的总分离效能指标。

$$R = \frac{t_{R_2} - t_{R_1}}{(W_2 + W_1)/2} \tag{8-10}$$

当两峰等高、峰形对称且符合正态分布时,从理论上可以证明:若 $R=1.0$,两组分分离程度为 98%;若 $R=1.5$,分离程度达 99.7%。因而可用 $R=1.5$ 作为相邻两峰完全分开的标志。对分离度的要求可根据分析目的而定。在一般定量分析中,$R=1.0$ 已可满足要求。但对于制备色谱,为了保证纯度,要求分离度足够大。在峰形不对称或两峰有重叠时,基线宽度难以测定,分离度可用半峰宽表示:

$$R' = \frac{t_{R_2} - t_{R_1}}{W_{\frac{1}{2}(2)} + W_{\frac{1}{2}(1)}}, \quad R \approx 1.2R' \tag{8-11}$$

色谱分离是一个非常复杂的过程。它是色谱体系热力学和动力学过程的综合表现。这一过程可用塔板理论和速率理论加以描述。

塔板理论认为色谱柱可比作分馏塔,将色谱柱假想成由许多层塔板构成。若色谱柱长为 L,塔板间距离(理论塔板高度)为 H,色谱柱的理论塔板数为 n,则

$$n = L/H \tag{8-12a}$$

则有效理论塔板高度

$$H_{eff} = L/n_{eff} \tag{8-12b}$$

显然,在一定长度的色谱柱内,有效塔板高度 H_{eff} 越小,有效塔板数 n_{eff} 越大,组分被

分配的次数越多,柱效越高,所得色谱峰越窄,对分离有利。但它不能表示被分离组分实际分离的效果,因为如果两组分在同一色谱柱上分配系数相同,则无论 n 多大也无法将两组分分离。由于不同物质在同一色谱柱上分配系数不同,因此在用塔板数或塔板高度表示柱效能时,必须指明是对什么物质而言。理论塔板数大于 50 时,就可得到基本对称的色谱峰,一般气相色谱柱的 n 约为 $10^3 \sim 10^6$,因而色谱峰趋于正态分布曲线。

速率理论概括了影响柱效能的因素。速率理论方程式为

$$H = A + B/u + Cu \tag{8-13}$$

式中:u 为载气的线速率($cm \cdot s^{-1}$);A 为涡流扩散项,正比于填充物的平均颗粒直径和固定相的填充不均匀因子;B/u 称为分子扩散项,B 正比于组分分子在柱内纵向扩散路径的弯曲程度及在气相中的扩散系数,采用摩尔质量大的载气可使 B 值减小,载气流速(u)小增加分子扩散程度;Cu 为传质阻力项,包括气相传质阻力 C_g 和液相传质阻力 C_L。采用粒度小的填充物和摩尔质量小的载气可减小 C_g,固定液的液膜厚度小,C_L 小。载气流速(u)大时,传质阻力大。

总之,组分在柱内运行的多途径,浓度梯度造成的分子扩散和组分在气液两相质量传递时不能瞬间达到平衡,是造成色谱峰变宽、柱效能下降的原因。

若假定相邻两峰的峰底宽相等,则可推导出分离度 R、柱效能(n 或 H)和选择因子 r_{21} 之间的关系如下

$$R = \frac{2(t_{R_2} - t_{R_1})}{W_1 + W_2} = \left(\frac{t'_{R_2} - t'_{R_1}}{W_2} \right), \quad W_2 = \frac{t'_{R_2} - t'_{R_1}}{R} \tag{8-14}$$

$$n_{eff} = 16 \left(\frac{t'_{R_2}}{W_2} \right)^2 = 16 \left(\frac{t'_{R_2} R}{t'_{R_2} - t'_{R_1}} \right)^2 = 16R^2 \left(\frac{r_{21}}{r_{21} - 1} \right)^2 \tag{8-15}$$

$$R = \frac{\sqrt{n_{eff}}}{4} \left(\frac{r_{21} - 1}{r_{21}} \right) \tag{8-16}$$

$$L = 16 R^2 \left(\frac{r_{21}}{r_{21} - 1} \right)^2 H_{eff} \tag{8-17}$$

【例 8.2】 假设有一物质对,其 $r_{21} = 1.15$,要在填充柱上得到完全分离($R = 1.5$),所需有效理论塔板数 n 为多少?若普通柱的有效理论塔板高度约为 0.1 cm,所需柱长 L 为多少?

解　　　　　　　$n_{eff} = 16 \times 1.5^2 \times \left(\frac{1.15}{1.15 - 1} \right)^2 = 2112$

$$L = n_{eff} H_{eff} = 2112 \times 0.1 \text{ cm} \approx 2 \text{ m}$$

【例 8.3】 用一根 3 m 长的填充柱分离组分 A、B,从流出曲线得出,t_0 为 1.0 min,$t_{R(A)} = 14.0$ min,$t_{R(B)} = 17.0$ min,$W_A = W_B = 1.0$ min,为了得到 1.5 的分离度,柱子长度最短需多少?

解　　　　　　　$L = 16R^2 \left(\frac{r_{21}}{r_{21} - 1} \right)^2 H_{eff}$

当色谱柱和操作条件不变时,r_{21} 和 H 均为定值,柱长 L 与分离度 R^2 成正比。

因此　　　　　　$L_2 / L_1 = R_1^2 / R_2^2$

$$R_1 = (t'_{R_B} - t'_{R_A}) / W_B = (16.0 - 13.0) / 1.0 = 3.0$$

$$L_2 = L_1 R_2^2 / R_1^2 = 3.0 \text{ m} \times 1.5^2 / 3.0^2 = 0.75 \text{ m}$$

5. 气相色谱定性鉴定方法

定性分析的目的是确定试样的组成,即确定每个色谱峰各代表什么组分。常用的定

性方法是与标准物质或文献值比较的方法。色谱法的定性能力总的说来是比较弱的,但将色谱法的强分离能力与质谱、红外光谱等的强鉴定能力相结合,则是目前解决复杂混合物中未知物定性的最有效的方法。

(1) 利用纯物质对照的定性鉴定

在相同操作条件下,如待测组分的保留值与某纯物质的保留值相同,可初步认为它们属于同一物质。当相邻两组分的保留值接近,且操作条件不易控制稳定时,可将纯物质加到试样中,如果某一组分的峰高增加,表示该组分可能与加入的纯物质相同。

由于两种不同组分在同一根色谱柱上可能具有相同的保留值,而在不同极性固定液的色谱柱上仍获得相同保留值的可能很小,因此采用"双柱定性法"较为可靠。

利用纯物质对照的方法简单易行,但需对试样组成有初步了解,并需有对照用的纯物质。

(2) 利用文献保留值的定性鉴定

① 利用相对保留值。各种组分在某种固定液中对某一标准物质的相对保留值可从文献上查到。在使用文献数据时,要注意使实验测定时所使用的固定液及柱温和文献记载的保持一致。

② 利用文献保留指数或保留值经验规律(如碳数规律、沸点规律等)。

6. 气相色谱定量测定方法

在一定操作条件下,检测器的响应信号(峰面积 A_i 或峰高 h_i)与进入检测器的组分量(质量 m_i 或浓度 c_i)成正比,可表示为 $m_i = f_i A_i$。这就是色谱定量测定的依据,式中 f_i 为定量校正因子。峰面积大小不易受操作条件影响,因而更适宜作为定量分析的参数。

(1) 峰面积测量

现代色谱仪中一般都装有准确测量色谱峰面积的电学积分仪。如果没有积分装置,可采用如下测量方法。

① 峰高乘半峰宽法。对于不太窄的对称峰,峰面积 $A_i = 1.065 h W_{1/2}$。式中:A_i 为峰面积(cm^2),h 为峰高(cm),$W_{1/2}$ 为半峰宽(cm)。在作相对计算时,1.065 可略去。

② 峰高乘平均峰宽法。对于不对称峰,在峰高 0.15 和 0.85 处分别测出峰宽,取平均值得平均峰宽,$A_i = 1.065 h (W_{0.15} + W_{0.85})/2$。

(2) 定量校正因子

因检测器对不同物质的响应值不同,故相同质量的不同物质产生的峰面积不同,因而不能直接用峰面积计算含量。

① 绝对校正因子 $f_i = \dfrac{m_i}{A_i}$,表示单位峰面积(或其他信号)所代表的组分量。与检测器性能、组分和操作条件有关。

② 相对校正因子 $f_i' = \dfrac{f_i}{f_s} = \dfrac{m_i/A_i}{m_s/A_s} = \dfrac{m_i A_s}{m_s A_i}$,即组分与标准物质的绝对校正因子之比。该值可从文献查到,也可自行测定。质量校正因子的测定方法是:准确称取一定量的待测组分的纯物质(m_i)和标准物质的纯物质(m_s),混合后,取一定量(在检测器响应的线性范围内)在实验条件下经色谱柱分离,分别测量峰面积 A_i、A_s,由上式计算出 f_i'。

相对校正因子与组分和标准物质的性质及检测器类型有关,与操作条件无关。文献中的相对校正因子常用苯(对热导检测器)或庚烷(对氢焰离子化检测器)作标准物。

（3）几种常用的定量方法

① 归一化法。当试样中所有组分都能流出色谱柱,在色谱图上都显示色谱峰且定量可测时,可用此法计算各组分含量

$$w(i)=\frac{m_i}{m}=\frac{m_i}{m_1+m_2+\cdots+m_n}=\frac{A_if_i'}{A_1f_1'+A_2f_2'+\cdots+A_nf_n'}\times100\%\qquad(8\text{-}18\text{a})$$

当测量参数为峰高时,也可用峰高归一化法

$$w(i)=\frac{f_i''h_i}{\sum_{i=1}^{n}f_i^nh_i}\times100\%\qquad(8\text{-}18\text{b})$$

② 内标法。当试样中组分不能全部出峰,或者各组分含量悬殊,或仅需测定其中某个或某几个组分时,可用此法。

具体做法是准确称取一定量试样,加入一定量的选定的标准物(称内标物),根据内标物和试样的质量以及色谱图上相应的峰面积计算待测组分含量

$$w(i)=\frac{m_i}{m}=\frac{m_i}{m_s}\cdot\frac{m_s}{m}=\frac{A_if_i'}{A_sf_s'}\cdot\frac{m_s}{m}\qquad(8\text{-}19)$$

在测定相对校正因子时,常以内标物本身作为标准物质,则 $f_s'=1$。内标物应是试样中不存在的纯物质,加入的量应接近待测组分的量。内标物的色谱峰应位于待测组分色谱峰附近或几个待测组分色谱峰的中间。

③ 校准曲线法。校准曲线法要求操作条件稳定,进样重复性好。此法适用于样品的色谱图中无内标峰可插入,或找不到合适的内标物的情况。

【例 8.4】 色谱法测定粗蒽样品中蒽含量,以吡嗪为内标。称取试样 0.130 g,加入内标吡嗪 0.0401 g。测得蒽峰高 51.6 mm,吡嗪峰高 57.9 mm。已知 $f_i''=1.27$, $f_s''=1.00$,求 $w(蒽)$。

解　用峰高内标法进行定量

$$w(蒽)=\frac{m_i}{m}=\frac{m_i}{m_s}\cdot\frac{m_s}{m}=\frac{h_if_i''}{h_sf_s^n}\cdot\frac{m_s}{m}=\frac{51.6\text{ mm}\times1.27\times0.0401}{57.9\text{ mm}\times1.00\times0.130}\times100\%=34.9\%$$

8.4.2　高效液相色谱法

高效液相色谱法(high performance liquid chromatography,HPLC)由于采用高压输液设备和高灵敏度的检测器,其分析速度和灵敏度都远远高于经典液相色谱法,最小检测量可达 $10^{-9}\sim10^{-11}$ g,分析时间一般少于 1 h。目前 80% 的有机化合物,包括高沸点、热稳定性差、摩尔质量大的物质,生理活性物质以及生物大分子都能用高效液相色谱法分析,如核酸、肽类、人体代谢产物、药物、除莠剂和杀虫剂等的分析。

1. 高效液相色谱仪

高效液相色谱仪一般分为 4 个主要部分:高压输液系统、进样系统、分离系统和检测系统。此外,还配有辅助装置,如梯度淋洗、自动进样及数据处理等。

（1）高压输液系统。HPLC 法所用的固定相颗粒极细,对流动相阻力很大,必须配备高压输液系统才能使流动相以较快速度流动。它是高效液相色谱仪最重要的部件,由储液罐、高压输液泵、过滤器、压力脉动阻力器组成。高压输液泵是核心部件,应符合密封性好,输出流量恒定,压力平稳,可调范围宽,便于迅速更换溶剂及耐腐蚀等要求。

（2）进样系统。高效液相色谱柱比气相色谱柱短得多（约 5～30 cm），所以由色谱柱外的因素所引起的峰展宽较突出，包括进样系统、连接管道以及检测中存在死体积。目前多采用六通阀进样，进样可由定量管的体积严格控制，因此进样准确，重复性好，适于定量分析。

（3）分离系统（色谱柱）。色谱柱一般由不锈钢主管填充固定相构成，内径 4～5 mm，柱长 5～30 cm。为防止固定相损失，保证分离柱性能不受影响，一般在分离柱前配有前置柱。

（4）检测系统。液相色谱中有两种基本类型的检测器：一类是溶质性检测器，仅对被分离组分的物理或化学特性有响应，如紫外-可见吸收、荧光、电化学检测器；另一类是总体检测器，对试样和洗脱液总的物理或化学性质有响应，如折光、电导及蒸发光散射（此处不作介绍）检测器等。

① 紫外-可见吸收检测器和光电二极管阵列检测器。紫外-可见吸收检测器是 HPLC 中应用最广的一种检测器，适用于对紫外光（或可见光）有吸收的样品的检测。固定波长检测器采用汞灯的 254 nm 或 280 nm 谱线检测，许多有机官能团可吸收这些波长的光；分光光度检测器可将光辐射波长调至试样组分的吸收峰处，应用范围更广。光电二极管阵列检测器由 2048 个或更多的光电二极管组成阵列，其检测原理与紫外-可见分光光度检测器原理相同。光源的光经过样品池后由一个全息光栅色散，得到吸收后的全光谱，由光电二极管阵列器检测。

② 荧光检测器。荧光检测器用于具有荧光性能的物质的检测，其灵敏度比紫外-可见吸收检测器高出 2～3 个数量级，检出限可达 $10^{-12} \sim 10^{-13}$ g·mL^{-1}。

③ 折光检测器（或示差折光检测器）。折光检测器根据溶液折射率的变化进行检测。几乎每种物质都有其不同的折射率，浓度不同时折射率不同，因此折光检测器更通用。但其缺点是对温度变化敏感，并且不能用于梯度淋洗。因为由改变溶剂所引起的折射率改变，会远大于样品所产生的信号而导致无法测定。

④ 电化学检测器。电化学检测器包括 4 种类型：介电型、电导型、电位型和安培型。其中电导型检测器应用较多，基于物质电离后产生的电导率变化来测量电离物质的含量，主要用于离子型化合物浓度的测定。

2. 高效液相色谱法的分类

根据分离机理不同（固定相不同）可分为以下几种类型。

（1）液-固吸附色谱法。固定相是硅胶、氧化铝、聚酰胺等固体吸附剂。由于固定相对各组分吸附能力不同而将它们分离。具有不同种类和不同数目基团的化合物具有不同的吸附特性。液固吸附色谱适宜于分离不同类型的化合物和异构体，而不适宜于分离同系物，因为它对相对分子质量的选择性较差。

（2）液-液分配色谱法。固定相是由固定液涂渍或键合在惰性载体上而成。由于组分在固定相和流动相中分配系数的差别而得以分离。分配色谱中最常用的载体是硅胶和氧化铝，常用的固定液只有极性不同的几种，如 β,β'-氧二丙腈、聚乙二醇、十八烷和角鲨烷等。根据固定相和流动相的极性不同，液液色谱可分为正相和反相分配色谱。若流动相的极性小于固定相的极性，称为正相分配色谱，适用于极性化合物的分离，极性小的先流出，极性大的后流出；反之，流动相的极性大于固定相的，称为反相分配色谱，适用于非极性化合物的分离，其流出顺序相反。

液-液色谱法是分离性质相近物质的有力工具。例如分离水解蛋白质所生成的各种氨基酸、分离脂肪酸同系物等。

（3）离子交换色谱法。固定相是离子交换树脂。树脂上的活性基团与流动相中具有相同电荷的离子进行可逆交换，各种离子根据交换亲和力的不同而得以分离。凡是在溶液中能以离子形式存在的物质（例如氨基酸、核酸、蛋白质）通常都可用离子交换色谱法分离。流动相常常是水溶液。

（4）凝胶色谱法。也称空间排阻色谱或尺寸排阻色谱。凝胶色谱的固定相凝胶是多孔性的聚合材料，具有直径为几十至几百纳米的孔穴。小分子可以渗透到孔穴内部，大分子则被排阻在孔穴之外，因而先后被洗脱下来，使试样中各组分按分子大小的顺序得以分离。根据凝胶的交联程度和含水量的不同而分为软胶、半硬胶和硬胶三种。用水溶液作流动相的叫凝胶过滤色谱，用有机溶剂作流动相的叫凝胶渗透色谱。

（5）亲和色谱法。利用生物大分子和固定相表面存在某种特异性亲和力进行选择性分离。通常是在载体的表面先键合一种具有一般反应性能的所谓间隔臂（如环氧、联氨等），再连接上配基（如酶、抗原或激素等）。混合物通过柱子时，能和这种固载化的配基具有专一性作用的生物大分子则被吸附保留在柱上，与其他组分分离。然后通过改变流动相的 pH 和组成，降低亲和物与配基的结合力，将其洗脱下来。

8.4.3　毛细管电泳法

电泳与色谱的分离机理有所不同，但分离过程和仪器构成均与色谱法相似，理论处理的基础也有类似之处。电泳是依据带电组分在电场中的差速迁移实现分离的，分离效率常常高于色谱法。毛细管电泳法是以电渗流为驱动力，以毛细管为分离通道，依据样品中组分之间淌度和分配行为上的差异而实现分离的一种液相微分离技术。电渗流是指毛细管内壁表面电荷所引起的管内液体的整体流动，来源于外加电场对管壁溶液电双层的作用。毛细管电泳既能分析有机和无机小分子，又能分析多肽、核酸和蛋白质等生物大分子；既能用于带电离子的分离，又能用于中性分子的测定；非常适用于复杂混合物的分离分析和药物对映异构体的纯度测定；样品用量少，检出限低，为单分子的检测提供了可能。毛细管电泳仪器构造简单，只需要一个高压电源、一个检测器和一根毛细管就可组成一台简单的仪器。因为分离介质多为水相，且产生的废液量很少，因此对环境影响很小，符合绿色化学的要求。

8.5　质　谱　法

质谱法（mass spectrometry，MS）是通过将样品转化为运动的气态离子并在电场或磁场的作用下按质荷比（m/z）大小在空间或时间上进行分离记录的分析方法。所得结果即为相对强度与质荷比关系的质谱图（亦称质谱，mass spectrum）。根据质谱图提供的信息，可以进行多种有机物、无机物的定性和定量分析、复杂化合物的结构分析、样品中各种同位素比的测定及固体表面结构和组成分析等。

8.5.1　质谱仪的工作原理

质谱仪是用一定能量使待测物质离子化，利用电磁学原理，使带电的样品离子按质荷比进行分离和检测的装置。典型的方式是将样品分子离子化后经加速进入磁场中，其

动能与加速电压及电荷 z 有关,即

$$zeU = \frac{1}{2}mv^2 \tag{8-20}$$

式中:z 为电荷数,e 为元电荷($e=1.60\times10^{-19}$ C),U 为加速电压,m 为离子的质量,v 为离子被加速后的运动速率。具有速率 v 的带电粒子进入质量分析器的电磁场中,根据所选择的分离方式,最终实现各种离子按 m/z 进行分离。

8.5.2 质谱仪的主要性能指标

1. 质量测定范围

质谱仪的质量测定范围表示质谱仪所能够进行分析的样品的相对原子质量(或相对分子质量)范围。通常采用原子质量单位(unified atomic mass unit,符号 u)表示原子或分子质量。原子质量单位是由 ^{12}C 来定义的,即一个处于基态的 ^{12}C 中性原子的质量的 $1/12$。

$$1\ u = 1.66054\times10^{-27}\ kg$$

1 u 常被称作 1 道尔顿(Da),尽管 Da 不是国际标准单位,但已被广泛使用。一般高分辨质谱精度可达到小数点后第 3 位或第 4 位。而在非精确测量的场合,常采用原子核中所含质子和中子的总数即"质量数"来表示质量的大小,其数值等于其相关量数的整数。无机质谱仪,一般质量数测定范围在 $2\sim250$,而有机质谱仪一般可达到数千。通过多电荷技术等方法,现代质谱仪甚至可以研究相对分子质量达几十万的生化样品。

2. 分辨本领

分辨本领是指质谱仪分开相邻质量数离子的能力,主要受下列因素影响:磁式离子通道的半径或离子通道长度;加速器与收集器狭缝宽度或离子脉冲;离子源的性质。

其分辨率

$$R = \frac{m_1}{\Delta m} = \frac{m_1}{m_2 - m_1} \tag{8-21}$$

式中:m_1、m_2 为相邻两峰的标称质量数,且 $m_1 < m_2$,故在两峰质量数相差越小时,要求仪器分辨率越大。

实际工作中,可任选一单峰,测量其峰高 5% 处的峰宽即可当作上式中的 Δm。此时分辨率定义为

$$R = \frac{m}{W_{0.05}} \tag{8-22}$$

如果该峰是高斯型的,上述两式计算结果是一样的。

8.5.3 质谱仪的基本结构

质谱仪是通过对样品离子化后产生的不同 m/z 的离子来进行分离分析的。质谱仪需有进样系统、离子化系统、质量分析器、检测系统和数据处理系统。图 8.18 为质谱仪构造框图。

进行质谱分析的一般过程是:通过合适的进样装置将样品引入到离子源进行离子化,然后离子经过适当的加速后进入质量分析器,按不同的 m/z 进行分离。然后到达检测器,产生不同的信号而进行分析。

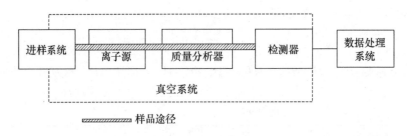

图 8.18　质谱仪构造框图

为了获得对离子的良好分析结果,凡有样品分子及离子存在和通过的地方,必须处于真空状态,特别是,质谱仪离子产生及经过的系统必须保持高真空(离子源真空度应达 $1.3 \times 10^{-4} \sim 1.3 \times 10^{-5}$ Pa,质量分析器中应达 1.3×10^{-6} Pa)。若真空度过低,则可能造成本底增高、副反应过多,从而使图谱复杂化,以及诸如离子源灯丝损坏、干扰离子源的调节、加速极放电等仪器问题。大气压解吸附离子源可在大气压中将样品离子化进入质量分析器。

进样系统的功能是高效重复地将样品引入到离子源中并且不能造成真空度的降低。目前常用的进样装置有三种类型:间歇式进样系统,用于气体、液体和中等蒸气压的固体样品;直接探针进样系统,用于非挥发性液体、固体试样;色谱进样系统,用于色谱-质谱联用。

质谱仪常用的检测器有 Faraday 杯、电子倍增器及闪烁技术器等,早期质谱仪也曾使用照相底片作为检测器。

1. 离子源

离子源(ion source)的功能是将进样系统引入的气态样品分子转化成离子。离子源是质谱仪的心脏,可以将离子源看作是比较高级的反应器,其中样品发生一系列的特征降解反应,分解作用在很短时间(≈ 1 μs)内发生,所以可以快速获得质谱。

对一个给定的分子,其质谱图的面貌在很大程度上取决于所用的离子化方法。由于离子化所需要的能量随分子不同差异很大,因此,对不同的分子应选择不同的离子化方法。通常称能给样品较大能量的离子化方法为硬离子化方法,而给样品较小能量的离子化方法为软离子化方法,后一种适用于易碎裂或易离子化的样品。离子源的性能将直接影响到质谱仪的灵敏度和分辨本领等。

(1)电子轰击源

电子轰击离子源是通用的离子化法,采用高速(高能)电子束冲击气态样品,从而产生电子和分子离子 M^+,M^+ 继续受到电子轰击而引起化学键的断裂或分子重排,瞬间产生多种离子,大多数化合物观测不到分子离子峰,但是碎片离子峰为结构分析提供了有用信息。经电子轰击源离子化产生的正离子进入质量分析器,被分离检测。

(2)化学离子化源

与电子轰击法不同,化学离子化法属于软电离技术,是通过离子-分子反应,而不是用强电子束进行离子化。反应气(常用 CH_4)被电子束电离产生离子气,这些离子是很好的质子供体,与样品分子 M 反应产生 MH^+ 离子。化学离子化源的质谱图相对简单,由 MH^+ 峰和一系列质量数相差 14 的峰组成,因此化学离子化源常用于测量化合物的相对分子质量。

(3)场致离子化源

场致离子化指的是通过与强电场作用除去分子的电子,使样品离子化。场致离子化

源由电压梯度约为 $10^7 \sim 10^8$ V·cm^{-1} 的两个尖细电极组成。流经电极之间的样品分子由于价电子的量子隧道效应而发生离子化,离子化后被阳极排斥出离子室并加速经过狭缝进入质量分析器。场致离子化是一种温和的技术,产生的碎片很少,质谱图中主要为分子离子和(M+1)离子。

(4) 快原子轰击离子化

凝聚态样品被高能一次氙或氩原子束轰击,在解吸附过程中从样品溅射出带正电或负电分析物,进入质量分析器。二次离子质谱则通过高能一次离子束(如 Cs$^+$)轰击样品表面。

(5) 基质辅助激光解吸附离子化

基质辅助激光解吸附离子化(matrix-assisted laser desorption ionization,MALDI)技术可以准确获得相对分子质量从几千至几十万的极性生物大分子的分子质量信息。低浓度的样品均匀分散于支撑在金属板或不锈钢探头的固体或液体基质中,置于真空腔或大气压环境,以脉冲激光照射样品,诱发样品从基质解吸附并离子化(质子化或去质子化或者形成加合物),进入质量分析器。基于 MALDI 技术的质谱图,背景噪声低,无碎片离子峰,除了分子离子峰,有多电荷离子峰以及二聚、三聚体的峰。

(6) 大气压离子化方法

大气压解吸附离子源是可以不经样品预处理,在大气压环境中将样品离子化进入质量分析器的离子化技术,包括有电喷雾、大气压化学电离和大气压光离子化。此处简介电喷雾离子化(electrospray ionization)技术。

电喷雾离子化是软电离技术,常用于测定蛋白质、多肽以及其他生物大分子的相对分子质量。样品通过加高压的毛细管产生带电荷液滴组成的静电喷雾,液滴进一步通过一个加热的毛细管时溶剂被蒸发,爆炸成微液滴,导致带电的分析物与微液滴分离,并进入质量分析器。采用电喷雾技术,分子离子化后带多电荷,因此多肽和蛋白质可被连续离子化,同一分子产生不同质荷比,在质谱图上会出现多重峰,因此大相对分子质量的分子也可以被检测,也可分析存在非共价相互作用的生物样品。此外,电喷雾可以直接与 HPLC 和毛细管电泳接口。但是,电喷雾离子化无法分析混合物样品。

2. 质量分析器

质谱仪的质量分析器(mass analyzer)位于离子源和检测器之间。依据不同方式,将样品离子按质荷比 m/z 分开。主要有磁分析器、飞行时间分析器、四极滤质器、离子阱分析器。

(1) 磁分析器

常用扇形磁场(magnetic sector)分析器,利用离子在磁场中的偏离实现分离。仅用一个扇形磁场进行质量分析的质谱仪称为单聚焦质谱仪,若想提高分辨率,则需要双聚焦质谱仪。为提高单聚焦质谱仪的分辨率,通常在磁场前加一个静电分析器,校正离子束离开离子枪时的角分散和动能分散。图 8.19 为磁式质量分析器和双聚焦式质量分析器。

(2) 四极滤质器

四极(quadrupole)滤质器由 4 根平行的金属杆组成,其排布见图 8.20 所示。通过在四极上施加直流电压 U 和射频电压 $V \cos \omega t$,在极间形成一个射频场,正电极电压为 $U+V \cos \omega t$,负电极电压为 $-(U+V \cos \omega t)$。被加速的离子束穿过对准 4 根极杆之间空间的准直小孔进入此射频场后,受电场力作用,只有合适 m/z 的离子才会通过稳定的振荡进入检测器。只要改变 U 和 V 并保持 U/V 比值恒定,即可以实现不同 m/z 的检测。

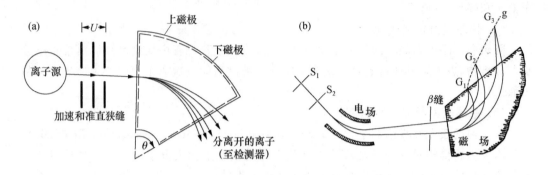

图 8.19　磁式质量分析器(a)和双聚焦式质量分析器(b)

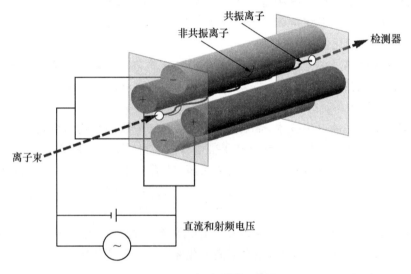

图 8.20　四极滤质器示意图

四极滤质器的分辨率较低,但是分析通量较高,仪器紧凑,常用于需快速扫描的 GC-MS、LC-MS 联用。

(3) 飞行时间分析器

飞行时间(time-of-flight,TOF)分析器的离子分离是用非磁方式实现的,从离子源飞出的动能基本一致的离子被快速取样,进入长约 1 m 的无场漂移管,离子到达检测器的时间与离子的质量成反比。虽然 TOF 的灵敏度与分辨率有局限,应用不如磁分析器和四极滤质器广泛,但其分析速度快,可以用于研究快速反应以及与 GC 联用等,而用 TOF 质谱仪的质量检测上限没有限制,因而可用于一些高质量离子分析。

(4) 离子阱分析器

离子阱(ion trap)是一种通过电场或磁场将气相离子控制并储存一段时间的装置。常见的有四极离子阱、离子回旋共振,以及近年来出现的轨道离子阱。

离子阱由一环形电极再加上下各一的端罩电极构成,如图 8.21。以端罩电极接地,在环电极上施以变化的射频电压,此时处于阱中具有合适的 m/z 的离子将在阱中指定的轨道上做稳定圆周运动。当一组由离子化源(化学离子化源或电子轰击源)产生的离子由上端小孔中进入阱中后,射频电压开始扫描,陷入阱中离子的轨道则会依次发生变化而从底端离开环电极腔,从而被检测器检测。这种离子阱结构简单、成本低且易于操作,已用于 GC-MS 联用装置中。

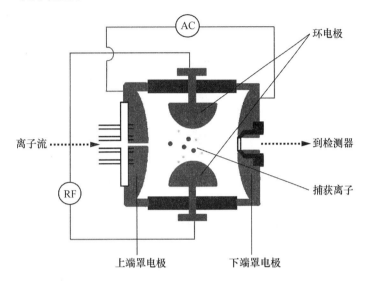

图 8.21　离子阱质量分析器侧剖面示意图

(5) 离子回旋共振分析器

傅里叶变换离子回旋共振(ion cyclotron resonance,ICR)质量分析器是高分辨质量分析器,由捕集极、激发极和接收极三对电极组成。如图 8.22 所示,两片捕集极与磁场方向垂直,激发极和接收极互相垂直并都与捕集极垂直。当一气相离子进入或产生于一个强磁场中时,离子将沿与磁场垂直的环形路径运动,称之为回旋,其频率 ω_c 只与 m/z 的倒数有关。增加运动速率时,离子回旋半径亦相应增加。在激发极施加一个射频电场,当回旋频率与射频频率相同则产生共振,离子以螺旋向外方式运动;反之,如果没有产生共振,则离子不吸收能量,继续维持在分析器中心。如果持续施加射频电场,离子会维持螺旋向外的运动方式直至碰撞激发极或接收极成为中性分子,故可以用此性质移除特定 m/z 的离子。

当离子靠近接收极时,会在电极诱发一相反电荷,同理,当旋转至另一侧接收极时,又会诱发电荷,则在外电路形成交变电流信号,称为像电流。该电流频率刚好反映离子回旋频率,频率由共振离子的 m/z 决定,像电流强度与回旋半径和电荷成线性关系,分析此像电流便可测得离子质量。在已知磁场 B 存在时,通过不同频率扫描,可以获得不同 m/z 的信息。

感应产生的像电流由于共振离子在回旋时不断碰撞而失去能量并归于热平衡状态而逐渐消失,该过程的周期一般在 0.1～10 s 之间。当施加一个频率由低到高的线性增加频率(如 0.070～3.6 MHz)的短脉冲(≈5 ms)后,测定离子室中多种 m/z 离子产生的像电流的衰减信号相干涉的图谱,获得的时域衰减信号经傅里叶变换成为频域图谱,再经质量换算为不同 m/z 的图谱。离子回旋共振质谱可以获得较高分辨率及较大相对分子质量的信号。

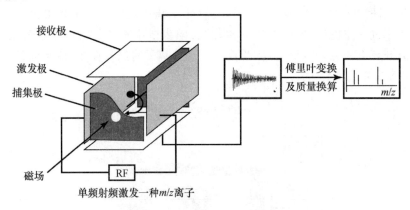

图 8.22 傅里叶变换离子回旋共振质量分析器示意图

（6）轨道离子阱质量分析器

轨道离子阱（orbitrap）可视为四极离子阱的变形，它使用静电场（直流），而不是射频电场将离子局限于离子阱中固定的轨道内以高速进行长时间的周期性运动。如图 8.23 所示，轨道离子阱质量分析器由一纺锤形内电极和一对桶状外电极组成。这样的电极形状设计使得在静电场（≈5 kV）作用下，在空腔中形成四极对数静电场（quadro-logarithmic electrostatic potential field），由于静电场和离心力的平衡结果，切线注入电极之间的离子在电场作用下产生稳定的运动轨迹，同时包括绕内电极的圆周轨道运动及 z 方向的往复运动。在 z 方向的往复运动频率与 m/z 严格相关，与离子初始状态以及环境无关。离子在阱内的往复运动在两个外电极之间产生感应电流，输出时域信号，经过傅里叶变换之后获得质谱强度-质荷比信息。相对前述各种质量分析器而言，轨道离子阱在分辨率和质量准确度方面有非常大的提高，应用广泛。

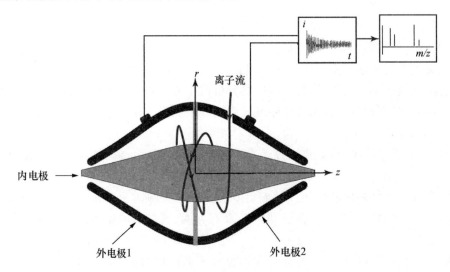

图 8.23 轨道离子阱质量分析器构造及离子运动轨道示意图

8.5.4　质谱图及其应用

1. 质谱图与质谱表

质谱法的主要应用是鉴定复杂分子并阐明其结构、确定元素的同位素质量及分布等。一般质谱给出的数据有两种形式：一种是棒图，即质谱图；另一种为表格，即质谱表。

质谱图是以质荷比（m/z）为横坐标，相对强度为纵坐标构成，一般将原始质谱图上最强的离子峰定为基峰并定为相对强度 100%，其他离子峰以对基峰的相对百分值表示。

质谱表是用表格形式表示的质谱数据，质谱表中有两项即质荷比及相对强度。从质谱图上可以很直观地观察到整个分子的质谱全貌，而质谱表则可以准确地给出精确的 m/z 值及相对强度值，有助于进一步分析。

2. 分子离子峰、碎片离子峰、亚稳离子峰

分子在离子源中可以产生各种离子，即同一种分子可以产生多种离子峰，其中比较主要的有分子离子峰、同位素离子峰、碎片离子峰、重排离子峰、亚稳离子峰等。

（1）分子离子峰

分子离子的质量对应于中性分子的质量，这对解释未知质谱十分重要。几乎所有的有机分子都可以产生可以辨认的分子离子峰，有些分子如芳香环分子可产生相对强度较大的分子离子峰；而高相对分子质量的烃、脂肪醇、醚及胺等，则产生相对强度较小的分子离子峰。若不考虑同位素的影响，分子离子应该具有最高质量，而其相对强度取决于分子离子相对于裂解产物的稳定性。分子中若含有偶数个氮原子，则相对分子质量将是偶数；反之，将是奇数。这就是所谓的"氮律"，分子离子峰必须符合氮律。正确地解释分子离子峰十分重要，在有机化学及波谱分析课程中将有较详细的介绍。

（2）碎片离子峰

分子离子产生后可能具有较高的能量，将会通过进一步碎裂或重排而释放能量，碎裂后产生的离子形成的峰称为碎片离子峰。

有机化合物受高能作用时会产生各种形式的分裂，一般强度最大的质谱峰相应于最稳定的碎片离子，通过各种碎片离子相对峰高的分析，有可能获得整个分子结构的信息。但由此获得的分子拼接结构并不总是合理的，因为碎片离子并不是只由 M^+ 一次碎裂产生，而且可能会由进一步断裂或重排产生，因此要准确地进行定性分析，最好与标准图谱进行比较。

（3）亚稳离子峰

若质量为 m_1 的离子在离开离子源受电场加速后，在进入质量分析器之前，由于碰撞等原因很容易进一步分裂失去中性碎片而形成质量为 m_2 的离子，即 $m_1 \rightarrow m_2 + \Delta m$。由于一部分能量被中性碎片带走，此时的 m_2 离子会在离子源中形成 m_2 离子能量，故将在磁场中产生更大偏转，观察到的 m/z 较小。这种峰称为亚稳离子峰，用表观质量 m^* 表示，它与 m_1、m_2 的关系是

$$m^* = \frac{(m_2)^2}{m_1} \qquad (8\text{-}23)$$

式中：m_1 为母离子的质量，m_2 为子离子的质量。

亚稳离子峰由于其具有离子峰宽大（约 2~5 个质量单位）、相对强度低、m/z 不为整数等特点，很容易从质谱图中观察出来。

3. 同位素离子峰

有些元素具有天然存在的稳定同位素,所以在质谱图上出现一些 M+1、M+2 的峰,由这些同位素形成的离子峰称为同位素离子峰。

一些常见的同位素相对丰度如表 8-3 所示,其确切质量(以 ^{12}C 为 12.000000 为标准)及天然丰度列于表 8-4。

表 8-3　常见元素的稳定同位素相对丰度

元素	质量数	相对丰度/(%)	峰类型	元素	质量数	相对丰度/(%)	峰类型
H	1	100.00	M	Li	6	8.11	M
	2	0.015	M+1		7	100.00	M+1
C	12	100.00	M	B	10	25.00	M
	13	1.08	M+1		11	100.00	M+1
N	14	100.00	M	Mg	24	100.00	M
	15	0.36	M+1		25	12.66	M+1
O	16	100.00	M		26	13.94	M+2
	17	0.04	M+1	K	39	100.00	M
	18	0.20	M+2		41	7.22	M+2
S	32	100.00	M	Ca	40	100.00	M
	33	0.80	M+1		44	2.15	M+4
	34	4.40	M+2	Fe	54	6.32	M
Cl	35	100.00	M		56	100.00	M+2
	37	32.5	M+2		57	2.29	M+3
Br	79	100.0	M	Ag	107	100.00	M
	81	98.0	M+2		109	92.94	M+2

表 8-4　几种常见元素同位素的确切质量及天然丰度

元素	同位素	确切质量	天然丰度/(%)	元素	同位素	确切质量	天然丰度/(%)
H	^1H	1.007825	99.98	P	^{31}P	30.973763	100.00
	$^2H(D)$	2.014102	0.015	S	^{32}S	31.972072	95.02
C	^{12}C	12.000000	98.9		^{33}S	32.971459	0.75
	^{13}C	13.003355	1.07		^{34}S	33.967868	4.25
N	^{14}N	14.003074	99.63		^{36}S	35.967079	0.01
	^{15}N	15.000109	0.37	Cl	^{35}Cl	34.968853	75.76
O	^{16}O	15.994915	99.76		^{37}Cl	36.965903	24.24
	^{17}O	16.999131	0.04	Br	^{79}Br	78.918336	50.69
	^{18}O	17.999161	0.20		^{81}Br	80.916290	49.31
F	^{19}F	18.998403	100.00	I	^{127}I	126.904477	100.00

8.5.5　质谱定性分析

质谱是纯物质鉴定的最有力工具之一,其中包括相对分子质量测定、化学式确定及结构鉴定等。

1. 相对分子质量的测定

从分子离子峰的质荷比数据可以准确地测定其相对分子质量,所以准确地确认分子离子峰十分重要。虽然理论上可认为除同位素峰外分子离子峰应该是最高质量处的峰，但在实际中并不能由此简单认定。有时由于分子离子稳定性差而观察不到分子离子峰，因此在实际分析时必须加以注意。

在纯样品质谱中，分子离子峰应具有以下性质：

（1）原则上除同位素峰外，分子离子峰是最高质量的峰。但应予注意，某些样品会形成质子化离子$(M+H)^+$峰（醚、脂、胺等），去质子化离子$(M-H)^+$峰（芳醛、醇等）及缔合离子$(M+R)^+$峰。

（2）它要符合"氮律"。在只含 C、H、O、N 的化合物中，不含或含偶数个氮原子的分子的质量数为偶数，含有奇数个氮原子的分子的质量数为奇数。这是因为在由 C、H、O、N、P、卤素等元素组成的有机分子中，只有氮原子的化合价为奇数而质量数为偶数。

（3）存在合理的中性碎片损失。因为在有机分子中，经离子化后，分子离子可能损失一个 H 或 CH_3、H_2O、C_2H_4 等碎片，相应为 $M-1$、$M-15$、$M-18$、$M-28$ 等碎片峰，而不可能出现 $M-3$ 至 $M-14$、$M-21$ 至 $M-24$ 范围内的碎片峰。若也出现这些峰，则峰不是分子离子峰。

（4）在电子轰击源中，若降低电子轰击电压，则分子离子峰的相对强度应增加；若不增加，则不是分子离子峰。

由于分子离子峰的相对强度直接与分子离子稳定性有关，其大致顺序是：

芳香环＞共轭烯＞烯＞脂环＞羰基化合物＞直链碳氢化合物＞醚＞脂＞胺＞酸＞醇＞支链烃

2. 化学式的确定

由于高分辨的质谱仪可以非常精确地测定分子离子或碎片离子的质荷比（误差可小于 10^{-5}），则可利用表 8-4 中的确切质量求算出其元素组成。如 CO 与 N_2 两者的质量数都是 28，但从表 8-4 可算出其确切质量为 27.9949 与 28.0061，若质谱仪测得的质荷比为 28.0040，则可推断其为 N_2。同样，复杂分子的化学式也可算出。

在低分辨的质谱仪上，则可以通过同位素相对丰度法推导其化学式，同位素离子峰相对强度与其中各元素的天然丰度及存在个数成正比。通过几种同位素丰度的检测，可以说明质谱图的相对强度，其强度可以用排列组合的方法进行计算。

3. 结构鉴定

纯物质结构鉴定是质谱最成功的应用领域。通过谱图中各碎片离子、亚稳离子、分子离子的化学式、m/z 相对峰高等信息，以及各类化合物的分裂规律，找出各碎片离子产生的途径，从而拼凑出整个分子结构。再根据质谱图拼出来的结构，对照其他分析方法，可得出可靠的结果。

另一种方法就是与相同条件下获得的已知物质标准图谱比较，来确认样品分子的结构。

8.5.6 质谱定量分析

质谱检出的离子流强度与离子数目成正比，因此通过离子流强度测量可进行定量分析。

1. 同位素测定

同位素离子的鉴定和定量分析是质谱发展起来的原始动力，至今稳定同位素测定依然十分重要,只不过不再是单纯的元素分析而已。分子的同位素标记对有机化学和生命科学领域中化学机理和动力学研究十分重要,而进行这一研究前必须测定标记同位素的量,质谱法是常用的方法之一。如确定氘代苯 C_6D_6 的纯度,通常可用 $C_6D_6^+$、$C_6D_5H^+$、$C_6D_4H_2^+$ 等分子离子峰的相对强度来进行。

对其他涉及标记同位素探针、同位素稀释及同位素年代测定的工作,都可以用同位素离子峰来进行。后者是地质学、考古学等工作中经常进行的质谱分析,一般通过测定 $^{36}Ar/^{40}Ar$(由半衰期为 1.3×10^9 a 的 ^{40}K 之 K 俘获产生)的离子峰相对强度之比求出 ^{40}Ar,从而推算出年代。

2. 无机痕量分析

火花源的发展使质谱法可应用于无机固体分析,成为金属合金、矿物等分析的重要方法,它能分析周期表中几乎所有元素,灵敏度极高,可检出或半定量测定 10^{-9} 量级的浓度。由于其谱图简单且各元素谱线强度大致相当,应用十分方便。

电感耦合等离子体光源引入质谱后(称为 ICPMS),有效地克服了火花源的不稳定、重现性差、离子流随时间变化等缺点,使其在无机痕量分析中得到了广泛的应用。

3. 混合物的定量分析

利用质谱峰可进行各种混合物组分分析,例如石油工业和制药业中的分析应用,以及环境问题研究等。

在进行分析的过程中,保持通过质谱仪的总离子流恒定,使得到的每张质谱或标样的量为固定值,记录样品和样品中所有组分的标样质谱图,选择混合物中每个组分的一个共有的峰,样品的峰高假设为各组分这个特定 m/z 峰峰高之和,从各组分标样中测得这个组分的峰高,解数个联立方程,以求得各组分浓度。

用上述方法进行多组分分析时费时费力且易引入计算及测量误差,故现在一般采用将复杂组分分离后再引入质谱仪中进行分析,常用的分离方法是色谱法。

质谱定量分析中常采用内标法,内标可以用稳定同位素标记的类似物,或者使用同系物。质谱法中使用同位素内标法定量的优势在于,可以使用与待分析物结构完全相同的稳定同位素标准品做内标,可有效消除来自样品制备、基底以及信号波动的误差,而由于同位素内标物与待分析物质量的差异而可以获得信号分离,不会造成信号干扰。

思 考 题

1. 分子荧光和磷光是怎样产生的?
2. 分子荧光和磷光光谱各有何特点?
3. 为什么荧光光度法比分光光度法灵敏度高、选择性好?
4. 荧光光度计与分光光度计有何异同?
5. 可产生光致发光的化合物在结构上有何特点?
6. 何谓原子吸收光谱法?它具有什么特点?
7. 何谓共振发射线?何谓共振吸收线?在原子吸收光谱仪上哪一部分产生共振发射线?哪一部分产生共振吸收线?
8. 在原子吸收光谱法中为什么常常选择第一共振线作分析线?
9. 原子吸收光谱仪主要由哪几部分组成?每部分的作用是什么?
10. 在原子吸收光谱仪中为什么要采用锐线光源?为什么常用空心阴极灯作光源?

11. 何谓原子吸收光谱法的灵敏度？何谓检出限？它们的定义与其他分析方法有哪些不同？何谓特征浓度？何谓特征质量？

12. 单独一个电极的电极电位能否直接测定？要怎样才能测定？

13. 参比电极和指示电极的主要作用是什么？

14. 如何从实验测得的 $E(\text{mV})$ 计算出氧化还原电对的电极电位？

15. 为什么用直接电位法测定溶液 pH 时必须使用标准缓冲溶液？试述酸度计的基本原理。

16. 为什么离子选择性电极对待测离子具有选择性？如何估量这种选择性？

17. 直接电位法的主要误差来源有哪些？应如何避免？

18. 试比较直接电位法和电位滴定法的特点。

19. 为什么一般说来电位滴定法比直接电位法的误差小？

20. 离子选择性电极有哪几种类型？各对哪些离子有选择性响应？

21. 试述 GC 和 HPLC 的原理及特点。

22. 在色谱法中，欲使两组分分离完全，必须符合什么要求？如何控制操作条件？

23. 简单说明 GC 法各类常用检测器的作用原理。

24. 简述 HPLC 法的分类及作用原理。

25. 用纯物质对照进行色谱定性鉴定时，为何要采用"双柱定性法"？

26. 为什么可以根据峰面积进行色谱定量测定？峰面积如何测量？什么情况下可用峰高进行定量测定？

27. 什么是内标法？什么是外标法？什么是归一化法？它们的应用范围和优缺点各是什么？

28. 试比较电子轰击源、场离子化源以及化学电离源质谱仪的质谱图。

29. 电喷雾离子化的质谱图有什么特点？

30. 简述四极滤质器的原理。

习　题

8.1 将 $0.2\ \mu g \cdot mL^{-1}$ 浓度的镁溶液喷雾燃烧，测得其吸光度为 0.220，计算镁元素的特征灵敏度。

8.2 用 $0.05\ \mu g \cdot mL^{-1}$ 浓度的铜溶液，在标尺扩展 10 倍的情况下，以去离子水作空白调零，与铜溶液交替喷雾测定，测得铜溶液吸光度值如下表所示，求这台原子吸收光谱仪对铜的检出限。

测定次数	1	2	3	4	5	6	7	8	9	10
A	0.201	0.199	0.201	0.200	0.199	0.201	0.202	0.201	0.199	0.200

8.3 用标准加入法测定一无机试样溶液中镉的浓度。各试液在加入镉标准溶液（$10\ \mu g \cdot mL^{-1}$）后，用水稀释至 50 mL，测得其吸光度列于下表。求镉的浓度。

序　号	1	2	3	4
试液量/mL	20	20	20	20
镉标准溶液/mL	0	1	2	4
吸光度	0.042	0.080	0.116	0.190

8.4　用原子吸收光谱法测定自来水中镁的含量。取一系列镁标准溶液（$1.00\ \mu g\cdot mL^{-1}$）及自来水水样于 50 mL 容量瓶中，分别加入 5% 锶盐溶液 2 mL 后，用去离子水稀释至刻度。然后与去离子水交替喷雾测定其吸光度，其数据如下表所示。计算自来水中镁的含量（用 $mg\cdot L^{-1}$ 表示）。

序　号	1	2	3	4	5	6	7
镁标准溶液/mL	0.00	1.00	2.00	3.00	4.00	5.00	水样 20.0 mL
吸光度	0.043	0.092	0.140	0.187	0.234	0.286	0.135

8.5　当下列电池中的溶液是 pH 等于 4.00 的缓冲溶液时，在 25℃用毫伏计测得电池的电动势为 0.209 V：

$$玻璃电极\mid H^+(a=x)\parallel SCE(饱和甘汞电极)$$

当缓冲溶液由未知溶液代替时，毫伏计读数如下：(a) 0.312 V，(b) 0.088 V，(c) −0.017 V。试计算每种未知溶液的 pH。

8.6　设溶液中 pBr=3，pCl=1，如用溴电极测定 Br^- 的活度，将产生多大误差？已知电极的电位选择系数 $K(Br,Cl)=6\times10^{-3}$。

8.7　某种钠敏感玻璃电极的选择系数 $K(Na^+,H^+)$ 值约为 30。如用这种电极测定 pNa=3 的钠离子溶液，并要求测定误差小于 3%，则试液的 pH 必须大于几？

8.8　已知电池：

$$Pt,H_2(100\ kPa)\mid HA(0.200\ mol\cdot L^{-1}),NaA(0.300\ mol\cdot L^{-1})\parallel SCE$$

测得电池电动势 $E=0.672$ V，忽略液接电位，计算 HA 的离解常数。

8.9　于 25℃用标准加入法测定离子浓度。于 100 mL 铜盐溶液中添加 $0.100\ mol\cdot L^{-1}$ 硝酸铜溶液 1.00 mL 后，电动势增加 4.00 mV，求该铜盐溶液中铜的浓度。

8.10　用氟离子选择性电极测定水样中的氟，取水样 25.0 mL，并加离子强度调节缓冲液 25.0 mL，测得其电位值为 +0.1372 V（*vs.* SCE）；再加入 $1.00\times10^{-3}\ mol\cdot L^{-1}$ 标准氟溶液 1.00 mL，测得其电位值为 +0.1170 V（*vs.* SCE），氟电极的响应斜率为 58.0 mV/pF。考虑稀释效应的影响，精确计算水样中 F^- 的浓度。

8.11　色谱图上有两个色谱峰，$t_{R_1}=3'20''$，$t_{R_2}=3'50''$，$W_{1/2}(1)=1.7$ mm，$W_{1/2}(2)=1.9$ mm。已知 $t_0=20$ s，纸速为 $1.00\ cm\cdot min^{-1}$，求这两个色谱峰的相对保留值 r_{21} 和分离度 R。

8.12　欲分析某试样中的两组分，已知 $r_{21}=1.06$，$H_{有效}=1$ mm，需要多长的色谱柱才能将两组分完全分离（即 $R=1.5$）？

8.13　用热导检测器分析仅含乙二醇、丙二醇和水的某试样，测得结果如下，求各组分的质量分数。

组　分	乙二醇	丙二醇	水
峰高/mm	87.9	18.2	16.0
半峰宽/mm	2.0	1.0	2.0
相对校正因子 f''（文献值）	1.0	1.16	0.826
衰减档	1/5	1/5	1

8.14　色谱法分析含有二氯乙烷、二溴乙烷、甲苯等的某试样，已知甲苯在试样中的质量分数为 0.100，以二甲苯为内标物测得相对质量校正因子和峰面积如下。请计算二氯乙烷和

二溴乙烷的质量分数。

组　分	二氯乙烷	二溴乙烷	甲苯
相对质量校正因子 f'	1.00	0.927	0.840
峰面积/cm^2	1.50	1.28	0.920

8.15　欲测定正戊烷和 2,3-二甲基丁烷混合样品中两组分的含量。准确称取苯(标准)、正戊烷和 2,3-二甲基丁烷三种纯物质分别为 14.80、5.56 和 7.72 g,配制成一混合溶液,取 6 μL 用 GC 法分析,测得峰面积分别为 15.23、6.48 和 8.12 cm^2,然后取 1 μL 样品,测得正戊烷和 2,3-二甲基丁烷的峰面积分别为 2.70 和 2.80 cm^2。请计算正戊烷和 2,3-二甲基丁烷的质量分数和摩尔分数各为多少?

8.16　计算下列分子的(M+2)与 M 峰之强度比(忽略^{13}C、^{2}H 的影响):

(1) C_2H_5Br;(2) C_6H_5Cl;(3) $C_2H_4SO_2$。

8.17　试计算下列化合物的(M+2)/M 和(M+4)/M 峰之强度比(忽略^{13}C、^{2}H 的影响):

(1) $C_7H_6Br_2$;(2) CH_2Cl_2;(3) C_2H_4BrCl。

8.18　要分开下列各离子对,要求质谱仪的分辨本领是多少?

(1) $C_{12}H_{10}O^+$ 和 $C_{12}H_{11}N^+$;

(2) N_2^+ 和 CO^+;

(3) $C_2H_4^+$ 和 N_2^+;

(4) CH_2O^+ 和 $C_2H_6^+$。

第9章 分析化学中常用的分离方法

9.1 沉淀分离法
　　用无机沉淀剂的分离法∥用有机沉淀剂的分离法∥共沉淀分离和富集∥提高沉淀分离选择性的方法

9.2 溶剂萃取分离法
　　萃取分离的基本原理∥萃取平衡∥其他萃取方法简介

9.3 离子交换分离法
　　树脂的种类和性质∥离子交换反应和离子交换树脂的亲和力∥离子交换分离操作技术∥离子交换分离法的应用

9.4 经典色谱法
　　柱色谱法∥纸色谱法∥薄层色谱法

9.5 其他分离方法
　　挥发与蒸馏∥膜分离∥浮选

在分析测定中,实际样品的组成往往比较复杂,在测定样品中的某一组分时常受到其他共存组分的干扰,使测得的结果不够准确,严重时甚至无法测定。在分析测定中,控制适宜的分析条件或使用掩蔽剂可消除某些干扰,这种方法已在前边的有关章节中介绍过。在很多情况下,只用这些方法还不能消除干扰,这时就要考虑采取分离的方法。分离的目的,一种是把被测组分分离出来进行测定;一种是把样品中各种互相干扰的组分都分离开来,然后分别进行测定。对于试样中的某些痕量组分,在分离的同时也进行了浓缩和富集,使这些痕量组分的量达到能被准确测定的要求。

在分析测定工作中,对分离的一般要求包括以下几方面。

(1) 被测组分在分离过程中的损失应尽可能小,这常用被测组分的回收率(R)来衡量。例如对被测组分 A,其回收率是

$$R_A = \frac{分离后\ A\ 的测定值}{样品中\ A\ 的总量} \times 100\% \tag{9-1}$$

回收率越高越好。但实际工作中随被测组分的含量不同,对回收率有不同要求。A 是主要组分时,R_A 应大于 99.9%;含量在 1% 左右的组分,回收率应大于 99%;对微量组分,回收率达 95% 或再低些也是允许的。

(2) 组分之间尽可能分离完全,在互相的测定中彼此不再干扰。分离效果的好坏一般用分离因数(S)表示。例如对两组分 A、B 之间的分离,其分离因数 $S_{B/A}$ 定义为

$$S_{B/A} = R_B/R_A$$

若 A 的回收率约为 100%,则 $S_{B/A} = R_B$;若分析物 A 与干扰物 B 的量相当,$S_{B/A} \leqslant 10^{-3}$ 则为理想的分离。

(3) 对痕量组分的分离,一般要采取适当措施使该组分得到浓缩和富集,富集效果可用富集倍数来表示。

根据分离中生成不同的相,可将分离方法分为以下几类。

(1) 固-液分离:包括沉淀分离法、离子交换法、色谱法等。

(2) 液-液分离:包括溶剂萃取、液膜分离等。

(3) 气-液分离:包括挥发、蒸馏、浮选分离法等。

最常用的分离方法有沉淀分离法、溶剂萃取、离子交换法、色谱法等。

9.1 沉淀分离法

沉淀分离(precipitation separation)是一种经典的分离方法,它利用沉淀反应把被测组分和干扰组分分开。方法的主要依据是溶度积原理。沉淀的溶解度和沉淀的形成请参阅本书第 6 章。根据沉淀剂的不同,沉淀分离也可以分成用无机沉淀剂的分离法、用有机沉淀剂的分离法和共沉淀分离富集法。

9.1.1 用无机沉淀剂的分离法

最有代表性的无机沉淀剂有 $NaOH$、$NH_3 \cdot H_2O$、H_2S 等。

1. 氢氧化物沉淀分离

大多数金属离子都能生成氢氧化物沉淀,但沉淀的溶解度往往相差很大,有可能借控制酸度的方法使某些金属离子彼此分离。从理论上讲,只要知道氢氧化物的溶度积和金属离子的原始浓度,就能计算出沉淀开始析出和沉淀完全时的酸度。但实际上,金属离子可能形成多种羟基络合物(包括多核络合物)及其他络合物,有关常数现在也还不齐全;沉淀的溶度积又随沉淀的晶形而变(如刚析出与陈化后,沉淀的晶态有变化,溶度积就不同了)。因此,金属离子分离的最适宜 pH 范围与计算值常会有出入,必须由实验确定。

采用 $NaOH$ 作沉淀剂可使两性元素与非两性元素分离,两性元素便以含氧酸阴离子形态保留在溶液中,非两性元素则生成氢氧化物沉淀。

在铵盐存在下以氨水为沉淀剂(pH 8～9)可使高价金属离子(如 Th^{4+}、Al^{3+}、Fe^{3+} 等)与大多数一价、二价金属离子分离。这时,Ag^+、Cu^{2+}、Co^{2+}、Ni^{2+}、Zn^{2+}、Cd^{2+} 等以氨络合物形式存在于溶液中,而 Ca^{2+}、Mg^{2+} 因其氢氧化物溶解度较大,也会留在溶液中。此外,还可加入某种金属氧化物(例如 ZnO)、有机碱[例如 $(CH_2)_6N_4$]等来调节和控制溶液的酸度,以达到沉淀分离的目的。

2. 硫化物沉淀分离

硫化物沉淀法与氢氧化物沉淀法相似,不少金属硫化物的溶度积相差很大,可以借控制硫离子的浓度使金属离子彼此分离。H_2S 是常用的沉淀剂,溶液中$[S^{2-}]$与$[H^+]$的关系为

$$[S^{2-}] \approx \frac{c(H_2S)}{[H^+]^2} K_{a_1} K_{a_2}$$

在常温常压下,H_2S 饱和溶液的浓度大约是 $0.1\ mol \cdot L^{-1}$,$[S^{2-}]$ 和 $[H^+]^2$ 成反比。因此,可通过控制溶液酸度的方法来控制溶液中硫离子浓度,以实现分离的目的。

在利用硫化物分离时,大多用缓冲溶液控制酸度。例如,往氯代乙酸缓冲溶液(pH≈2)中通入 H_2S,则使 Zn^{2+} 沉淀为 ZnS 而与 Fe^{2+}、Co^{2+}、Ni^{2+}、Mn^{2+} 分离;向六次甲基四胺缓冲溶液(pH 5～6)中通入 H_2S,则 ZnS、CoS、NiS、FeS 等会定量沉淀而与 Mn^{2+} 分离。

硫化物共沉淀现象严重,分离效果往往不很理想,而且 H_2S 是有毒并恶臭的气体,因此,硫化物沉淀分离法的应用并不广泛。

其他常用的无机沉淀剂有 SO_4^{2-}、CrO_4^{2-}、PO_4^{3-}、CO_3^{2-}、AsO_4^{3-}、Cl^- 等。

9.1.2　用有机沉淀剂的分离法

有机沉淀剂种类繁多、选择性高、共沉淀不严重、沉淀晶形好。例如:

(1) 在酒石酸的氨性溶液中,丁二酮肟与镍的反应几乎是特效的,在弱酸性溶液中也只有 Pd^{2+}、Ni^{2+} 与它生成沉淀。

(2) 铜铁试剂在 1:9 的 H_2SO_4 中可定量沉淀 Fe^{3+}、Th^{4+}、$V(V)$ 等,而与 Al^{3+}、Cr^{3+}、Co^{2+}、Ni^{2+} 等分离。

(3) 8-羟基喹啉能与许多金属离子在不同 pH 下生成沉淀,可通过控制溶液酸度和加入掩蔽剂来分离某些金属离子。在 8-羟基喹啉分子中引入某些基团,也可以提高分离的选择性。例如: 与 Al^{3+}、Zn^{2+} 均生成沉淀,而 不能与 Al^{3+} 生成沉淀,但仍能与 Zn^{2+} 生成沉淀,可使 Al^{3+} 与 Zn^{2+} 分离。

9.1.3　共沉淀分离和富集

在第 6 章中讨论共沉淀现象时,往往着重讨论它的消极方面。但在微量组分测定中,却常利用共沉淀现象来分离和富集那些含量极微、浓度甚稀的不能用常规沉淀方法分离出来的组分。例如自来水中微量铅的测定,因铅含量甚微,测定前需要预富集。若采用浓缩的方法会使干扰离子的浓度同样地提高,但采用共沉淀分离并富集的方法则较合适。为此,通常是往大量自来水中加入 Na_2CO_3,使水中的 Ca^{2+} 转化为 $CaCO_3$ 沉淀;或特意往水中加 $CaCO_3$ 并猛烈摇动,水中的 Pb^{2+} 就会被 $CaCO_3$ 沉淀载带下来。可将所得沉淀用少量酸溶解,再选适当方法测定铅。

上述方法中所用的共沉淀剂(载体)是 $CaCO_3$,属于无机共沉淀剂。这类共沉淀剂的作用机理主要是表面吸附或形成混晶,而把微量组分载带下来。常用的无机共沉淀剂有 $Al(OH)_3$、$Fe(OH)_3$、$MnO(OH)_2$、$Mg(OH)_2$、$CaCO_3$ 以及某些金属硫化物等。它们的选择性都不高,而且往往还会干扰下一步微量元素的测定。

分析工作中经常用的是有机共沉淀剂,它的特点是选择性高、分离效果好、共沉淀剂经灼烧后就能除去,不致干扰微量元素的测定。它的作用机理与无机共沉淀剂不同,不是依靠表面吸附或形成混晶载带下来,而是先把无机离子转化为疏水化合物,然后用与其结构相似的有机共沉淀剂将其载带下来。例如,微量镍与丁二酮肟在氨性溶液中形成难溶的内络盐。若加入与其结构相似的丁二酮肟二烷酯乙醇溶液,由于丁二酮肟二烷酯不溶于水,可把镍的丁二酮肟内络盐载带下来;不能形成内络盐的其他离子仍留在溶液中,因此玷污少、选择性高。这类共沉淀剂又称"惰性共沉淀剂"。常用的惰性共沉淀剂还有 β-萘酚、酚酞等。

9.1.4 提高沉淀分离选择性的方法

1. 控制溶液的酸度

这是最常用的方法,前面提到的氢氧化物沉淀分离、硫化物沉淀分离都是控制溶液酸度以提高沉淀的选择性的典型例子。

2. 利用络合掩蔽作用

利用掩蔽剂提高分离的选择性是经常被采用的手段。例如,往含 Cu^{2+}、Cd^{2+} 的混合溶液中通入 H_2S 时,它们都会生成硫化物沉淀;若在通 H_2S 之前,加入 KCN 溶液,由于 Cu^{2+} 与 CN^- 形成稳定的 $Cu(CN)_4^{3-}$ 络合物,便不再被 H_2S 沉淀;而 Cd^{2+} 虽也生成 $Cd(CN)_4^{2-}$ 络合物,但稳定性差,仍将生成 CdS 沉淀,这样就能使 Cu^{2+} 与 Cd^{2+} 分离了。又如 Ca^{2+} 和 Mg^{2+} 间的分离问题,若用 $(NH_4)_2C_2O_4$ 作沉淀剂沉淀 Ca^{2+} 时,部分 MgC_2O_4 也将沉淀下来,但若加过量 $(NH_4)_2C_2O_4$,则 Mg^{2+} 与过量 $C_2O_4^{2-}$ 会形成 $Mg(C_2O_4)_2^{2-}$ 络合物而被掩蔽,这样便可使 Ca^{2+} 与 Mg^{2+} 分离。

在沉淀分离中常用 EDTA 作掩蔽剂,有效地提高了分离效果。以草酸盐形式分离 Ca^{2+} 与 Pb^{2+} 就是一例:在水溶液中 PbC_2O_4 的溶解度比 CaC_2O_4 小,但在 EDTA 存在下,并控制一定酸度,就能选择性地形成 CaC_2O_4 沉淀而与 Pb^{2+} 分离,如图 9.1 所示。图中实线代表 EDTA 不存在时 Pb^{2+} 与 Ca^{2+} 的草酸盐溶解度与 pH 的关系,虚线代表 EDTA 为 10^{-2} mol·L^{-1} 时上述两者与 pH 的关系(此条件下沉淀溶解度的计算见 6.1.2 节)。由图可见,若平衡时溶液中 $H_2C_2O_4$ 的浓度为 0.1 mol·L^{-1},未与金属络合的 EDTA 的总浓度为 10^{-2} mol·L^{-1},为使 Ca^{2+} 与 Pb^{2+} 定量分离(即溶液中 pCa≥5,pPb≤2),应当控制 pH 在 2.8~4.9 之间。

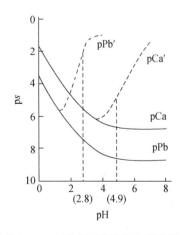

图 9.1 在一定的草酸盐和 EDTA 浓度下草酸钙和草酸铅的溶解度和 pH 的关系

($[C_2O_4']-10^{-1}$mol·L^{-1},$[Y']=10^{-2}$ mol·L^{-1})

再如,在醋酸盐缓冲溶液中,若有 EDTA 存在,以 8-羟基喹啉作沉淀剂时,只有 $Mo(Ⅵ)$、$W(Ⅵ)$、$V(Ⅴ)$ 沉淀,而 Al^{3+}、Fe^{3+}、Zn^{2+}、Ni^{2+}、Co^{2+}、Mn^{2+}、Pb^{2+}、Bi^{3+}、Cu^{2+}、Cd^{2+}、Hg^{2+} 等离子则留在溶液中。

可见,把使用掩蔽剂和控制溶液酸度两种手段结合起来,能更有效地提高分离效果。

3. 利用氧化还原反应

许多元素可以处于多种氧化态,而不同氧化态对同一种试剂的作用常不同,因此通过预先氧化或还原,改变离子的价态,可以实现分离的目的。例如,Fe^{3+} 与 Cr^{3+} 的分离,用氨水为沉淀剂是不能使两者分离的,如果先把 Cr^{3+} 氧化成 CrO_4^{2-},则不会被氨水沉淀,这样就能将铁和铬定量分离。再如,在岩石分析中,Mn^{2+} 含量不高,往往仅部分地与氧化物 Fe_2O_3、Al_2O_3 等一起沉淀,仍有一部分留在溶液中,就会干扰以后对 Ca^{2+}、Mg^{2+} 的测定。为此,可先把 Mn^{2+} 氧化到 $Mn(Ⅳ)$,由于 $MnO(OH)_2$ 溶解度小,可与上述氧化物一起定量沉淀,从而消除了 Mn^{2+} 对 Ca^{2+}、Mg^{2+} 测定的干扰。

9.2 溶剂萃取分离法

溶剂萃取(solvent extraction)是指利用与水不相混溶的有机溶剂与试液一起振荡,试液中一些组分进入有机相而与其他组分分离的方法。溶剂萃取又叫液-液萃取,它是最常用的分离方法之一,在工业生产和化学研究中都有着广泛的应用。本法所需仪器设备简单,操作方便,分离和富集效果好,适用的浓度范围很宽。如果被萃取的组分对紫外-可见光有强的吸收,则萃取后的有机相可直接用于分光光度法测定。

9.2.1 萃取分离的基本原理

1. 萃取分离机理

当有机溶剂(有机相)与水溶液(水相)混合振荡时,按照"相似相溶"原则,疏水性组分从水相转入有机相,而亲水性的组分留在水相中,这样就实现了提取和分离。某些组分本身是亲水性的,如大多数带电荷的无机离子或有机物,欲将它们萃取到有机相中,就要采取措施使它们转变成疏水的形态。

现以镍的萃取为例,说明它是怎样由亲水性转化为疏水性的。镍在水溶液中以 $Ni(H_2O)_6^{2+}$ 形态存在,是亲水的,要转化为疏水性必须中和其电荷,引入疏水基团取代水分子,使其形成疏水性的、能溶于有机溶剂的化合物。为此,可在氨性溶液(pH$\approx$9)中加入丁二酮肟,使其与 Ni^{2+} 形成螯合物。形成的螯合物不带电荷,且 Ni^{2+} 被疏水的丁二酮肟分子包围,因此具有疏水性,能被有机溶剂如三氯甲烷萃取。这里丁二酮肟称为萃取剂。有时需把有机相中的物质再转入水相,如上述镍-丁二酮肟螯合物,若加盐酸于有机相中,当酸的浓度为 $0.5\sim1$ mol$\cdot$L^{-1} 时,则螯合物被破坏,Ni^{2+} 又恢复了它的亲水性,可从有机相返回到水相中,这一过程称反萃取。萃取和反萃取配合使用,能提高萃取分离的选择性。

2. 分配系数与分配比

用有机溶剂从水相中萃取溶质 A 时,如果溶质 A 在两相中存在的形态相同,平衡时在有机相中的浓度$[A]_o$和水相中的浓度$[A]_w$之比(严格说应为活度比)称为分配系数,用 K_D 表示。在给定的温度下,K_D 是一常数。

$$K_D = \frac{[A]_o}{[A]_w} \qquad (9-2)$$

此式称为分配定律。

实际上萃取是个复杂过程,它可能伴随有离解、缔合和络合等多种化学作用。溶质 A 在两相中可能有多种形态存在,对分析工作者重要的是知道溶质 A 在两相间的分配,因此,常把溶质 A 在两相中的各形态浓度总和(c)之比,称为分配比,以 D 表示

$$D = \frac{c(A)_o}{c(A)_w} = \frac{[A_1]_o + [A_2]_o + \cdots + [A_n]_o}{[A_1]_w + [A_2]_w + \cdots + [A_n]_w} \qquad (9-3)$$

例如,碘在水和四氯化碳两相间的分配,当 I^- 浓度较大时,在水相中不仅有 I_2,还有 I_3^- 存在。这时

$$D(I_2) = \frac{c(I_2)_o}{c(I_2)_w} = \frac{[I_2]_o}{[I_2]_w + [I_3^-]_w} = \frac{[I_2]_o}{[I_2]_w(1 + \beta[I^-]_w)} = \frac{K_D(I_2)}{\alpha_{I_2(I^-)}}$$

从上式知碘的分配比随水相中 I^- 的浓度而变化。当 I^- 浓度高时,$\alpha_{I_2(I^-)}$ 大于 1,则 $D(I_2)$ 小于$K_D(I_2)$。只有当 I^- 浓度很小时,即 $\beta[I^-]$ 远小于 1,这时碘以相同形态存在于两相中,故$D(I_2) = K_D(I_2)$。

3. 萃取率

衡量萃取的总效果的量是萃取率,常用 E 表示

$$E = \frac{\text{溶质 A 在有机相中的总量}}{\text{溶质 A 的总量}} \times 100\%$$

即

$$E = \frac{c_o V_o}{c_o V_o + c_w V_w} \times 100\%$$

式中:c_o 是溶质 A 在有机相中的浓度,V_o 是有机相的体积;c_w 是溶质 A 在水相中的浓度,V_w 是水相的体积。将上式的分子、分母同除 $c_w V_o$,得萃取率和分配比的关系为

$$E = \frac{(c_o/c_w)}{(c_o/c_w) + (V_w/V_o)} \times 100\% = \frac{D}{D + (V_w/V_o)} \times 100\% \qquad (9-4)$$

式中:V_w/V_o 又称相比,用 R 表示。该式表明萃取率由分配比和相比决定,当相比为 1 时,萃取率仅取决于分配比 D。下表给出不同 D 时的萃取率 E。

D	1	10	100	1000
$E/(\%)$	50	91	99	99.9

若一次萃取要求萃取率达到 99.9% 时,则 D 值必须大于 1000。

也可以增大有机相体积(V_o)来提高萃取率,例如当 $V_o = 10 V_w$(即 $R = 0.1$)时,D 为 1 的组分的 E 达 91%。但这种做法很不经济。如果改成连续多次萃取的办法,可以在不多使用有机相的情况下提高萃取率。如用 V_o(mL)溶剂萃取 V_w(mL)试液时,设试液中含有溶质 A 为 m_0(g),一次萃取后水相中剩余溶质 A 为 m_1(g),则进入有机相的量为 $(m_0 - m_1)$(g),这时分配比 D 为

$$D = \frac{c(A)_o}{c(A)_w} = \frac{(m_0 - m_1)/V_o}{m_1/V_w}$$

则

$$m_1 = m_0 [V_w/(DV_o + V_w)]$$

不难导出,当用 V_o(mL)萃取 n 次时,水相剩余溶质 A 为 m_n(g)

$$m_n = m_0 [V_w/(DV_o + V_w)]^n$$

267

【例 9.1】 用 8-羟基喹啉氯仿溶液于 pH＝7.0 时,从水溶液中萃取 La^{3+}。已知它在两相中的分配比 $D＝43$,今取含 La^{3+} 的水溶液（1 mg·mL^{-1}）20.0 mL,计算用萃取液 10.0 mL 一次萃取和用同量萃取液分两次萃取的萃取率。

解 用 10.0 mL 萃取液一次萃取

$$m_1 = 20\left(\frac{20}{43\times10+20}\right)\text{mg} = 0.89\text{ mg}$$

$$E = \frac{20-0.89}{20}\times100\% = 95.6\%$$

每次用 5.0 mL 萃取液连续萃取两次

$$m_2 = 20\left(\frac{20}{43\times5+20}\right)^2\text{mg} = 0.145\text{ mg}$$

$$E = \frac{20-0.145}{20}\times100\% = 99.3\%$$

计算结果表明,用同样数量的萃取液,分多次萃取比一次萃取的效率高。

9.2.2　萃取平衡

1. 萃取剂在两相中的分配

大多数萃取剂是有机弱酸（碱）,它们的中性形式具有疏水性,易溶于有机相,在水相中主要是它们的各种离解形态（带正电荷或负电荷）。设萃取剂是一元弱酸（HL）,它在两相中的平衡可表示为 $(HL)_o \rightleftharpoons (HL)_w$,则

$$D = \frac{[HL]_o}{[HL]_w+[L]_w} = \frac{[HL]_o}{[HL]_w(1+K_a[H^+]_w)} = \frac{K_D}{1+K_a[H^+]_w} = K_D\left(\frac{[H^+]_w}{[H^+]_w+K_a}\right) \tag{9-5}$$

从式（9-5）可见:分配比 D 与 HL 在水相中的摩尔分数呈正比。在 pH＝pK_a 时,$D＝1/2 K_D$;当 pH≤pK_a－1 时,水相中萃取剂几乎全部以 HL 形态存在,$D≈K_D$;当 pH＞pK_a 时,D 则随着 pH 增大而减小。例如在苯-水体系中,乙酰丙酮的 $K_D＝5.9$,其 $pK_a＝8.9$,则:pH ≤7.9 时,$D≈5.9$;pH＝8.9 时,$D＝5.9×1/2≈3.0$。

为了进一步了解萃取剂在有机相和水相中的分布情况,可以计算其各种存在形态的摩尔分数。如一元弱酸（碱）萃取剂,它共有三种存在形态:$(HL)_o$、$(HL)_w$ 和 L_w^-,萃取剂总量 n_T 为

$$n_T = [HL]_o V_o + [HL]_w V_w + [L^-]_w V_w$$

$$= \left[\frac{1}{R}K_D K^H(HL)[H^+] + K^H(HL)[H^+] + 1\right][L^-]_w V_w$$

所以

$$x(L^-)_w = \frac{[L^-]_w V_w}{n_T} = \frac{1}{\frac{1}{R}K_D K^H(HL)[H^+] + K^H(HL)[H^+] + 1} \tag{9-6a}$$

$$x(HL)_w = \frac{K^H(HL)[H^+]}{\frac{1}{R}K_D K^H(HL)[H^+] + K^H(HL)[H^+] + 1} \tag{9-6b}$$

$$x(HL)_o = \frac{\frac{1}{R}K_D K^H(HL)[H^+]}{\frac{1}{R}K_D K^H(HL)[H^+] + K^H(HL)[H^+] + 1} \tag{9-6c}$$

这样,只要知道 K_D、K_a、相比 R 及水溶液的 pH,就可以算得萃取剂各种存在形态的摩尔分数。乙酰丙酮在苯-水体系中各种形态的分布系数如图 9.2 所示。

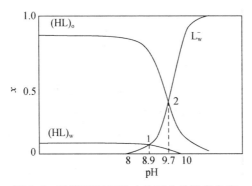

图 9.2 乙酰丙酮在苯-水体系中的形态分布

2. 金属离子的萃取

根据萃取剂的类型,金属离子的萃取可分为螯合物萃取、离子缔合物萃取等类型。

(1) 螯合物萃取

若萃取剂是螯合剂,它们与金属离子形成的螯合物是中性分子,就能被有机溶剂萃取。例如,丁二酮肟与镍、双硫腙与汞等都是典型的螯合物萃取体系。螯合物萃取体系存在几个平衡关系,可用下图表示

图示中忽略了萃取剂在有机相中的聚合作用。总的萃取平衡方程式为

$$M_w + n(HL)_o \Longrightarrow (ML_n)_o + nH_w^+ \tag{9-7}$$

该反应的平衡常数可简称为萃取常数,用 K_{ex} 表示,即

$$K_{ex} = \frac{[ML_n]_o [H^+]_w^n}{[M]_w [HL]_o^n} = \frac{K_D(ML_n) \cdot \beta_n}{[K_D(HL) \cdot K^H(HL)]^n} \tag{9-8}$$

K_{ex} 取决于螯合物的分配系数 $K_D(ML_n)$ 和累积稳定常数 β_n 以及螯合剂的分配系数 $K_D(HL)$ 和它的离解常数 (K_a)。

若水相中只有游离的金属离子 M,有机相中只有螯合物 ML_n 一种形态,则式(9-8)可改写成

$$D = \frac{[ML_n]_o}{[M]_w} = K_{ex} \frac{[HL]_o^n}{[H^+]_w^n} \tag{9-9}$$

一般情况下有机相中萃取剂的量远大于水相中金属离子的量,所以进入水相的以及与 M^{n+} 络合消耗的 HL 可忽略不计,即 $[HL]_o \approx c(HL)_o$,上式成为

$$D = K_{ex} \frac{c^n(HL)_o}{[H^+]_w^n} \tag{9-10a}$$

即

$$\lg D = \lg K_{ex} + n\lg c(HL)_o + npH \tag{9-10b}$$

实际萃取时所涉及的平衡关系要复杂得多,如螯合剂在两相中的分配、在水相中的离解或质子化、金属离子和其他络合剂的副反应等等。若考虑水相中的 M 与有机相中的 HL 的副反应,它的条件萃取常数 K'_{ex} 为

$$K'_{ex} = \frac{K_{ex}}{\alpha_M \cdot \alpha_{HL}^n} = \frac{[ML_n]_o [H^+]_w^n}{[M']_w \cdot c^n(HL)_o} \tag{9-11}$$

即

$$D = \frac{[ML_n]_o}{[M']_w} = \frac{K_{ex} \cdot c^n(HL)_o}{\alpha_M \cdot \alpha_{HL}^n \cdot [H^+]_w^n} \tag{9-12}$$

式中:α_M 的计算同前,α_{HL} 则表示有机相和水相中萃取剂的总量与有机相中萃取剂的量之比。对一元弱酸而言,其 α_{HL} 为

$$\alpha_{HL} = \frac{[HL]_o/R + [HL]_w + [L^-]_w}{[HL]_o/R}$$

$$= \frac{K_D K^H(HL)[H^+]/R + K^H(HL)[H^+] + 1}{K_D K^H(HL)[H^+]/R}$$

$$= 1 + \frac{1}{K_D/R} + \frac{1}{K_D K^H(HL)[H^+]/R} \tag{9-13}$$

由上式可见,当水溶液的 $pH \leqslant lgK^H(HL)$ 时, $\alpha_{HL} \approx 1 + \frac{1}{K_D/R}$,$\alpha_{HL}$ 接近一个常数,它取决于分配系数及相比;当 $pH > lgK^H(HL)$ 时,则 α_{HL} 随 pH 升高而急剧增大。

式(9-12)的对数形式是

$$lgD = lgK_{ex} - lg\alpha_M - nlg\alpha_{HL} + nlgc(HL)_o + npH_w \tag{9-14}$$

式(9-14)说明,水相 pH 是影响螯合物萃取的一个极重要的因素。

在研究金属螯合萃取分离时,往往需要通过实验作出不同金属离子的萃取率 E-pH 曲线。图 9.3 为用 $0.1\ mol \cdot L^{-1}$ 8-羟基喹啉氯仿溶液萃取 Cu^{2+}、Zn^{2+}、Pb^{2+} 的萃取酸度曲线。萃取率为 50%,$V_o = V_w$ 时的 pH 称为 $pH_{1/2}$,即金属离子被萃取一半时的 pH。一般为使两种金属离子达到定量分离,要求两者的 $pH_{1/2}$ 相差约 3 个单位(即分离效果达到 99.9%)。由图 9.3 可知,在上述条件下,Cu^{2+}、Zn^{2+}、Pb^{2+} 的 $pH_{1/2}$ 分别为 1.4,3.3,5.1。显然,Cu^{2+} 与 Zn^{2+}、Zn^{2+} 与 Pb^{2+} 间的分离是不完全的,而 Cu^{2+} 与 Pb^{2+} 之间的分离是满意的。

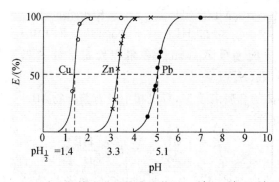

图 9.3　用 $0.1\ mol \cdot L^{-1}$ 8-羟基喹啉氯仿溶液萃取 Cu^{2+}、Zn^{2+}、Pb^{2+} 的萃取酸度曲线

如何才能使两种金属离子的 $pH_{1/2}$ 差值加大,以达到定量分离的目的呢?在 $E = 50\%$ 和 $V_o = V_w$ 时,$D = 1$,因此,式(9-14)可改写成如下形式

$$\mathrm{pH}_{1/2} = \frac{1}{n}\lg\alpha_\mathrm{M} - \frac{1}{n}\lg K_\mathrm{ex} + \lg\alpha_\mathrm{HL} - \lg c\,(\mathrm{HL})_。 \tag{9-15}$$

在萃取条件相同的情况下,若两种金属离子的螯合物皆是 ML_n 形态,则式(9-15)中右边的后两项是相同的。为扩大 $\mathrm{pH}_{1/2}$ 间的差值,必须从前两项上考虑。

① 扩大两种金属离子的萃取常数 K_ex 的差值。由式(9-8)可知,应选用螯合物稳定常数相差较大的螯合剂及合适的溶剂,使被萃取的螯合物在有机相中有较大的分配系数 K_D。

② 加入适当的掩蔽剂 A,使干扰离子的 $\alpha_\mathrm{M(A)}$ 有更大的值。而被萃取的金属离子与掩蔽剂 A 基本无作用。

(2)离子缔合物萃取

阳离子和阴离子通过静电引力相结合而形成电中性的化合物称离子缔合物。该缔合物具有疏水性,能被有机溶剂萃取,例如在 HCl 溶液中用乙醚萃取 FeCl_4^- 时,溶剂乙醚与 H^+ 键合生成离子 $[(\mathrm{CH}_3\mathrm{CH}_2)_2\mathrm{OH}^+]$,该锌离子与铁的络阴离子缔合成称为锌盐的中性分子,可被有机溶剂萃取,即

$$\begin{array}{c}\mathrm{CH_3CH_2}\\[-2pt] \diagdown\\[-4pt] \mathrm{OH^+ + FeCl_4^-} \\[-4pt] \diagup\\[-2pt] \mathrm{CH_3CH_2}\end{array} \Longleftrightarrow \left[\begin{array}{c}\mathrm{CH_3CH_2}\\[-2pt]\diagdown\\[-4pt]\mathrm{OH}\\[-4pt]\diagup\\[-2pt]\mathrm{CH_3CH_2}\end{array}\right]^+ [\mathrm{FeCl_4}]^-$$

这类萃取的特点是溶剂分子也参加到被萃取的分子中去,因此它既是溶剂,又是萃取剂。除醚类外,能生成锌盐的含氧有机溶剂还有酮类如甲基异丁酮,酯类如醋酸乙酯,醇类如环己醇等。

碱性染料在酸性溶液中与 H^+ 结合,形成大阳离子,它与金属络阴离子缔合后,能被有机溶剂萃取。例如,微量硼在 HF 介质中与次甲基蓝形成缔合物,能被苯或甲苯等惰性溶剂萃取。它的缔合形式为

$$\left[(\mathrm{CH_3})_2\mathrm{N}\!-\!\!\!\!\!\!\overset{\displaystyle S}{}\!\!\!\!\!\!=\!\mathrm{N(CH_3)_2}\right]^+ [\mathrm{BF_4}]^-$$

除碱性染料外,还有钟盐 $(\mathrm{R}_4\mathrm{As}^+)$、鏻盐 $(\mathrm{R}_4\mathrm{P}^+)$ 等大阳离子,也能与金属阴离子(如 ReO_4^-)形成缔合物 $[(\mathrm{C}_6\mathrm{H}_5)_4\mathrm{As}^+\mathrm{ReO}_4^-]$,而被氯仿萃取。

9.2.3 其他萃取方法简介

1. 连续萃取

在很多情况下,欲萃取的物质的分配比很低,需要溶剂的体积非常大,或者需要多次萃取才能够实现待测物质的定量萃取。连续萃取方法和装置能够使得溶剂被重复使用,而且满足有机相和水相接触的时间足够长,使得这些化合物的萃取分离或富集成为可能。

图 9.4 所示的是有机溶剂比水重时的连续萃取器。这是一个连续的过程,萃取出的化合物被收集于圆底烧瓶中。有些固体样品中待测成分的分配比较低,对于这些物质的提取则同样需要大量的有机溶剂。理想的装置能够容纳非常细的固体颗粒以保证与有机溶剂有较大的接触面,而且能够重复使用少量的有机溶剂,如索氏提取器。如图 9.5

所示,固体样品细颗粒置于萃取腔 D 中,圆底烧瓶 B 中盛有溶剂,溶剂蒸发,冷凝后经过萃取腔与固体颗粒接触,携被萃取物流回 B 中。每一次循环之后,B 中的萃取物浓度都在增加。

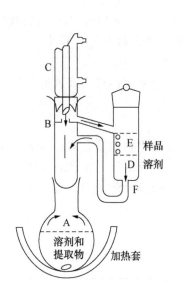 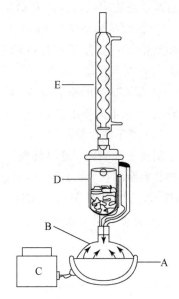

图9.4　有机溶剂重于水时的连续萃取装置　　　　图9.5　索氏提取器

2. 固相萃取

固相萃取属液固分离,物质从液相被萃取到固相,原理与色谱分离相同。

固相萃取的步骤如图 9.6 所示,分为以下五步:① 选择合适的固相萃取柱;② 平衡柱子;③ 加样;④ 洗涤柱子;⑤ 洗脱欲测组分。针对不同的样品的极性应该选择合适材料的柱子以及合适的洗脱液。分析痕量物质时,固相萃取方法比传统的液-液萃取有明显优势:既将待测组分从样品中提取了出来,又达到了浓缩的目的;不仅快速,而且节约了溶剂,避免了浓缩步骤。为高效液相色谱法进行样品的预处理是固相萃取的应用之一。

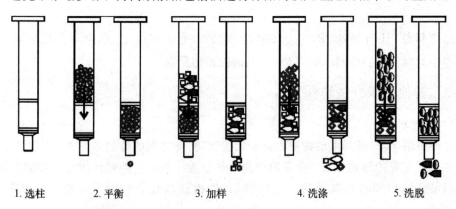

1.选柱　　2.平衡　　3.加样　　4.洗涤　　5.洗脱

图9.6　固相萃取过程

3. 超临界流体萃取

超临界流体萃取是气-固萃取方式。萃取剂是处于超临界状态下的气体。对于某一特定气体,当温度和压力超过某一临界值(临界温度和临界压力)后,该气体便转化为介乎气态和液态的超临界状态,形成了超临界流体。在超临界状态下,气体相比绝大多数液体具有较低的黏度和近乎于零的表面张力,具有类似气体的强大穿透能力和类似有机溶剂的溶解度。这一性质使其以更快的速度穿过固相,实现分离的目的。当萃取完全时,降低压力,气体将自动挥发,萃取下来的化合物将自动得到浓缩。在所有的超临界流体中,CO_2 被认为是最有效、最安全和最经济的萃取剂,能够对大多数有机物进行萃取。

9.3 离子交换分离法

利用离子交换树脂与试液中的离子发生交换作用而使离子分离的方法叫离子交换分离法。各种离子与离子交换树脂交换能力不同,被交换到树脂上的离子可选用适当的洗脱剂依次洗脱,从而达到彼此之间的分离。与溶剂萃取不同,离子交换分离是基于物质在固相与液相之间的分配。本方法分离效率高,既能用于带相反电荷的离子间的分离,也能实现带相同电荷的离子间的分离,某些性质极其相近的物质,如 Nb 和 Ta、Zr 和 Hf 的分离,稀土元素之间的互相分离都可用离子交换法来完成。离子交换法还可以用于微量元素、痕量物质的富集和提取,蛋白质、核酸、酶等生物活性物质的纯化等。离子交换法所用设备简单,操作也不复杂,交换容量可大可小,树脂还可反复再生使用。因此它广泛用于科研、生产的许多方面。

9.3.1 树脂的种类和性质

1. 离子交换树脂的种类

离子交换树脂是一类高分子聚合物,按其性能可分为阳离子交换树脂、阴离子交换树脂和螯合树脂。

(1) 阳离子交换树脂。这类树脂的活性交换基团是酸性的,它的 H^+ 可被阳离子交换。根据活性基团酸性的强弱,可分为强酸型、弱酸型两类:① 强酸型树脂含有磺酸基($-SO_3H$);② 弱酸型树脂含有羧基($-COOH$)或酚羟基($-OH$)。这类树脂以强酸型应用较广泛,它在酸性、中性或碱性溶液中都能使用。弱酸型树脂对 H^+ 亲和力大,酸性溶液中不能使用,它们需要在中性,甚至碱性条件下才能与离子发生交换作用,但选择性好。如果选酸作洗脱剂,能分离不同强度的碱性氨基酸。

(2) 阴离子交换树脂。这类树脂的活性基团是碱性的,它的阴离子可被其他阴离子交换。根据基团碱性的强弱,又分为强碱型和弱碱型两类。强碱型树脂含有季铵基 $[-N(CH_3)_3Cl]$;弱碱型树脂含伯氨基($-NH_2$)、仲氨基($=NH$)或叔氨基($\equiv N$)基团。强碱型阴离子交换树脂可在很宽的 pH 范围使用,而弱碱型树脂不能在碱性条件下使用。

(3) 螯合树脂。这类树脂含有特殊的活性基团,可与某些金属离子形成螯合物,在交换过程中能选择性地交换某种金属离子,所以对化学分离有重要意义。现已合成了许多类的螯合树脂,我国正式作为商品出售的 #401 是属于氨羧基$[-N(CH_2COOH)_2]$螯合树脂。利用这种方法,同样可以制备含某一金属离子的树脂来分离含有某些官能团的有机化合物。如含汞的树脂可分离含有巯基的化合物,如半胱氨酸、谷胱甘肽等。

2. 离子交换树脂的结构

离子交换树脂是网状的高分子聚合物。例如,常用的聚苯乙烯磺酸型阳离子交换树脂,就是以苯乙烯和二乙烯苯聚合后经磺化制得的聚合物。制备树脂的反应及其结构式如下

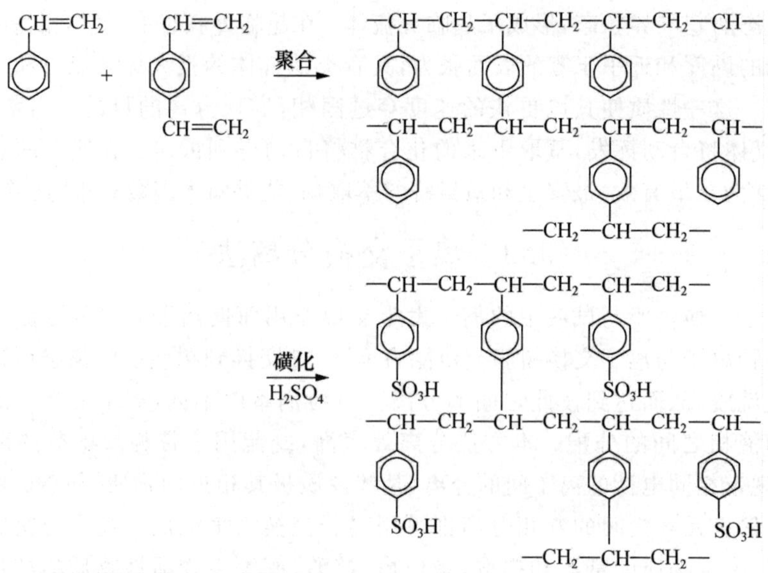

这种树脂的化学性质稳定,即使在 $100\,^\circ\mathrm{C}$ 时也不受强酸、强碱、氧化剂或还原剂的影响。树脂上的磺酸基是活性基团,若把树脂浸在水中时,磺酸基上的 H^+ 与溶液中的阳离子进行交换,如与 Na^+ 的交换反应

$$R - SO_3H + Na^+ \longrightarrow R - SO_3Na + H^+ \tag{9-16}$$

阴离子交换树脂在水溶液中先发生水化作用

$$R - NH_2 + H_2O \longrightarrow R - NH_3^+OH^- \tag{9-17}$$

其中的可交换基团 OH^- 再与其他阴离子发生交换作用,比如将树脂加到 HCl 溶液中,即发生以下反应

$$R - NH_3^+OH^- + Cl^- \longrightarrow R - NH_3^+Cl^- + OH^- \tag{9-18}$$

3. 离子交换树脂的性质

（1）交联度

聚苯乙烯型树脂是由二乙烯苯将各链状分子连成网状结构的,故二乙烯苯称交联剂。交联的程度用交联度表示,在聚苯乙烯树脂中通常以含有二乙烯苯的多少来表示交联度,它等于二乙烯苯在反应物中所占的质量分数,即

$$交联度 = \frac{二乙烯苯的质量}{二乙烯苯和苯乙烯混合物的总质量} \tag{9-19}$$

例如,按质量比为 $1:9$ 的比例,将二乙烯苯和苯乙烯反应制得的树脂,其交联度为 10%。一般树脂的交联度约为 $8\% \sim 12\%$。交联度的大小直接影响树脂的孔隙度。交联度大,表明树脂结构紧密,网眼小,离子很难进入树脂相,交换反应速率也慢,但选择性高。在实际工作中,选用何种交联度的树脂,取决于分离对象。例如,氨基酸的分离,可选交联度为 8% 的树脂;而相对分子质量大的多肽,应选交联度为 $2\% \sim 4\%$ 的树脂。一般说来,只要不影响分离,使用交联度较大的树脂为宜,可提高树脂对离子的选择性。

（2）交换容量

交换容量是指每克干树脂所能交换的离子的物质的量[离子交换反应中,离子的基本单元为 $\frac{1}{n}M^{n+}$,所以此处物质的量为 $n\left(\frac{1}{n}M^{n+}\right)$,其单位为 mol 或 mmol],它取决于树脂网状结构内所含酸性或碱性基团的数目。此值由实验测定,一般树脂的交换容量为 $3\sim6$ mmol$\cdot$g^{-1}。

9.3.2 离子交换反应和离子交换树脂的亲和力

离子交换树脂与电解质溶液接触时发生离子交换反应。离子交换反应和其他化学反应一样,也遵从质量作用定律,如把含阳离子 B 的溶液和离子交换树脂 $\underline{R^-A^+}$ 混合,它们之间的反应表示如下

$$n\,\underline{R^-A^+} + \quad B^{n+} \Longrightarrow \underline{R_n^-B^{n+}} + \quad nA^+$$

达到平衡时

$$K = \frac{[B^{n+}]_r\,[A^+]^n}{[A^+]_r^n[B^{n+}]} \tag{9-20}$$

反应方程式中用下划线表示树脂相;平衡常数式中,用下标 r 表示树脂相,无下标者表示水相。

在一定条件下,K 的大小表示树脂对 B^+ 吸附能力的强弱,或者称树脂对离子的亲和力。不同类型树脂,其 K 不同。按分配系数的定义,在离子交换法中 A^+、B^{n+} 在树脂和水相中的分配系数分别为

$$K_D(A) = \frac{[A^+]_r}{[A^+]} \quad , \quad K_D(B) = \frac{[B^{n+}]_r}{[B^{n+}]} \tag{9-21}$$

所以,式(9-20)又可写成

$$K = \frac{K_D(B)}{K_D^n(A)} \tag{9-22}$$

所以 K 又称选择性系数,也即分离因数,它的大小可决定 A 和 B 分离程度的大小。

树脂对离子的亲和力大小决定了树脂对离子的交换能力,而亲和力与水合离子的半径和离子所带电荷数有关。水合离子半径越小,电荷越高,它的亲和力越大。实验指出,在常温下,稀溶液中,树脂对离子的亲和力顺序如下。

(1)强酸型阳离子交换树脂

对一价阳离子:$Li^+ < H^+ < Na^+ < NH_4^+ < K^+ < Rb^+ < Cs^+ < Ag^+ < Tl^+$

对二价阳离子:$Mg^{2+} < Ca^{2+} < Sr^{2+} < Ba^{2+} < Fe^{2+} < Co^{2+} < Ni^{2+} < Cu^{2+} < Zn^{2+}$

对不同价态离子:$Na^+ < Ca^{2+} < Fe^{3+} < Th^{4+}$

(2)强碱型阴离子交换树脂

$F^- < OH^- < Ac^- < HCOO^- < H_2PO_4^- < Cl^- < NO_3^- < HSO_4^- < CrO_4^{2-} < SO_4^{2-}$

由于树脂对离子亲和力强弱的不同,进行离子交换时,就有一定的选择性。若溶液中各种离子的浓度相同,则亲和力大的离子先被交换上去,亲和力小的后被交换上去。若选用适当的洗脱剂洗脱时,则后被交换上去的离子就先洗脱下来,从而使各种离子彼此分离。

9.3.3 离子交换分离操作技术

(1)树脂的选择和处理。根据分离的对象和要求,选择适当类型和粒度的树脂。先用水浸泡,再用稀盐酸浸泡除去杂质,最后用水洗至中性,浸于水中备用。这时已将阳离子交换树脂处理成 H 型,阴离子交换树脂处理成 Cl 型。

（2）装柱。离子交换分离操作一般在柱中进行，装柱时应防止树脂层中夹有气泡。应在柱中充满水的情况下，把处理好的树脂装入柱中。树脂的高度一般约为柱高的 90%，树脂顶部应保持一定的液面，不得流干。离子交换柱如图 9.7 所示。

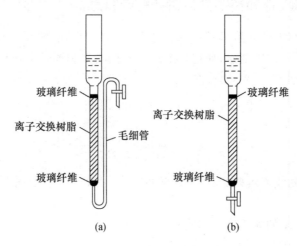

图 9.7　离子交换柱

（3）交换。将待分离的试液缓慢地倾入柱内，以适当的流速从上向下流经交换柱进行交换作用。交换完成后，用洗涤液洗去残留的试液和树脂中被交换下来的离子。

（4）洗脱。将交换到树脂上的离子用洗脱剂（淋洗剂）置换下来，这一过程称为洗脱。阳离子交换树脂常用 HCl 作洗脱剂；阴离子交换树脂常用 HCl、NaCl 或 NaOH 作洗脱剂。

（5）树脂再生。把柱内的树脂恢复到交换前的形式，这一过程称为树脂再生。一般说，洗脱过程也就是树脂的再生过程。

9.3.4　离子交换分离法的应用

1. 水的净化

自来水含有许多杂质，可用离子交换法净化。当水流过树脂时，水中可溶性无机盐和一些有机物可被树脂交换吸附，这种净化水的方法在工业上和科学研究中普遍使用。目前净化水多使用复柱法，首先按规定方法处理树脂和装柱，再把阴、阳离子交换柱串联起来，将水依次通过。为了制备更纯的水，再串联一根混合柱（阳离子树脂和阴离子树脂按 1:2 混合装柱），除去残留的离子。这时交换出来的水称"去离子水"，它的纯度用电导率表示，一般能达到 $0.3~\mu S \cdot cm^{-1}$ 以下。

2. 干扰离子的分离

用离子交换法分离干扰离子较简便。例如，用沉淀重量法测定 SO_4^{2-} 时，试样中大量的 Fe^{3+} 会与之共沉淀，影响 SO_4^{2-} 的准确测定。若将待测酸性溶液通过阳离子交换树脂，可把 Fe^{3+} 分离掉，然后在流出液中测定 SO_4^{2-}。再如，钢铁中微量铝的测定，Fe^{3+} 的干扰也可用离子交换法消除。事先将 Fe^{3+} 转化为 $FeCl_4^-$，再通过阴离子交换树脂除去，在流出液中，可直接测定 Al^{3+}。

3. 不同价态离子的测定

铬常以 Cr(Ⅲ)与 Cr(Ⅵ)存在于自然界。在环境分析中，要求分别测定两者的含量时,基于它们存在的形态不同,可用离子交换分离法分离,操作十分简便。Cr(Ⅲ)以阳离子形态存在,可将待测溶液通过阴离子树脂与 Cr(Ⅵ)分离,在流出液中测定 Cr(Ⅲ)含量;Cr(Ⅵ)以阴离子(CrO_4^{2-} 或 $Cr_2O_7^{2-}$)形态存在,可选阳离子交换树脂,除去 Cr(Ⅲ),在流出液中测定 Cr(Ⅵ)的含量。

4. 氨基酸的分离

基于各种氨基酸对树脂活性基团亲和力的差异,可选用适当的洗脱剂,把交换上去的氨基酸从树脂上依次洗脱下来,达到分离的目的。这种方法又称离子交换色谱分离法。Moore 和 Stein 使用 Dowex 50 交换树脂,将 pH 递增的柠檬酸盐缓冲溶液(pH 3.4~11.0)用作洗脱剂,洗脱交换到树脂上的氨基酸。在一个色谱图上,每一种成分都可得到一个清晰的洗脱曲线(见图 9.8)。实验回收率为(100±3)%。

从 20 世纪 70 年代发展起来的离子色谱法是分离分析阴离子的强有力手段,图 9.9 是几种常见阴离子混合溶液的离子色谱图。

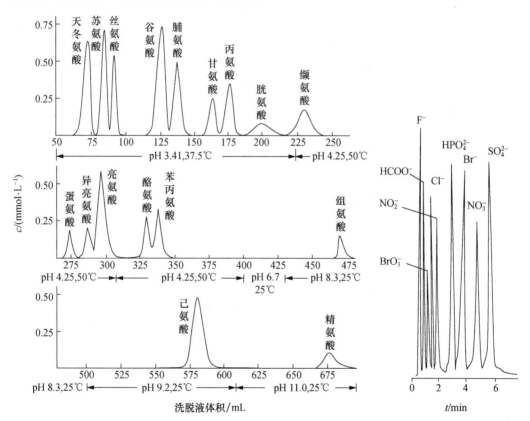

图 9.8　氨基酸的离子交换色谱图
柱:9×1000 mm,Dowex 50(Na⁺,0.03~0.06 mm)

图 9.9　阴离子分离色谱图

9.4　经典色谱法

经典色谱法又称层析法,是一种物理化学分离方法。1903 年,M. 茨维特作了一个实验,他将叶绿素的石油醚溶液流经一根装有 $CaCO_3$ 的管柱,然后用石油醚淋洗,发现在管柱中出现了不同颜色的色带,这些色带是由叶绿素的不同成分形成的。因为 $CaCO_3$ 对这些成分的吸附能力不同,使它们在淋洗过程中得到分离。在这个实验中,石油醚叫作流动相,$CaCO_3$叫作固定相。

按分离的机理可将色谱法分成以下几类:

(1) 吸附色谱法:利用物质在固体表面吸附能力不同达到分离的目的。

(2) 排阻色谱法:利用分子尺寸大小不同因而前进时所受的阻力不同而分离。

(3) 分配色谱法:利用物质在两相中分配系数不同达到分离的目的。

(4) 离子交换色谱法:利用离子交换树脂对物质的亲和力不同达到分离的目的。

有时一种色谱法可能兼有几种分离机理。根据流动相的状态,色谱法又可分为液相色谱法和气相色谱法。

经典色谱法包括柱色谱、纸色谱和薄层色谱,分离操作简便,不需要很复杂的设备,样品用量可大可小,既能用于实验室的分离分析,也适用于产品的制备和提纯。

9.4.1　柱色谱法

柱色谱是把吸附剂(固定相),如氧化铝、硅胶等,装入柱内(如图 9.10),然后在柱的顶部倾入要分离的样品溶液。如果样品内含有 A、B 两种组分,则两者均被吸附在柱的上端,形成一个环带。当样品全部加完后,可选适当的洗脱剂(流动相)进行洗脱,A、B 两组分随洗脱剂向下流动而移动。吸附剂对不同物质具有不同的吸附能力,当用洗脱剂洗脱时,柱内连续不断地发生溶解、吸附、再溶解、再吸附的现象。又由于洗脱剂与吸附剂两者对 A、B 两组分的溶解能力与吸附能力不相同,因此 A、B 两组分移动的距离就不同。吸附弱的和溶解度大的组分(如 A)就容易洗脱下来,移动的距离也就大些。经过一定时间之后,A、B 两组分就能完全分开,形成两个环带,每一个环带内是一纯净的物质。如果 A、B 两组分有颜色,则能清楚地看到色环;若继续淋洗,则 A 组分便先从柱内流出,用适当容器接受,再进行分析测定。

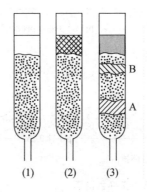

图 9.10　二元混合物柱色谱示意图

(1) 填充柱　(2) 加入样品柱　(3) A、B 两组分分开

1. 分配系数 K

在色谱分离中,溶质随着流动相向前迁移,在这个过程中,它既能进入固定相,又能进入流动相,在两相之中进行分配。分配过程进行的程度可用分配系数 K 衡量,即

$$K = \frac{溶质\ A\ 在固定相中的浓度}{溶质\ A\ 在流动相中的浓度} \tag{9-23}$$

K 在低浓度和一定温度下是个常数。当吸附剂一定时，K 的大小仅取决于溶质的性质：K 大，表明该物质在柱内被吸附得牢固，则移动的速度就慢，或者说该物质在固定相中停留的时间长，最后才被洗脱下来；K 小，表明该物质在柱内吸附得不牢固，移动的速度就快，首先被洗脱下来；$K=0$，就意味着该物质不进入固定相。可见混合物中各组分之间分配系数 K 相差越大，越容易分离；反之则难分离。因此，应根据被分离的物质的结构和性质，选择合适的固定相和流动相，使分配系数 K 适当，以实现定量分离的目的。所以吸附剂和洗脱剂的选择是吸附色谱法的关键。

2. 柱色谱分离对吸附剂的要求

包括：① 应具有较大的吸附面积和足够大的吸附能力；② 吸附剂应不与洗脱剂和样品起化学反应；③ 吸附剂的颗粒均匀，并具有一定的粒度。常用的吸附剂有 Al_2O_3、硅胶与聚酰胺等，粒度在 0.15 mm（100 目）左右。

3. 对洗脱剂的要求

包括：① 对样品组分的溶解度要大；② 黏度小，易流动，不致洗脱得太慢；③ 对样品和吸附剂无化学作用；④ 纯度要合格。

洗脱剂的选择与吸附剂吸附能力的强弱和被分离物质的极性有关。一般说，使用吸附能力小的吸附剂来分离极性强的物质时，选用极性大的洗脱剂容易洗脱。使用吸附能力大的吸附剂来分离极性弱的物质时，应选用极性小的洗脱剂。至于选用哪些洗脱剂为最好，应由实验确定。

常用的洗脱剂及其极性大小的次序为

石油醚＜环己烷＜四氯化碳＜甲苯＜苯＜二氯甲烷＜氯仿＜乙醚＜醋酸乙酯
＜正丙醇＜乙醇＜甲醇＜H_2O

柱色谱能分离较大量的物质，可在常压下操作，因此装置简单，操作容易，但柱效不高。为提高柱效，可减小固定相的粒度，这样阻力增大，可能要在加压情况下，流动相才能流过柱。

9.4.2　纸色谱法

纸色谱法又称纸层析法，简称 PC，它是以滤纸作为载体进行色谱分离的。按其作用机理，纸色谱属于分配色谱法。滤纸上吸附的水作为固定相，一般滤纸上的纤维能吸附 22％的水分，其中约 6％的水借氢键与纤维素的羟基结合在一起，在一般条件下难以脱去，因此纸色谱法不仅可用与水不相溶的有机溶剂作流动相，而且还可以用与水相溶的有机溶剂，如丙醇、乙醇、丙酮等作流动相。

1. 纸色谱的实验方法

在滤纸条的下端点上欲分离的试液，然后挂在加盖的玻璃缸（色谱筒）内，让纸条下端浸入流动相中，但不要将点样点接触液面（见图 9.11）。流动相由于滤纸的毛细管作用，沿滤纸向上展开，所以流动相又称展开剂。当流动相接触到点在滤纸上的试样点（原点）时，试样中的各组分就不断地在固定相和展开剂之间进行分配，从而使试样中分配系数不同的各种组分得以分离。当分离进行一定时间后，溶剂前沿上升到接近滤纸条的上沿；取出纸条，在溶剂前沿处做上标记；晾干纸条，在纸条上找出各组分的斑点，然后再进行定性定量分析。

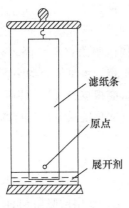

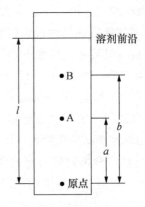

图 9.11　纸色谱示意图　　　　　　　图 9.12　比移值的测量

2. 比移值 R_f

各组分的斑点在色谱中的位置可用比移值(R_f)表示

$$R_f = \frac{原点到斑点中心的距离}{原点到溶剂前沿的距离}$$

如图 9.12,组分 A 和 B 的比移值分别为 $R_f(A) = a/l$, $R_f(B) = b/l$, R_f 在 $0\sim1$ 之间。若 $R_f \approx 0$,表明该组分基本留在原点未移动,即没有被展开;若 $R_f \approx 1$,表明该组分随溶剂一起上升,即待测组分在固定相中的浓度近于零。

在一定条件下 R_f 是物质的特征值,可以利用 R_f 鉴定各种物质。但影响 R_f 的因素很多,最好用已知的标准样品作对照。根据各物质的 R_f,可以判断彼此能否用色谱法分离。一般说,R_f 只要相差 0.02 以上,就能彼此分离。

纸色谱的固定相一般为固定在纤维素上的水分,因而适用于水溶性的有机物如氨基酸、糖类的分离,此时流动相大多采用以水饱和的正丁醇、正戊醇、酚类等。有时为了得到更好的分离效果,则采用混合溶剂和双向色谱法。例如,氨基酸的分离,取一块 15 cm×15 cm 滤纸,点样于一侧距纸底边 2 cm 处,风干,然后进行第一次展开,用 CH_3OH-H_2O-吡啶(20＋5＋1)作展开剂,溶剂前沿达 14 cm 处时取出,风干;第二次展开时,将滤纸转 90°,卷成筒状,使斑点处于下方,用叔丁醇-甲基乙基酮-H_2O-乙二胺(10＋10＋5＋1)展开至溶剂前沿达 14 cm 处时取出风干。通过两次展开,氨基酸彼此间能得到很好的分离。

纸色谱上的斑点有时没有颜色,要借助于各种物理和化学的方法使其成为有色物质而显现出来,最简单的方法是用紫外灯照射,许多有机物对紫外光有吸收或吸收紫外光后发射出荧光,从而显露出斑点来。上述氨基酸分离试验,可用与氨基酸反应呈现出颜色的茚三酮喷雾显色。

纸色谱法设备简单,易于操作,应用范围广。它可用于有机物质、生化物质和药物的分离,也可用于无机物的分离,由于它需用的试样量很少(μg 级),因而在各种贵金属和稀有元素的分离方面也得到了很好的应用。

9.4.3　薄层色谱法

薄层色谱法又叫薄层层析法,简称 TLC。它是一种将柱色谱与纸色谱相结合发展起来的色谱方法。

薄层色谱法是把固定相吸附剂（例如硅胶、中性氧化铝、聚酰胺等）在玻璃板上铺成均匀的薄层（此处玻璃板又称薄层板），把试液点在薄层板的一端距边缘一定距离处，把薄层板放入色谱缸中，使点有试样的一端浸入流动相（展开剂）中，由于薄层的毛细作用，展开剂沿着吸附剂薄层上升，遇到样品时，试样就溶解在展开剂中并随着展开剂上升。在此过程中，试样中的各组分在固定相和流动相之间不断地发生溶解、吸附、再溶解、再吸附的分配过程。易被吸附的物质移动得慢些，较难吸附的物质移动得快些，经过一段时间后，不同物质上升的距离不一样而形成相互分开的斑点从而得到分离。薄层色谱装置见图 9.13。样品各组分分离情况也用比移值 R_f 来衡量。

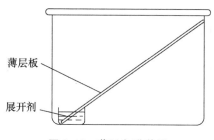

图 9.13　薄层色谱装置

薄层色谱法的固定相吸附剂颗粒要比柱色谱法细得多，其直径一般为 $10\sim40~\mu m$。由于被分离的对象及所用展开剂的极性不同，应选用活性不同的吸附剂作固定相，吸附剂的活性可分 Ⅰ～Ⅴ 级：Ⅰ 级的活性最强，Ⅴ 级的活性最弱。吸附剂和展开剂选择的一般原则是：非极性组分的分离，选用活性强的吸附剂，用非极性展开剂；极性组分的分离，选用活性弱的吸附剂，用极性展开剂。实际工作中要经过多次试验来确定。

Stahl E 根据被吸附物质的极性、吸附剂的活泼性和展开剂的极性三者关系，设计了选择展开剂的简明图（图 9.14）。使用此图时，首先确定被分离物质的极性，转动图中的三角形指针，使其一个顶角固定在被分离物质的极性处，其他两个顶角的指向处，即为应该选择的吸附剂的活泼性和展开剂的极性。

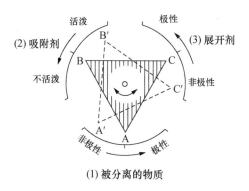

图 9.14　展开剂极性、吸附剂活泼性和被分离物质极性三者关系示意图

1. 薄层色谱的实验方法

（1）薄层板的制备。在洗净晾干的玻璃上均匀地铺上一层吸附剂。有干法铺层和湿法铺层两种。湿法铺层较为常用，即将吸附剂加水调成糊状，倒在玻璃板上，用适当的办法铺匀，晾干。

（2）薄层板活化。将薄层板在 $60\sim70℃$ 预干燥，然后升温至 $105\sim110℃$ 干燥 0.5 h，保存于保干器中备用（有些实验，可不必加热活化）。

（3）点样。在经过活化处理的薄层板的一端距边沿一定距离处，用玻璃毛细管或微量注射器把试液约 $0.050\sim0.10$ mL（含样品约 $10\sim100$ μg）点在薄层板上，点样动作力求快速。为使样点尽量小，可分多次点样。

（4）展开。将薄层板放入色谱缸中，点有样品的一端浸入预先选择好的展开剂中，盖好色谱缸盖子，在整个展开过程中，缸盖不得漏气。

（5）检测。对有色组分，薄层上会出现该组分的有色斑点。对无色组分可采用适当方法使其斑点显色。常用的显色方法有三类：① 用喷洒显色剂使其显色；② 用紫外灯照射使其出现暗色斑或荧光斑；③ 以适当物质的蒸气（如固体碘、液体溴、浓氨水等）熏。确定斑点位置 (R_f) 后，再用适当的方法对各组分进行定性定量测定。其中，使用薄层色谱扫描仪对斑点进行扫描以进行定量测定的方法是一种高效的检测方法，受到色谱工作者的广泛欢迎。

2. 薄层色谱法的操作过程

现以 3,4-苯并芘的分离测定为例，说明薄层色谱法的操作过程。3,4-苯并芘是由 5 个苯环构成的多环芳烃，是强烈的致癌物质，在环境和食物中常含有痕量 3,4-苯并芘，需要对它进行富集、分离和测定。

（1）待测试样的提取和富集

取一定量试样用环己酮或石油醚提取，提取液脱水后浓缩至 0.1 mL。

（2）层析分离

① 制板：选用硅胶 G（含有 $5\%\sim20\%$ 熟石膏的硅胶）为吸附剂，用 2‰咖啡因溶液把硅胶 G 调成糊状，涂于洁净的玻璃板上，于 $105℃$ 活化 0.5 h。

② 点样：用毛细管把已浓缩的试样和标准样点在同一块板上。

③ 展开：选用体积比为 1∶2 的异辛烷和氯仿的混合液作展开剂，使待测组分与干扰物质分离。

（3）测定

将层析后的试样和标准样分别从板上截取下来，用乙醚洗脱数次，合并洗脱液后，于真空中蒸发至干。残渣用浓 H_2SO_4 溶解，在激发波长为 470 nm，发射波长为 540 nm 时测量荧光强度。根据试样组分和标准样的荧光强度计算待测试样的含量。

薄层色谱法是一种高效、简便的分离方法，其优点是：快速，全过程只需 $10\sim60$ min（纸色谱法需几小时到几十小时）；分离效率高；灵敏度高，可检出 0.01 μg 的物质；显色的方法比纸色谱法多。随着薄层层析胶片、旋转薄层层析仪等的使用，以及自动进样技术、光谱扫描技术等的发展，薄层色谱法的应用更加广泛。

现代的色谱分析法在分离效率、分离和分析的有机结合及操作过程的自动化方面作了很大的改进。其中包括气相色谱法和高效液相色谱法两大类，有关内容已在第 8 章作介绍。

9.5　其他分离方法

9.5.1　挥发与蒸馏

挥发与蒸馏分离法是利用化合物挥发性的差异进行分离的方法。可以用于去除干扰,也可以使待测组分定量地挥发出来后再测定,最常用的例子是氮的测定:首先将各种含氮化合物中的氮经适当处理后转化为 NH_4^+,在浓碱存在下利用 NH_3 的挥发性把它蒸馏出来并用酸吸收;再根据氨的含量多少,选用适宜的测定方法。

很多元素,如 Ge、As、Sb、Sn、Se 等的氯化物及 Si 的氟化物都有挥发性,可借控制蒸馏温度的办法把它们从试样中分出。

蒸馏分离法在有机化合物的分离中应用很广,不少有机化合物是利用各自沸点的不同而得到分离和提纯的。在环境监测中,不少有毒物质,如 Hg、CN^-、SO_2、S^{2-}、F^-、酚类等,都能用蒸馏分离法分离富集,然后选用适当的方法测定。

9.5.2 膜分离

通过膜进行物质分离的方法统称膜分离技术。在一种流体相内或两种流体相间有一薄层凝聚相物质,把流体相隔成两部分,这一薄层物质称为膜。被分离的化合物从膜的一边转移或迁移到膜的另一边而实现分离。

膜可以是固体物质,常用高分子材料制备,如乙酸纤维、芳香聚酰胺、聚四氟乙烯等。根据膜的孔径大小和制造工艺不同,固体膜可以用于透析、渗透、反渗透与超过滤法等分离方法。透析是利用浓度梯度的差别将相对分子质量低的分子或离子从溶液中除掉。例如,采用透析法除去蛋白质样品中的微量金属离子:将蛋白质溶液放入透析袋中,将透析袋封口并放入纯水中;透析膜具有一定的孔径,只允许小分子透过;金属离子从浓度大的溶液中迁移到透析袋外的水中,当膜两边的浓度达到平衡时迁移停止;换水后迁移继续,直至溶液中的金属离子降到容许的量。在医学上,肾功能衰竭的病人需进行血液透析,以除去积累在血液中的盐。在生物制备中,生物制品中的小分子和无机盐也常用透析分离法除去。

膜也可以是液体物质,主要有两种类型:一种是将溶剂(可含萃取剂,这里称为流动载体)固定到多孔固体支撑材料制成的膜中,此谓支撑型液膜;一种是将溶剂、流动载体和表面活性剂等膜材料和接收相放在一起,制成乳状液,接收相被包裹在形成的液膜内部(又称内相)。乳状液可分为油包水(W/O)型和水包油(O/W)型。

乳状液膜分离比固体支撑液膜分离具有明显的优越性,因而得到快速的应用。将制备好的乳状液加入到被分离的样品溶液(料相,相对于内相而言,可称之为外相),调节液膜的组成和内外相的溶液条件,可以使被分离的物质定向快速地从外相迁移入内相。最简单的液膜分离的例子是工业废水中除酚。液膜成分是煤油(溶剂)和 Span 80(表面活性剂),内相为 NaOH 的稀溶液,这样制成的乳状液加入到调成酸性的工业废水中,除酚效果非常好。液膜分离将萃取和反萃取有机地结合在一起,大大提高了分离效率。

9.5.3 浮选

在一定条件下向试液吹入气体使生成表面带电荷的气泡,将欲分离组分吸在气泡的表面,浮到试液表面后被收集起来以达到分离的目的。溶液必须加入浮选剂(表面活性剂)。可分为 3 种类型:

(1) 在含有欲分离离子及其络合物的溶液中,加入带有相反电荷的表面活性剂生成缔合物,通入气体生成泡沫,微量组分浓集于其中。

(2) 使欲分离的离子产生沉淀或共沉淀,然后加入与沉淀表面电荷相反的表面活性剂而进行浮选。目前用作无机载体的多为氢氧化物。

（3）在一定条件下金属离子与某些有机络合剂生成疏水的沉淀,使用极性差的溶剂（沉淀不溶）,使沉淀在两相界面中生成或附着于管壁。

在工业中,泡沫浮选技术被用于处理污水以除去有机废物和无机氧化阴离子等。在实验室里,该技术被用于富集蛋白质和酶等。

另一种吹扫-捕集技术则是将空气从液体样品的底部吹入,气流带走挥发性物质,再将其捕集,浓缩系数可以达到数千倍。例如,从消化鱼的溶液中分离测定 Hg,从烤制面包中分离测定二溴乙烯,从食品萃取物中分离测定可挥发的农药残留物等。吹扫-捕集技术最主要的应用是测定水中的工业有害物质。将 N_2 或 He 通过水样,所要监测的挥发性物质由气泡带出,再被活性炭或硅胶等捕集,被捕集的物质用气相色谱分离检测。

思　考　题

1.　为什么难溶化合物的悬浊液可以控制溶液的 pH? 请以 ZnO 的悬浊液为例加以说明。

2.　某矿样含 Fe、Al、Ca、Mg、Ti、Zn 等元素,经碱熔后用热水浸取,再用盐酸酸化,最后用氨水中和到刚出现红棕色沉淀为止。该沉淀是什么?

3.　某矿样含 Fe、Al、Mn、Mg、Cu 等元素,经 Na_2O_2 熔融和热水浸取后,存在于溶液中的离子有哪些?

4.　8-羟基喹啉是一个两性物,它在相比为 R 的某两相体系的分配系数为 K_D。

（1）请写出 8-羟基喹啉在两相中各种存在形式的摩尔分数;

（2）若用 8-羟基喹啉作萃取剂萃取某金属离子 M^{n+},请写出 8-羟基喹啉的副反应系数的计算式;

（3）当水相的 pH 多大时,8-羟基喹啉的副反应系数接近最小值?

5.　用萃取法分离两种金属离子 M^{m+} 和 N^{n+},当萃取体系确定后,如何控制溶液条件使两者得到很好的分离?

6.　$pH_{1/2}$ 是什么含义? 在萃取分离中有何意义?

7.　将 Fe^{3+}、Al^{3+} 的 HCl 溶液通过阴离子交换树脂柱,哪种离子、以何种形式被保留在柱上?

8.　NaAc 不能用酸碱滴定法准确测定。现将 NaAc 通过 H 型强酸型离子交换树脂,然后用纯水淋洗;收集淋洗液,用酸碱滴定法测定。应选择什么样的滴定剂和指示剂?

9.　用离子交换树脂柱分离物质的实验步骤有哪些?

10.　在纸色谱和薄层色谱中 R_f 的定义是什么? 它与分配系数是什么关系?

习　　题

9.1　有一弱酸（HL）,$K_a = 2.0 \times 10^{-5}$,它在水相和有机相中的分配系数 $K_D = 31$。如果将 50 mL 该酸的水溶液和 5.0 mL 有机溶剂混合萃取,计算在 pH=1.0 和 pH=5.0 时,HL 的萃取率。

9.2　饮用水常含有痕量氯仿。实验指出,取 100 mL 水,用 1.0 mL 戊烷萃取时的萃取率为 53%。试问取 10 mL 水,用 1.0 mL 戊烷萃取时的萃取率为多大?

9.3　碘在某有机溶剂和水中的分配比是 8.0。如果用该有机溶剂 100 mL 和含碘为 0.0500 mol·L^{-1} 的水溶液 50.0 mL 一起摇动至平衡。取此已平衡的有机溶剂 10.0 mL,问需

$0.0600\ mol \cdot L^{-1} Na_2 S_2 O_3$ 多少毫升能把碘定量还原?

9.4　以 $0.010\ mol \cdot L^{-1}$ 8-羟基喹啉的 $CHCl_3$ 溶液萃取 Al^{3+} 和 Fe^{3+}。已知 8-羟基喹啉的 $lgK_D=2.6$,$lgK^H(HL)=9.9$,$lgK^H(H_2 L^+)=5.0$;此萃取体系中 $lgK_{ex}(Fe)=4.11$,$lgK_{ex}(Al)=-5.22$。若 $R=1$,计算 pH 3 时 Fe^{3+}、Al^{3+} 的萃取率,并指出 Fe^{3+}、Al^{3+} 能否得到分离?

9.5　现称取 KNO_3 试样 0.2786 g,溶于水后让其通过强酸型阳离子交换树脂,流出液用 $0.1075\ mol \cdot L^{-1} NaOH$ 滴定。如用甲基橙作指示剂,用去 NaOH 23.85 mL,计算 KNO_3 的纯度。

9.6　有两种性质相似的物质 A 和 B,溶解后用纸色谱法将它们分离。已知两者的比移值分别为 0.40 和 0.60,欲使两者层析后的斑点相距 3 cm,问色谱用纸的长度至少应为多少?

附　　录

附录 A　主要参考书

附录 B　常用试剂和指示剂

　　　　常用酸碱指示剂∥常用金属指示剂∥常用氧化还原指示剂∥常用
　　　　预氧化剂与预还原剂∥部分显色剂及其应用

附录 C　化学平衡常数等各类物理化学数据

　　　　一些离子的离子体积参数($\mathring{a}$)和活度系数(γ)∥弱酸及弱碱在水溶
　　　　液中的离解常数,25℃∥金属络合物的稳定常数∥金属离子与氨羧
　　　　络合剂络合物稳定常数的对数∥一些络合滴定剂、掩蔽剂、缓冲剂
　　　　阴离子的 $\lg\alpha_{A(H)}$∥一些金属离子的 $\lg\alpha_{M(OH)}$∥金属指示剂的 $\lg\alpha_{In(H)}$
　　　　及金属指示剂变色点的 pM[即(pM)$_t$]∥标准电极电位($\varphi^{\ominus}$)及一
　　　　些氧化还原电对的条件电极电位($\varphi^{\ominus\prime}$)∥难溶化合物的活度积
　　　　($K_{sp}^{\ominus}$)和溶度积(K_{sp}),25℃

附录 D　相对原子质量及化合物的摩尔质量

　　　　相对原子质量(A_r)表∥化合物的摩尔质量(M)表

附录 E　习题参考答案

附录 F　索引

附录 A　主要参考书

[1] 李克安主编. 分析化学教程[M]. 北京：北京大学出版社，2005.

[2] 李克安主编. 分析化学教程习题解析[M]. 北京：北京大学出版社，2006.

[3] Kellner R, Mermet J-M, Otto M and Widmer H M. Analytical Chemistry [M]. Wiley-Vch, 1998. 李克安，金钦汉等译. 分析化学. 北京：北京大学出版社，2001.

[4] 叶宪曾，张新祥等. 仪器分析教程(第 2 版)[M]. 北京：北京大学出版社，2007.

[5] 张锡瑜等. 化学分析原理[M]. 北京：科学出版社，1991.

[6] Kolthoff I M, Belcher R. Volumetric Analysis [M]. Vol Ⅰ (1942), Ⅱ (1947), Ⅶ (1957). 梁树权译. 容量分析, 北京：科学出版社，第一卷(1959)，第二卷(1958)，第三卷(1963).

[7] Kolthoff I M, Sandell E B, Meehan E J, Bruckenstein Stanley. Quantitative Chemical Analysis (4th ed)[M]. Macmillan, 1969. 南京化工学院分析化学教研组译. 定量化学分析(上册), 北京：人民教育出版社，1983.

[8] Laitinen H A, Harris W E. Chemical Analysis (2nd ed)[M]. McGraw-Hill, 1975. 南京大学等六校合译. 化学分析. 北京：人民教育出版社，1982.

[9] 武汉大学等五校合编. 分析化学(第 5 版)[M]. 北京：高等教育出版社，2006.

[10] Fritz J S. Quantitative Analytical Chemistry (4th ed)[M]. Allyn and Bacon, 1979.

[11] Day R A, Jr Underwood A L. Quantitative Analysis (3rd ed)[M]. Prentice-Hall, 1974. 何葆善等译. 定量分析, 上海：上海科技出版社，1980.

[12] Ramette R W. Chemical Equilibrium and Analysis [M]. Addison-Wesley, 1981.

［13］彭崇慧. 酸碱平衡的处理(修订版)［M］. 北京：北京大学出版社,1982.

［14］彭崇慧,张锡瑜编著. 络合滴定原理［M］. 北京：北京大学出版社,1981.

［15］Ringbom A. Complexation in Analytical Chemistry［M］. Interscience, 1963. 戴明译. 分析化学中的络合作用. 北京：高等教育出版社,1987.

［16］杨德俊. 络合滴定理论和应用［M］. 北京：国防工业出版社,1965.

［17］邓勃. 数理统计方法在化学分析中的应用［M］. 北京：化学工业出版社,1981.

［18］陈家鼎,刘婉如,汪仁官. 概率统计讲义(第 2 版)［M］. 北京：人民教育出版社,1982.

［19］北京大学化学系分析化学教研室. 基础分析化学实验(第 3 版)［M］. 北京：北京大学出版社,2010.

［20］李慎安. 法定计量单位实用手册［M］. 北京：机械工业出版社,1988.

［21］常文保,李克安. 简明分析化学手册［M］. 北京：北京大学出版社,1981.

［22］朱明华. 仪器分析(第 3 版)［M］. 北京：高等教育出版社,2000.

［23］华东化工学院分析化学教研组,成都科技大学分析化学教研组. 分析化学(第 4 版)［M］. 北京：高等教育出版社,1995.

［24］方惠群等. 仪器分析原理［M］. 北京：科学出版社,2002.

［25］朱世盛. 仪器分析［M］. 上海：复旦大学出版社,1983.

［26］邹明珠,许宏鼎,于桂荣,苏星光. 化学分析(第 2 版)［M］. 长春：吉林大学出版社,2001.

［27］Jürgen H G. Mass Spectrometry：A Textbook (2nd ed)［M］. Springer, 2011.

［28］Daniel C H. Quantitative Chemical Analysis (9th ed)［M］. W. H. Freeman and Co, 2015.

［29］David H. Modern Analytical Chemistry［M］. McGraw-Hill, 2000.

［30］Gary D C. Analytical Chemistry (6th ed)［M］. Wiley, 2004.

［31］Douglas A S, Donald M W, F James Holler, Stanley R C. Fundamentals of Analytical Chemistry (8th ed)［M］. Crouch, Brooks Cole, 2004.

［32］Douglas A S, F James Holler, Stanley R. Principles of Instrumental Analysis (6th ed)［M］. Brooks/Cole Cengage Learning, 2007.

附录 B 常用试剂和指示剂

B.1 常用酸碱指示剂

B.1-1 单一指示剂

指示剂	颜色			pK (HIn)	pT	变色 pH 范围	每 10 mL 被滴定溶液中指示剂用量
	酸色	过渡	碱色				
百里酚蓝（第一步离解）	红	橙	黄	1.7	2.6	1.2～2.8	1～2 滴 0.1％水溶液ª
甲基黄	红	橙黄	黄	3.3	3.9	2.9～4.0	1 滴 0.1％乙醇溶液
溴酚蓝	黄		紫	4.1	4.0	3.0～4.4	1 滴 0.1％水溶液ª
甲基橙	红	橙	黄	3.4	4.0	3.1～4.4	1 滴 0.1％水溶液
溴甲酚绿	黄	绿	蓝	4.9	4.4	3.8～5.4	1 滴 0.1％水溶液ª
甲基红	红	橙	黄	5.0	5.0	4.4～6.2	1 滴 0.1％水溶液ª
溴甲酚紫	黄		紫		6.0	5.2～6.8	1 滴 0.1％水溶液ª
溴百里酚蓝	黄	绿	蓝	7.3	7.0	6.0～7.6	1 滴 0.1％水溶液ª
酚红	黄	橙	红	8.0	7.0	6.4～8.0	1 滴 0.1％水溶液ª
百里酚蓝（第二步离解）	黄		蓝	8.9	9.0	8.0～9.6	1～5 滴 0.1％水溶液
酚酞	无色	粉红	红	9.1		8.0～9.8	1～2 滴 0.1％乙醇溶液
百里酚酞	无色	淡蓝	蓝	10.0	10.0	9.4～10.6	1 滴 0.1％乙醇溶液

a：指示剂是钠盐。

B.1-2 混合指示剂

指示剂溶液的组成		变色点 pH	颜色		备注
			酸色	碱色	
0.1％甲基橙水溶液 ＋ 0.25％靛蓝磺酸钠水溶液	(1+1)	4.1	紫	黄绿	pH 4.1 灰色
0.1％溴甲酚绿乙醇溶液 ＋ 0.2％甲基红乙醇溶液	(3+1)	5.1	酒红	绿	pH 5.1 灰色
0.1％溴甲酚绿钠盐水溶液 ＋ 0.1％氯酚红钠盐水溶液	(1+1)	6.1	蓝绿	蓝紫	pH 5.4 蓝绿 pH 5.8 蓝 pH 6.0 蓝带紫 pH 6.2 蓝紫
0.1％中性红乙醇溶液 ＋ 0.1％次甲基蓝乙醇溶液	(1+1)	7.0	蓝紫	绿	
0.1％甲酚红水溶液 ＋ 0.1％百里酚蓝水溶液	(1+3)	8.3	黄	紫	pH 8.2 粉色 pH 8.4 清晰的紫色
0.1％百里酚蓝的 50％乙醇溶液 ＋ 0.1％酚酞的 50％乙醇溶液	(1+3)	9.0	黄	紫	黄→绿→紫

B.2 常用金属指示剂

指示剂	离解常数	滴定元素	颜色变化	配制方法
酸性铬蓝 K	$pK_{a_1}=6.7$ $pK_{a_2}=10.2$ $pK_{a_3}=14.6$	Mg(pH 10) Ca(pH 12)	红～蓝	0.1％ 乙醇溶液
钙指示剂	$pK_{a_2}=3.8$ $pK_{a_3}=9.4$ $pK_{a_4}=13\sim14$	Ca(pH 12～13)	酒红～蓝	与 NaCl 按 1:100 的质量比混合
铬黑 T	$pK_{a_1}=3.9$ $pK_{a_2}=6.4$ $pK_{a_3}=11.5$	Ca(pH 10,加入 EDTA-Mg) Mg(pH 10) Pb(pH 10,加入酒石酸钾) Zn(pH 6.8～10)	红～蓝 红～蓝 红～蓝 红～蓝	与 NaCl 按 1:100 的质量比混合
紫脲酸铵	$pK_{a_1}=1.6$ $pK_{a_2}=8.7$ $pK_{a_3}=10.3$ $pK_{a_4}=13.5$ $pK_{a_5}=14$	Ca(pH>10, 25％乙醇) Cu(pH 7～8) Ni(pH 8.5～11.5)	红～紫 黄～紫 黄～紫红	与 NaCl 按 1:100 的质量比混合
o-PAN	$pK_{a_1}=2.9$ $pK_{a_2}=11.2$	Cu(pH 6) Zn(pH 5～7)	红～黄 粉红～黄	0.1％乙醇溶液
磺基水杨酸	$pK_{a_1}=2.6$ $pK_{a_2}=11.7$	Fe(Ⅲ) (pH 1.5～3)	红紫～黄	1％～2％水溶液
二甲酚橙	$pK_{a_2}=2.6$ $pK_{a_3}=3.2$ $pK_{a_4}=6.4$ $pK_{a_5}=10.4$ $pK_{a_6}=12.3$	Bi(pH 1～2) La(pH 5～6) Pb(pH 5～6) Zn(pH 5～6)	红～黄	0.5％ 乙醇溶液

B.3 常用氧化还原指示剂

指示剂	$\varphi^{\ominus'}(\mathrm{In})/\mathrm{V}$ $[\mathrm{H}^+]=1$	颜色变化		配制方法
		还原态	氧化态	
次甲基蓝	+0.52	无	蓝	0.05％水溶液
二苯胺磺酸钠	+0.85	无	紫红	0.8 g 指示剂,2 g Na_2CO_3,加水稀释至 100 mL
邻苯氨基苯甲酸	+0.89	无	紫红	0.11 g 指示剂溶于 20 mL 5％ Na_2CO_3 中,加水稀释至 100 mL
邻二氮菲亚铁	+1.06	红	浅蓝	1.485 g 邻二氮菲,0.695 g $FeSO_4 \cdot 7H_2O$,加水稀释至 100 mL

B.4　常用预氧化剂与预还原剂

氧化剂	反应条件	主要用途	过量试剂除去方法
$(NH_4)_2S_2O_8$	酸性，银催化	$Mn^{2+} \longrightarrow MnO_4^-$ $Cr^{3+} \longrightarrow Cr_2O_7^{2-}$ $Ce^{3+} \longrightarrow Ce^{4+}$ $VO^{2+} \longrightarrow VO_3^-$	煮沸分解
$NaBiO_3$	酸性	同上	过滤除去
$KMnO_4$	酸性	$VO^{2+} \longrightarrow VO_3^-$	加 $NaNO_2$ 和尿素
H_2O_2	碱性	$Cr^{3+} \longrightarrow CrO_4^{2-}$	煮沸分解（Ni^{2+} 催化）
Cl_2，Br_2	酸性或中性	$I^- \longrightarrow IO_3^-$	煮沸除去，或加苯酚除溴
还原剂	反应条件	主要用途	过量试剂除去方法
锌汞齐还原柱 （Jones 还原器）	酸性	$Fe^{3+} \longrightarrow Fe^{2+}$ $Ti(IV) \longrightarrow Ti(III)$ $VO_3^- \longrightarrow V^{2+}$ $Sn(IV) \longrightarrow Sn(II)$ $Cr^{3+} \longrightarrow Cr^{2+}$	注：由于氢在汞上有很大的超电位，在酸性溶液中使用锌汞齐不致产生 H_2
银还原器	HCl 介质	$Fe^{3+} \longrightarrow Fe^{2+}$ $U(VI) \longrightarrow U(IV)$	注：Cr^{3+}、$Ti(IV)$ 不被还原，在用 $K_2Cr_2O_7$ 滴定 Fe^{2+} 时不产生干扰
Zn，Al	酸性	$Sn(IV) \longrightarrow Sn(II)$ $Ti(IV) \longrightarrow Ti(III)$	过滤或加酸溶解
$SnCl_2$	酸性加热	$Fe^{3+} \longrightarrow Fe^{2+}$ $As(V) \longrightarrow As(III)$ $Mo(VI) \longrightarrow Mo(V)$	加 $HgCl_2$ 氧化
$TiCl_3$	酸性	$Fe^{3+} \longrightarrow Fe^{2+}$	水稀释，Cu^{2+} 催化空气氧化
SO_2	中性或弱酸性	$Fe^{3+} \longrightarrow Fe^{2+}$ $As(V) \longrightarrow As(III)$ $Sb(V) \longrightarrow Sb(III)$	煮沸，或通 CO_2 气流

B.5　部分显色剂及其应用

试　剂	离子	络合物组成和颜色	$\frac{\lambda_{max}}{nm}$	$\frac{\varepsilon}{L \cdot mol^{-1} \cdot cm^{-1}}$	反应条件
铬天青S (CAS)	Al^{3+}	1:3，蓝色	585	5×10^4	pH 5.6
CAS+CTMAB （溴代十六烷基三甲胺）	Al^{3+}	Al:CAS:CTMAB =1:3:2，绿色	615	1.3×10^5	pH 5.2~6.0
CAS+Zeph （氯化十四烷基二甲基苄基铵）	Be^{3+}	1:2，绿色	610	9.9×10^4	pH 5.1

试　　剂		离子	络合物组成和颜色	$\dfrac{\lambda_{max}}{nm}$	$\dfrac{\varepsilon}{L \cdot mol^{-1} \cdot cm^{-1}}$	反应条件
$H_3C-C-C-CH_3$ (HON　NOH)	丁二酮肟	Ni^{2+}	1:2 或 1:4，红色	470	1.3×10^4	pH 11～12，在 I_2 或 H_2O_2 存在下，用 $CHCl_3$ 萃取，比色
AsO_3H_2　OH OH　H_2O_3As　HO_3S　SO_3H 偶氮胂Ⅲ		La^{3+} Gd^{3+} Dy^{3+}	2:2，绿色	650	$(4\sim7) \times 10^4$	pH 2.9
（PAR） OH HO ＋ Zeph		Ca^{2+}	Ca:PAR:Zeph =1:2:1，红紫	513	1.1×10^5	pH 2.4～7.4，用 $CHCl_3$ 萃取
PAR ＋ Zeph		Zn^{2+}	Zn:PAR:Zeph =1:2:2，红紫	505	9.2×10^4	pH 9.7，用 $CHCl_3$ 萃取
NH—NH C=S N=N	双硫腙	Pb^{2+}	1:2，紫红	520	7.0×10^4	pH 8～10，用 CCl_4 萃取，比色
N　N	邻二氮菲	Fe^{2+}	1:3，红色	512	1.1×10^4	pH 2～9

附录C 化学平衡常数等各类物理化学数据

C.1 一些离子的离子体积参数($\mathring{a}$)和活度系数(γ)

离子	$\mathring{a}$/nm	离子强度 I			
		0.005	0.01	0.05	0.1
H^+	0.9	0.934	0.914	0.854	0.826
Li^+,$C_6H_5COO^-$	0.6	0.930	0.907	0.834	0.796
Na^+,HCO_3^-,IO_3^-,$H_2PO_4^-$,Ac^-	0.4	0.927	0.902	0.817	0.770
$HCOO^-$,ClO_3^-,ClO_4^-,F^-,MnO_4^-,OH^-,SH^-	0.35	0.926	0.900	0.812	0.762
K^+,Br^-,CN^-,Cl^-,I^-,NO_3^-,NO_2^-	0.3	0.925	0.899	0.807	0.754
Ag^+,Cs^+,NH_4^+,Rb^+,Tl^+	0.25	0.925	0.897	0.802	0.745
Be^{2+},Mg^{2+}	0.8	0.756	0.690	0.517	0.446
Ca^{2+},Cu^{2+},Zn^{2+},Fe^{2+},$C_6H_4(COO)_2^{2-}$	0.6	0.748	0.676	0.484	0.402
Ba^{2+},Cd^{2+},Hg^{2+},Pb^{2+},S^{2-},$C_2O_4^{2-}$	0.5	0.743	0.669	0.465	0.377
Hg^{2+},CO_3^{2-},CrO_4^{2-},HPO_4^{2-},SO_3^{2-},SO_4^{2-}	0.4	0.738	0.661	0.445	0.351
Al^{3+},Cr^{3+},Fe^{3+},La^{3+}	0.9	0.540	0.443	0.242	0.179
Cit^{3-}（柠檬酸根）	0.5	0.513	0.404	0.179	0.112
$Fe(CN)_6^{3-}$,PO_4^{3-}	0.4	0.505	0.394	0.162	0.095
Ce^{4+},Th^{4+},Zr^{4+}	1.1	0.348	0.253	0.099	0.063
$Fe(CN)_6^{4-}$	0.5	0.305	0.200	0.047	0.020

C.2 弱酸及弱碱在水溶液中的离解常数,25℃

C.2-1 弱 酸

酸	化学式		$I=0$		$I=0.1$	
			K_a	pK_a	K_a^M	pK_a^M
砷酸	H_3AsO_4	K_{a_1}	6.5×10^{-3}	2.19	8×10^{-3}	2.1
		K_{a_2}	1.15×10^{-7}	6.94	2×10^{-7}	6.7
		K_{a_3}	3.2×10^{-12}	11.50	6×10^{-12}	11.2
亚砷酸	H_3AsO_3	K_{a_1}	6.0×10^{-10}	9.22	8×10^{-10}	9.1
硼酸	H_3BO_3	K_{a_1}	5.8×10^{-10}	9.24		
碳酸	$H_2CO_3(CO_2+H_2O)$	K_{a_1}	4.2×10^{-7}	6.38	5×10^{-7}	6.3
		K_{a_2}	5.6×10^{-11}	10.25	8×10^{-11}	10.1
氢氰酸	HCN		4.9×10^{-10}	9.31	6×10^{-10}	9.2
氢氟酸	HF		6.8×10^{-4}	3.17	8.9×10^{-4}	3.1
氢硫酸	H_2S	K_{a_1}	8.9×10^{-8}	7.05	1.3×10^{-7}	6.9
		K_{a_2}	1.2×10^{-13}	12.92	3×10^{-13}	12.5
磷酸	H_3PO_4	K_{a_1}	6.9×10^{-3}	2.16	1×10^{-2}	2.0

酸	化学式		$I=0$		$I=0.1$	
			K_a	pK_a	K_a^M	pK_a^M
		K_{a_2}	6.2×10^{-8}	7.21	1.3×10^{-7}	6.9
		K_{a_3}	4.8×10^{-13}	12.32	2×10^{-12}	11.7
硅酸	H_2SiO_3	K_{a_1}	1.7×10^{-10}	9.77	3×10^{-10}	9.5
		K_{a_2}	1.6×10^{-12}	11.80	2×10^{-13}	12.7
硫酸	H_2SO_4	K_{a_2}	1.2×10^{-2}	1.92	1.6×10^{-2}	1.8
亚硫酸	$H_2SO_3(SO_2+H_2O)$	K_{a_1}	1.29×10^{-2}	1.89	1.6×10^{-2}	1.8
		K_{a_2}	6.3×10^{-8}	7.20	1.6×10^{-7}	6.8
甲酸	HCOOH		1.7×10^{-4}	3.77	2.2×10^{-4}	3.65
乙酸	CH_3COOH		1.75×10^{-5}	4.76	2.2×10^{-5}	4.65
丙酸	C_2H_5COOH		1.35×10^{-5}	4.87		
氯乙酸	$ClCH_2COOH$		1.38×10^{-3}	2.86	2×10^{-3}	2.7
二氯乙酸	$Cl_2CHCOOH$		5.5×10^{-2}	1.26	8×10^{-2}	1.1
氨基乙酸	$NH_3^+CH_2COOH$	K_{a_1}	4.5×10^{-3}	2.35	3×10^{-3}	2.5
	$NH_3^+CH_2COO^-$	K_{a_2}	1.7×10^{-10}	9.78	2×10^{-10}	9.7
苯甲酸	C_6H_5COOH		6.2×10^{-5}	4.21	8×10^{-5}	4.1
草酸	$H_2C_2O_4$	K_{a_1}	5.6×10^{-2}	1.25	8×10^{-2}	1.1
		K_{a_2}	5.1×10^{-5}	4.29	1×10^{-4}	4.0
α-酒石酸	CH(OH)COOH | CH(OH)COOH	K_{a_1}	9.1×10^{-4}	3.04	1.3×10^{-3}	2.9
		K_{a_2}	4.3×10^{-5}	4.37	8×10^{-5}	4.1
琥珀酸	CH₂COOH | CH₂COOH	K_{a_1}	6.2×10^{-5}	4.21	1.0×10^{-4}	4.00
		K_{a_2}	2.3×10^{-6}	5.64	5.2×10^{-6}	5.28
邻-苯二甲酸	⬡—COOH —COOH	K_{a_1}	1.12×10^{-3}	2.95	1.6×10^{-3}	2.8
		K_{a_2}	3.91×10^{-6}	5.41	8×10^{-6}	5.1
柠檬酸	CH₂COOH | C(OH)COOH | CH₂COOH	K_{a_1}	7.4×10^{-4}	3.13	1×10^{-3}	3.0
		K_{a_2}	1.7×10^{-5}	4.76	4×10^{-5}	4.4
		K_{a_3}	4.0×10^{-7}	6.40	8×10^{-7}	6.1
乙酰丙酮	$CH_3COCH_2COCH_3$		1×10^{-9}	9.0	1.3×10^{-9}	8.9
乙二胺四乙酸	(见结构式)	K_{a_1}			1.3×10^{-1}	0.9
		K_{a_2}			3×10^{-2}	1.6
		K_{a_3}			8.5×10^{-3}	2.07
		K_{a_4}			1.8×10^{-3}	2.75
		K_{a_5}	5.4×10^{-7}	6.27	5.8×10^{-7}	6.24
		K_{a_6}	1.12×10^{-11}	10.95	4.6×10^{-11}	10.34

续表

酸	化学式		$I=0$		$I=0.1$	
			K_a	pK_a	K_a^M	pK_a^M
8-羟基喹啉		K_{a_1}	8×10^{-6}	5.1	1×10^{-5}	5.0
		K_{a_2}	1×10^{-9}	9.0	1.3×10^{-10}	9.9
苹果酸	HOOCCH$_2$CHOOH 　　　　　OH	K_{a_1}	4.0×10^{-4}	3.40	5.2×10^{-4}	3.28
		K_{a_2}	8.9×10^{-6}	5.05	1.9×10^{-5}	4.72
苯酚			1.12×10^{-10}	9.95	1.6×10^{-10}	9.8
水杨酸		K_{a_1}	1.05×10^{-3}	2.98	1.3×10^{-3}	2.9
		K_{a_2}			8×10^{-14}	13.1
磺基水杨酸		K_{a_1}			3×10^{-3}	2.6
		K_{a_2}			3×10^{-12}	11.6
顺丁烯二酸	CH—COOH ‖　　　　（顺式） CH—COOH	K_{a_1}	1.2×10^{-2}	1.92		
		K_{a_2}	6.0×10^{-7}	6.22		

C.2-2　弱　碱

碱	化学式		$I=0$		$I=0.1$	
			K_b	pK_b	K_b^M	pK_b^M
氨	NH$_3$		1.8×10^{-5}	4.75	2.3×10^{-5}	4.63
联氨	H$_2$N—NH$_2$	K_{b_1}	9.8×10^{-7}	6.01	1.3×10^{-6}	5.9
		K_{b_2}	1.32×10^{-15}	14.88		
羟胺	NH$_2$OH		9.1×10^{-9}	8.04	1.6×10^{-8}	7.8
甲胺	CH$_3$NH$_2$		4.2×10^{-4}	3.38		
乙胺	C$_2$H$_5$NH$_2$		4.3×10^{-4}	3.37		
苯胺	C$_6$H$_5$NH$_2$		4.2×10^{-10}	9.38	5×10^{-10}	9.3
乙二胺	H$_2$NCH$_2$CH$_2$NH$_2$	K_{b_1}	8.5×10^{-5}	4.07		
		K_{b_2}	7.1×10^{-8}	7.15		
三乙醇胺	N(CH$_2$CH$_2$OH)$_3$		5.8×10^{-7}	6.24	1.3×10^{-8}	7.9
六次甲基四胺	(CH$_2$)$_6$N$_4$		1.35×10^{-9}	8.87	1.8×10^{-9}	8.74
吡啶	C$_5$H$_5$N		1.8×10^{-9}	8.74	1.6×10^{-9}	8.79
						$(I=0.5)$
邻二氮菲			6.9×10^{-10}	9.16	8.9×10^{-10}	9.05

C.3　金属络合物的稳定常数

金属离子	离子强度	n	$\lg\beta_n$
氨络合物			
Ag^+	0.1	1, 2	3.40, 7.40
Cd^{2+}	0.1	1, …, 6	2.60, 4.65, 6.04, 6.92, 6.6, 4.9
Co^{2+}	0.1	1, …, 6	2.05, 3.62, 4.61, 5.31, 5.43, 4.75
Cu^{2+}	2	1, …, 4	4.13, 7.61, 10.48, 12.59
Ni^{2+}	0.1	1, …, 6	2.75, 4.95, 6.64, 7.79, 8.50, 8.49
Zn^{2+}	0.1	1, …, 4	2.27, 4.61, 7.01, 9.06
羟基络合物			
Ag^+	0	1, 2, 3	2.3, 3.6, 4.8
Al^{3+}	2	4	33.3
Bi^{3+}	3	1	12.4
Cd^{2+}	3	1, …, 4	4.3, 7.7, 10.3, 12.0
Cu^{2+}	0	1	6.0
Fe^{2+}	1	1	4.5
Fe^{3+}	3	1, 2	11.0, 21.7
Mg^{2+}	0.	1	2.6
Ni^{2+}	0.1	1	4.6
Pb^{2+}	0.3	1, …, 3	6.2, 10.3, 13.3
Zn^{2+}	0	1, …, 4	4.4, —, 14.4, 15.5
Zr^{4+}	4	1, …, 4	13.8, 27.2, 40.2, 53
氟络合物			
Al^{3+}	0.53	1, …, 6	6.1, 11.15, 15.0, 17.7, 19.4, 19.7
Fe^{3+}	0.5	1, 2, 3	5.2, 9.2, 11.9
Th^{4+}	0.5	1, 2, 3	7.7, 13.5, 18.0
TiO^{2+}	3	1, …, 4	5.4, 9.8, 13.7, 17.4
Sn^{4+}	*	6	25
Zr^{4+}	2	1, 2, 3	8.8, 16.1, 21.9
氯络合物			
Ag^+	0.2	1, …, 4	2.9, 4.7, 5.0, 5.9
Hg^{2+}	0.5	1, …, 4	6.7, 13.2, 14.1, 15.1
碘络合物			
Cd^{2+}	*	1, …, 4	2.4, 3.4, 5.0, 6.15
Hg^{2+}	0.5	1, …, 4	12.9, 23.8, 27.6, 29.8
氰络合物			
Ag^+	0～0.3	1, …, 4	—, 21.1, 21.8, 20.7
Cd^{2+}	3	1, …, 4	5.5, 10.6, 15.3, 18.9
Cu^+	0	1, …, 4	—, 24.0, 28.6, 30.3
Fe^{2+}	0	6	35.4
Fe^{3+}	0	6	43.6
Hg^{2+}	0.1	1, …, 4	18.0, 34.7, 38.5, 41.5

金属离子	离子强度	n	$\lg\beta_n$
氰络合物			
Ni^{2+}	0.1	4	31.3
Zn^{2+}	0.1	4	16.7
硫氰酸络合物			
Fe^{3+}	*	1, …, 5	2.3, 4.2, 5.6, 6.4, 6.4
Hg^{2+}	1	1, …, 4	—, 16.1, 19.0, 20.9
硫代硫酸络合物			
Ag^+	0	1, 2	8.82, 13.5
Hg^{2+}	0	1, 2	29.86, 32.26
柠檬酸络合物			
Al^{3+}	0.5	1	20.0
Cu^{2+}	0.5	1	18
Fe^{3+}	0.5	1	25
Ni^{2+}	0.5	1	14.3
Pb^{2+}	0.5	1	12.3
Zn^{2+}	0.5	1	11.4
磺基水杨酸络合物			
Al^{3+}	0.1	1, 2, 3	12.9, 22.9, 29.0
Fe^{3+}	3	1, 2, 3	14.4, 25.2, 32.2
乙酰丙酮络合物			
Al^{3+}	0.1	1, 2, 3	8.1, 15.7, 21.2
Cu^{2+}	0.1	1, 2	7.8, 14.3
Fe^{3+}	0.1	1, 2, 3	9.3, 17.9, 25.1
邻二氮菲络合物			
Ag^+	0.1	1, 2	5.02, 12.07
Cd^{2+}	0.1	1, 2, 3	6.4, 11.6, 15.8
Co^{2+}	0.1	1, 2, 3	7.0, 13.7, 20.1
Cu^{2+}	0.1	1, 2, 3	9.1, 15.8, 21.0
Fe^{2+}	0.1	1, 2, 3	5.9, 11.1, 21.3
Hg^{2+}	0.1	1, 2, 3	—, 19.65, 23.35
Ni^{2+}	0.1	1, 2, 3	8.8, 17.1, 24.8
Zn^{2+}	0.1	1, 2, 3	6.4, 12.15, 17.0
乙二胺络合物			
Ag^+	0.1	1, 2	4.7, 7.7
Cd^{2+}	0.1	1, 2	5.47, 10.02
Cu^{2+}	0.1	1, 2	10.55, 19.60
Co^{2+}	0.1	1, 2, 3	5.89, 10.72, 13.82
Hg^{2+}	0.1	2	23.42
Ni^{2+}	0.1	1, 2, 3	7.66, 14.06, 18.59
Zn^{2+}	0.1	1, 2, 3	5.71, 10.37, 12.08

* 离子强度不确定。

C.4　金属离子与氨羧络合剂络合物稳定常数的对数

金属离子	EDTA[a]			EGTA[b]		HEDTA[c]	
	$\lg K^H$(MHL)	$\lg K$(ML)	$\lg K^{OH}$(MOHL)	$\lg K^H$(MHL)	$\lg K$(ML)	$\lg K$(ML)	$\lg K^{OH}$(MOHL)
Ag^+	6.0	7.3					
Al^{3+}	2.5	16.1	8.1				
Ba^{2+}	4.6	7.8		5.4	8.4	6.2	
Bi^{3+}		27.9					
Ca^{2+}	3.1	10.7		3.8	11.0	8.0	
Ce^{3+}		16.0					
Cd^{2+}	2.9	16.5		3.5	15.6	13.0	
Co^{2+}	3.1	16.3			12.3	14.4	
Co^{3+}	1.3	36					
Cr^{3+}	2.3	23	6.6				
Cu^{2+}	3.0	18.8	2.5	4.4	17	17.4	
Fe^{2+}	2.8	14.3				12.2	5.0
Fe^{3+}	1.4	25.1	6.5			19.8	10.1
Hg^{2+}	3.1	21.8	4.9	3.0	23.2	20.1	
La^{3+}		15.4			15.6	13.2	
Mg^{2+}	3.9	8.7			5.2	5.2	
Mn^{2+}	3.1	14.0		5.0	11.5	10.7	
Ni^{2+}	3.2	18.6		6.0	12.0	17.0	
Pb^{2+}	2.8	18.0		5.3	13.0	15.5	
Sn^{2+}		22.1					
Sr^{2+}	3.9	8.6		5.4	8.5	6.8	
Th^{4+}		23.2					8.6
Ti^{3+}		21.3					
TiO^{2+}		17.3					
Zn^{2+}	3.0	16.5		5.2	12.8	14.5	

a：EDTA—乙二胺四乙酸；b：EGTA—乙二醇-双(2-氨基乙醚)四乙酸；c：HEDTA—2-羟乙基乙二胺三乙酸。

C.5　一些络合滴定剂、掩蔽剂、缓冲剂阴离子的 $\lg \alpha_{A(H)}$

pH	EDTA	HEDTA	NH_3	CN^-	F^-
0	24.0	17.9	9.4	9.2	3.05
1	18.3	15.0	8.4	8.2	2.05
2	13.8	12.0	7.4	7.2	1.1
3	10.8	9.4	6.4	6.2	0.3

pH	EDTA	HEDTA	NH_3	CN^-	F^-
4	8.6	7.2	5.4	5.2	0.05
5	6.6	5.3	4.4	4.2	
6	4.8	3.9	3.4	3.2	
7	3.4	2.8	2.4	2.2	
8	2.3	1.8	1.4	1.2	
9	1.4	0.9	0.5	0.4	
10	0.5	0.2	0.1	0.1	
11	0.1				
12					
13					
酸的形成常数					
$\lg K_1$	10.34	9.81	9.4	9.2	3.1
$\lg K_2$	6.24	5.41			
$\lg K_3$	2.75	2.72			
$\lg K_4$	2.07				
$\lg K_5$	1.6				
$\lg K_6$	0.9				

C.6　一些金属离子的 $\lg\alpha_{M(OH)}$

金属离子	离子强度	pH													
		1	2	3	4	5	6	7	8	9	10	11	12	13	14
Al^{3+}	2					0.4	1.3	5.3	9.3	13.3	17.3	21.3	25.3	29.3	33.3
Bi^{3+}	3	0.1	0.5	1.4	2.4	3.4	4.4	5.4							
Ca^{2+}	0.1													0.3	1.0
Cd^{2+}	3									0.1	0.5	2.0	4.5	8.1	12.0
Co^{2+}	0.1							0.1	0.4	1.1	2.2	4.2	7.2	10.2	
Cu^{2+}	0.1							0.2	0.8	1.7	2.7	3.7	4.7	5.7	
Fe^{2+}	1								0.1	0.6	1.5	2.5	3.5	4.5	
Fe^{3+}	3			0.4	1.8	3.7	5.7	7.7	9.7	11.7	13.7	15.7	17.7	19.7	21.7
Hg^{2+}	0.1			0.5	1.9	3.9	5.9	7.9	9.9	11.9	13.9	15.9	17.9	19.9	21.9
La^{3+}	3										0.3	1.0	1.9	2.9	3.9
Mg^{2+}	0.1											0.1	0.5	1.3	2.3
Mn^{2+}	0.1										0.1	0.5	1.4	2.4	3.4
Ni^{2+}	0.1									0.1	0.7	1.6			
Pb^{2+}	0.1							0.1	0.5	1.4	2.7	4.7	7.4	10.4	13.4
Th^{4+}	1				0.2	0.8	1.7	2.7	3.7	4.7	5.7	6.7	7.7	8.7	9.7
Zn^{2+}	0.1									0.2	2.4	5.4	8.5	11.8	15.5

C.7　金属指示剂的 $\lg\alpha_{In(H)}$ 及金属指示剂变色点的 $pM[$ 即 $(pM)_t]$

C.7-1　铬黑 T

pH	6.0	7.0	8.0	9.0	10.0	11.0	12.0	13.0	稳定常数
$\lg\alpha_{In(H)}$	6.0	4.6	3.6	2.6	1.6	0.7	0.1		$\lg K^H(HIn)11.5$，$\lg K^H(H_2In)6.4$
$(pCa)_t$(至红)			1.8	2.8	3.8	4.7	5.3	5.4	$\lg K(CaIn)5.4$
$(pMg)_t$(至红)	1.0	2.4	3.4	4.4	5.4	6.3			$\lg K(MgIn)7.0$
$(pZn)_t$(至红)	6.9	8.3	9.3	10.5	12.2	13.9			$\lg\beta(ZnIn)12.9$，$\lg\beta(ZnIn_2)20.0$

C.7-2　紫脲酸铵

pH	6.0	7.0	8.0	9.0	10.0	11.0	12.0	稳定常数
$\lg\alpha_{In(H)}$	7.7	5.7	3.7	1.9	0.7	0.1		$\lg K^H(HIn)10.5$
$\lg\alpha_{HIn(H)}$	3.2	2.2	1.2	0.4	0.2	0.6	1.5	$\lg K^H(H_2In)9.2$
$(pCa)_t$(至红)		2.6	2.8	3.4	4.0	4.6	5.0	$\lg K(CaIn)5.0$
$(pCu)_t$(至橙)	6.4	8.2	10.2	12.2	13.6	15.8	17.9	
$(pNi)_t$(至黄)	4.6	5.2	6.2	7.8	9.3	10.3	11.3	

C.7-3　二甲酚橙[a]

pH	1.0	2.0	3.0	4.0	4.5	5.0	5.5	6.0
$(pBi)_t$(至红)	4.0	5.4	6.8					
$(pCd)_t$(至红)					4.0	4.5	5.0	5.5
$(pHg)_t$(至红)						7.4	8.2	9.0
$(pLa)_t$(至红)					4.0	4.5	5.0	5.6
$(pPb)_t$(至红)			4.2	4.8	6.2	7.0	7.6	8.2
$(pTh)_t$(至红)	3.6	4.9	6.3					
$(pZn)_t$(至红)					4.1	4.8	5.7	6.5
$(pZr)_t$(至红)	7.5							

a：表中二甲酚橙与各金属络合物的 $(pM)_t$ 均系实验测得。

C.7-4　PAN

pH	4.0	5.0	6.0	7.0	8.0	9.0	10.0	11.0	稳定常数(20%二氧六环)
$\lg\alpha_{In(H)}$	8.2	7.2	6.2	5.2	4.2	3.2	2.2	1.2	$\lg K(HIn)12.2$，$\lg K^H(H_2In)1.9$
$(pCu)_t$(至红)	7.8	8.8	9.8	10.8	11.8	12.8	13.8	14.8	$\lg K(CuIn)16.0$

C.8　标准电极电位($\varphi^{\ominus}$)及一些氧化还原电对的条件电极电位($\varphi^{\ominus\prime}$)

C.8-1　标准电极电位($\varphi^{\ominus}$),25℃

电 极 反 应	$\varphi^{\ominus}/V$
$F_2 + 2e \Longrightarrow 2F^-$	$+2.87$
$O_3 + 2H^+ + 2e \Longrightarrow O_2 + H_2O$	$+2.07$
$S_2O_8^{2-} + 2e \Longrightarrow 2SO_4^{2-}$	$+2.0$
$H_2O_2 + 2H^+ + 2e \Longrightarrow 2H_2O$	$+1.77$
$Ce^{4+} + e \Longrightarrow Ce^{3+}$	$+1.61$
$2BrO_3^- + 12H^+ + 10e \Longrightarrow Br_2 + 6H_2O$	$+1.5$
$MnO_4^- + 8H^+ + 5e \Longrightarrow Mn^{2+} + 4H_2O$	$+1.51$
$PbO_2(固) + 4H^+ + 2e \Longrightarrow Pb^{2+} + H_2O$	$+1.46$
$BrO_3^- + 6H^+ + 6e \Longrightarrow Br^- + 3H_2O$	$+1.44$
$Cl_2 + 2e \Longrightarrow 2Cl^-$	$+1.358$
$Cr_2O_7^{2-} + 14H^+ + 6e \Longrightarrow 2Cr^{3+} + 7H_2O$	$+1.33$
$MnO_2(固) + 4H^+ + 2e \Longrightarrow Mn^{2+} + 2H_2O$	$+1.23$
$O_2 + 4H^+ + 4e \Longrightarrow 2H_2O$	$+1.229$
$2IO_3^- + 12H^+ + 10e \Longrightarrow I_2 + 6H_2O$	$+1.19$
$Br_2 + 2e \Longrightarrow 2Br^-$	$+1.08$
$HNO_2 + H^+ + e \Longrightarrow NO + H_2O$	$+0.98$
$VO_2^+ + 2H^+ + e \Longrightarrow VO^{2+} + H_2O$	$+0.999$
$NO_3^- + 3H^+ + 2e \Longrightarrow HNO_2 + H_2O$	$+0.94$
$Hg^{2+} + 2e \Longrightarrow 2Hg$	$+0.845$
$Ag^+ + e \Longrightarrow Ag$	$+0.7994$
$Hg_2^{2+} + 2e \Longrightarrow 2Hg$	$+0.792$
$Fe^{3+} + e \Longrightarrow Fe^{2+}$	$+0.771$
$O_2 + 2H^+ + 2e \Longrightarrow H_2O_2$	$+0.69$
$2HgCl_2 + 2e \Longrightarrow Hg_2Cl_2 + 2Cl^-$	$+0.63$
$MnO_4^- + 2H_2O + 3e \Longrightarrow MnO_2 + 4OH^-$	$+0.588$
$MnO_4^- + e \Longrightarrow MnO_4^{2-}$	$+0.57$
$H_3AsO_4 + 2H^+ + 2e \Longrightarrow HAsO_2 + 2H_2O$	$+0.56$
$I_3^- + 2e \Longrightarrow 3I^-$	$+0.54$
$I_2(固) + 2e \Longrightarrow 2I^-$	$+0.535$
$Cu^+ + e \Longrightarrow Cu$	$+0.52$
$Fe(CN)_6^{3-} + e \Longrightarrow Fe(CN)_6^{4-}$	$+0.355$
$Cu^{2+} + 2e \Longrightarrow Cu$	$+0.34$
$Hg_2Cl_2 + 2e \Longrightarrow 2Hg + 2Cl^-$	$+0.268$
$SO_4^{2-} + 4H^+ + 2e \Longrightarrow H_2SO_3 + H_2O$	$+0.17$
$Cu^{2+} + e \Longrightarrow Cu^+$	$+0.17$
$Sn^{4+} + 2e \Longrightarrow Sn^{2+}$	$+0.15$
$S + 2H^+ + 2e \Longrightarrow H_2S$	$+0.14$
$S_4O_6^{2-} + 2e \Longrightarrow 2S_2O_3^{2-}$	$+0.09$

续表

电 极 反 应	$\varphi^{\ominus}/V$
$2H^+ + 2e \rightleftharpoons H_2$	0.00
$Pb^{2+} + 2e \rightleftharpoons Pb$	-0.126
$Sn^{2+} + 2e \rightleftharpoons Sn$	-0.14
$Ni^{2+} + 2e \rightleftharpoons Ni$	-0.25
$PbSO_4(固) + 2e \rightleftharpoons Pb + SO_4^{2-}$	-0.356
$Cd^{2+} + 2e \rightleftharpoons Cd$	-0.403
$Fe^{2+} + 2e \rightleftharpoons Fe$	-0.44
$S + 2e \rightleftharpoons S^{2-}$	-0.48
$2CO_2 + 2H^+ + 2e \rightleftharpoons H_2C_2O_4$	-0.49
$Zn^{2+} + 2e \rightleftharpoons Zn$	-0.7628
$SO_4^{2-} + H_2O + 2e \rightleftharpoons SO_3^{2-} + 2OH^-$	-0.93
$Al^{3+} + 3e \rightleftharpoons Al$	-1.66
$Mg^{2+} + 2e \rightleftharpoons Mg$	-2.37
$Na^+ + e \rightleftharpoons Na$	-2.713
$Ca^{2+} + 2e \rightleftharpoons Ca$	-2.87
$K^+ + e \rightleftharpoons K$	-2.925

C.8-2　一些氧化还原电对的条件电极电位($\varphi^{\ominus\prime}$),25℃

电 极 反 应	$\varphi^{\ominus\prime}/V$	介　　质
$Ag^{2+} + e \rightleftharpoons Ag^+$	2.00	$4\ mol\cdot L^{-1}\ HClO_4$
	1.93	$3\ mol\cdot L^{-1}\ HNO_3$
$Ce(\text{IV}) + e \rightleftharpoons Ce(\text{III})$	1.74	$1\ mol\cdot L^{-1}\ HClO_4$
	1.45	$0.5\ mol\cdot L^{-1}\ H_2SO_4$
	1.28	$1\ mol\cdot L^{-1}\ HCl$
	1.60	$1\ mol\cdot L^{-1}\ HNO_3$
$Co(\text{III}) + e \rightleftharpoons Co(\text{II})$	1.95	$4\ mol\cdot L^{-1}\ HClO_4$
	1.86	$1\ mol\cdot L^{-1}\ HNO_3$
$Cr_2O_7^{2-} + 14H^+ + 6e \rightleftharpoons 2Cr^{3+} + 7H_2O$	1.03	$1\ mol\cdot L^{-1}\ HClO_4$
	1.15	$4\ mol\cdot L^{-1}\ H_2SO_4$
	1.00	$1\ mol\cdot L^{-1}\ HCl$
$Fe(\text{III}) + e \rightleftharpoons Fe(\text{II})$	0.75	$1\ mol\cdot L^{-1}\ HClO_4$
	0.70	$1\ mol\cdot L^{-1}\ HCl$
	0.68	$1\ mol\cdot L^{-1}\ H_2SO_4$
	0.51	$1\ mol\cdot L^{-1}\ HCl\text{-}0.25\ mol\cdot L^{-1}\ H_3PO_4$
$Fe(CN)_6^{3-} + e \rightleftharpoons Fe(CN)_6^{4-}$	0.56	$0.1\ mol\cdot L^{-1}\ HCl$
	0.72	$1\ mol\cdot L^{-1}\ HClO_4$
$I_3^- + 2e \rightleftharpoons 3I^-$	0.545	$0.5\ mol\cdot L^{-1}\ H_2SO_4$
$Sn(\text{IV}) + 2e \rightleftharpoons Sn(\text{II})$	0.14	$1\ mol\cdot L^{-1}\ HCl$
$Sb(\text{V}) + 2e \rightleftharpoons Sb(\text{III})$	0.75	$3.5\ mol\cdot L^{-1}\ HCl$
$SbO_3^- + H_2O + 2e \rightleftharpoons SbO_2^- + 2OH^-$	-0.43	$3\ mol\cdot L^{-1}\ KOH$

电 极 反 应	$\varphi^{\ominus\prime}/\text{V}$	介 质
$Ti(\text{IV})+e \rightleftharpoons Ti(\text{III})$	-0.01	$0.2 \text{ mol·L}^{-1} \text{ H}_2\text{SO}_4$
	0.15	$5 \text{ mol·L}^{-1} \text{ H}_2\text{SO}_4$
	0.10	$3 \text{ mol·L}^{-1} \text{ HCl}$
$V(\text{V})+e \rightleftharpoons V(\text{IV})$	0.94	$1 \text{ mol·L}^{-1} \text{ H}_3\text{PO}_4$
$U(\text{VI})+2e \rightleftharpoons U(\text{IV})$	0.35	$1 \text{ mol·L}^{-1} \text{ HCl}$

C.9 难溶化合物的活度积$(K_{sp}^{\ominus})$和溶度积(K_{sp}),25℃

化合物	$I=0$		$I=0.1$	
	$K_{sp}^{\ominus}$	$pK_{sp}^{\ominus}$	K_{sp}	pK_{sp}
AgAc	2×10^{-3}	2.7	8×10^{-3}	2.1
AgCl	1.77×10^{-10}	9.75	3.2×10^{-10}	9.50
AgBr	4.95×10^{-13}	12.31	8.7×10^{-13}	12.06
AgI	8.3×10^{-17}	16.08	1.48×10^{-16}	15.83
Ag_2CrO_4	1.12×10^{-12}	11.95	5×10^{-12}	11.3
AgSCN	1.07×10^{-12}	11.97	2×10^{-12}	11.7
Ag_2S	6×10^{-50}	49.2	6×10^{-49}	48.2
Ag_2SO_4	1.58×10^{-5}	4.80	8×10^{-5}	4.1
$Ag_2C_2O_4$	1×10^{-11}	11.0	4×10^{-11}	10.4
Ag_3AsO_4	1.12×10^{-20}	19.95	1.3×10^{-19}	18.9
Ag_3PO_4	1.45×10^{-16}	15.84	2×10^{-15}	14.7
AgOH	1.9×10^{-8}	7.71	3×10^{-8}	7.5
$Al(OH)_3$(无定形)	4.6×10^{-33}	32.34	3×10^{-32}	31.5
$BaCrO_4$	1.17×10^{-10}	9.93	8×10^{-10}	9.1
$BaCO_3$	4.9×10^{-9}	8.31	3×10^{-8}	7.5
$BaSO_4$	1.07×10^{-10}	9.97	6×10^{-10}	9.2
BaC_2O_4	1.6×10^{-7}	6.79	1×10^{-6}	6.0
BaF_2	1.05×10^{-6}	5.98	5×10^{-6}	5.3
$Bi(OH)_2Cl$	1.8×10^{-31}	30.75		
$Ca(OH)_2$	5.5×10^{-6}	5.26	1.3×10^{-5}	4.9
$CaCO_3$	3.8×10^{-9}	8.42	3×10^{-8}	7.5
CaC_2O_4	2.3×10^{-9}	8.64	1.6×10^{-8}	7.8
CaF_2	3.4×10^{-11}	10.47	1.6×10^{-10}	9.8
$Ca_3(PO_4)_2$	1×10^{-26}	26.0	1×10^{-23}	23
$CaSO_4$	2.4×10^{-5}	4.62	1.6×10^{-4}	3.8
$CdCO_3$	3×10^{-14}	13.5	1.6×10^{-13}	12.8
CdC_2O_4	1.51×10^{-8}	7.82	1×10^{-7}	7.0
$Cd(OH)_2$(新析出)	3×10^{-14}	13.5	6×10^{-14}	13.2
CdS	8×10^{-27}	26.1	5×10^{-26}	25.3
$Ce(OH)_3$	6×10^{-21}	20.2	3×10^{-20}	19.5

续表

化合物	$I=0$		$I=0.1$	
	$K_{sp}^{\ominus}$	$pK_{sp}^{\ominus}$	K_{sp}	pK_{sp}
$CePO_4$	2×10^{-24}	23.7		
$Co(OH)_2$(新析出)	1.6×10^{-15}	14.8	4×10^{-15}	14.4
CoS α 型	4×10^{-21}	20.4	3×10^{-20}	19.5
β 型	2×10^{-25}	24.7	1.3×10^{-24}	23.9
$Cr(OH)_3$	1×10^{-31}	31.0	5×10^{-31}	30.3
CuI	1.10×10^{-12}	11.96	2×10^{-12}	11.7
$CuSCN$	4.8×10^{-15}	14.32	2×10^{-13}	12.7
CuS	6×10^{-36}	35.2	4×10^{-35}	34.4
$Cu(OH)_2$	2.6×10^{-19}	18.59	6×10^{-19}	18.2
$Fe(OH)_2$	8×10^{-16}	15.1	2×10^{-15}	14.7
$FeCO_3$	3.2×10^{-11}	10.50	2×10^{-10}	9.7
FeS	6×10^{-18}	17.2	4×10^{-17}	16.4
$Fe(OH)_3$	3×10^{-39}	38.5	1.3×10^{-38}	37.9
Hg_2Cl_2	1.32×10^{-18}	17.88	6×10^{-18}	17.2
HgS(黑)	1.6×10^{-52}	51.8	1×10^{-51}	51
(红)	4×10^{-53}	52.4		
$Hg(OH)_2$	4×10^{-26}	25.4	1×10^{-25}	25.0
$KHC_4H_4O_6$	3×10^{-4}	3.5		
K_2PtCl_6	1.10×10^{-5}	4.96		
$La(OH)_3$(新析出)	1.6×10^{-19}	18.8	8×10^{-19}	18.1
$LaPO_4$			4×10^{-23}	22.4[a]
$MgCO_3$	1×10^{-5}	5.0	6×10^{-5}	4.2
MgC_2O_4	8.5×10^{-5}	4.07	5×10^{-4}	3.3
$Mg(OH)_2$	1.8×10^{-11}	10.74	4×10^{-11}	10.4
$MgNH_4PO_4$	3×10^{-13}	12.6		
$MnCO_3$	5×10^{-10}	9.30	3×10^{-9}	8.5
$Mn(OH)_2$	1.9×10^{-13}	12.72	5×10^{-13}	12.3
MnS(无定形)	3×10^{-10}	9.5	6×10^{-9}	8.8
(晶形)	3×10^{-13}	12.5		
$Ni(OH)_2$(新析出)	2×10^{-15}	14.7	5×10^{-15}	14.3
NiS α 型	3×10^{-19}	18.5		
β 型	1×10^{-24}	24.0		
γ 型	2×10^{-26}	25.7		
$PbCO_3$	8×10^{-14}	13.1	5×10^{-13}	12.3
$PbCl_2$	1.6×10^{-5}	4.79	8×10^{-5}	4.1
$PbCrO_4$	1.8×10^{-14}	13.75	1.3×10^{-13}	12.9
PbI_2	6.5×10^{-9}	8.19	3×10^{-8}	7.5
$Pb(OH)_2$	8.1×10^{-17}	16.09	2×10^{-16}	15.7
PbS	3×10^{-27}	26.6	1.6×10^{-26}	25.8
$PbSO_4$	1.7×10^{-8}	7.78	1×10^{-7}	7.0

化合物	$I=0$		$I=0.1$	
	$K_{sp}^{\ominus}$	p$K_{sp}^{\ominus}$	K_{sp}	pK_{sp}
$SrCO_3$	9.3×10^{-10}	9.03	6×10^{-9}	8.2
SrC_2O_4	5.6×10^{-8}	7.25	3×10^{-7}	6.5
$SrCrO_4$	2.2×10^{-5}	4.65		
SrF_2	2.5×10^{-9}	8.61	1×10^{-8}	8.0
$SrSO_4$	3×10^{-7}	6.5	1.6×10^{-6}	5.8
$Sn(OH)_2$	8×10^{-29}	28.1	2×10^{-28}	27.7
SnS	1×10^{-25}	25.0		
$Th(C_2O_4)_2$	1×10^{-22}	22.0		
$Th(OH)_4$	1.3×10^{-45}	44.9	1×10^{-44}	44.0
$TiO(OH)_2$	1×10^{-29}	29.0	3×10^{-29}	28.5
$ZnCO_3$	1.7×10^{-11}	10.78	1×10^{-10}	10.0
$Zn(OH)_2$(新析出)	2.1×10^{-16}	15.68	5×10^{-16}	15.3
ZnS α 型	1.6×10^{-24}	23.8		
β 型	5×10^{-25}	24.3		
$ZrO(OH)_2$	6×10^{-49}	48.2	1×10^{-47}	47.0

a：$I=0.5$。

附录 D 相对原子质量及化合物的摩尔质量

D.1 相对原子质量(A_r)表

符号	名称	A_r	符号	名称	A_r	符号	名称	A_r	符号	名称	A_r
Ag	银	107.8682	F	氟	18.9984032	Nb	铌	92.90638	Sc	钪	44.955910
Al	铝	26.981538	Fe	铁	55.845	Nd	钕	144.24	Se	硒	78.96
As	砷	74.92160	Ga	镓	69.723	Ni	镍	58.6934	Si	硅	28.0855
Au	金	196.96655	Ge	锗	72.64	O	氧	15.9994	Sn	锡	118.710
B	硼	10.811	H	氢	1.00794	Os	锇	190.23	Sr	锶	87.62
Ba	钡	137.327	He	氦	4.002602	P	磷	30.973761	Ta	钽	180.9479
Be	铍	9.012182	Hf	铪	178.49	Pb	铅	207.2	Te	碲	127.60
Bi	铋	208.9804	Hg	汞	200.59	Pd	钯	106.42	Th	钍	232.0381
Br	溴	79.904	I	碘	126.90447	Pr	镨	140.90765	Ti	钛	47.867
C	碳	12.0107	In	铟	114.818	Pt	铂	195.078	Tl	铊	204.3833
Ca	钙	40.078	K	钾	39.0983	Ra	镭	226.0254	U	铀	238.02891
Cd	镉	112.411	La	镧	138.9055	Rb	铷	85.4678	V	钒	50.9415
Ce	铈	140.116	Li	锂	6.941	Re	铼	186.207	W	钨	183.84
Cl	氯	35.453	Mg	镁	24.3050	Rh	铑	102.90550	Y	钇	88.90585
Co	钴	58.933200	Mn	锰	54.938049	Ru	钌	101.07	Zn	锌	65.409
Cr	铬	51.9961	Mo	钼	95.94	S	硫	32.065	Zr	锆	91.224
Cs	铯	132.90545	N	氮	14.0067	Sb	锑	121.760			
Cu	铜	63.546	Na	钠	22.989770						

D.2 化合物的摩尔质量(M)表

化学式	$M/(g \cdot mol^{-1})$	化学式	$M/(g \cdot mol^{-1})$
Ag_3AsO_3	446.52	$BaCO_3$	197.34
Ag_3AsO_4	462.52	$BaCl_2$	208.24
$AgBr$	187.77	$BaCl_2 \cdot 2H_2O$	244.27
$AgSCN$	165.95	$BaCrO_4$	253.32
$AgCl$	143.32	$BaSO_4$	233.39
Ag_2CrO_4	331.73	BaS	169.39
AgI	234.77		
$AgNO_3$	169.87	$Bi(NO_3)_3 \cdot 5H_2O$	485.07
		Bi_2O_3	465.96
$Al(C_9H_6ON)_3$(8-羟基喹啉铝)	459.44	$BiOCl$	260.43
$AlK(SO_4)_2 \cdot 12H_2O$	474.38		
Al_2O_3	101.96	CH_2O(甲醛)	30.03
		CH_3COOH	60.05
As_2O_3	197.84	$C_2H_5NO_2$(氨基乙酸,甘氨酸)	75.07
As_2O_5	229.84	$C_4H_8N_2O_2$(丁二酮肟)	116.12

续表

化学式	$M/(\text{g·mol}^{-1})$	化学式	$M/(\text{g·mol}^{-1})$
$C_6H_5NO_3$（硝基酚）	139.11	$H_3C_6H_5O_7 \cdot H_2O$（柠檬酸）	210.14
$C_6H_{12}N_2O_4S_2$（L-胱氨酸）	240.30	HCl	36.46
$(CH_2)_6N_4$（六次甲基四胺）	140.19	$HClO_4$	100.46
$C_7H_6O_6S$（磺基水杨酸）	218.18	HNO_3	63.01
$C_{12}H_8N_2$（邻二氮菲）	180.21	HNO_2	47.01
$C_{12}H_8N_2 \cdot H_2O$（邻二氮菲）	198.21	H_2O_2	34.01
$C_{14}H_{14}N_3O_3SNa$（甲基橙）	327.33	H_3PO_4	98.00
		H_2S	34.08
$CaCO_3$	100.09	H_2SO_3	82.07
$CaC_2O_4 \cdot H_2O$	146.11	H_2SO_4	98.07
CaF_2	78.08		
$CaCl_2$	110.99	$HgCl_2$	271.50
CaO	56.08	Hg_2Cl_2	472.09
$CaSO_4$	136.14	HgO	216.59
$CaSO_4 \cdot 2H_2O$	172.17	HgS	232.65
		$HgSO_4$	296.65
$CdCO_3$	172.42		
$Cd(NO_3)_2 \cdot 4H_2O$	308.48	$KAl(SO_4)_2 \cdot 12H_2O$	474.38
CdO	128.41	KBr	119.00
$CdSO_4$	208.47	$KBrO_3$	167.00
		$K_3C_6H_5O_7$（柠檬酸钾）	306.40
$CoCl_2 \cdot 6H_2O$	237.93	KCN	65.116
		K_2CO_3	138.21
CuI	190.45	KCl	74.55
$CuSCN$	121.62	$KClO_3$	122.55
$CuHg(SCN)_4$	496.45	$KClO_4$	138.55
$Cu(NO_3)_2 \cdot 3H_2O$	241.60	K_2CrO_4	194.19
CuO	79.55	$K_2Cr_2O_7$	294.18
$CuSO_4 \cdot 5H_2O$	249.68	$K_3Fe(CN)_6$	329.25
		$K_4Fe(CN)_6$	368.35
$FeCl_2 \cdot 4H_2O$	198.81	$KHC_4H_4O_6$（酒石酸氢钾）	188.18
$FeCl_3 \cdot 6H_2O$	270.30	$KHC_8H_4O_4$（苯二甲酸氢钾）	204.22
$Fe(NO_3)_3 \cdot 9H_2O$	404.00	$KHSO_4$	136.16
FeO	71.85	KI	166.00
Fe_2O_3	159.69	KIO_3	214.00
Fe_3O_4	231.54	$KMnO_4$	158.03
$FeSO_4 \cdot 7H_2O$	278.01	KNO_2	85.10
		KNO_3	101.10
$HCOOH$	46.03	KOH	56.11
H_2CO_3	62.03	K_2PtCl_6	485.99
$H_2C_2O_4$	90.04	$KSCN$	97.18
$H_2C_2O_4 \cdot 2H_2O$（草酸）	126.07	K_2SO_4	174.25
$H_2C_4H_4O_4$（琥珀酸,丁二酸）	118.090	$K_2S_2O_7$	254.31
$H_2C_4H_4O_6$（酒石酸）	150.088		

续表

化学式	$M/(\text{g·mol}^{-1})$	化学式	$M/(\text{g·mol}^{-1})$
$Mg(C_9H_6ON)_2$(8-羟基喹啉镁)	312.61	$Na_2HPO_4 \cdot 2H_2O$	177.99
$MgNH_4PO_4 \cdot 6H_2O$	245.41	$NaHSO_4$	120.06
MgO	40.30	$NaOH$	39.997
$Mg_2P_2O_7$	222.55	Na_2SO_4	142.04
$MgSO_4 \cdot 7H_2O$	246.47	$Na_2S_2O_3 \cdot 5H_2O$	248.17
		$NaZn(UO)_3(C_2H_3O_2)_9 \cdot 6H_2O$	1537.94
$MnCO_3$	114.95		
MnO_2	86.94	$NiSO_4 \cdot 7H_2O$	280.85
$MnSO_4$	151.00	$Ni(C_4H_7N_2O_2)_2$(丁二酮肟镍)	288.91
$NH_2OH \cdot HCl$(盐酸羟胺)	69.49	PbO	223.2
NH_3	17.03	PbO_2	239.2
NH_4	18.04	$Pb(C_2H_3O_2)_2 \cdot 3H_2O$	379.3
$NH_4C_2H_3O_2$(醋酸铵)	77.08	$PbCrO_4$	323.2
NH_4SCN	76.12	$PbCl_2$	278.1
$(NH_4)_2C_2O_4 \cdot H_2O$	142.11	$Pb(NO_3)_2$	331.2
NH_4Cl	53.49	PbS	239.3
NH_4F	37.04	$PbSO_4$	303.3
$NH_4Fe(SO_4)_2 \cdot 12H_2O$	482.18		
$(NH_4)_2Fe(SO_4)_2 \cdot 6H_2O$	392.13	SO_2	64.06
NH_4HF_2	57.04	SO_3	80.06
$(NH_4)_2Hg(SCN)_4$	468.98	SO_4	96.06
NH_4NO_3	80.04		
NH_4OH	35.05	SiF_4	104.08
$(NH_4)_3PO_4 \cdot 12MoO_3$	1876.34	SiO_2	60.08
$(NH_4)_2S_2O_8$	228.19		
		$SnCl_2 \cdot 2H_2O$	225.63
$Na_2B_4O_7$	201.22	$SnCl_4$	260.50
$Na_2B_4O_7 \cdot 10H_2O$	381.37	SnO	134.69
Na_2BiO_3	279.97	SnO_2	150.69
$NaC_2H_3O_2$(醋酸钠)	82.03		
$Na_3C_6H_5O_7$(柠檬酸钠)	258.07	$SrCO_3$	147.63
Na_2CO_3	105.99	$Sr(NO_3)_2$	211.63
$Na_2CO_3 \cdot 10H_2O$	286.14	$SrSO_4$	183.68
$Na_2C_2O_4$	134.00		
$NaCl$	58.44	$TiCl_3$	154.24
$NaClO_4$	122.44	TiO_2	79.88
NaF	41.99		
$NaHCO_3$	84.01	$ZnHg(SCN)_4$	498.28
$Na_2H_2C_{10}H_{12}O_8N_2$(EDTA 二钠盐)	336.21	$ZnNH_4PO_4$	178.39
$Na_2H_2C_{10}H_{12}O_8N_2 \cdot 2H_2O$	372.24	ZnS	97.44
$NaH_2PO_4 \cdot 2H_2O$	156.01	$ZnSO_4$	161.44

附录 E 习题参考答案

第 1 章

1.1 0.0150 mol·L^{-1}

1.2 0.01988 mol·L^{-1}

1.3 $c(Na_2C_2O_4)=0.050$ mol·L^{-1}

$m(Na_2C_2O_4)=0.67$ g

1.4 0.21 g

1.5 0.6702 g

1.6 112.0%，失去部分结晶水

1.7 12.43%

1.8 $c(HCl)=0.0954$ mol·L^{-1}

$c(NaOH)=0.1053$ mol·L^{-1}

1.9 $c(酒石酸)=0.03333$ mol·L^{-1}

$c(甲酸)=0.0833$ mol·L^{-1}

1.10 20.00 mL

第 2 章

2.1 (1) 20.54%，20.54%，0.12%；0.037%，

0.046%；0.22%，0.019%

(2) 0.09%，0.4%

2.2 (1) $n=4$，$\bar{x}=35.66\%$，$s=0.05\%$

(2) $(35.58\%, 35.74\%)$，

$(35.60\%, 35.72\%)$

2.3 $(9.32\%, 9.80\%)$，$(9.44\%, 9.68\%)$，

$(9.48\%, 9.64\%)$

2.4 $t_{计}=2.50<t_{0.05}(3)=3.18$，无显著差异

2.5 $F_{计}=2.25<F_{0.05}(4,3)=9.12$，有显著

差异

$t_{计}=4.74>t_{0.10}(7)=1.90$

2.6 $t_{计}=0.58<t_{0.05}(8)=2.31$，无显著差异

2.7 $Q_{计}=0.71<Q_{0.90}(4)=0.76$，不弃去；

$Q_{计}=0.71>Q_{0.90}(5)=0.64$，应弃去

2.8 $m(Na_2C_2O_4)=0.13$ g，$E_r=0.15\%>$

0.1%，不能；$m(Na_2C_2O_4)=0.48$ g，$E_r=$

$0.04<0.1\%$，能

2.9 2 位，4 位，5 位，3 位，3 位，不明确，2

位，1 位

2.10 (1) 218.4

(2) 2.10

(3) 6.3×10^{-13} mol·L^{-1}

2.11 0.477，3 位，增加样品量

第 3 章

3.1

酸		pK_a	K_a	K_b
H$_3$PO$_4$	1	2.16	6.9×10^{-3}	2.1×10^{-2}
	2	7.21	6.2×10^{-8}	1.6×10^{-7}
	3	12.32	4.8×10^{-13}	1.4×10^{-12}
H$_2$C$_2$O$_4$	1	1.25	5.6×10^{-2}	1.9×10^{-10}
	2	4.29	5.1×10^{-5}	1.8×10^{-13}
苯甲酸		4.21	6.2×10^{-5}	1.6×10^{-10}
NH$_4^+$		9.25	5.6×10^{-10}	1.8×10^{-5}
C$_6$H$_5$NH$_2$		4.62	2.4×10^{-5}	4.2×10^{-10}

3.2 (1) $x_3=1.4\times10^{-3}$，$x_2=1.0(0.994)$，

$x_1=6.2\times10^{-3}$，$x_0=3.0\times10^{-10}$

(2) 7.2×10^{-5} mol·L^{-1}

$0.0497(0.050)$ mol·L^{-1}

3.1×10^{-4} mol·L^{-1}，

1.5×10^{-11} mol·L^{-1}

3.3 5.2×10^{-5} mol·L^{-1}

3.4 5.3 mL，9.5 mL，12.8 mL

3.5 p$K_a^M=9.38$，p$K_a^C=9.29$

3.6 略

3.7 (1) 1.96 (2) 9.06 (3) 6.15 (4) 6.06

(5) 12.77 (6) 1.84

3.8 (1) 1.64 (2) 2.29 (3) 4.71 (4) 7.21

3.9 0.75 g，7.9 mL，6.2 mL

3.10 $c(HAc)=0.43$ mol·L^{-1}，

$c(Ac^-)=0.75$ mol·L^{-1}；102 g，25 mL

3.11 8.23，0.02%

3.12 8.13，5.88；-0.07%

3.13 8.88，9.70，8.06；1%

3.14 4.30，5.00，3.60；5.00，5.21，4.79

3.15 0.5%，0.3%

3.16 5.1；$+0.08\%$，-0.5%

3.17 0.3802%，0.871%

3.18 64.84%，24.55%

3.19 75.03%，22.19%

3.20 (1) 0.026 g (2) 0.6%

第 4 章

4.1 (1) 1.4×10^4，3.0×10^3，7.1×10^2，

$1.3 \times 10^2, 1.4 \times 10^4, 4.2 \times 10^7,$

$3.0 \times 10^{10}, 3.9 \times 10^{12}$,

(2) 7.7×10^{-2} mol·L^{-1}

(3) 1.4×10^{-9} mol·L^{-1},

1.9×10^{-7} mol·L^{-1},

5.8×10^{-6} mol·L^{-1},

4.1×10^{-5} mol·L^{-1},

5.3×10^{-5} mol·L^{-1}

4.2 Fe^{3+}, $[Fe^{3+}]=[FeL]$, FeL_2, FeL_3

4.3 $10^{-9.37}$, $10^{9.37}$, $10^{4.63}$; 3.3

4.4 (1) 5.7

(2) 略

4.5 (1) 3.4, 0.2, 3.4

(2) 4.0, 0.5, 4.0

4.6 (1) 13.8

(2) -6.1

4.7 3:2

4.8 14.4; $10^{-8.2}$ mol·L^{-1}, $10^{-8.5}$ mol·L^{-1}

4.9 $10^{-7.6}$ mol·L^{-1}; 3.8

4.10 6.4, 5.0, 7.8

4.11 7.7, 4.3, 6.0, 7.7

4.12 $10^{9.2}(10^{9.3})$

4.13 4.1, -0.8%

4.14 5%, $10^{-6.1}$ mol·L^{-1}, $10^{-3.3}$ mol·L^{-1}

4.15 (1) 2.1~3.4

(2) 2.7

(3) -0.2%

4.16 $+0.02\%$

4.17 $10^{-5.3}$, $10^{-11.2}$, $10^{-6.6}$, $10^{-7.1}$

$10^{-4.9}$, $10^{-10.8}$, $10^{-6.2}$, $10^{-7.1}$

4.18 12.10%, 8.34%

4.19 0.01635 mol·L^{-1},

0.01618 mol·L^{-1},

0.00813 mol·L^{-1}

4.20 0.67 g

第 5 章

5.1 0.77 V

5.2 0.24 V

5.3 0.13 V

5.4 1.5×10^{-15} mol·L^{-1}

5.5 0.11 V, 0.14 V, 0.17 V, 0.20 V,

0.23 V, 0.33 V, 0.52 V, 0.58 V,

0.64 V, 0.70 V

5.6 0.02667 mol·L^{-1}

5.7 1:1.1

5.8 56.08%

5.9 37.64%

5.10 2.454%

5.11 36.2%, 19.4%

5.12 37.11%

5.13 1.91%, 1.55%

5.14 5.320%

5.15 35.26%, 23.91%, 8.93%

5.16 0.01225 mol·L^{-1}

5.17 23.10%, 21.40%

第 6 章

6.1 31.65%

6.2 1 g

6.3 (1) 2×10^{-9} mol·L^{-1}

(2) 2×10^{-3} mol·L^{-1}

(3) 4×10^{-5} mol·L^{-1}

(4) 4×10^{-4} mol·L^{-1}

(5) 2.4×10^{-6} mol·L^{-1}

6.4 1.1×10^{-13}

6.5 $w(Al)=3.853\%$; $m(Al_2O_3)=0.0364$ g

6.6 1.337 g

6.7 1%

6.8 54.33%; 0.5%

6.9 98.0%

6.10 2.66%

6.11 3.21%

6.12 3.6 mol·L^{-1}

6.13 $w(KCl)=34.15\%$; $w(KBr)=65.85\%$

6.14 40.84%

6.15 6.143%

6.16 KIO_3

6.17 65.84%

6.18 $w(KBrO_3)=8.16\%$, $w(KBr)=44.7\%$

第 7 章

7.1 14%; 37%

7.2 1.5×10^4 L·mol^{-1}·cm^{-1}

7.3 0.022%; 61.0%

7.4 10.9 g·L^{-1}

7.5 98%

7.6 0.53 g/片

7.7 (1) 0.187，0.379

(2) 1.3×10^{-3} mol·L^{-1}

(3) 2.9×10^2 L·mol^{-1}·cm^{-1}，

0.17 μg·cm^{-2}

7.8 2.6×10^{-3} μg·cm^{-2}，5.2×10^{-3} μg·cm^{-2}

7.9 44%，5.5%，3.4%，2.7%，3.4%，5.7%

7.10 $\dfrac{[\text{FeR}_3]}{[\text{Fe}']} = 10^{7.7}$，能定量进行

7.11 $c(\text{NAD}^+) = 2.5 \times 10^{-5}$ mol·L^{-1}

$c(\text{NADH}) = 5.0 \times 10^{-5}$ mol·L^{-1}

7.12 3.9×10^{-4} mol·L^{-1}，6.3×10^{-4} mol·L^{-1}

7.13 6.5×10^{-4} mol·L^{-1}

7.14 8.4×10^2 L·mol^{-1}·cm^{-1}，6.63

第 8 章

8.1 0.004 μg·mL^{-1}

8.2 0.0008 μg·mL^{-1}

8.3 0.58 mg·L^{-1}

8.4 0.095 mg·L^{-1}

8.5 (a) 5.75

(b) 1.95

(c) 0.17

8.6 相对误差 60%，相当于 0.2 个 pBr 单位

8.7 ＞6.0

8.8 8.4×10^{-8}

8.9 2.73×10^{-3} mol·L^{-1}

8.10 1.57×10^{-5} mol·L^{-1}

8.11 1.17，1.63

8.12 11 m

8.13 0.87，0.105，0.026

8.14 0.194，0.153

8.15 0.465，0.509；0.535，0.491

8.16 (1) 0.98

(2) 0.33

(3) 0.048

8.17 (1) 1.96，0.96

(2) 0.65，0.106

(3) 1.30，0.32

8.18 (1) 172

(2) 8488

(3) 705

(4) 698

第 9 章

9.1 76%，51%

9.2 92%

9.3 7.8 mL

9.4 $E(\text{Fe}) \approx 100\%$，$E(\text{Al}) = 0.2\%$；能定量分离

9.5 93.0%

9.6 (15＋2)cm

附录 F　索　引

1-(2-吡啶偶氮)-2-萘酚 1-(2-pyridylazo)-2-naph-thol(PAN) 125

氨基酸 amino acid 61

氨羧络合剂 complexone 107

螯合物 chelate 109

螯合物萃取 chelate extraction 269

半微量分析 semimicro analysis 6

包藏共沉淀 occlusion coprecipitation 184

保留时间 retention time 243

被滴物 titrand 7

比色法 colorimetry 203

变色间隔 color transition interval 74

变异系数 coefficient of variation 23

标定 standardization 8

标准电极电位 standard electrode potential 145

标准加入法 standard-addition method 236

标准差 standard deviation 23

标准溶液 standard solution 6

表观形成常数 apparent formation constant 216

薄层色谱法 thin layer chromatography (TLC) 280

不稳定常数 instability constant 109

参比电极 reference electrode 230

参比溶液 reference solution 211

参考水准 reference level 58

测量值 measured value 17

常量分析 macro analysis 5

场致离子化 field ionization 250

沉淀滴定法 precipitation titration 190

沉淀分离 precipitation separation 263

沉淀剂 precipitant 181

沉淀形 precipitation form 181

沉淀重量法 precipitation gravimetry 180

陈化 aging 186

称量形 weighing form 181

吹扫-捕集 purge and trap (PAT) 284

纯度 purity 8

磁分析器 magnetic analyzer 251

萃取常数 extraction constant 269

萃取率 percentage extraction 267

大气压离子化 atmospheric pressure ionization 251

带宽 bandwidth 226

带状光谱 band spectrum 200

单光束分光光度计 single-beam spectrophotometer 205

单色光 monochromatic light 203

单色器 monochromator 203

氘灯 deuterium lamp 203

导数光谱 derivative spectrum 218

等摩尔连续变化法 continuous variations method 216

等吸光点 isobestic point 218

滴定 titration 6

滴定常数 titration constant 48

滴定分析 titrimetry 6

滴定剂 titrant 6

滴定曲线 titration curve 76

滴定突跃 titration break 77

滴定误差 titration error 87

滴定终点 titration end point 6

碘钨灯 iodine tungsten lamp 203

玷污 contamination 183

电荷平衡 charge balance 58

电极 electrode 230

电极电位 electrode potential 145

电喷雾离子化 electrospray ionization 251

电位滴定法 potentiometric titration method 237

电位分析法 potentiometry 230

电子轰击离子化 electron impact ionization 250

定量分析 quantitative analysis 1

动态范围 dynamic range 39

多元酸 polyprotic acid 53

二苯胺磺酸钠 sodium diphenylamine sulfonate 158

二甲酚橙 xylenol orange (XO) 124

二氯荧光黄 dichloro fluorescein 195

法扬斯法 Fajans method 194

方差 variance 23

飞行时间 time-of-flight 252

非水滴定 non-aqueous titration 97

非水溶剂 non-aqueous solvent 97

分布图 distribution diagram 52

分光光度法 spectrophotometry 198

分光光度计 spectrophotometer 203

分离 separation 262

分离因数 separation factor 262

分配比 distribution ratio 267

分配系数 partition coefficient 266

分析化学 analytical chemistry 1

分析浓度 analytical concentration 51

分子离子峰 molecular ion peak 255

分子荧光分析法 molecular fluorescence analysis 222

酚酞 phenolphthalein (PP) 73

福尔哈德法 Volhard method 193

浮选法 flotating 283

副反应系数 side reaction coefficient 113

富集 enrichment 272

钙指示剂 calconcarboxylic acid 126

概率 probability 21

高锰酸钾法 potassium permanganate method 162

高斯分布 Gaussian distribution 32

高效液相色谱法 high performance liquid chromatography(HPLC) 246

铬黑 T eriochrome black T (EBT) 124

共沉淀 coprecipitation 183

共轭酸碱对 conjugate acid-base pair 46

共振线 resonance line 226

固定相 stationary phase 239

固有碱度 intrinsic basicity 98

固有溶解度 intrinsic solubility 174

固有酸度 intrinsic acidity 98

光程 path length 201

光电倍增管 photomultiplier tube 205

光电管 phototube 204

光度滴定法 photometric titration 214

光源 light source 203

光栅 grating 204

光致发光 photoluminescence 222

轨道离子阱 orbitrap 254

痕量分析 trace analysis 225

恒重 constant mass 188

红移 bathochromic shift 209

后沉淀 postprecipitation 185

互补色 complementary color 200

化学计量点 stoichiometric point 6

化学离子化 chemical ionization 250

缓冲容量 buffer capacity 68

缓冲溶液 buffer solution 68

挥发 volatilization 282

回收率 recovery 262

混合常数 mixed constant 50

混合指示剂 mixed indicator 75

混晶 mixed crystal 185

活度 activity 49

活度系数 activity coefficient 49

基质辅助激光解吸附离子化 matrix-assisted laser desorption ionization (MALDI) 251

基准物质 primary standard 8

极性溶剂 polar solvent 281

甲基橙 methyl orange (MO) 72

甲基红 methyl red (MR) 73

检出限 detection limit 39

检验统计量 test statistics 27

间接碘量法(滴定碘法) iodometry 166

交换容量 exchange capacity 274

交联度 degree of crosslinking 274

校准 calibration 8

校准曲线 calibration curve 34

解蔽 demasking 136

介电常数 dielectric constant 99

金属指示剂 metal-ion indicator 124

晶形沉淀 crystalline precipitate 186

精密度 precision 16

绝对误差 absolute error 17

均匀沉淀 homogeneous precipitation 187

卡尔-费歇法 Karl-Fischer titration 169

凯氏定氮法 Kjeldahl method 96

可测误差 determinate error 19

空白溶液 blank solution 211

快原子轰击离子化 fast-atom bombardment ionization 251

拉平效应 leveling effect 100

朗伯-比尔定律 Lambert-Beer law 201

累积常数 cumulative stability constant 110

棱镜 prism 204

离解常数 dissociation constant 47

离子回旋共振 ion cyclotron resonance 253

离子交换色谱法 ion exchange chromatography 273

离子交换树脂 ion exchange resin 273

离子阱 ion trap 252

离子强度 ionic strength 49

离子选择性电极 ion-selective electrode 232

离子源 ion source 250

连续萃取 continuous extraction 272

两性溶剂 amphiprotic solvent 97

两性物质 amphoteric substance 61

灵敏度 sensitivity 206

磷光 phosphorescence 222

零水准 zero level 58

流动相 mobile phase 246

络合滴定法 complexometry 106

络合反应 complexation 113

络合物 complex 109

毛细管电泳法 capillary electrophoresis 248

膜分离技术 membrane separation technology 283

摩尔比法 mole-ratio method 215

摩尔吸光系数 molar absorptivity 206

莫尔法 Mohr method 191

内标 internal standard 246

凝乳状沉淀 curdy precipitate 181

浓度常数 concentration constant 50

偶然误差 accidental error (random error) 19

泡沫浮选 foam flotation 284

偏差 deviation 23

频率 frequency 19

频率分布 frequency distribution 19

频率密度 frequency density 19

平衡浓度 equilibrium concentration 51

平均偏差 deviation average 23

平均值 mean(average) 22

平行测定 replicate determinations 16

气相色谱法 gas chromatography (GC) 238

氢灯 hydrogen lamp 203

区分效应 differentiating effect 100

取样 sampling 2

全距(极差) range 22

热力学常数 thermodynamic equilibrium constant 50

容量分析法 volumetric analysis 5

溶度积 solubility product 175

溶剂萃取 solvent extraction 266

色谱法 chromatography 238

色谱图(色谱流出曲线图) chromatogram 242

色谱柱 chromatographic column 239

生色团 chromophore 209

铈量法 cerimetry 171

曙红 eosin 195

双光束分光光度计 double-beam spectrophotometer 205

水相 aqueous phase 266

四极 quadrupole 251

酸碱滴定法 acid-base titration 76

酸碱平衡 acid-base equilibrium 47

酸效应曲线 acidic effective curve 114

随机误差 random error 18

索氏提取器 Soxhlet extractor 272

特殊指示剂 specific indicator 158

特征浓度 characteristic concentration 230

特征质量 characteristic mass 230

条件电极电位 formal electrode potential 145

条件溶度积 conditional solubility product 175

条件稳定常数 conditional stability constant 117

透射比 transmittance 201

透析 dialysis 283

微量分析 micro analysis 6

稳定常数 stability constant 109

钨灯 tungsten lamp 203

无定形沉淀 amorphous precipitate 186

物料平衡 mass balance 58

误差 error 17

吸附 adsorption 183

吸附指示剂 adsorption indicator 195

吸光度 absorbance 201

吸光系数 absorptivity 201

吸收峰 absorption peak 201

吸收曲线 absorption curve 201

系统误差 systematic error 18

显色剂 chromogenic reagent 209

显著性检验 significance test 27

显著水平 significance level 27

线状光谱 line spectrum 226

相比 phase ratio 267

相对过饱和度 relative supersaturation 182

相对误差 relative error 17

形成常数 formation constant 111

溴酸钾法 potassium bromate method 170

选择性 selectivity 131

选择性系数 selectivity coefficient 233

颜色转变点 color transition point 73

掩蔽 masking 134

氧化还原滴定法 redox titration 154

氧化还原指示剂 redox indicator 158

样本，试样 sample 22

样本标准差 sample standard deviation 23

样本平均值 sample mean 23

液相色谱法 liquid chromatography (LC) 278

一元酸 monoprotic acid 51

仪器分析 instrumental analysis 5

乙二胺四乙酸 ethylenediaminetetraacetic acid (EDTA) 107

异常值 outlier 32

银量法 argentimetry 190

荧光 fluorescence 222

荧光发射光谱 fluorescence emission spectrum 223

荧光光谱仪 spectrofluorometer 224

荧光黄 fluorescein 195

荧光激发光谱 fluorescence excitation spectrum 222

荧光强度 fluorescence intensity 224

优势区域图 predominance region diagram 52

有机相 organic phase 266

有效数字 significant figure 41

诱导反应 induced reaction 154

预富集 preconcentration 272

原假设（零假设） null hypothesis 27

原子化 atomization 227

原子化器 atomizer 227

原子吸收分光光度计 atomic absorption spectrophotometer 226

原子吸收光谱法 atomic absorption spectrometry 226

载气 carrier gas 238

真值 true value 17

蒸馏 distillation 283

正态分布 normal distribution 20

直方图 histogram 19

直接碘量法（碘滴定法） iodimetry 166

直接电位法 direct potentiometry 235

纸色谱法 paper chromatography (PC) 279

指示电极 indicator electrode 232

指示剂 indicator 6

指示剂的封闭 blocking of indicator 125

指示剂的僵化 ossification of indicator 126

质荷比 mass-to-charge ratio 248

质量分析器 mass analyzer 251

质谱 mass spectrum 255

质谱法 mass spectrometry 248

质子 proton 46

质子化常数 protonation constant 110

质子条件 proton condition 58

质子自递常数 autoprotolysis constant 47

置信区间 confidence interval 24

置信度 confidence level 25

中和 neutralization 76

中位数 median 22

终点误差 end point error 87

重铬酸钾法 potassium dichromate method 165

重量分析 gravimetry 174

逐级稳定常数 stepwise stability constant 109

助色团 auxochrome 209

柱色谱法 column chromatography 278

准确度 accuracy 16

紫外-可见分光光度法 ultraviolet-visible spectrophotometry 198

自身指示剂 self indicator 158

自由度 degree of freedom 25

总体 population 22

总体标准差 population standard deviation 20

总体均值 population mean 20

最大吸收 maximum absorption 201

最小二乘法 least-squares method 35